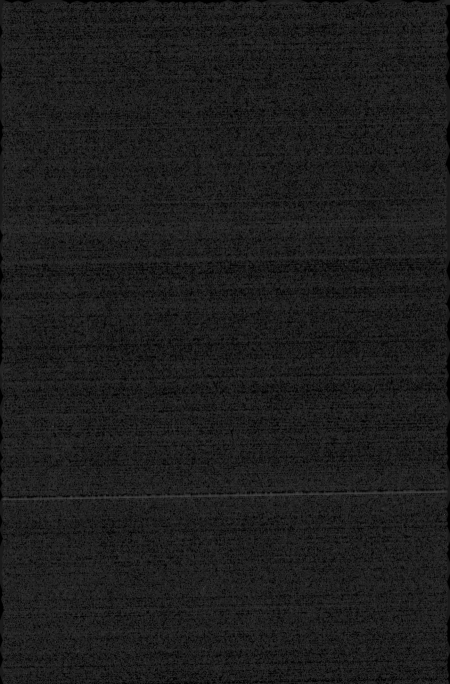

物質は何からできているのか

——アップルパイのレシピから素粒子を考えてみた

How to Make an Apple Pie from Scratch

Harry Cliff

ハリー・クリフ

熊谷玲美 訳

柏書房

物質は何からできているのか——アップルパイのレシピから素粒子を考えてみた

ヴィッキーとロバートへ。
ありがとう。

アップルパイをゼロから作りたかったら、まず宇宙を発明しなければなりません。

カール・セーガン

目次

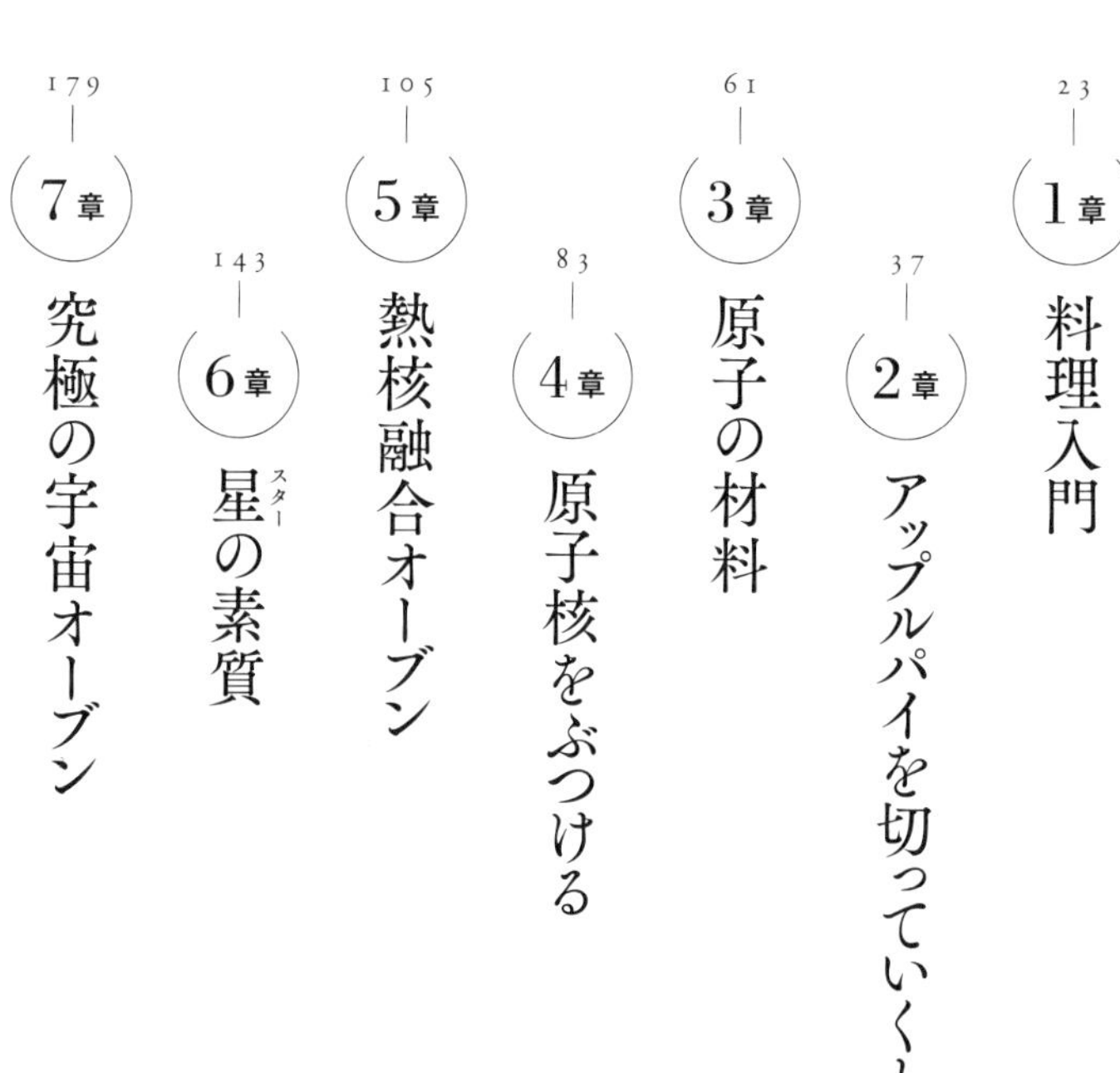

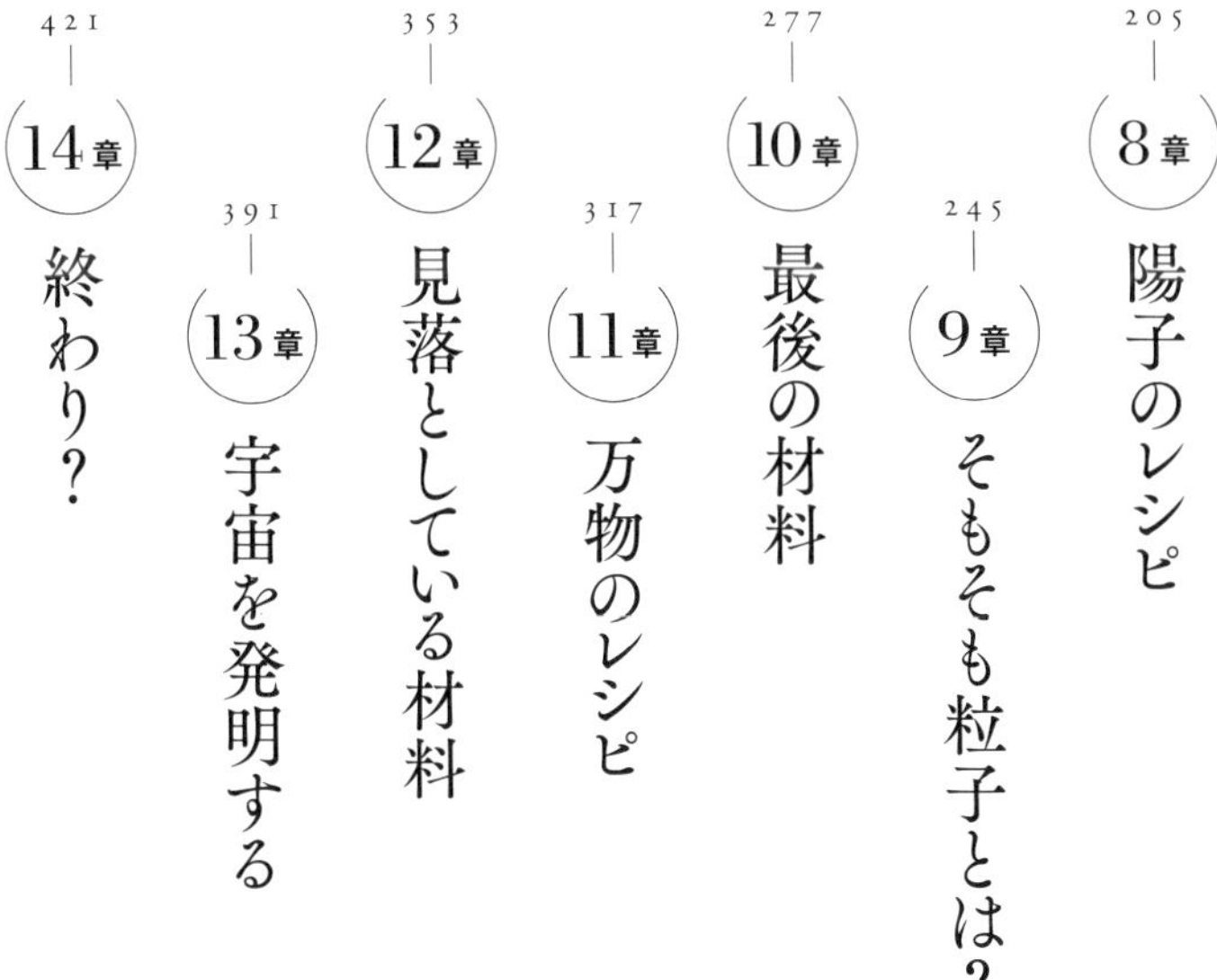

プロローグ

二〇一〇年三月の凍えるように寒い朝、私はフランスのフェルネ＝ヴォルテールという町の郊外にある、フェンスで囲まれたエリアの外で車を止めた。鋼鉄製セキュリティゲートにボルトで取り付けてある標識には、こう書いてある。

CERNサイト8　許可者以外の入構禁止

右ハンドル車の助手席の窓から不自然な姿勢で手を伸ばして、セキュリティカードを読み取り装置に通した。ゲートは閉まったままだ。うーん。入構申請が通ってないのかな？　後に車の列ができ始めたのを気にしながら、読み取り装置にカードを何度も通していると、どんどん不安になってくる。なにも起こらない。車を降りて、高校レベルの片言のフランス語で守衛と交渉しようかと思ったそのとき、ゲートがきしみながら開いたのでほっとした。

メイン実験棟の裏手に車を回して、ジュネーブ空港の滑走路との境目になっている金網のフェンスに向かって駐車した。車を降りると、冷たい空気の中で息が白くなる。その空気が運んでくる、甘ったるい香水のにおいにはもう慣れた。近くにあるスイスの町メランの香水工場からくるにおいだ。私はコートのポケットに両手を突っ込んで、早朝ラン（運転）ミーティングに使われている、３８９４号棟という退屈な名前がついた平屋のプレハブ式建物へ早足に向かった。

建物に入ると、長テーブルの周りにはすでに出席者がおおかた集まっていて、ミーティングの開始を待っていた。英語やフランス語、ドイツ語、イタリア語で隣の人とおしゃべりしている人もいれば、コーヒーを飲んでいる人、前かがみでノートパソコンに向かっている人もいた。私は指名されないようにと思って、テーブルよりも一列外側の席に座った。

私たちの足下の地下一〇〇メートルには、一つの都市を取り囲めるほど長いコンクリートトンネルがのびている。その中には、これまでに建造された中で最も大きく、最も強力な機械である大型ハドロン衝突型加速器（ＬＨＣ）があり、始動に向けて慎重に準備が進められていた。数日後には、このリング型のコライダー（衝突型加速器）で原子よりも小さい粒子同士を激しく衝突させて、ビッグバン直後の状態をほんの一瞬再現することになっていた。

そうした微小スケールの宇宙創成というべき現象は、四基の巨大な粒子検出器で記録される。それぞれの粒子検出器は、ＬＨＣリングの円周上に数キロメートル間隔で掘られた、大聖堂ほどの大きさの地下空洞に収められている。その検出器のうちの一つが私たちの真下にあって、スターティングブロックに足を置いた短距離走者さながらに身構えて、時がくるのを待っていた。鋼鉄や鉄、アルミニウム、シリコン、光ケーブルなどで構成された、総重量六〇〇〇トンのＬＨＣｂ検出器だ。

ずいぶん長く待ったものだ。仲間の研究者の中には、研究生活のあいだずっと、この瞬間に向けて日々を積み重ねてきた人もいた。二〇年にわたる計画や資金確保、緻密な設計、試験といったさまざまな作業のすえに、これまでに建造された中でもトップクラスの性能を持つ粒子検出器が完成した。あと数日で、そうした作業すべてが最終的に試されることになっており、ＬＨＣの担当エンジニアたちは検出器内で初めて粒子を衝突させる準備をしていた。

私は二四歳、博士課程二年目の学生で、二回予定されている三カ月間の滞在の一回目として数週間前にジュネーブに到着していた。新しいすみかになったのは欧州原子核研究機構（ＣＥＲＮ）。世界最大かつ最先端の素粒子物理学研究機関だ。この数週間で、だだっ広いＣＥＲＮキャンパスを構成している、たくさんのオフィス棟や作業場、研究室の間を迷わずに行き来することに少しずつ慣れ、二月の猛吹雪と戦い、スイスでは夜一〇時以降にトイレを流すと隣人からこっぴどく叱られることを知った。ＬＨＣｂでの新しい担当作業のことも徐々にわかってきていた。その作業には、数え切れないほどあるサブシステムの一つの管理もある。そういうサブシステムはそれぞれが完璧に機能しなくてはならない。一つが故障したら、長年待ち望んだデータが使い物にならなくなってしまう。

ＬＨＣｂとの初対面は一年半前だった。私の指導役であるドイツ人ポスドク研究者のウリは、ＣＥＲＮでフルタイムで働いているので、検出器エリアへの立ち入りに必要になる、たくさんの複雑な手続きを通過するのを手伝ってくれた。地下に滞在中に浴びる放射線量をモニターするバッジを身につけた後で、最初にしなければならなかったのは、気分屋の虹彩スキャナーをなだめすかして、明るい緑色をしたエアロックのようなセキュリティドアを通してもらうことだった。その先は、ガタガタと揺れる小さな金属製エレベーターで、「ピット」（pit）というなかなか不気味な呼び名の空間を地下一〇五メートルに向かって降りていった〔訳注：pitは「穴」以外に「地獄」なども意味する〕。

ドアをいくつか通っていくと、そこは奇妙な地下世界で、ブンブンと音を立てる機械類や、原色に塗装された金属製移動式クレーンがあり、コンクリートトンネルには数キロメートルの長さがあるケーブルやダクトが通っていた。さらにいくつかのドアを抜けた。今度は明るい黄色のドアで、放射線管理区域の表示がついている。さらに厚さ一二メートルの遮へい壁の中を抜ける、曲がりくねった狭い通路を進んでいくと、突然、天井が高いコンクリートの空洞に出た。

最初に驚くのは、その途方もないサイズだ。ＬＨＣｂは大きい。高さは一〇メートル、長さは二一メートル、幅は空洞の横幅いっぱいに広がっている。一目見ただけでは、自分がなにを見ているのか理解できないかもしれない。見える範囲にあるのは緑と黄色に塗られた階段や鋼鉄製のプラットフォーム、足場ばかりで、それらは検出器の高感度な部品を支えたり、そこまで行けるようにするのが役目だ。肝心の検出器はほとんど見えない。空洞の壁を縦横に行き交う大量のケーブルは、検出器に電力を供給したり、数百万個の小さな精密なセンサーが生み出す、すさまじい量のデータを運び出したりするためのものだ。ＬＨＣｂでは、衝突地点から光よりわずかに遅い速度で飛び去る無数の亜原子粒子それぞれの経路を、一〇〇〇分の数ミリメートルの精度で測定できる。そしてその測定を、一秒間に一〇〇〇万回もこなせるのだ。

しかしＬＨＣｂで一番すごいのは、その建造プロセスだろう。ＬＨＣに四基ある大型検出器はどれもそうだが、ＬＨＣｂは現代版バベルの塔だ。それぞれの部品は、リオデジャネイロからノボシビルスクまで、世界各地の数十の大学に在籍する物理学者とエンジニアが参加した、国際共同プロジェクトによって設計や組み立てがおこなわた。そうした部品が、ジュネーブ近郊の地下にあるこの巨人な穴の中でつなぎ合わされて、頭がくらくらするほど複雑な一つの装置になっている。こういうことがうまくいくこと自体が、いまだに私にはある種の奇跡のように思える。

ケンブリッジ大学の同僚研究者たちは、サブ検出器からデータを読み出す電子装置の設計と作製、試験を一〇年がかりでおこなってきた。このサブ検出器というのは、さまざまな粒子を見分けるためのものだ。ここで私に与えられたのは、その電子装置の管理とモニタリングに使われているソフトウェアがクラッシュせずに動作するようにするという、ちょっとした役割だった。そのソフトウェアがクラッシュすれば、その瞬間がきたときに問題を引き起こしてしまう。私は大きな機械の中の小さな歯車にすぎないが、それでも、七〇カ国からの何百人もの物理学者の二〇年にわたる努力と、一〇以上の政府研究助成機関からの六五〇〇万ユーロの投資が、私が自分の小さな仕事をきちんとこなせるどうかにかかっているということを痛感していた。最後の最後でぶちこわしにすることはなんとしても避けたかった。

ランチーフ（運転責任者）がミーティングの開始を告げたので、部屋中のおしゃべりが突然やんだ。部屋をさっと見回して仲間たちの顔を見ると、ここ数日あまり寝ていないような人が多かったので、私の研究人生ではこれまでになく重要な段階が始まろうとしていることに気づいた。ミーティングの最初の項目は、ＬＨＣの夜間作業の報告だった。ＣＥＲＮの人たちは会話の中で、ＬＨＣのことを「ザ・マシン」と呼ぶ。私たちみんなが今待っているのは、このマシンだった。

三〇年以上にわたって進められてきたＬＨＣの建設は、前例のない規模の科学プロジェクトだ。ＬＨＣはほぼあらゆる点で並外れている。史上最大の科学装置だし、見方によっては史上最大の機械ともいえる。リングの一周が二七キロメートルもあるので、フランスとスイスの国境を四回またいでいるくらいだ（実際にトンネルの壁には国境の位置を示す国旗が描いてある）。粒子を通すビームパイプの中は、恒星間空間よりも真空度が高い。一方で、リング内を動く粒子の方向を決める数千個の超伝導磁石はマイナス二七一・三℃で作動している。これは絶対零度まであと二度未満というとんでもない低温で、この温度を達成するには世界最大の極低温装置が必要だ。その装置では一万トンの液体窒素[1]と大きな町一つ分に相当する電力を使って、一二〇トン超の超流動液体ヘリウムを作り出し、それをＬＨＣの磁石全体へ静脈血のように送り出している。数日以内に、このＬＨＣは陽子と呼ばれる亜原子粒子の加速を始め、光速の九九・九九九九九六パーセントまで到達したら、ＬＨＣｂ内部を含めたリング内の四カ所で陽子を互いに正面衝突させる。そうすると、宇宙誕生の一兆分の一秒後以降には大量に存在してこなかった形の物質が作り出される。

このＬＨＣのすべて、つまり何年もかけた設計作業や資金獲得交渉、何千人もの物理学者からなる世界規模のコミュニティーの共同作業、土木工事（地下水流を液体水素で凍結させてから掘り抜く工事もあった）、そしてもちろん、三五トンの磁石から一番小さなシリコンセンサーまで数百万点もの構成機器のそれぞれの製造、試験、取り付けまでのすべてが、一つの動機によりおこなわれてきた。それは好奇心だ。一部のタブロイド紙、たとえばイギリスのデイリー・エクスプレス紙あたりは、ＣＥＲＮがＬＨＣをよからぬ目的に使おうとしていると繰り返し主張していて、飽きるということがないらしい。彼らのいう目的というのは、「邪悪な」次元への入口を開くこととか[2]（Ｎｅｔｆｌｉｘの「ストレンジャー・シングス」シリーズで「裏側の世界」へのゲートを作ったのは本当にＣＥＲＮの落ち度かもしれない）、これは私のお気に入りだが、「神を召喚する」ことなんかだ。[3] タブロイド紙がそんなふうに書こうとも、ＬＨＣが存在する目的は、この世界の最も基本的な構成単位についての基本的な疑問に答え、この宇宙がどのように生まれたのかを解き明かすこと、それだけだ。

そしてさらに、答えを必要としている本当に大きな疑問がある。基本的なレベルで世界を形作っている要素について現在受け容れられている理論は、素粒子物理学の「標準モデル」と呼ばれている。名前だけ聞くと退屈な理論のような気がするが、実は人類による最高の知的業績の一つだ。数多くの理論物理学者と実験物理学者の努力によって、数十年がかりで構築されてきた標準モデルでは、銀河や恒星、惑星、そして人間など、私たちの身の回りのものすべてがわずか数種類の粒子からできていて、そうした粒子は原子や分子の内部で数種の基本的な力によって互いに結合しているとされている。これは、太陽が輝く理由から光の本質、そして物体が質量を持つ理由まで、あらゆることを説明する理論だ。それだけではなく、この理論は半世紀近くにわたり、考えられるかぎりの実験的な検証をくぐり抜けてきた。標準モデルは間違いなく、これまで考え出された中で最も成功した科学理論だといえる。

とはいうものの、標準モデルが間違っている、または少なくともひどく不完全だということはもうわかっている。現代物理学が直面している最も不可解な謎の話になると、標準モデルは肩をすくめて知らんぷりするか、そうでなければ答えの代わりにたくさんの矛盾を差し出してくるのだ。最初に次の謎を考えてみよう。天文学者と宇宙論学者が何十年もかけて宇宙を徹底的に調べた結果、宇宙の九五パーセントは、暗黒エネルギーと暗黒物質という、二種類の目に見えないものでできているとかなり確信を持っていえるようになった。この二つがなんであろうと（そして誤解ないようにいうと、どちらについてもたいした手がかりは得られていない）、その材料は標準モデルの粒子ではないことは確かだ。そして、あらゆるものの九五パーセントが行方不明というだけでも大問題なのに、標準モデルからはさらに、ビッグバン後の最初の数ミリ秒で、存在するすべての物質が反物質との激しい対消滅によって一掃され、宇宙には恒星も、惑星も、そして私たち人間も生まれなかったはずだという、かなり衝撃的な結論も出てくる。

そんなわけで、どう見ても私たちはなにか大切なことを見逃している。最もありそうなのは、宇宙が現在の姿である理由を説明する未発見の素粒子を見落としている可能性だ。

ここでＬＨＣが出てくる。私たちが二〇一〇年三月にミーティングのテーブルの周りに集まっていたときには、すぐにまったく新しいなにか、または予想外のなにかが、ＬＨＣで発生させた衝突現場から飛び出してくるのを目撃することになるだろうという、かなり楽観的な雰囲気があった。それが実現したら、科学における最大の謎のいくつかの解明につながるプロセスの始まりになる。

私は二〇〇八年始めに博士課程に進んだとき、ＬＨＣが動き始めるのと、自分が素粒子物理学の道を進み始めるのが同じタイミングだと気づいた。一九七〇年代末に開発が始まり、一二〇億ユーロ超の費用[4]をかけてきたマシンからのデータを最初に目にする学生の一人になることを考えてわくわくした。二〇〇八年九月一〇日、私がイギリスのケンブリッジ大学にある新しい研究室に到着するほんの数日前に、ＬＨＣは大勢の人を集めて華々しく運転を開始した。世界中のメディアが注目する中で、全長二七キロメートルのリングに初めて陽子が送られた。シャンパンのボトルが開けられ、物理学者やエンジニアたちは史上最も偉大な科学的偉業の一つを達成したことを祝い、素粒子物理学が少しのあいだトップニュースになった。

　その数日後、ＬＨＣは別の理由でふたたびニュースになった。九月一九日の正午ごろ、コライダーの電磁石の最終テストを実施している最中に、壊滅的な出来事が起こった。ＬＨＣコントロールルームはＣＥＲＮの中でＮＡＳＡの管制室と同様の場所だが、そこにいたエンジニアたちは、広い部屋中のスクリーンというスクリーンがいっせいに毒々しい赤色に変わるのを見てあっけにとられた。後で一人のエンジニアから聞いた話では、当初は、あまりにたくさんのアラームが鳴ったものだから、加速器のモニタリング用ソフトウェアの不具合ではないかと考えたそうだ。数時間後、ようやくトンネルに降りていった彼と同僚は、すさまじい状況を目の当たりにした。

　電気系統の接合部に一カ所だけ不具合があったせいで、そこで発生した電気アークが近くの磁石冷却用液体ヘリウム容器に穴を開け、ヘリウムがものすごい勢いで吹き出した。それによって発生した衝撃波が原因で、加速器は七五〇メートルの範囲にわたって[5]ドミノ倒しのように破壊されたのである。長さ一五メートル、重さ三五トンもの電磁石がいくつも土台から引きちぎられ、トンネル内で横幅方向にずれていた。問題の接合部自体は蒸発してしまっており、超清浄状態だったビームパイプ内部には、両方向数百メートルにわたって黒いすすが吹き付けられていた。

修理作業は一年以上かかることになった。ＣＥＲＮのエンジニアチームは事故直後こそ自信喪失状態だったものの、すぐに気を取り直して仕事に戻った。二〇〇九年一一月二〇日、一四カ月の時間と二五〇〇万ユーロの費用をかけた修理作業のすえに、現在では「あのインシデント」と遠回しに呼ばれる出来事から初めて、ＬＨＣに陽子が試験的に送出された。しかしそれはあくまでもリハーサルであり、ＬＨＣは上限よりもずっと低いエネルギーでノロノロと動いている状態だった。

そして、二〇一〇年三月、私たちはとうとうＬＨＣを未踏の領域に送り込む瞬間に近づきつつあった。粒子の衝突によって、暗黒物質やヒッグス粒子、微小ブラックホール、そしてもしかしたら誰も想像しなかった他の奇妙なものまで探せるようなエネルギーレベルを達成するのだ。その朝、テーブルを囲んでいた人はみな、自分たちがしようとしていることの重みを感じていたのではないだろうか。

チーフは自分の報告をしたが、その声は近くの滑走路から離陸する旅客機の轟音でかき消されたので、ときどき話が中断した。ＬＨＣでの夜間作業は、短時間の電源障害以外は順調に終わっていて、このままいけば数日後に衝突を見られる予定だった。次に、チーフがテーブルの人を順に指名していき、オランダ、スペイン、ロシア、ドイツ、イタリアの物理学者たちが自分の担当するサブシステムの最新状況を流暢な英語で発表した。つかの間ユーロビジョンみたいな雰囲気になったのは、フランス人物理学者が母国語で報告を始めたときだ。テーブルを囲む人たちはちょっと不満げな顔を見せたが、それでもその物理学者はかたくなにフランス語で話し続けた。もちろん、そうしてはいけない理由はない。フランス語は二つあるＣＥＲＮの公用語の一つなのだし、なんといってもここはフランスなんだから。それでも、ＣＥＲＮではほぼすべてのミーティングが英語でおこなわれていた。そして私のフランス語といえば、実験のある面についての技術的な議論と思われるものを理解するにはまったく力不足だった。

自分の番が近づくにつれて、鼓動が少し速くなってくるのを感じた。私たちが担当する電子機器コントロール用ソフトウェアでは、数日前にちょっとした問題が起こっていて、おかげで大慌てで早朝のコントロールルームに駆け込む羽目になった。最終的にその問題は古典的な対処方法で解決した。ソフトウェアの再起動だ。それ以降、すべて順調に動いている。それでも私は、エラーの根本原因を突き止めていないことを内心ずっと不安に思っていた。

「この二四時間で報告すべきことはありません」と私はいった。突っ込んだ質問をされないようにと願いながら。ほっとしたことに、チーフの注意は次のサブシステムに向かった。さらに短い報告がいくつかすむと、状況がはっきりした。ＬＨＣｂ検出器は準備万端だ。

私は建物を出て駐車場に行き、冷却塔から立ち上る水蒸気の雲を眺めた。それが唯一、地下で巨大な機械が待ち構えていることを示す目に見える証拠だった。ジュネーブ空港とジュラ山脈のあいだの一帯に住む人たちの中に、自分たちの足元で進行中の出来事について知っている人がいったいどのくらいいるのだろう。そんなことを私はしばらく考えた。

それから一週間ほど後の二〇一〇年三月三〇日、ＬＨＣのエンジニアたちは、二つの陽子ビームを反対方向から発射して正面衝突させるというとんでもない偉業を成し遂げた。それは大西洋の両岸から二本の編み棒を発射して、中間地点で衝突させるのとほとんど変わらない。最初の陽子衝突が起こると、エネルギーが物質を誕生させた。そしてＣＥＲＮ中のスクリーンに、微小スケールの宇宙創成が初めて起こったその瞬間の画像が明るく表示された。ＬＨＣｂの狭いコントロールルームにぎゅう詰めになった物理学者たちからいっせいに拍手喝采が巻き起こった。二〇年にわたる仕事がついに報われたのだ。

その日をもって、人類による最も野心的な知の旅は大胆で新しい段階へと進んだ。私たちは自然の最も基本的な材料を見つけ出し、それがどこからきたのかを突き止めるため、数世紀にわたって探求の旅を続けてきた。それを宇宙のレシピ探しと呼んでもいいかもしれない。この本は、そうした探求の旅をめぐる物語だ。それは、数多くの人々が何百年もかけて、物質の基本的な材料を少しずつ発見し、そうした材料の起源を、死にゆく星の中心や過去のすさまじいビッグバンの瞬間といった、宇宙を舞台とした現象に見つけ出してきた物語である。そこには、化学や原子物理学、核物理学、素粒子物理学、天体物理学、宇宙論など、さまざまな学問分野が登場する。そして私はこの物語を語るうえで、アップルパイの究極のレシピを見つけることを個人的なテーマにするつもりだ。どうしてアップルパイが出てくるのかというご質問ですか？　ええと、それはですね……

記念碑的なテレビシリーズ「コスモス」で、アメリカの天体物理学者カール・セーガンは視聴者を、はるか彼方の銀河へ向かって、生命の起源を探し、星々の誕生と死を目撃する壮大な宇宙の旅へと案内した。そしてコスモスが制作されたのは一九八〇年だったので、空間と時間をめぐる旅にはこの時代らしいシンセサイザー音楽がたっぷり添えられていた。

セーガンは、そのかなりもったいぶった語り口がときに揶揄（やゆ）されたのだが、このシリーズの第九話には、そんな自分へのちょっとした皮肉を盛り込んでいる。第九話の冒頭では、なにもない宇宙空間に小さな緑の惑星のようなものが浮かんでいる。近づいていくと、それが惑星などではなく一個のリンゴだと気づく。するとそこで突然、リンゴが二つに切られ、キッチンの場面に切り替わり、次のシーンではひどく不気味な見た目ののし棒が、小麦粉の生地を芝居がかった動きで伸ばしていく。バックでは映画「ブレードランナー」みたいな音楽がずっと流れていて、どんどんと盛り上がっていく。

一転して、場面はケンブリッジ大学トリニティ・カレッジにある、オーク材の羽目板が張られたダイニングルームになる。セーガンが、トレードマークの赤いタートルネックセーターを着たこざっぱりした身なりで、長テーブルの上座に座っている。給仕が焼きたてのアップルパイを出すと、セーガンは目を輝かせながらカメラのほうを向いて、こういう。「アップルパイをゼロから作りたかったら、まず宇宙を発明しなければなりません」。

それこそまさに私が見たい料理番組だ。「今日の『ザ・グレート・ブリティッシュ・ベイク・オフ』ではソルトキャラメルパフェを作りますが、最初にマリー・ベリーが、死につつある星を使って炭素を合成する方法を紹介します」みたいな感じ。それはともかく、セーガンがいいたかったのは、アップルパイはただのリンゴとパイ皮をはるかに超えた存在だということだ。十分にズームインすれば無数の原子が見つかるが、それはビッグバンのとんでもない熱で作り出されたか、超新星によって宇宙にまき散らされた原子だ。つまり、アップルパイの作り方を本当の意味で理解したかったら、宇宙を丸ごと作る方法を見つけ出す必要がある。

万物の究極の起源を理解するということは、たいていもっと大げさな言葉で表現される。たとえばスティーブン・ホーキングが、それは「神の心」[6]を知ることだといい表したのは有名だ。しかし私は、セーガンの気取らない表現のほうが好きだ。アップルパイを一個用意して、それをより基本的な材料に分解しながら、同時にそれぞれの材料がなにで作られているかを理解しようとしていけば、最終的に終着点にたどり着くのでは？　神の心は決して知ることができないかもしれないが、アップルパイを原材料のレベルから作る方法ならわかるのでは？

その質問の答えを見つけるために、私たちは世界をめぐる旅に出ることになる。太陽の中心をのぞくためにイタリアの山地の地下一〇〇〇メートルまで降りていったり、天文学者たちが星の光に隠されたシグナルの解読に取り組んでいるニューメキシコ州の高地に登ったりする。ルイジアナ州南部の蒸し暑い松林の中で、時空という織物に立つさざ波に聞き耳を立てる。巨大コライダーを使って、ビッグバン以降は存在したことのない温度を再現している、ニューヨーク州の研究所の裏側を見学したりもする。そうした物質の基本的な材料を見つけ出し、その歴史を明らかにする道の途中では、過去と現在の化学者や天文学者、物理学者、宇宙論学者とすれ違う。やがて私たちは、未解決の謎と直面し、決して答えられない問題というものがあるのかどうかと自問することになる。

ここから先では、大陸や世紀をまたいでこの宇宙のレシピを追い求めていくが、壮大な物語のお決まりとして、この旅も家から始まる。

1章

料理入門

ある夏の日の午後、私はインターネットで購入したガラス器具と、焼き菓子メーカーのミスター・キプリングが販売しているブラムリーアップルパイ〔訳注：料理用青リンゴを使ったパイ〕の六個入りパック一つを持って、ロンドン南東部の郊外エリアにある両親の家にやってきた。私がこれまでに挑戦してきた中で、おそらく最もばかばかしい実験をするためだった。

私の父は子ども時代、熱心なアマチュア化学者で、一九六〇年代中頃には毎日のように、午後になると自宅の庭の奥にある物置小屋でいろんなにおいを発生させたり、爆発を起こしたりして楽しく過ごしていた。当時は誰でも（進んだ化学の知識を持っていて、自分の安全性には当然のごとく無頓着な十代でも）、地元の化学薬品業者から恐ろしいほどさまざまな種類の有毒物質を購入できた。結果的に、火薬の材料もそこにそろっていた。父はいまだに、とりわけ派手な実験を突然やめさせられた話をどこかうれしそうに披露する。祖父は元砲兵で、発砲音に慣れていなかったわけではないのに、その実験をしたときには、庭の奥に突進してくると、「いいかげんにしろ！　今のであちこちの窓がガタガタ鳴ったぞ！」と怒鳴ったというのだ。素朴な時代だった。父は今でも古い化学実験装置をいくつか持っていて、私が手に入れたいと考えていたブンゼンバーナーもあった。そんなわけで、ロンドン市内にある私のアパートは、その狭さを考えても、この実験に最適な場所じゃない気がした。

その実験をしようと思ったのは、パイやリンゴや、その構成成分についての知識がゼロの状態で、アップルパイを目の前に出された場合、その材料を突き止めたかったらどんなことをするだろうか、と考えたからだ。ガレージの作業台の上で、私はアップルパイのサンプルを少量取って、試験管の中に入れた。このときには、砕けやすいパイ皮部分と柔らかいリンゴのフィリング部分がバランスよく入るように気をつけた。そして真ん中に小さな穴があいたコルクで栓をした。試験管と、冷水につけた別のフラスコを長い

L字型のガラス管でつないでから、ブンゼンバーナーに点火し、それを試験管の下にポンと置き、後ろに下がった。

パイがぐつぐついってカラメル状になり始めると、すぐに試験管内の気体が膨張して、サンプルが接続ガラス管の中に押し上げられそうになった。火を少し小さくして、パイが徐々に黒くなるのを見守っていると、うれしいことに、ガラス管の内側に沿ってもやが流れ始めて、待ち構えていたフラスコに流れ込んだ。やがてフラスコは幽霊みたいな白い蒸気であふれかえった。これがホンモノの化学実験ってやつだ。

この白い蒸気はなんだろうと思いながら、それをちょっと嗅いでみた。安全衛生という概念がなかった時代から伝わる、頼りになる化学分析方法だ。ハンフリー・デービーは、ロマン主義時代に活躍した草分け的な化学者であり、さまざまな気体を自分で吸い込んでみてその医学的効果を調べたことで知られている。一七九九年にデービーはこの方法によって、亜酸化窒素（現在は笑気ガスと呼ばれる）には高揚感を与える効果があることを発見した。デービーはよく、詩人仲間や、ときには知り合いの若い女性と一緒に暗い部屋に閉じこもって、このガスを大量に吸引していた。断っておくが、このにおいを嗅いでみるという分析方法に危険がないわけではなかった。デービーは、一酸化炭素の実験であやうく死にかけ、外気に引きずり出された直後、「私は死なない」と切れ切れの声でいったという。[7]

残念ながら、私のアップルパイから出た蒸気には精神活性作用はまったくなくて、数時間後でもあたりに漂っていそうな、ひどく不快なこげたにおいがするだけだった。もや越しにフラスコの底を見ると、蒸気の一部が冷水と接して凝結し、黄色い液体になっていて、その表面を暗褐色の油膜が覆っていた。

一〇分くらい強く加熱すると、炭化したアップルパイの残骸からはそれ以上蒸気が出てこなさそうだったので、実験完了と判断した。私は試験管の中身に気を取られて、ガラスをブンゼンバーナーの火で一〇分間加熱したらとんでもなく熱くなるということを一瞬忘れてしまい、人差し指にひどい火傷をした。デスクトップコンピューターよりも危険な装置を私の身近に置いておけないのには、ちゃんとした理由があるのだ。

かなり待ってからおそるおそる試験管をつかんで、中身を作業台の上に出した。アップルパイは、表面がところどころかすかに光る、真っ黒で岩のような物質に変化してしまっていた。では、この間違いなく相当にばかばかしい実験から、アップルパイの成分についてどんな結論が出せるだろうか？　最終的に得られたのは、黒色の固体、黄色の液体、白色の気体という三種類の物質で、そのうち白色の気体のせいで、私の皮膚や髪の毛、服にはむかつくようなこげたにおいが染みこんでいる。正直なところ、この時点の私には、この三種類の成分の正確な化学組成はよくわからなかったが、黒い物質が炭であること、そして黄色い液体はおそらくほとんどが水だということは間違いなかった。ここからさらに進んで、アップルパイの基本的な材料のリストを手に入れるには、もっと高度な化学分析をする必要がありそうだ。

元素

物理学者がいうべきことではないが、私が学校で大好きだった科目は化学だ。物理実験室というのは殺風景なつまらない場所で、電気回路を配線するとか、振り子のゆれの時間を淡々と測るとかいったことを面白がらなきゃいけない。そこへいくと化学実験室は魔法の場所で、炎とか酸なんかを扱える。マグネシウムリボンに火をつければ目が眩（くら）むほどまぶしく燃えるし、壊れやすいガラス器具に入れた色つきの薬品を泡立たせることもできる。保護用メガネや、脅すようなオレンジ色の警告ラベルがついた水酸化ナトリウムの瓶、過去の実験でなんだかわからないが有毒物質らしきものが染みついた白衣のおかげで、化学実験室には身震いするような恐怖があった。そしてそれらすべてを取りしきっていたターナー先生は謎めいた人だった。学校にはスポーツカーできていて、スプレー式コンドームの発明で一財産築いたという噂があった。

実をいえば、私が素粒子物理学者の道を進むことになったきっかけは、化学に魅力を感じたからだ。化学は素粒子物理学と同じように、物質や、世界を作る材料を相手にしている。そして、さまざまな基本的な材料が一定のルールにしたがって作用したり、分解したり、性質を変えたりする仕組みを考えている。私が化学という分野にこだわらなかったのは、そういうルールの出所を知りたかったからだ。私が一八世紀か一九世紀に生まれていたら、きっと化学をやり続けていただろう。その当時、物質の基本的な構成単位を理解したかったら、選ぶべき分野は物理学ではなく化学だった。

近代化学の誕生におそらく誰よりも貢献したのが、アントワーヌ＝ローラン・ラヴォアジェだ。一八世紀後半に活躍した、精力的で、野心にあふれた、とんでもなく金持ちの若いフランス人である。一七四三年にパリで裕福な法律家の家庭に生まれ、父からの莫大な遺産を使ってパリ兵器廠に個人用の実験室を設置し、金で買える最高級の化学実験装置を揃えた。妻であり、化学者でもあったマリー＝アンヌ・ピエレット・ポールズに支えられながら、ラヴォアジェは古代ギリシャ時代から受け継がれてきた古い学説をひとつひとつ解体し、元素という現代的な概念を発明することで、化学の世界に自ら「革命」と呼んだものをもたらした。

物質世界のあらゆるものはある数の基本物質、つまり元素からできているという考え方は、数千年前から存在している。そうした元素説は、エジプトやインド、中国、チベットなどの古代文明にそれぞれ異なるものが見つかる。古代ギリシャでは、物質世界は土、水、空気、火の四つの元素から成り立っていると考えられていた。しかし古代ギリシャ人が元素として考えたものと、私たちが高校で習ういわゆる化学元素の定義には大きな違いがある。

現代化学でいう元素とは、他のものに分解や変換ができない、炭素や鉄、金などの物質のことだ。一方で古代ギリシャ人は、土や水、空気、火は互いに変換することができると考えていた。この四元素に加えて、熱、冷、乾、湿という四つの「性質」という概念もあった。土は冷と乾、水は冷と湿、空気は熱と湿、火は熱と乾の性質を持っている。このことから、ある元素に性質を加えたり、反対に取り除いたりすれば、別の元素へ変換することが可能だとされた。たとえば水（冷と湿）に熱を加えると、空気（熱と湿）を生み出せる。こうした物質観から、錬金術という手段によってある物質を別の物質に変換する、つまり「変質させる」という可能性が生まれた。特に、ありふれた金属を金に変えるというのがよく知られている。

ラヴォアジェが最初にやり玉にあげたのが、この変質という概念だった。ラヴォアジェによる素晴らしい画期的な発見の多くがそうだったが、彼の研究方法は一つの単純な仮定に基づいていた。それは化学反応では質量はつねに保存されるということだ。つまり、実験の開始時点ですべての材料の質量をはかっておき、終了時点でも、気体がほんのちょっとでも逃げ出さないように注意しながら、すべての生成物の質量をはかれば、実験前後の質量は同じになるはずということだ。この仮定はその少し前から化学者のあいだで考えられていた。しかし、きわめて精密な（かつ高価な）はかりを使っておこなった、徹底した実験の結果を一七七三年に発表して、この説を広めたのはラヴォアジェ[*1]だ。高校でのターナー先生による化学の授業では、この質量保存の法則をラヴォアジェの原理として教わった。

物質が変質するという考えの証拠とされていたのが、ガラス容器に入れた水をゆっくりと蒸留すると固体の残留物ができることで、これは水を土に変換できることを裏付けているように思われた。しかしラヴォアジェは疑わしく思っていた。そこで空のガラス容器の質量を実験の前後で測定してみると、容器の質量がいくらか減っていて、それが土とされていたものの質量とほぼ完全に等しいことがわかった。別のい方をするなら、物質が変質するという説はナンセンスだということだ。固体の残留物は、ガラス容器のかけらにすぎなかったのだ。

水が土へ変質するという説を打ち砕くことで、ラヴォアジェは、やがて化学の世界の常識を完全にひっくり返すことになる作戦の口火を切った。「物理学と化学の革命」[8]を実現するつもりだという、持ち前の尊大さが見える宣言をすると、四元素そのものの解体に取りかかった。次の行動は、最も謎めいていて強力な元素、火と戦うことだった。

一八世紀の中頃には、可燃性物質には「フロギストン」という物質が含まれていて、燃焼するとそれが放出されると信じられていた。木炭などの燃料にはフロギストンが大量に含まれていて、燃焼中はそれが放出される。やがて木炭内のフロギストンがすべてなくなるか、周囲の空気がフロギストンでいっぱいになり、それ以上吸収できなくなると、最終的に燃焼が止まる。

このフロギストン説に問題が出てきたのは、金属を燃焼させると、フロギストンが放出されるなら軽くなるはずなのに、実際には重くなることが発見されたためだ。フランスのディジョンに住む弁護士で、化学者でもあったルイ＝ベルナール・ギトン・ド・モルボーはこの問題を回避するため、フロギストンはき

＊1　実際には、ロシアの博学家ミハイル・ロモノーソフがその数十年前に、自らおこなった実験で質量保存の法則を発見していたが、ラヴォアジェが近代科学の発展に与えた影響があまりにも大きいために、気の毒な老ロマノーソフの存在はほとんど忘れられている。

わめて軽く、金属に蓄積されている状態では、熱気球に似たなんらかの方法で金属を「浮かせて」いるのだと説明した。金属が燃焼すると、フロギストンによる浮力が失われるため、金属は重くなったように見えるというわけだ。

ラヴォアジェはギトン・ド・モルボーの説明に少しも感心せず、それとは正反対の説をとなえた。物質が燃焼すると、フロギストンが放出されるのではなく、空気が吸収されるというのだ。そう考えると、金属が燃焼によって重くなる理由が説明できる。金属は浮力を持つフロギストンを放出しているのではなく、空気と結合していたのだ。

ここで少し立ち止まって、これがいかに見事な洞察かを考えてみたい。燃焼について学校で勉強した内容をちょっとのあいだすべて忘れられるとしたら、火がフロギストンを放出するという考え方は、実はとても合理的だということがわかる。燃焼はどう見ても、なにかを放出するプロセスに思える。少なくとも光や熱、煙は放出している。対照的に、燃焼によって空気と燃料が結合し、実質的に空気からなにかを吸い出すというのは、かなり直感に反する考え方だ。ラヴォアジェが身に付けていた、実験で得られた証拠にきちんと注目し、常識と思われていたものを否定する能力が、それほど根本的に異なる結論への飛躍を可能にしたのだ。

問題は、具体的に空気の中のなにが燃焼中に使われたのか、ということだった。当時のラヴォアジェは知らなかったが、その少し前に海峡をへだてたイギリスでは、気体についての理解が大きく前進していた。一七五六年にスコットランドの自然哲学者ジョゼフ・ブラック[*2]は、ある種の塩を加熱すると奇妙な新種の気体が放出されることを発見していた。特に驚いたのは、この「固定空気」に囲まれた状態では、ものに着火できないことだ。この気体は現在は二酸化炭素として知られる。その一〇年後、ヘンリー・キャヴェンディッシュは、硫酸を鉄に注ぐと、別のもっと軽い気体が放出され、この気体は特徴的な「ポン」という音を立てて着火することを発見した。しかし新しい気体を最も多く発見したのは、イングランドの自然哲学者ジョゼフ・プリーストリーだ。

　プリーストリーは一七六七年、キャヴェンディッシュが「可燃性空気」を発見したことを知って、自分でも空気の研究を始めた。当時のプリーストリーはリーズでキリスト教長老派教会の牧師の職にあり、ビール醸造所の隣に住んでいた。ラボアジェの実験室がパリ中心部にあって、実験装置をふんだんに揃えていたのとはずいぶん対照的だ。とはいえ、ビール醸造所がお隣さんだと、ビールがたっぷり手に入ること以外にもメリットがあった。発酵プロセスで大量の固定空気が放出されるので、プリーストリーはこれをほかの材料とともに使って、炭酸水を作る技術を開発し、将来のソフトドリンク業界の礎を築いたのである。[*3]

　数年後の一七七四年にプリーストリーは、歴史書に名前を残すような発見をした。きわめて有毒な「赤降汞（せきごうこう）」（水銀を含む鉱物）の試料に大きな凸レンズを使って太陽光を集光したところ、新しい種類の気体が放出された。この気体はとてつもなく明るい炎を上げて燃焼した。またガラス瓶にこの気体とマウスを入れて密封すると、マウスは通常より四倍長く生存できることがわかった。プリーストリーはこの新しい気体を自分でも吸入してみて、次のように書き記している。

＊2　自然界を研究する人はかつて「自然哲学者」と呼ばれていた。これに代わって「科学者」という語が使われ始めるのは、一九世紀になってしばらくたってからだ。

＊3　プリーストリーが炭酸水の発明で利益を得ることはなかったが、後にこの製造手法を取り入れたJ・J・シュウェッペ（Schweppe）が一七八三年にジュネーブでシュウェップス・カンパニー（Schweppes Company）を設立した。

それを肺に入れた感覚は、ふつうの空気とそれほど違いはなかった。しかし、胸が不思議と軽く、しばらくたってもゆったりと感じられる気がした。この純粋な空気がやがて上流階級向けのぜいたく品になるかどうかはわからない。これまでにそれを呼吸する栄誉に浴したのは二匹のマウスと私だけである。[9]

プリーストリーは、そうした驚異的な性質があるのはフロギストンの含有量がふつうの空気よりも少ないためだと考え、この気体を「脱フロギストン空気」と名付けた。フロギストンが少ないので、ロウソクの燃焼やマウスの呼吸で放出されたフロギストンを効率よく吸収でき、それによってロウソクやマウスを通常より長く持たせるのだ。

その年の一〇月、プリーストリーはパリを訪問して、大勢の知識人に会った。アントワーヌ・ラヴォアジェもその一人だった。残念ながら、プリーストリーとラヴォアジェが会ったときの様子はほとんど知られていないが、この偉大な化学者二人が相手のことをどう思ったか想像してみると面白い。裕福で自信にあふれた、都会的なパリジャンと、強いヨークシャーなまりがある、労働者階級の急進主義者だ。私たちが知っているのは、プリーストリーがラヴォアジェに自分の新しい発見を知らせたが、それが実はラヴォアジェが火についての自説を完成させるのに必要としていた重要な手がかりだったということだ。しかしラヴォアジェが出した結論は、プリーストリーの考えとは大きく異なっていた。プリーストリーが発見していたのは、脱フロギストン化された空気ではなく、実は燃焼中に燃料と結合する気体であることにラヴォアジェは気づいたのである。ラヴォアジェはその気体を「酸素」と命名した。

ラヴォアジェの考えによれば、火は元素ではないし、フロギストンは存在しなかった。ロウソクが燃えるとき、燃料は酸素と結合して二酸化炭素を放出する。ラヴォアジェは、動物が呼吸する場合にも同じようなプロセスが起こることを明らかにした。この説を実証するために、バケツ状容器が入れ子になった実験装置を用意し、内側が空の容器にモルモットを入れ、外側の容器に氷をぎっしり入れた。モルモットの体が放出した熱で氷が溶けるので、容器の底から流れ出た水の量を測定することで、モルモットが放出した熱の量を計算し、この動物がエサを効率的に燃焼させて熱を作り出していることを証明できたのである。ご心配なく、このモルモットは凍死をまぬがれ（ただしちょっと寒い思いはしたはずだ）、「モルモットになる」という慣用表現の由来になるという[10]、おそらくはありがた迷惑な名誉を与えられている。

ラヴォアジェの革命はこれで終わりではなかった。キャヴェンディッシュの可燃性空気が酸素と反応して燃えると、後に水が残るらしいことがすでにわかっていた。このことから、かつて最も基本的な元素と考えられていた水もやはり元素ではないと確信した。ラヴォアジェはこの可燃性空気（ラヴォアジェが「水素」と命名した）とプリーストリーの酸素からできているのだ。

ラヴォアジェの急進的な新しい考え方は、多くの科学者にとってはなかなか理解しがたいもので、特にフランスと覇権を争っていた強大な帝国、イギリスではそうした受け止め方が強かった。プリーストリーは、水が元素ではないというラヴォアジェの考え方を受け入れることなく、死ぬまでフロギストン説にこだわり続けた。ラヴォアジェは他の人たちに自分の新しい化学を支持してもらうため、実験でしっかりと証明する必要があった。最終的には一七八五年に、自分の実験室で水を酸素と水素に分ける公開実験を開くという型破りなやり方で、自説のゆるぎない証拠を世間に示してみせた。

一七八〇年代末には、従来の古典的な意味での元素は完全に否定されていた。水は水素と酸素に分けられるし、空気はさまざまな気体の混合物だった。そして火は酸素と燃料を結合させるプロセスだ。一七八九年にラヴォアジェは新しい化学を広める名著を刊行した。「化学原論」というタイトルの教科書だ。その中でラヴォアジェは「元素」を新たに「他のものに分割できない物質」と定義している。さらに、三三の新しい元素のリストも載せていて、そこには酸素や水素、アゾート（現在の窒素）など、今見てもわかるものが多く含まれている。「化学原論」は科学史上で最も影響力の大きい書物の一つになり、数年後には、ラヴォアジェを特に頑固に批判する人たちをのぞいて、誰もが彼の考えに納得していた。ラヴォアジェは不遜な宣言どおりのことを成し遂げていた。化学革命を本当に実現したのである。

　では私のアップルパイ実験でできた三つの生成物について、ラヴォアジェならどう考えるだろう？　たぶんそれよりもまず、私の大ざっぱな化学実験のやり方にいい顔をしなかったと思う。父のガレージにはラヴォアジェの実験室のようにきちんとした設備がなかった。ラヴォアジェなら間違いなく、実験前後のアップルパイの重さを正確に計測しただろうが、私には正確な計測ができる道具がなかった。さらに悪いことに、私はうかつにも例の白いもやを逃がしていたので、その成分は謎のままとするしかない。

　それなら、試験管に残った黒焦げの固い物体はどうだろう？　ラヴォアジェの元素リストを見ればすぐにわかる。炭だ。木炭ははるか昔から燃料として使われていて、よくおこなわれていた炭焼き法では、木材を山積みにした上に芝土をかぶせ、木材の山の中央に点火する。芝土が空気を遮断し、木材の山の側面に火がつくのを防ぐ一方で、中央部の炎がもたらす高熱が木材を炭とガスに分解する。これは、私がアップルパイでしたこととだいたい同じだ。試験管の栓が芝土の役目を果たし、空気中の酸素を遮断して、高温で加熱中のアップルパイに火がつくのを防いでいた。私は炭を作っていたわけだ。あるいは現代的な言い方をすれば、これはすべての有機物の基本元素、つまり炭素をまあまあ純粋な形で取り出したものだ。

黄色っぽい液体のほうだが、まあ確かに原理上は、それをさらに分析することはできた。しかし残念ながら、そのいやなにおいのする液体はごく少量しか生成できなかったので、実験で使うにはあまりに少なすぎたし、近所のスーパーでアップルパイを買い占めてきて、それを何日もかけてぐつぐつと加熱したりするのはごめんだった。ともかく、それはほとんど水ということで間違いないだろう。ラヴォアジェのおかげで、水が酸素と水素の化合物であることはわかっているので、これでまた二つの材料が見つかった。実は、これら炭素と酸素、水素は、アップルパイから人間まで、あらゆる有機物に含まれる主要な元素だ。とはいえ、アップルパイの材料になっている元素はもちろんこれだけではない。箱の裏にある栄養成分表示にさっと目を通すと、少なくとも鉄がいくらか含まれていることがわかる。たぶん炭の中に混ざっているのだろう。そして父のガレージでは分離することができなかったが、窒素、セレン、ナトリウム、塩素、カリウム、カルシウム、リン、フッ素、マグネシウム、硫黄、そしておそらく他にも多くの元素が含まれている。量はとても少ないかもしれないが、それでもあるにはある。

しかしそうなるとさらに難しい疑問が出てくる。こうしたさまざまな元素自体はなにでできているのか、ということだ。アップルパイを本当にゼロから作りたいならやはり、水素と酸素、炭素だけでは十分ではない。これらは物語の始まりにすぎないのだ。

2章

アップルパイを切っていくと

カール・セーガンは「コスモス」第九話の冒頭で、この本が生まれるきっかけになった不朽の名言を発した直後に、長テーブルの上座から立ち上がると、ナイフを取り上げながら視聴者にこんな質問を投げかける。「このアップルパイから一切れ取り分けるとします……そしてこの一切れを半分にしましょう。だいたいですが。そしてこれをまた半分にして、と続けていくとします。何回切れば、個々の原子にたどり着くでしょうか？」。

一〇回？　一〇〇回？　それとも一〇〇万回？　そうやって、極小のアップルパイのかけらが無数にできるところまで、アップルパイをどこまでも小さく切っていけるだろう。この巧妙なちょっとした思考実験は、「あらゆるものは原子から作られている」という、科学の世界で最も説得力のある考え方の本質をとらえている。

古典的な定義によれば、原子は変化させることも分割することもできない、小さくて頑丈な物質の塊だ〔英語で「原子」を意味するatomは古代ギリシャ語のatomos（切断できない）に由来する〕。原子にはさまざまな形やサイズがあり、互いに結びついて、アップルパイから宇宙飛行士にいたるまで、私たちの世界に存在するあらゆるものを作り出す。その考えのシンプルさには思わずうっとりするほどだが、一方で日常的な経験には完全に反する。私たちの感覚からは、形や色、手触りや温度、味やにおいに満ちた世界が立ち上がってくる。そこにはリンゴのなめらかな赤い皮やコーヒーの苦い味がある。

しかし原子論によれば、この世界は幻影ということになる。物体の根源を掘り進んでいったところには、赤い色やコーヒーの味など存在しない。奥底にあるのは、原子と、なにもない空間だけだ。色や味、熱、手触りはすべて、種類の異なる無数の原子が互いに結合して、さまざまな形を見事に取ることで生じる錯覚なのだ。

原子をそのように考えれば、原子論が定着するのに何千年もかかったのも納得できる。古代ギリシャではいろいろなタイプの原子論が登場しはしたが、それほどの支持は得られなかった。それは、強い影響力を持っていた、かのアリストテレスが原子論を否定し、抽象的な考え方よりも自分の感覚を信じるほうがよいと考えたことが大きい。確かに、熱、冷、乾、湿という四性質説のほうが、原子よりもずっと筋が通っている。誰でも熱さや冷たさ、乾燥や湿気にならなじみがあるが、原子を見た人がいるだろうか？

一七世紀になってようやく、原子は科学界できちんと受け止められるようになった。アイザック・ニュートンは原子論者を自認していて、原子は物質世界だけでなく、ほかならぬ光までも作り上げていると信じていて、「微粒子（corpuscle）」がシャワーのように降り注いだものが光だと考えていた。ニュートンは科学の世界に重力や光学、運動法則という大きな遺産を残したが、一八世紀の自然哲学者に「世界は原子からなる」という価値観を浸透させたこともその一つだといえる。とはいえ、原子の存在を示す証拠はとても少なかったし、原子という概念は、化学的現象を理解するにはほとんど役立たずだった。ラヴォアジエやプリーストリーが実験をしたり、理論を立てたりするときにも、微小の世界でなにが起こっているかをそんなに気にしなくてもよかった。かたくなに事実だけをよりどころとしていたラヴォアジェには、目に見えない原子を相手にしている時間はなかった。

原子が日の目を見るには、隠された原子の世界と科学の世界をつなぐ橋を誰かが築かなければならなかった。その人物は、イングランド北西部にある自然豊かで美しいカンバーランド州から現れた。ジョン・ドルトンだ。

原子を想像する

ジョン・ドルトンは一七六六年、イングランド北西部のイーグルスフィールドに生まれた。そこは、穏やかな起伏のある農地に囲まれた片田舎の小村だ。ドルトンが育った環境はどう見てもつつましいものだった。父ジョセフは織工で、家族は村の近くに狭い農地を所有して、農業をしていた。

しかし子ども時代のドルトンは二つの点で恵まれていた。一つ目は、彼が並外れて利口で早熟な少年だったことだ。生まれながらに好奇心旺盛で、情報をスポンジみたいに吸収することができた。二つ目は、ドルトンの家族がクエーカー教徒だったことだ。非国教徒であるこの宗派は学びを重んじている。特にドルトンの母は教育熱心で、家族がフレンド会〔訳注：クエーカー教の正式名称〕で築いていた人脈を活かして、一八世紀のイングランドの貧しい農家の息子はふつう受けられないような、きちんとした学校教育の機会を与えようとした。

ドルトンが幼い頃から気象現象に興味を抱き始めたのは、イングランド北西部では悪天候の日が多いことを考えれば当然だった。自宅からは、アイリッシュ海から流れ込んできた雨雲が、印象的な姿を見せるグラスムア山やグライスデール山の頂きを越えていくのが見えた。クエーカー教徒は必ずしも娯楽好きな人々ではない。酒は絶対に飲まないし、なにをするにも信心深い振る舞いを大切にする。しかし自然について学ぶことは、この世界で神がなせる業を明らかにする手段とされており、彼らに許された数少ない余暇活動の一つでもあった。ドルトンは少年時代に気圧や気温、湿度、雨量を毎日測定するようになり、この日課を亡くなるその日まで続けた。そして当時は知るよしもなかったが、この気象観測こそが、最終的に原子説へと彼を導くことになる長い道程の始まりだった。

教育面ではクエーカー教徒たちからの支援を受けていたものの、ドルトンの境遇は不安定で、一五歳になる頃には家計を助けるために農作業をしなくてはならなかった。将来の見通しは暗いように思えたが、彼を救ったのは、八〇キロメートルほど離れた市の立つ町ケンダルにあるクエーカー教徒の全寮制学校からの教師として働かないかという誘いだった。その学校にはクエーカー教徒たちが寄付した科学機器一式があり、ドルトンはすぐにその科学機器で実験をするようになった。さらにその頃、盲目の自然哲学者ジョン・ゴフに個人的に師事し、敬愛するようになった。ゴフのほうも熱心な十代の若者のことをすぐに気に入って、数学や科学を教えた。その中にはニュートンの原子説もあった。お返しにドルトンは、目の見えない師の代わりに本を読んだり、文章を書いたり、科学論文に載せる図を描いたりして手助けした。

ドルトンはもともと法律か医学を学びたいと願っていたが、イングランドの大学にはクエーカー教徒であるため入学できなかった。だがやがて、急成長中の工業都市マンチェスターに非国教徒が設立した新しいカレッジで教授の地位を得ることになった。

イーグルスフィールドから出てきた農家の息子にとって、マンチェスターは活気あふれる巨大都市だった。そこでは宗教と政治の急進主義、新しい科学理論、そして革新的なテクノロジーが変化を突き動かしていた。その速度は目も眩(くら)むほどで、きっと恐ろしさすら感じただろう。イギリスを世界有数の大国に変えつつあった産業革命の心臓として、強い鼓動を打っていたのがマンチェスターだった。煙を吐き出す蒸気機関を動力源とする新しい大きな紡績工場と、何列も並ぶ赤レンガの集合住宅が、街のスカイラインに立ち上がっていた。この街で科学というのは、上流階級の金持ちが個人の実験室で楽しむ道楽ではなく、成長しつつある技術者や熟練工、実業家のコミュニティーに欠かせないものだった。このうえなく素晴らしい土地にやってきたドルトンは、マンチェスターの広い科学の池に頭から飛び込んでいった。

ドルトンは気象にも関心を持ち続けていて、特に雨について熱心に考えていた。マンチェスターはいつも雨が降っているというのは、昔からイングランド南部人（私もそうだ）がいう冗談だ。さすがにちょっといいすぎではあるが、北西部では湿気に事欠かないのは間違いない。ドルトンは湖水地方が大好きで、休みの日には長い距離を散歩したものだが、そこはいつも霧雨が降っているような場所で、湿気を含んだ空気はひどく重く、それ以上水分を吸収できないのではないかと疑うほどだ。実をいえば、ドルトンが原子について考えるきっかけになったのが、まさにこの疑問だった。

ドルトンは、一定体積の空気が吸収できる水蒸気の量を調べる実験に取りかかった。その当時は、砂糖がコーヒーに溶けるように、水は空気に溶解すると考えられていた。コーヒー一杯に砂糖をスプーン一五〇杯以上入れると（これはスターバックスのシナモンドルチェラテに入っている砂糖の量よりも多いと思う）砂糖は溶け切ることができず、コーヒーカップの底に粒が残る。雨でも同じことが起こる。空気が水蒸気で完全にいっぱいになったら、水が凝縮して水滴になり、この水滴が雲になる。そして水滴が十分な大きさになると、雨が降り始めるのだ。

一方で、決まった体積の空間に空気をもっと詰め込んだら、もっとたくさんの水蒸気を吸収できるはずだ。マグカップにもっとコーヒーを注いだら、砂糖をもっと溶かせるようになるように。しかしドルトンの実験ではどうにもおかしな結果になった。ある容器内に吸収される水蒸気の量は、その中にある空気の量にかかわらずつねに一定だったのだ。まるで空気と水蒸気がどういうわけか互いを無視しているみたいで、同じ空間を占めていても相互作用をしないのだ。

こんな話が原子となんの関係があるんだ？　そんな声が聞こえる。実は、ここで重要になるのは解釈だ。ドルトンはこの実験結果を、空気と水蒸気がそれ自体と同じ種類の原子にしか力をおよぼさないことを示す証拠だと解釈した。空気の原子二個は互いに相互作用するし、水蒸気の原子二個も互いに相互作用するが、空気の原子一個と水蒸気の原子一個があっても、相手を完全に無視するのだ。これに似た状況として思いつくのは、二〇歳代初めによく呼ばれていた誕生日パーティーで、ちょっと気まずい思いをしたことだ。そういうパーティーにはたいてい二グループの参加者がいる。高校時代からの古い友人グループと、大学でできた新しい友人グループだ。私たちはみんな同じパーティーに出ているのに、部屋をうろつきながらそれぞれの仲間とばかりおしゃべりして、別の友人グループの存在に気づいたそぶりをほとんど見せない。ドルトンの説によれば、二種類の気体の原子はそれと多かれ少なかれ同じように振る舞うのだという。

ドルトンが一八〇一年にこの説を発表するとたちまち、マンチェスターにとどまらず、ヨーロッパ大陸のいくつもの科学アカデミーにまでおよぶ大反響が巻き起こった。ロンドンでは、奇妙な気体の吸入実験をしていたあのカリスマ化学者ハンフリー・デービーが、ドルトンの「混合気体」説にいたく興味を持った。一方で多くの一流研究者たちはその説に激しく反論した。ドルトンの古くからの師であり、友人でもあるジョン・ゴフもその一人で、そのことはドルトンの心を少し傷つけたに違いない。

ドルトンは、批判が間違っていることを証明しようと決意し、自説の揺るがぬ証拠が見つかることを期待して、ある一連の実験に取りかかった。その実験の過程でドルトンは、ほとんど偶然だが、他の気体よりも水に溶けやすい気体があるのはなぜかという問題に興味を持った。ドルトンが考えた答えはシンプルだったが、そこにはやがて本格的な原子説となるものの種が収められていた。気体の溶けやすさを決めるのは原子の重さであり、重い原子は軽い原子よりも溶けやすいというのがドルトンの主張だった。この説を確かめるためには、原子の種類による質量の違いをなんとかして突き止める必要があった。

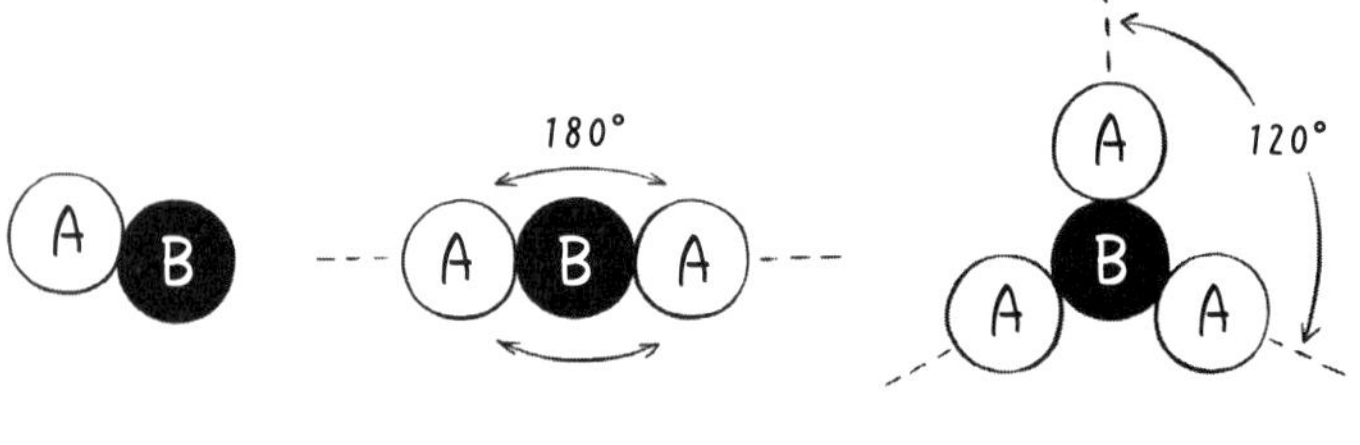

でもどうやって？　念のためにいうと、一九世紀初頭には、原子一個がもう少しで見えるというところにさえ誰も到達していなかった。原子の姿をとらえられるほど高性能の顕微鏡が発明されるのはそれから二〇〇年近く後だ。原子は単なる概念にすぎなかったし、たとえ存在したとしても信じられないほど小さいので、当時の科学者はみな、人間が原子を認識できる日は永遠にこないと考えていた。そんな原子の質量をドルトンはいったいどうやって測定できたのだろうか？

ドルトンはすばらしいひらめきを見せた。自らの混合気体説（同じ種類の原子のあいだにのみ反発力が働くと考える）を利用して、異なる元素の原子がいくつ結合して分子を作っているかを推定するのだ。ドルトンの推論は次のような流れだった。まず二種類の元素の原子が一個ずつあると考え、それぞれを原子Ａと原子Ｂと呼ぶ。この原子が結合して分子ＡＢになる。次に別の原子Ａがやってきて、仲間に入ろうとする。原子Ａ同士は互いに反発するので、新たにやってきた原子Ａは自然とほかの原子Ａからできるだけ離れようとし、原子Ｂの反対側にくっついて大きな分子ＡＢＡになる。さらにそこへ三個目の原子Ａがやってきたら、今度は他の二個の原子Ａとの角度が一二〇度になる位置にくっついて、Ｂを中心とした三角形のような配置になる。

ドルトンは、ＡとＢの化合物が一つだけ知られているならば、その分子は最もシンプルな構造、つまりＡＢになるはずだと推論した。ＡとＢの化合物が二種類あるなら、二種類目の分子は次にシンプルなＡＢＡになる。

たとえば、一九世紀初頭には炭素と酸素からなる気体は二種類知られていた。それぞれ「炭素酸化物」(carbonic oxide、無色の有毒ガスで、ハンフリー・デービーはこれを吸い込んで死にかけた。科学のためという建前だったのだろうが、ハイになる新たな方法を探していたのかもしれない)と、「炭酸」(carbonic acid、ジョゼフ・ブラックが発見した固定空気。やはり科学の名の下で多くのかわいそうなマウスを窒息させるのに使われた)と呼ばれる気体だ。ドルトンは、一定量の炭素と反応した酸素の重さをはかることで、炭酸には炭素酸化物の二倍の酸素が含まれていることを発見した。これに彼の原子説のルールをあてはめれば、炭素酸化物は最もシンプルな分子で、一個の炭素原子と一個の酸素原子からできていることになる(現在では一酸化炭素COと呼ばれる)。一方炭酸は、一個の炭素原子と二個の酸素原子からなる(現代では二酸化炭素CO_2になる)。

ついにドルトンは炭素原子と酸素原子の相対質量を突き止め、酸素原子の質量は炭素原子の約一・三〇倍になると計算した。この値は、現在知られている一・三三倍という値にかなり近い。推測と理論、実験の組み合わせで、ドルトンは原子一個の性質を測定し、それを通して隠された原子の世界を初めて垣間見ていたのである。

ドルトンは、自分がなにか大きなものをつかみかけていることに気づいた。もともと考えていた、水への気体の溶解という問題はすっかり忘れて、新しい原子説の研究に没頭した。負担の大きい教師の仕事に追われつつ、たまの休日には大好きな湖水地方の散策も楽しみながら、三年にわたって研究を続けたすえに、ドルトンは自らの考えを公表する用意ができた。

一八〇七年三月、ドルトンはエジンバラを訪れた。この街は当時、間違いなくイギリス最大の思想と科学の拠点であり、啓蒙主義が集まるるつぼだった。ドルトンはそこで、まさに元素の新たな革新的説明というべきものを発表することになっていた。その歴史的に重要な一連の講義を、ドルトンは考えつくかぎり最もイギリス人らしい方法で始めた。謝罪だ。「私が今からしようとしているのは、物理科学を生み出す地として当然ながら有名であるこのような街に、見知らぬ人間がみなさんの関心を引こうと踏み込んでくることであり、それはいくらか厚かましく見えるかもしれません」。しかし、そんなドルトンのうわべの謙虚さの影には強靭な決意があった。ドルトンは続けて、これから話す学説について、彼自身は実験によって証明されると確信しており、そうなればこの学説は、「化学の体系において最も重要な変化を生み出し[11]、あらゆるものをきわめてシンプルな、とりわけ理解力に欠けた人にでもわかりやすい一つの科学分野に還元するだろう」と宣言したのだ。

ドルトンがエジンバラでの講演で発表し、その後『化学哲学の新体系』という名著で世に広めた原子説によって、ついにラヴォアジェの元素説と古くからある原子論が結びついた。ドルトンの考えでは、すべての物質は分割も破壊もできない固体の原子から作られており、どんな元素も一定質量を持つ固有の原子でできている。化学反応というのは、木炭を燃やすことからアップルパイを焼くことまであらゆるものが、そうした異なる種類の原子を並べ替えて、さまざまな種類の分子を作ることでしかない。

ドルトンの原子説は、エジンバラだけでなく他の土地でもたちまち反響を呼んだ。ロンドンではハンフリー・デービーが、この説には、異なる種類の元素が互いに反応する方法を理解し、数量化するのに役立つという大きな潜在力があることにすぐに気づいた。ドルトンの原子説から予言された事柄の中で特に重要なのが、「倍数比例の法則」〔訳注：最近は「倍数組成の法則」とも訳される〕と呼ばれる規則だ。この法則をひとことでいえば、二種類の元素が反応して化合物を作る場合には、反応する元素の量のあいだには必ず一定の整数比が成り立つということであり、これは元素が独立した原子の集まりとして存在すると考えることから直接導かれる。

大気の主成分である窒素と酸素が反応して、亜酸化窒素と一酸化窒素、二酸化窒素を生成することを考えよう。七グラムの窒素を用意し、それを酸素と反応させてこの三種類の化合物をそれぞれ生成するという三とおりの実験をおこなうと、各実験で窒素と結合する酸素の量は四グラム、八グラム、一六グラムになる。ドルトンはこの結果から、亜酸化窒素、一酸化窒素、二酸化窒素の化学式がそれぞれN_2O、NO、NO_2になること、そして酸素が窒素とこのような一定比率でしか反応しない理由は、酸素原子の質量が窒素原子の質量の七分の八だからだということを突き止めることができた。

その後の数カ月で、元素が実際にドルトンの説のとおりに反応していることを示す証拠が他の実験化学者たちの手で発見されていくと、すぐにドルトンのもとには国中から賛辞が寄せられるようになった。ドルトンの原子説にかんする著書が刊行されたのと同じ年、ハンフリー・デービーはドルトンを、イギリスで最も権威ある科学組織、ロンドン王立協会のフェローに推薦することを考え、彼の説得を試みた。[*1]

しかし化学者たちはドルトンの原子説から導かれる結論を喜んで取り入れはしたものの、物理的な意味での原子が実在するという考えそのものに同意する人ははるかに少なかった。一八二六年に、当時王立協会会長になっていたハンフリー・デービーがドルトンにロイヤルメダルを授与するときにも、これは倍数比例の法則（ドルトンの原子説から予測される法則）の研究に対するものであって、物理的な原子が存在す

＊1　ドルトンは推薦を受けようとせず、デービーの打診をきっぱりと断っている。北部出身の誇り高き急進主義者だったドルトンは、王立協会を腐敗した政治体制の一部だと見なしていて、そんなものにかける時間などないと考えたのだ。当時の王立協会は、会長のジョゼフ・バンクスが自分の仲間でかためていた。世間からは、道楽で科学に手を出している物好きな金持ちが集まった、体のよい会員制クラブにすぎないと批判されていた。ドルトンは一八二二年に、知らないうちに友人に推薦されて、ようやくフェローになった。

るというドルトンの学説に対するものではないことを、デービーはしきりに強調したほどだった。

ドルトンはラヴォアジェの化学理論と原子説を結びつけたが、彼の考えは時代を先取りしすぎていた。原子が存在するかどうかをめぐる激しい議論はさらに一〇〇年ほど続いた。それをようやく決着させたのが、スイスのベルンの特許局で働く一人の若者だった。科学を永遠に変えること、それがその野心あふれる若者の運命だった。

アインシュタインと原子

あなたはきっと、アルベルト・アインシュタインの高校時代の教師に同情するだろう。なにをいいたいかというと、自分が受け持つクラスにアルベルト・アインシュタインがいることを想像してみてほしい、という話だ。当然ながら一八九五年の時点で、彼の教師たちは自分たちがあのアルベルト・アインシュタインを教えているとは知らなかった。彼は、黒髪のぼさぼさ頭で得意げな微笑みを浮かべた、いたずら好きのドイツ人のティーンエイジャーにすぎなかった。

アインシュタインができのよい学生ではなかったのは有名だ。彼はかなり幼いうちから、教師たちが教えてくれる内容よりずっと高度な数学や物理学を自分ひとりで学べることをわかっていて、十代半ばになると、学校に行くのは時間の無駄と考えるようになっていた。アインシュタインは、教師たちをわざと怒らせることにかけては特別な才能があったらしい。あるとき、父のヘルマンは学校に呼び出されて、あなたの息子は他の生徒にひどい悪影響を与えていると苦情をいわれた。ヘルマンが息子は具体的になにをしているのかとたずねたところ、教師は腹を立てた様子でこう答えた。「あの子は教室の後ろのほうに座って、微笑んでいるんです[12]」。

学校生活は必ずしもうまくいったわけでも、楽しいものでもなかったが、アインシュタインは物理学の道をこころざし、スイスのジュネーブにある、当時は比較的新しい大学だったスイス連邦工科大学（ポリテクニク）に一度不合格になりながらも入学した。当時「ポリー」と呼ばれていたこの大学での生活は、アインシュタインにとって楽しいものだった。新たに手にした自由を謳歌し、すぐに強い絆で結ばれた友達グループを作って、ほとんどの時間をカフェで過ごしたり、湖でセイリングをしたりするようになった。パーティーでバイオリンを演奏すると、若い女性たちはそれにうっとりと聞き入った。生涯の親友となるミケーレ・ベッソと出会ったのも、そんな華やかなパーティーの席だった。ベッソは六歳年上の機械工学者で、アインシュタインは多くの時間を、二人の行きつけのカフェでパイプの煙がたゆたう中、科学や哲学、政治の世界での最近の論争について議論して楽しく過ごすことになる。

さまざまな話題におよんだ議論の中で、ベッソはアインシュタインに、オーストリアの物理学者で哲学者のエルンスト・マッハの研究を紹介した。マッハは原子説に強く反対する立場であり、原子というのはよくできた作り話にすぎず、もっと大規模な物体の挙動をたまたま説明できるだけだといっていた。原子自体が人間のじかに感知できる範囲の外にあるかぎり、それが存在するという説は信仰の問題であって、科学の問題ではないというのがマッハの主張だった。

マッハのいうことには一理あった。ドルトンが原子説を発表してから一〇〇年近くたっていたが、原子の存在を示しているのはいまだに状況証拠がほとんどだった。それでも、一九世紀のあいだに原子説はいくつか大きな成功を収めていた。化学の世界では、原子と化学式（異なる種類の化合物を、構成単位となる原子の観点から記号を使って表す方法。たとえば亜酸化窒素はN_2Oと表す）を融合させると、有機分子の反応を詳しく調べるのにきわめて便利だった。ドルトンが取り組んだ原子の相対質量の測定も大きく前進していて、たとえば水はHOなのか、それともH_2Oなのかといった、分子の原子組成について曖昧だった部分のほとんどが解決していた。

このころには、気体の挙動についての考え方である「気体運動論」〔訳注：「気体分子運動論」とも〕に、強力な説が新たに登場していた。気体運動論では、気体というのはなにもない空間を飛び回る大量の微小な原子のことであり、そうした原子は怒った小さな蜂の群れのように容器の壁にあちこちでぶつかっているとされた。このようにイメージすると、温度や圧力のような、気体の測定可能な性質をすっきりと説明できるようになった。ラヴォアジェは熱を、「カロリック」（熱素）という物質によるものと考えており、自分の元素のリストにもカロリックを含めていた。気体運動論はこのカロリック説を捨てた。熱というのは、原子がビュンビュン飛び回る速度がもたらす結果にすぎないのだ。原子の運動速度が速いほど、気体の温度は高くなる。ここから、気体を加熱すると圧力が増すことも説明できた。温度が高くなると原子の運動速度が速くなって、壁にぶつかる頻度が高くなり、その力も強くなる。そのために、圧力が上昇するのだ。

気体運動論は、最も古い形のものが一七三八年にダニエル・ベルヌーイによって提案されてから、長いあいだほとんど姿を変えていなかった。しかし一八六〇年代以降、ジェームズ・クラーク・マクスウェルやジョサイア・ウィラード・ギブズ、ルートヴィッヒ・ボルツマンがこの理論を改良し、互いに連続的に衝突している原子が気体の測定可能な性質をどのように決めているかを統計学で記述するようにした。この新しい統計学的な気体運動論では、熱伝導だとか、部屋の片隅で放出されたくさい気体に部屋の反対側にいる人が気づくまでの時間[*2]みたいな身近な現象を説明できただけでなく、まったく新しい現象を予測することもできた。[*3]

一八九六年にアインシュタインとベッソがコーヒーとタバコで勢いづいて議論していた頃には、気体運動論の前進は停滞していた。この理論は数々の成果をあげてきてはいたが、とりわけやっかいないくつかの問題でつまずいていて、理論自体が根底から覆されてしまう可能性を残していた。しかしなにより困るのは、誰も原子を見たことがないという指摘がいまだに正しかったことだ。

オーストリアのウィーン大学では、気体運動論の本質にかかわる議論が繰り広げられていた。対立していたのは、気体運動論の重要人物であるルートヴィッヒ・ボルツマンと、その理論の宿敵エルンスト・マッハだ。ボルツマンはマッハからの批判にひどく苦しめられ、死ぬ前の数年間は大切な気体運動論を果敢に擁護することに没頭した。物理学者のほとんどがボルツマンの側についたが、マッハや大勢の名だたる化学者たちは頑として考えを変えなかった。

一方チューリッヒでは、若きアインシュタインがこの議論に興味を持って、その行方を見守りながらいらいらをつのらせていた。ボルツマンが正しく、マッハは間違っているとアインシュタインは確信していた。気体運動論の成果がすべてまぐれだなんてあり得ない。原子は実在すると考えたアインシュタインは、大学を卒業したらすぐに二〇〇〇年来の議論にすっぱりと決着をつけようと心に決めていた。しかし残念

＊2 「くさいといい出した人がおならをした人だ」とよくいうが、気体運動論の成果のひとつが、この経験則にしっかりとした理論的基礎を与えたことだ。

＊3 この理論の最大の功績は、「気体の密度を高めても粘性（粘り具合）は高くならない」という完全に直感に反する予言をしたことであり、それが正しいことはすぐに実験で確かめられた。考えてみると、これはかなり奇妙だ。通常の空気中で揺れる振り子が受ける空気抵抗と、空気を半分抜いた気密容器の中で揺れる振り子が受ける抵抗が変わらないということなのだから。

なことに、昔からの悪い習慣というのはなかなか変わらないもので、大学での学業ははかばかしくなく、試験では学年で最低点を取り、敬愛するヘルマン・ミンコフスキー教授のいうところでは、「怠け者」の名を取っていたという。仕事を見つけるのにも苦労し、最終的には臨時教師の仕事で生計を立てなければならなかった。

生活が楽になったのは、一九〇二年にスイスのベルンで特許局の職を得てからだ。その仕事では大学教授の助手の二倍にあたる給料がもらえたうえ、仕事自体も楽で、本業のかたわら科学研究ができるほどだった。実際、余暇だけでなく勤務時間中にも研究をしていたことを、後になって本人が認めている。

収入が安定したことで、大学時代のガールフレンド、ミレヴァ・マリッチとようやく結婚できるようにもなった。ミレヴァとはポリーで出会い（ミレヴァは同学年で唯一の科学専攻の女子学生だった）、恋愛と科学の両方の面で真剣な付き合いをしていた。アインシュタインは、人生と物理学研究をともにできるパートナーを持てるという思いが先走っていたようで、両親の反対や親しい友人たちの疑念をおしてミレヴァに結婚を申し込んだ。気の毒なことにミレヴァ自身は卒業試験に失敗し（これにはボーイフレンドの悪影響もあったかもしれない）、そのうえ再試験を受けるときには妊娠していて、彼女自身が科学の道に進むという夢は断たれてしまった。

一九〇三年になると、二人のあいだに恋愛感情はすっかりなくなっていた。アインシュタインが後に語ったところでは、ミレヴァと結婚したのは義務感からだったという。それでも二人は静かな家庭生活を送るようになっていた。ミレヴァは、進めたかもしれない科学の道が閉ざされたことや、結婚する前に子どもを産むという、厳しい禁欲主義からみれば不名誉な事態を受け入れていたようで、家事を気分よくこなし、夫の面倒もほぼすべてみていた。特許局での仕事が楽だったこととならんで、生活上の悩みがなかったことが、アインシュタインの研究人生で最も充実した時期の土台になっていたといえる。

一九〇五年は科学史ではもはや神話になっている。この年、アインシュタインはわずか数カ月の間に四本の論文を発表したのだ。それぞれの論文が物理学の世界に与えた衝撃の余波は今でもまだ感じることができる。四本のうち、二本はまさに革命的な論文だった。一つは時間と空間の概念をくつがえし、もう一つは量子時代の幕開けを告げた。相対性理論と量子力学が美しくも不安をもたらす理論なのは、世界のあるべき仕組みをめぐる私たちの最も基本的な考え方に異議を唱えているからだ。この二つは現代素粒子物理学を築くうえでの柱になっている（相対性理論と量子力学は次章以降で何度も出てくるが、今はまだ詳しい話をするには早い）。

信じられないことだが、この四本の論文の中でおそらく革新性が最も低かったといってよいのが、原子の存在をついに証明した論文だった。一九〇五年がアインシュタインの「奇跡の年」と呼ばれている理由はこんなところからもわかる。この論文の前座のような役目を果たしたのが彼の博士論文だった。これは砂糖の水溶液というやや意外なものを対象にしているように見えるが、実際には砂糖分子の数とサイズを計算する巧みな方法を提案するものだった。アインシュタインはその計算から現在認められている値にかなり近い値を導き出したが、それでも分子や原子が存在する証拠とはいえなかった。アインシュタインの計算は、気体運動論の基礎になっていたのと同じ、いくつもの未証明の仮定に基づいていたからだ。

アインシュタインに必要だったのは決定的な証拠、つまり原子にしか残せないはっきりとした痕跡だった。原子は顕微鏡で直接見るにはあまりに小さすぎることをアインシュタインはわかっていたが、それなら目に見えるくらい大きな粒子に原子がおよぼす影響を見る方法があるとしたらどうだろうか？

一八二七年、スコットランドの植物学者ロバート・ブラウンは、顕微鏡で花粉の観察中に奇妙な現象を発見した。小さな粒子が花粉の粒のあいだでずっと小刻みに揺れ続けているのだ。この現象の原因が、花粉の中に存在する生体分子だという説もあれば、近くを通過する馬車の振動だという意見もあったが、「ブラウン運動」と命名されたこの振動現象には当時うまい説明がなかった。三〇年ほど後の一八六〇年代、二人の科学者が新しい説明を提案した。花粉粒子が動いているのは、個々の水分了が絶えず衝突しているからではないか、というのだ。水分子自体はとても小さいので顕微鏡では見えないが、より大きな粒子にぶつかればその影響が見えるかもしれない。問題は、水分子一個はきわめて小さく、運動速度もとても遅いので、ずっと大きな花粉粒子の位置をはっきりわかるほどには変えられないことだ。航空母艦に小魚が一匹衝突しても、その針路が大きく変わることはない。それと同じだ。

アインシュタインは、一つひとつの水分子の衝突では花粉の粒子くらい大きなものを目に見えるほど動かせないが、多数の衝突が起これば、累積的な効果によって動かせるかもしれないと気がついた。分子の熱運動論によれば、水中に浮かぶ一個の花粉粒子は数千個の水分子に囲まれており、この水分子はすべて水の熱の働きで小刻みに振動している。この振動は本質的にランダムなので、花粉粒子の一方の側に衝突する水分子の数が、反対側に衝突する数より多くなることがある。そうすると足し合わさった力は花粉粒子を動かせるほど大きくなる。

こうした累積的な効果によって、花粉粒子は液体の中で「ランダムウォーク」という動きをする。そのジグザグの進み方は、酔っ払いが夜道をふらつきながら歩くのにちょっと似ている。ある瞬間にある方向に押された花粉粒子は、次の瞬間には別のランダムな方向に押される。そうやって進むあいだの各ステップはランダムだが、その粒子は時間とともにスタート地点からどんどん離れていく。アインシュタインが目指したのは、一個の花粉粒子が一定時間内に進む平均距離と、一定体積の水の中にある分子数を結びつけることだった。

素晴らしい物理学の知識と非常に巧みな数学を駆使して、アインシュタインがたどり着いた一本の数式は、水分子の数と、花粉粒子がスタート地点からジグザグの動きで進む距離が反比例することを示している。ここでアインシュタインが決着をつけようとしていた重要な論争を考えてみよう。この論争では、物質は原子でできていると主張する陣営と、原子は物理学者の想像力が生み出した作り話であり、物質は連続的だとする陣営が対立していた。物質が連続的なら、どんな物体でも、つまりアップルパイでも水滴でも、無限に小さい無限個のかけらになるまで分割できることになる。別のいい方をすれば、一個の水滴には無限に小さい水分子が無限個存在しているということだ。それが正しいとすれば、アインシュタインの数式にしたがうと、花粉粒子はまったく動かないことになる。考えてみればだいたいわかる。水分子が実質的に無限個あるなら、花粉粒子はあらゆる方向から常に同数の（つまり無限個の）水分子に押されている。そうなると、その花粉粒子が受ける力はいつでも完全にバランスが取れているので、花粉粒子はぴくりとも動かないはずだ。

しかし実際には花粉粒子は動いている！　つまりアインシュタインは、原子が実在すると考え<u>な</u><u>け</u><u>れ</u><u>ば</u>、ブラウン運動を説明できないことを証明していたのだ。それだけでなく、一個の花粉粒子が一定時間内に動き回る距離をもとに、水滴中の水分子の数を計算する新しい方法を考え出していた。

こういうとかなりすっきりとした話に聞こえるが、残念ながら科学の歴史というのはそんなに単純なものではない。実際にはアインシュタインは、ブラウン運動を説明することから始めたわけではない。アインシュタインが目指していたのは原子の存在を証明する方法を見つけることであり、計算を終えたところでようやく、ブラウンが発見していた花粉粒子の振動とのつながりに気づいたということのようだ。そして論争に決着をつけるためには、水中での小さな粒子の動き回り方が自分の数式に正確に一致することを示す、実験による証拠が必要だと考えていた。論文の終わりでアインシュタインは、実験物理学者に向けて次のような挑戦の言葉を投げかけている。「ここに提示した問題を解決することは、熱の理論〔気体運動論〕とのつながりで非常に重要であり、すぐに成功する研究者が現れると期待している」[13]。

最終的にアインシュタインの挑戦に応えたのは、フランス人物理学者のジャン・バティスト・ペランだった。一九〇八年から一九一一年にかけて、ペランは弟子たちとともに離れ業めいた実験を何度もおこなって、アインシュタインの予測をあらゆる面から実証した。アインシュタインの素晴らしい理論研究とペランの巧みな実験によって、あのジョン・ドルトンが正しかったことがようやく証明されたのである。長年の論争はついに決着をみた。物質は原子からできている。

私たちはこれでやっと、カール・セーガンがいっていた、「個々の原子にたどり着くには、アップルパイを何回切る必要があるか？」という最初の質問に答えることができる。ペランはアインシュタインの数式を実証するのと同時に、アボガドロ数も計算していた。アボガドロ数を使えば、たとえばアップルパイなどの物質が一定質量あるときに、そこに含まれる原子や分子の数を求められる。私はミスター・キプリングのアップルパイを一個、キッチンスケールで測ってから、手早く計算してみた。するとそこに含まれる原子の数はおよそ四兆×一兆個にもなった。

では、それほどある原子の一個までたどり着くには、アップルパイを何回切らなければならないだろうか？「コスモス」でカール・セーガンがいっている答えは「二九回」だ。ただ、あの番組のアップルパイは私のよりちょっと大きいので、自分で答えを確かめたほうがよいだろうと私は考えた。試算してみて愕然とした。あの偉大なカール・セーガンが勘違いをしていたのだ！　彼の計算では、アップルパイを一次元的に切ることだけを考えている。そうなると、切り終えた一切れの厚みは確かに原子一個分だが、高さと奥行きは切る前と変わらないのだ。正しい質問のしかたは、「最後の二切れがそれぞれ、最初のアップルパイの一兆分の一の一兆分の一のさらに四分の一、つまり原子一個になるまでには、何回切る必要があるか」になる。そうすると八二回という正しい答えが出る。こういっているあいだにも、間違いを指摘する手紙が「コスモス」を放映したＰＢＳのプロデューサーのもとに飛んでいっている。カール、申し訳ない。

ともかく、ちゃんとした科学者なら自分の理論予測を確かめるべきだから、私は家にある一番よく切れる包丁を選んで、実際に切ってみた。一四回くらい切ったところで、目の前にあるのはぼろぼろと崩れる塊になってしまった。正直なところ、そこまでいってもアップルパイが原子のレベルでどんな構成になっているのかさっぱりわからなかった。問題は、原子がとんでもなく小さいことだ。炭素原子一個の直径は一億分の一メートルくらいだ。そんなに小さいものを想像できないというなら、偉大な理論物理学者リチャード・ファインマンの比喩がわかりやすいだろう。ふつうのリンゴを地球の大きさにしたら、そのリンゴを作っている一個の原子は、元のリンゴのサイズと同じくらいになるというのだ。人間が作った包丁には、アップルパイをそんなに細かく切れるほど鋭いものはない。ではどうすれば、アップルパイが本当に原子でできていることを確かめられるのだろう？　実は、乳鉢と乳棒、そして顕微鏡さえあればいい。

私はまず、実験で作ったアップルパイの黒い炭の一部を乳鉢と乳棒で砕いた。残念ながら、私が作ったアップルパイの炭は思っていたほど純度が高くないことがわかった。かなりの量の油分や水分がまだ含まれていたらしく、砕いて細かい粉末にしたかったのに、ペースト状になってしまった。強火で熱して、最後まで残った不純物を追い出すと、求めていた乾燥粉末がなんとかできた。次に、最初の実験でできた黄色い液体を顕微鏡のスライドに一滴垂らし、そこに先ほどの炭の粉末を少量振りかけた。そしてそのスライドを顕微鏡のステージにそっと載せて、接眼レンズをのぞいた。

倍率四〇〇倍で見ると、粉末の粒子は巨大で、視野のほぼ全体を占めていた。炭の砕き方が足りなかったんじゃないかと不安になって、スライドを取り外そうとしたそのとき、視野の左下にずっと小さな黒い粒子の集まりがあるのに気づいた。顕微鏡のピントを調節して、できるだけじっと見ていると、突然見えた。粒子が動いているのだ。穏やかに流れているのなら、液体中の流れを示す動きだったかもしれないが、その粒子はそうではなく、揺り動かされるように振動していた。ブラウンが最初、生体分子を発見したと思った理由がすぐにわかった。その粒子は本当に自ら踊り回っているみたいに見えたのだ。私は心からうれしくなった。その気持ちは、私が夜空に見える黄色っぽい点に初めて望遠鏡を向けたら、土星の完璧な像が見えたときと同じものだった。あの土星には、いくつもの輪や、針で刺したような小さな月もちゃんとあって、宇宙の暗闇の中に浮かんでいた。ばかみたいに聞こえるかもしれないが、土星を見た瞬間の私の反応は「オーマイゴッド！　本物だ！」だった。本やテレビで見る土星の画像とは別物で、実際に自分の目で見る土星には、それまで感じたことのない存在感があった。

踊るように動いている、焼却処分されて黒くなったアップルパイのかけらは、私に土星と同じような、まったく予想もしない作用をおよぼした。もぞもぞ動き、ジグザグに進む動きのそれぞれが、驚くほど小さいが間違いなく実在する（ことが急にわかった）原子が与えた、目に見えない無数の打撃のためだと考えてみると、不思議な感動があった。物理学者にとって原子の概念はあまりに身近なので、どこか無意識に受け入れているところがある。今回は、原子が存在する証拠を自分の目でしっかり見るという、これまでほとんどなかった機会であることに私は気づいた。少なくとも他でもないこのアップルパイの一部が本当に原子でできていることを示す、確たる証拠が見つかったのだ。[*4]

もちろん、原子で話は終わりではない。矛盾しているようだが、ペランの実験で原子が存在することが決まる少なくとも一〇年前から、ヨーロッパのいくつかの実験室では、原子がもっと小さなものから作られている兆候が見つかりつつあった。そうした発見がもたらした影響は大きく、物質や自然法則をめぐる私たちの理解を根本から揺るがすとともに、かつて想像しなかったような力を解き放つことになる。

＊4　厳密にいえば、証明されたのは、アップルパイから出てきた悪臭のする黄色の液体が分子からできていることだ。黒い粒子にたえず打撃を与えて、振動する動きを引き起こしているのは、液体中の分子だからだ。

3章

原子の材料

原子は小さい。とんでもなく、いいようがなく、想像を絶するほど小さい。どのくらい小さいかというと、この文の終わりにあるマルの直径に炭素原子を五〇〇万個並べられるくらいだ。正直なところ、その小ささはあまりピンとこないかもしれない。直径が一ミリメートルの一〇〇万分の一より小さいものを思い浮かべろといわれてもなかなか難しい。そもそも、あなたが今まで自分の目で見た一番小さいものはなんだろうか？　日差しの中に漂うほこりとか、ノミとかだろう。実はそのどちらも、原子と並べればとんでもなく巨大だ。

そんな気が遠くなるほどの小ささを考えれば、そもそも、原子自体の材料を話題にできることがとんでもない驚きだといえる。私たちにそれができるのは基本的には、二〇世紀初めの数十年におこなわれた、素晴らしい、そして少なくとも現在の基準でみれば信じられないほどシンプルな四つの実験のおかげだ。

その時期はいわば実験物理学の英雄時代だった。この頃は、質素な大学実験室でせっせと研究に励む一人か二人の研究者だけで、本当に重要な発見を成し遂げることができた。今日、素粒子物理学の世界で画期的な発見をするには、何千人もの物理学者や工学者、技術者が参加し、ユーロやドルやポンドや円といった資金が、数十億単位まではいかなくても数百万単位でつぎ込まれる、とてつもなく大規模な国際共同研究が必要だ。私はLHCb実験で、世界各国から集まった一二〇〇人以上の人々と一緒に仕事をしている。そのLHCbは、LHCに四基ある粒子検出器では最小だ。そしてLHC本体は、計画から設計、建設までほぼ四〇年かかっている。それとは対照的に、最も初期の亜原子粒子実験はどれも、わずかな資金でこしらえた、実験室の作業台に楽に収まる程度の装置を使っていた。

そんなわけで、アップルパイの基本材料を探して原子の奥深くを調べるにあたって、原子の基本材料が初めて見つかったこの英雄時代にさかのぼりたい。しかしその前に、一九世紀末の時点で、物質の構造がどんなふうに考えられていたのかを振り返っておいたほうがいいだろう。ジョン・ドルトンの理論に基づいて、あらゆる元素は対応する一個の原子、つまり物質が取りうる最小単位からなるとされている。しかし原子は分割できないという性質が広く受け入れられていたわけではない。一八一五年にイギリスの化学者ウィリアム・プラウトは、異なる元素はどれも究極的には水素原子が結合してできたものだとする説を提唱した。この説は、どの元素を見ても、原子の質量が水素の質量のほぼ整数倍になっているらしいという、不可解な事実にもとづいていた。しかしプラウトの説を支持する人が少なかったのは、一つにはプラウトが明らかにいい加減な実験から得たデータを使ったり、数を都合よく丸めていたのが理由だった。一方で、原子質量が水素の三五・五倍にあたる塩素のように、仮説にうまく合わない元素があるせいでもあった。さらに、プラウトの説が正しいなら、鉛原子から水素を数個削り取れば、鉛から金を簡単に作り出せることになる。それは錬金術師の古くさい一攫千金のやりかたを復活させることになると考えて、愕然とした化学者が多かったことも、プラウトの説が広く認められなかった理由だ。

原子の内部にさらに小さな構造があることをうかがわせる別の大きな状況証拠は、一八六九年にロシアの化学者でチーズ工場の調査官もしていて、理髪師たちの嘆きの種[*1]でもあったドミトリ・イヴァーノヴィチ・メンデレーエフによってもたらされた。長い列車の旅を重ねていたメンデレーエフは、トランプでソリティアをするうちに、異なる元素を表すカードを原子質量の順番に並べていけば、元素の化学的な性質が奇妙な規則性をもって繰り返すことに気づいた。そこで元素を並べて周期表を作ってみると、そこには

＊1　メンデレーエフは、髪を切り、髭を整えるのは年に一度だけと決めていたので、『指輪物語』のガンダルフとレオナルド・ダ・ヴィンチ、そしてディケンズの『オリヴァー・ツイスト』に出てくる老人フェイギンをうまく混ぜ合わせたような風貌をしていた。

三つの空きができた。それを埋めるにはまったく未知の元素が必要だと考えることで、メンデレーエフは三つの新しい元素の存在を予言できた。数年のうちに、メンデレーエフが予言したのとほぼ同じ性質を持つ三つの元素が姿を現してくれた。ガリウム、スカンジウム、ゲルマニウムだ。

そういった元素間の関係はどこからくるのだろうか？　少なくとも、元素が無関係の材料を適当に集めてきたものではないことを、周期表は疑いの余地なく示していた。原子の性質にはもっと深遠な秩序らしきものがあるのは確かだった。それは、原子に内部構造があるということでは必ずしもなかったが、思わせぶりなヒントではあった。とはいえ、立ちはだかる錬金術の亡霊が大きすぎて、本当に原子がもっと小さな材料からできていると化学者や物理学者に信じさせるには、説得力のある実験的証拠が必要だった。そこで登場するのが英雄時代の実験その一だ。その実験がおこなわれたケンブリッジ大学のほこりっぽい実験室こそ、素粒子物理学が誕生した現場だといえる。

プラムプディング

ケンブリッジ大学のコーパス・クリスティ・カレッジの裏手にのびる静かな路地沿いに、世界で最も有名な建物の一つと呼びたいものが建っている。旧キャヴェンディッシュ研究所だ。ほんの目と鼻の先にあるキングスパレードは、大勢の観光客や、ボートツアーの客引き、いらつくタクシードライバー、自転車に乗った学生がひしめき合う騒々しい場所だが、ここはいつもひっそりとしている。名所めぐりをしている観光客がキャヴェンディッシュ研究所にやってくることはほとんどなく、その分の時間を、ケンブリッジ大学の中世建築をぽかんと口を開けて見つめたり、法外な値段の平底船ツアーに放り込まれたりすることに費やしている。しかしときには、少人数の旅行者グループが古い研究所の外に集まっているのを見かける。彼らは、日によってはアーチ付きの玄関の下でイギリス特有の霧雨をしのぎながら、その壁の内側でかつておこなわれた、世界を変えた発見の数々について、ツアーガイドが早口でしゃべりたてるのを聞く。そして五分くらいするとよろよろと歩き出し、たいていはパブ「イーグル」に向かう。そこはキャヴェンディッシュ研究所の研究者だったフランシス・クリックとジェームズ・ワトソンが、DNAの二重らせん構造に「生命の秘密」を発見したと発表したことで有名な場所だ。

正面の壁には小さな銘板が打ち付けられているものの、それ以外には、ここがとても重要な出来事の舞台であることを示す証拠はほとんどない。そのことを私はずっと不満に思っている。もし素粒子物理学が宗教だったら、ここは聖地の中の聖地だ。毎年、巡礼者の一団が旧キャヴェンディッシュ研究所に殺到して、かつて科学者たちが原子の内部構造を突き止め、自然界の新たな構成単位を明らかにした建物の廊下を歩き回ったり、そこにある石材に触れたりするはずだ。きっと土産物店もあって、アーネスト・ラザフォードやJ・J・トムソンの安っぽい陶製人形なんかが売られているだろう。いずれにせよ、素粒子物理学は宗教ではないので（ちょっとがっかりだが、たぶんそのほうがいいだろう）実際には、物理学科が一九七〇年代中頃に、あちこちがきしむ古いヴィクトリア朝様式の建物を捨てて、街外れにあるもっと広々とした建物に移ると、大学側は古い研究所に社会科学者を入れた。そして壁には銘板を打ち付け、歴史に対して形ばかりの敬意を示した。

それでもときおりこの場所を訪れる巡礼者たちは長年途絶えることがない。「コスモス」第九話では、アップルパイのシーンの直後、カール・セーガン自身がキャヴェンディッシュ研究所の古い階段教室に登場し、そこが「原子の性質が初めて理解された」場所だと宣言する。この後説明していくように、それはやや過大評価というべきだが、キャヴェンディッシュ研究所の物理学者たちに、そのパズルのかなりの部分を解いたというだけの資格があったのは確かだ。一九世紀が終わろうとする頃、そのパズルの最初のピースを見つけ出したのは、この研究所の所長だったジョセフ・ジョン・トムソンである。

学生たちから親しみをこめて「J・J」と呼ばれていたトムソンが、イギリスの実験科学を代表する研究所のトップになるというのは、ちょっと意外ではあった。数理物理学者として教育を受けていたトムソンは、手先が不器用なことで有名だった。[14]彼の実験助手は、上司が研究用の壊れやすいガラス管に手を触れないよう、[15]いつも気をつけていたほどだ。しかしトムソンには巧妙な実験方法を考え出す才能と、興味深い問題を見つける鋭い嗅覚があった。一八九六年初頭、そういう問題がなんの前触れもなくやってきた。ドイツでヴィルヘルム・レントゲンが、人間の肉を通り抜け、その下の骨をあらわにすることができる、奇跡のような新種の放射線を発見したのだ。レントゲンが公開した、妻アンナの手の骨を写した気味の悪い写真は、世界に大反響を巻き起こした。アンナはその写真をこわがって、「自分の死体を見たわ」といったという。このミステリアスな新しい形の放射線には、それにふさわしい謎めいた名前が与えられた。X線だ。

レントゲンは、クルックス管の端からX線が出ているのを発見していた。クルックス管というのは、ガラス管の両端を閉じて、内部の空気をほぼすべて抜き、二個の電極を取り付けた実験装置だ。クルックス管に高電圧をかけると、負の電極（陰極）から正の電極（陽極）に向かっていわゆる陰極線が流れ、管の端に衝突して奇妙な緑の光が生じることが数十年前から知られていた。レントゲンのX線は、陰極線がガラスに衝突する部分から発せられているようだった。しかし陰極線の存在は一八六〇年代から知られていたのに、実際にそれがなんであるかは誰も知らなかった。

レントゲンの発見と、X線という新たな放射線が持つ科学的な可能性に刺激を受けたトムソンは、陰極線の真の性質を明らかにすることを目標に定めた。陰極線については、当時は大きく二つの説があった。一方の説では、陰極線は電波や光、あるいは新たに見つかったX線のような電磁波の一種としていた。もう一方の説では、陰極線は負の電荷を持つ粒子の流れとされていて、具体的には負の電荷を持つ原子、つまり陰イオンの可能性が最も高いと見られていた。トムソンはそれ以前の数年間、気体を電気分解してイオンにする研究を主におこなっていたこともあり、陰極線は負の荷電粒子だと固く信じていた。問題は、それをどうやって証明するかだった。

一八九五年にはジャン・バティスト・ペランが、コップ形の金属部品に陰極線を発射すると、その中に負の電荷が蓄積することを発見していた。ペランはこれを、陰極線が実際に負の荷電粒子である証拠であると見なした。しかし多くの物理学者はその見方に納得せず、この負電荷は陰極線そのものの一部ではなく、その副産物にすぎないと反論した。

トムソンはペランの実験を引き継ぐ形で研究を始めた。ただし実験方法を変えて、金属のコップを陰極線の発射方向からそれたところに置くようにした。クルックス管のスイッチをオンにすると、一直線に進んだ陰極線はコップにぶつからず、負電荷はたまらなかった。しかしトムソンが磁場を使って陰極線を直線の経路からそらし、コップに向けると、あら不思議！　負電荷が検出されたのだ。つまり、負電荷は必ず陰極線と同じところに向かうようだった。トムソンは、それまでは多少疑うところがあったかもしれないが、これで陰極線が負の荷電粒子であることをすっかり確信するようになった。ただ、それがどんな種類の粒子なのかは相変わらず不明だった。それは原子なのだろうか？　それともまったく別の粒子だろうか？

きっぱりと決着をつけるには、陰極線の粒子の質量を知る必要があった。陰極線の粒子は負の電荷を持つ原子だというトムソンの推測が正しいなら、その質量は、最も質量が小さな既知の原子、つまり水素の質量よりも大きいはずだ。難しいのは、とんでもなくサイズが小さいものの質量をどうやって測るか、ということだった。前にもいったように、原子のサイズを間接的にでも計測できるようになるのは、それから一〇年以上先のことだ。

しかし方法が一つあった。陰極線が磁場内を通過するときにどのくらい曲がるかを調べるのだ。粒子は重いほど曲がりにくい（カーブを曲がるトラックを考えればわかる。積荷が重いほど、トラックが横滑りして道路から飛び出しそうになるので、それを防ぐのに必要なタイヤの摩擦力は大きくなる）。問題は、粒子がどのくらい曲がるかは、質量だけでなく、粒子の速度と電荷によっても決まることだ。高速で運動する粒子はゆっくり運動する粒子よりも曲がりかたが小さい。一方で、電荷が大きいほどより強い磁力を受けるので、曲がりかたは大きくなる。そのため、トムソンは陰極線の質量そのものを測定することはできなかった。ただし陰極線の質量と電荷の比であれば、測定結果から求められた。

トムソンが計算をしてみると、衝撃的なことがわかった。陰極線粒子の電荷に対する質量の比を水素イオンと比べると、およそ一〇〇〇倍小さいことがわかったのだ。考えられる解釈は二つしかなかった。陰極線粒子の電荷が水素イオンよりもはるかに大きいか、陰極線粒子の質量が水素イオンよりもはるかに小さく、おそらく数千分の一であるか、どちらかだ。トムソンは、ドルトンの分割不可能な原子よりさらに基本的な構造の兆候をとらえることができていたのだろうか？

一八九七年四月三〇日金曜日、トムソンは、王立研究所の有名な「金曜講話」で研究結果を発表するため、ロンドン行きの列車に乗った。王立研究所のオーク材張りの講堂では、夜会服で正装した科学界のお偉方が傾斜の急な階段状の座席にぎっしりと座っていた。トムソンは、かつてハンフリー・デービーが派手な化学実験で聴衆の心を奪ったのと同じ机の後ろに立ち、新しい原子説がいかに正しいかを説いた。独特の歩き方で講堂内を行き来しながら、トムソンはランカシャー地方特有の軽く弾むような抑揚のある口調で、自分が最近おこなった実験を紹介し、陰極線が最小の原子よりはるかに小さい負の荷電粒子であることを示す証拠を説明した。それだけでも十分に驚くべき主張だったが、トムソンはさらに過激な最終結論を付け足した。そういった粒子に「微粒子（corpuscles）」[*2]という名を与え、それがすべての原子の基本的な構成単位だとしたのだ。トムソンが用いたガラス管内では、電気力によって原子が文字どおりばらばらになり、負の電荷を持つ粒子が原子の牢獄から解放されて流れ出していた。トムソンは、分割不可能な原子を分割していたことになる。

講義を聞いていた科学者たちはおしなべて懐疑的だった。その場にいたある人は後に、トムソンは「聴衆をからかっている[16]」のだと思ったと語っている。陰極線が負の荷電粒子だという主張までは多くの人に喜んで受け入れられたものの、そういう粒子が原子を構成しているという説は勇み足だったといえる。トムソンはどう見ても調子づいて、自分の実験で裏付けられた範囲を超えた主張をしてしまったようだ。驚くべき主張を疑っている人たちを納得させようとするなら、本当に驚くべき証拠が必要だった。

トムソンは実験室に戻ると、実験助手で、「イングランド一のガラス吹き職人[17]」の名があったエベニーザー・エヴェレットに頼んで、この議論にきっぱりと決着をつけられるほどの強度と精度のある陰極線管を手作りしてもらった。この新しい陰極線管では、陰極線に追加で電場をかけられるよう、別の電極がガ

＊2　アイザック・ニュートンは同じ微粒子（corpuscles）という用語を、仮説上の光の粒子を表すのに使っている。

ラスの内側に飛び出すようにする必要があった。さらにきわめて高い真空に耐えられなければならなかった。実験を成功させるためには、わずかに残る空気をすべてガラス管の外に排出する必要があるからだ。そんなやっかいな作業を背負い込むことになったエヴェレットは、数日がかりの手作業で陰極線管から空気をなんとか抜いた。

トムソンとエヴェレットは一八九七年の夏、懸命に実験を重ねた。エヴェレットは、みずからガラスをたくみに吹いて作った実験装置のそばに不器用な上司を近づけるつもりはなく、実験では実際の作業のほとんどを引き受けた。トムソンは装置から安全な距離を取るようにいわれ、実験結果を読み取るときだけ近づくことを許された。さまざまな強さの磁場と電場をかけたときに、陰極線がどう曲がるかを比較することによって、電荷に対する質量の比をいっそう正確に測定してみると、以前の結果と完全に一致した。二人の苦労が報われた。トムソンの微粒子の質量は、本当に水素の数千分の一しかないようだった。

その年の一〇月、トムソンは新しい論文を発表して、微粒子は原子の基本的な構成単位であるという大胆な主張を改めておこなった。しかも今回はさらに進んで、正の電荷の海に微粒子が同心円状に並んでいるという原子モデルまで明らかにした。トムソンが何年もかけて作り上げた原子像は、当時のイギリスで人気のデザートに着想を得ていた。これは本書のタイトル（How to Make an Apple Pie from Scratch）にぴったりの話だ。トムソンの考えでは、原子はプラムプディング〔訳注：イギリスの伝統的なクリスマスのケーキ〕のようなもので、負の電荷を持つ微粒子がプラムで、それが正電荷を持つスポンジケーキに埋め込まれている。これでようやく、メンデレーエフの周期表の謎を解き明かせるようになった。元素ごとの性質が異なるのは、それぞれの原子に含まれる微粒子の数が異なるためだったのだ。

トムソンの説が受け入れられるには数年かかった。物理学界はいまだに錬金術の亡霊におびえていて、多くの物理学者が亜原子粒子という考えを認める気になれなかったのだ。そして決して定着しなかったのが、トムソンが亜原子粒子につけた名前だった。あなたはおそらくcorpuscleという用語を聞いたことがないはずだが、それはこの粒子が今では電子と呼ばれているからだ。これまでに実施されてきたあらゆる実験で、電子が本当に基本的な物体であることが示されている。

私たちは、アップルパイの真の材料に初めて到達した。

とはいえ、この話にはまだまだ先がある。トムソンが電子に夢中になっているあいだに、ニュージーランドからやってきたばかりの教え子が、自分自身だけでなく、物理学全体を素晴らしい新世界に進ませることになる道を歩み始めていた。その名はアーネスト・ラザフォード。やがて原子についての考え方を永遠に変えることになる人物だ。

原子の中心

私は母校であるケンブリッジ大学を誇りに思っているけれど、カール・セーガンがケンブリッジ大学を「原子の性質が初めて理解された場所」だといったのは、どうみたってあまりにも買いかぶりだと思う。実際のところ、現代的な意味での原子が築き上げられたのは、未来志向の工業都市マンチェスターだ。マンチェスター大学の物理学研究室では一〇年以上にわたって、固い絆で結びついた物理学者チームが原子の秘密の解明に取り組んだ。その研究を率いたアーネスト・ラザフォードは、私にいわせれば史上最高の実験物理学者だ。

ラザフォードは、ニュージーランド北島にあるパンガレフという村の農家の息子で、一八九五年にイギリスにきて、キャヴェンディッシュ研究所でトムソンの研究生になった。すぐに優れた実験家として名をあげたが、原子の真の構造を解明する道を選んだのは、そこを去る間際になってからだった。一八九六年にパリでアンリ・ベクレルが、ウランを含む鉱物から自然発生する新しいタイプの放射線を発見した。するとラザフォードは、将来性の高いX線研究をやめて、無謀にもベクレルが発見した謎めいた現象の研究に飛び込むという、リスクの高い決断をした。これが彼の人生を大きく変えることになった。

一八九八年にラザフォードはイギリスを離れ、二七歳の若さで、カナダのモントリオールにあるマギル大学の物理学研究室を率いることになった。そしてすぐにそこを世界有数の放射線研究の拠点にした。そうした拠点は他にパリにあって、そこではマリ・キュリーと夫のピエールが、屋外で桶に入った高温のピッチブレンド（ウランを豊富に含む鉱物、閃ウラン鉱）をかき混ぜ続ける大変な実験を重ねていた。そうした実験のすえ、ウランよりも放射能が何百万倍も強い元素を数十分の一グラムばかりなんとか抽出した。二人はこの元素を「ラジウム」と名付けた。

キュリー夫妻とラザフォードが先頭に立って戦ったことで、増え続ける放射性元素のリストに少しずつ規則性が見えてきた。やがてラザフォードとマリ・キュリーは、あることに気づき始めた。放射線は原子内部のどこかから放たれているはずであり、さらにその過程で、元の原子がまったく異なる原子に変化しているらしいということだ。ラザフォードはマギル大学の化学者フレデリック・ソディと協力し、放射性元素のトリウムが崩壊して「トリウムX」と名付けた別の元素になり（現在ではこれがラジウムだとわかっている）、さらにそれが放射性を持つ気体に崩壊することを示す、反論の余地のない証拠を集めた。ラザフォードたちは歴史上初めて、不変と思われていた元素がまったく異なる元素に変化する現象をとらえたのである。まるで錬金術師たちが復活したかのようだった。

　一九〇七年にラザフォードはイングランドに戻った。ヨーロッパで活発な科学研究の舞台の近くに身を置きたいという思いがあったからだが、マギル大学の仲間たちはとてもがっかりした。ラザフォードは疾風のごとくマンチェスターにやってくると、そこの研究室を当時の科学界では例のない組織に作り替えた。それはほぼすべての研究者が、原子の内部構造という、ラザフォードが物理学で最も重要な問題と見なしていた研究課題に集中的に取り組む研究所だった。ラザフォードのリーダーシップのもとで、スタッフや研究生の数は増えた。ラザフォードは彼らに、原子の内部構造という課題にありとあらゆる角度から取り組むための研究プロジェクトを与えた。意志は強かったかもしれないが、シャイなところがあった若者は、年月と成功の積み重ねによって、快活で自信にあふれ、周囲に刺激を与えるリーダーへと成長していた。注目を集めるタイプであり、同僚の一人には、活発に放射線を放つラジウムの塊に似ているといわれていたほどだ。ラザフォードが日課である研究室内の巡回をするときには、そのよく響く声のおかげで、姿が見えるよりもずいぶん前から近づいてきていることがわかるほどだった。「見よや十字架の」という賛美歌を調子外れのうなり声で歌いながら、スタッフや学生のところにひょっこり顔を出しては、彼らが取り組んでいるあらゆる問題について議論したり、アドバイスを与えたりしていた。

　とはいえ、ラザフォードと仕事をするのは楽なことばかりではなかった。激しやすい性格で、なんの前触れもなしに怒り始めると、たまたま運悪く近くにいた人をだれかれ構わずやっつけてしまう。マンチェスターにやってきた直後には、物理学科に割り当てられていた実験室のスペースをちょっとずつ浸食していた化学科の教授を人前で怒鳴りつけたことがあった。ラザフォードは机にこぶしを振り下ろして「いまいましい！」[18]と声を荒げると、その気の毒な教授の部屋に押しかけて、その教授は「悪夢のつまらない終わり」みたいだと叫んだ。ラザフォードの怒りはぞっとするほど恐ろしく、つかまえた相手を近距離から大声で非難するのだが、激しい怒りが霧のように消え去った後には、戻ってきて、いくらか恥ずかし気に謝罪するのがつねだった。

そんな気まぐれな性格ではあったが、ラザフォードはマンチェスターで率いていた研究者チームから愛され、尊敬されていた。そのチームはただの科学者の集まりではなかった。まるで家族のようであり、世界で最も重要な研究の最前線にともに立っているという思いで固く結びついていた。ラザフォードは、研究に適した現象を選ぶのがずばぬけてうまく、自分でも、学生に価値のない研究テーマを与えたことは一度もないと豪語していた。そして彼の最大の長所は、とてつもなく根気強いことだろう。問題があれば、その秘密が明らかになるまでこつこつと執拗に取り組むのだ。とりわけ長く一緒に研究をしていたジェイムズ・チャドウィックはあるとき、ラザフォードが鋭い頭脳の持ち主だったのかとたずねられた。チャドウィックは、「鋭い」といういい方は合わないと答えた。「彼の頭脳は、戦艦の船首のようだった[19]。その後ろの部分に相当な重さがあるから、カミソリみたいに鋭くなくてもよいのだ」。

マンチェスターでラザフォードが照準を合わせていたのは、原子そのものの構造だった。それまでの一〇年間で放射線研究は大きく前進していたが、それでも多くの謎が残されていた。一部の原子が、突然別の原子に変化して放射線を吐き出そうとする理由はまったくわからなかった。それ以上に謎だったのは、放射線によって放出されるエネルギーがどこからくるかだ。ラザフォードの計算によって、原子の放射性崩壊で放出されるエネルギーは、最も激しい化学反応のエネルギーの数百万倍にあたることがわかった。原子の奥深くにかなりの規模のエネルギー源がなければならないが、それがどんなものかは誰にもわからなかった。

ラザフォードは、放射性元素が別の元素に変化する（放射性崩壊）ときに原子から飛び出してくる粒子に注目すれば、答えを見つけられるのではないかと考えた。彼はキャヴェンディッシュ研究所でまだ学生だった頃に、ウラニウムが発する放射線には実は二種類あるということを発見していた。一つは、空気中を数センチメートル飛行しただけで止まってしまうが、もう一つはもっと透過力が強く、ずっと遠くまで飛行でき、薄い金属片を通り抜けることさえできる。ラザフォードはこの二種類の放射線を、ギリシャ文字の最初の二文字からとって、それぞれアルファ（α）線（アルファ粒子の流れ）とベータ（β）線（ベータ粒子の流れ）と名付けた。[*3] すぐに、透過力の強いベータ線が磁力によって曲げられることがわかり、それが電子であることが明らかになった。

ラザフォードがマンチェスターであげた最初の大きな成果は、彼が長年そうではないかと思っていたこと、つまりアルファ粒子が、電子を二個失ったヘリウムであることの証明だった。その研究は、将来性豊かなドイツ出身の若手物理学者、ハンス・ガイガーとともにおこなったものだった。ガイガーは、アルファ粒子を一個ずつカウントできる検出器を初めて開発するという素晴らしい偉業を成し遂げた。[*4] ガイガーとラザフォードはアルファ粒子検出器を完成させていたものの、アルファ粒子ビームが、検出器内の気体が入った長い管を通過した後で、写真乾板に残す像がぼやけてしまうことにいらだっていた。これはアルファ粒子が、気体分子との衝突によって飛行経路からそれていることを示しているように思えた。ラザフォードは困惑した。アルファ粒子は崩壊する原子からとてつもない高速で放出されて、光速の数分の一と

*3　さらに透過力が強い三番目の放射線であるガンマ（γ）線は、一九〇〇年にポール・ヴィラールによって記録されている。

*4　この検出器はガイガーカウンターの原型だ。ガイガーカウンターは現在でも放射線レベルの計測に用いられており、このカウンターが発する不吉なクリック音はパニック映画の監督が好んで使うものだ。

いう速度で飛んでいく。そうした「並外れて激しい」[20]とラザフォードがいうような発射物が、気体分子などというきわめて小さなもののために、進む向きを変えられることがあるだろうか？

ラザフォードはここでも、的確な質問を正確に問いかける優れた能力を発揮した。さまざまな種類の金属に打ち込んだアルファ粒子の散乱角度を計測するという実験を、ガイガーに割り当てたのである。ガイガーがさまざま金属箔で試してみると、金属箔中の原子の質量が大きいほどアルファ粒子は大きく曲げられるらしいとわかった。なかでも一番大きく曲がるのが、金箔に打ち込んだ場合だった。アルファ粒子をかなり大きく散乱させることもしばしばで、ガイガーとラザフォードは困りきってしまった。

これがなぜそんなに驚くことだったのだろうか？　トムソンのプラムプディングモデルでは、原子は正の電荷を持つもろくてぼんやりとした球（スポンジケーキ）の中に、負の電荷を持つ小さな電子（プラム）が埋まっている構造になっている。原子のようにあいまいでもろいものが、アルファ粒子のようにエネルギーが高く、高速で動くもの相手にもめごとを起こすとは考えにくかったのだ。

ラザフォードが思いつきで提案をしたのは、そんな奇妙な結果をじっくり検討しているときだった。新たにやってきたアーネスト・マースデンという学生に、金箔から跳ね返ってくるアルファ粒子があるかどうか調べるようにいったのである。ラザフォードは、そんな現象はまず起こらないだろうが（金原子がアルファ粒子を跳ね返すことなど絶対に不可能だ）、それでもマースデンに放射線研究の方法を教えるのにちょうどよいプロジェクトだろうと考えたのだ。

その当時、アルファ粒子をカウントするというのは過酷な作業だった。私は実験物理学者を名乗っているが、嘘をついている気がすることがある。実際に、私が現場で直接しなければならない作業はほとんどないからだ。ＬＨＣからのデータはインターネット経由でどこにでも直接届く。ケンブリッジ大学のオフィスや空港ラウンジみたいな快適な場所にいても、もっというなら、ベッドに座っておいしい紅茶を飲みながらでもデータを受け取れる。ところが二〇世紀初めの実験物理学者は、暗い部屋に座って、硫化亜鉛を塗布したスクリーンを顕微鏡で何時間もぶっ通しでのぞき込み、アルファ粒子の明らかな証拠である微かな閃光をコツコツときちょうめんに数えていた。最後には目が疲れて、その日はもう終わりにしなければならなくなる。そしてその作業中ずっと、頭からほんの数センチメートルのところに、強力な放射線源があるのだ。

マースデンは測定を始める前にまず、暗い実験室に二〇分間一人で座って、目が暗がりに徐々に慣れるようにした。目の前の作業台には、アルファ線源になる、ラジウムとビスマス、ラドンガスといった放射性元素の混合物が入った、壊れやすい円錐形のガラス容器があり、容器の一方の端には薄い雲母の窓がついていて、アルファ粒子が通り抜けられるようになっていた。粒子の経路上には、ターゲットとなる薄い金箔が設置してあって、電球の薄暗い光の中でかすかに光っていた。金箔に対してアルファ線源と同じ側には、硫化亜鉛を塗布したスクリーンと顕微鏡があったが、アルファ線源とのあいだにはシールドとなる鉛板を置いて、アルファ粒子がスクリーンに直接当たらないようになっていた。

十分に目が慣れるとすぐに、マースデンは顕微鏡にかがみ込み、片目をレンズに押しつけた。マースデンは、ラザフォードがこの実験ではなにも検出されないと予想しているのを知っていた。それなのに、スクリーンは小さな閃光で賑やかだったものだから、驚いてしまった。散発的に現れるその光は、ミクロ世界で映画のプレミア上映会が開かれていて、小さなカメラが何十台もフラッシュを光らせているみたいだった。学部学生でまだ若かったマースデンは、ラザフォードに怒られるのを心配して、自分がなにも失敗をしていないと完全に確信できるようになるまで結果を繰り返し確認した。目の疲れる実験を三日間続けたすえに、マースデンはとうとう、研究室の上階にある自室から下りてきたラザフォードに、びっくりするような知らせを伝えた。アルファ粒子が反対向きに跳ね返されているのだ。

ラザフォードは啞然とした。後にこのときのことを「それまでの人生で起こったことで、一番信じられない出来事[21]」だったと振り返っている。「一枚のティッシュペーパーに一五インチ（四〇センチメートル弱）の砲弾を撃ち込んだら、跳ね返ってきて自分にぶつかるというのと同じくらい、信じられないことだった」。ガイガーもマースデンも、なにが起こっているのかまったくわかっていなかった。一九〇九年にこの驚くべき結果を論文で発表するときには、自分たちが見た現象の理由を説明しようとさえせずに、思わせぶりな意見として、アルファ粒子の進む向きを変えて逆戻りさせるには、実験室で生成可能な磁場より数十億倍強い磁場が必要になると述べるにとどめている。アルファ粒子を反対向きに跳ね返しているのがなんであれ、それには想像できないほど強い力が宿っているはずだ。

さすがのラザフォードも困り果てた。一九〇八年には一年間で一四件という驚くべき数の論文を書いていたのに、この問題を思案しているあいだは研究のペースがひどく遅くなった。長い時間をかけてじっくりと考えることにしたラザフォードは、自宅の書斎にこもり、この問題をいつまでも考え続けた。始めのうちは、跳ね返ってきたアルファ粒子は、実際は複数の金原子にぶつかっていたのではないかと考えていた。つまり、小さな衝突が何十回も積み重なった結果として、アルファ粒子が反対向きに進んできたということだ。しかし計算してみると、そういうことが起こる確率はとてつもなく小さく、マースデンが確認した閃光の数を説明できなかった。アルファ粒子は、大きな質量を持つなにかとのたった一度の衝突で反射されてきているはずだった。

ラザフォードがついにその答えをはっきりと見出したのは、マースデンから驚きのニュースを知らされてから一年半以上たった、一九一〇年一二月のある週末のあいだだった。マンチェスター大学の物理学研究室にいたチャールズ・ゴルトン・ダーウィン[*5]という学生が、日曜日にラザフォードの自宅に夕食に招かれた。食事を終えると、ラザフォードは世界を変えることになる見解について初めて語った。ラザフォードの恩師であるトムソンは完全に誤解していた。原子はプラムプディングのような塊ではない。それは小さな太陽系のような構造をしている。原子の中心深くに隠れた、正の電荷を持つきわめて小さな太陽[*6]の周りを、負の電荷を持つ電子が回っているのだ。この原子の中心部は、後にラザフォードが原子核と名付けるのだが、そこには原子質量の九九・九八パーセントが存在している。しかしその大きさは、原子そのものの三万分の一の大きさしかない。アルファ粒子を反対向きに散乱させていたのは、この小さいが重い原子核だった。正の電荷を持つアルファ粒子は、まれに原子核に近づくと、とてつもなく強い電気的な反発力を受ける。それがほぼ正面衝突なら、反発力によってアルファ粒子は反対向きに跳ね返されるのだ。

翌朝、ラザフォードは意気揚々と研究室に飛び込み、満面の笑みを浮かべると、さっそくガイガーに、原子がどうなっているのかついにわかったと伝えた。ガイガーはその日のうちに、ラザフォードのモデルから出てくる予測を検証する実験に大急ぎで取りかかった。金箔にアルファ粒子を打ち込む実験を数週間にわたって重ねたすえに、ガイガーは、アルファ粒子が跳ね返ってくる角度がラザフォードの予測とかなりよく一致することを確かめた。一九一一年三月には、ラザフォードは自分の原子モデルを世に示す準備ができたと感じた。いみじくも発表の場としてラザフォードが選んだのは、ジョン・ドルトンが一〇〇年

＊5　自然選択による進化論を提唱した有名な自然科学者チャールズ・ダーウィンの孫にあたる。
＊6　実際には、当時のラザフォードには、原子の中心部に正と負の電荷のどちらがあるのかははっきりわかっていなかった。それが明確になるのは数年たってからだ。

ほど前に自らの原子説を議論したマンチェスター文学哲学協会だった。

ラザフォードがその日明らかにしたことには、原子核の発見以上の意味があった。ラザフォードは二〇世紀初めの重要な四つの実験の二つ目を通して、歴史上初めて、亜原子世界の姿を目にしたのだ。原子では、その質量のほとんどすべてが原子自体の数万分の一という狭い原子核内に押し込められていて、その周りを電子がぼんやりとした雲のように回っている。原子をもっと身近なもの、たとえばサッカースタジアムのサイズに拡大するなら、原子核はフィールドの真ん中に置いてあるビー玉くらいの大きさで、電子は観客席の上のほうをビュンビュンと周回していることになる。

しかし、ラザフォードの原子モデルには大きな問題があった。原子が実際に小さな太陽系のような形をしているなら、安定して存在することができないと考えられたのだ。荷電粒子が、たとえば円運動をしているときなどのように加速を受けている場合には電磁波を放射することは、物理法則として確立されていた。この法則を考えると、原子核の周りの電子は常に光を放射していて、一周ごとに失われるエネルギーが大きくなっていき、最終的には原子核にらせん状に落下することになる。それ以前にも太陽系原子モデルを提案しようという動きはあったが、まさにこの理由で挫折していた。トムソンが原子をプラムプディングにたとえた動機としては、電子が安定していて原子核に落下しない、理論的に可能な配置を見つけようということが大きかった。

この矛盾を解決したのが、デンマークの若手物理学者ニールス・ボーアだ。ボーアは「量子」という、新しい奇妙な考え方を借りてきた。二〇世紀初頭、アルベルト・アインシュタインとマックス・プランクは、光が量子という不連続の小さな塊の形を取っているという説を提案していた。この説からひらめきを得たボーアは、電子は原子核の周りにあるいくつかの決まった軌道上だけを動いていて、あるレベルから別のレベルへとジャンプするときに、光の量子を放出するのだと主張した。そして電子は円形の線路を走る列車のように、こうしたレベルから動くことができないので、原子核に向かって落下することはあり得ない。ボーアが量子論とラザフォードの原子モデルを融合させたのは大成功で、たくさんの現象を説明することができた。特に大きかったのが、種類の異なる元素の原子がどれも、それぞれに特徴的な波長の光を放出したり吸収したりするという、奇妙な事実が説明できたことだ。やがてボーアの原子説は必然的に、亜原子世界を表現する新しくて画期的な方法につながった。量子力学だ（これについては後で詳しく取り上げる）。

ラザフォードの原子モデルがボーアの説によって補強されたことで、物理学者たちはついに周期表の謎を解けるようになった。ラザフォードが核を持った原子という考え方についての最初の論文を発表してから数カ月のうちに、マンチェスター大学の研究室でラザフォードの元で研究していた若い研究生ヘンリー・モーズリーが、別の大きな発見をした。メンデレーエフは周期表を作成するときに、それぞれの原子に「原子番号」という番号を与えていた。これは単に、元素を並べる順番を示したものだ。最も軽い元素である水素は原子番号が１の位置にあり、次に軽いヘリウムは原子番号が２で、これが９２の位置にあるウランまで続いていた。この数字は、それぞれの元素の質量と密接な関連があるようだった。総じて、元素の質量は周期表の先に進むほど増加したからだ。しかしいつもそうとはかぎらない。メンデレーエフが元素の化学的性質に基づいて元素を並べると、軽い元素の前に重い元素がくるケースがいくつかあるのだ。たとえばコバルト（原子番号２７）はニッケル（原子番号２８）より前にあるが、コバルトのほうが原子質量は大きい。この原子番号には物理学的な重要性はなく、便利な識別番号にすぎないと考えられていたが、モーズリーは、異なる元素が放射するＸ線の周波数が、原子質量ではなく、原子番号に直接左右されることを発見した。原子番号はただの識別番号などではなかった。実は、原子核にある正の電荷の数だったのだ。つまり、水素には正の電荷が一個あり、ウランには正の電荷が九二個あるというわけだ。一方で原子核の周囲の軌道上には負の電荷を持つ電子が原子核の正の電荷と同数あるので、電気的なバランスが取れ、原子全体は中性になっている。メンデレーエフがロシアを横断する長い鉄道旅行でトランプ遊びをしているときに初めて発見したパターンは、そうした異なる数の電子が原子核の周りに配置されている状況と深く関係していたのである。

しかしここから一つの疑問が出てきた。原子核はなにでできているのか、ということだ。結局は、原子はすべて水素からできているというプラウトの説が正しかったのだろうか？　原子核の電荷がかならず水素原子の電荷の整数倍になっているという事実は、プラウトの説の正しさを示しているように思えたが、放射性崩壊では原子核からヘリウムと電子が放出されることから、この二つも原子核の材料ではないかとも考えられた。物理学界の大部分の人は、量子論が作り出した奇妙で素晴らしい新世界を受け入れていたものの、ラザフォードは、比較的少人数の物理学者グループを率いて、新たな探検の旅を始めた。今度の目標は、原子核そのものの構造を解き明かすことだった。

4章

原子核をぶつける

ここで、アップルパイをゼロから作るという私たちの挑戦の進み具合を振り返ってみよう。基本的な材料についての理解が深まったのは確かだ。この本の最初のほうでアップルパイから抽出した炭素と酸素、水素は、他とは異なる原子で作られている。そしてどの原子も基本構造は同じだ。想像できないほど小さな原子核が中心にあり、ここに原子質量のほぼすべてが集中している。この原子核の周囲を、それよりずっと軽い電子が飛び回っている。これらを一つにしているのは強力な電気力であり、負の電荷を持つ電子と正の電荷を持つ原子核を結びつけている。一方で量子の魔法が、原子全体がつぶれて、宇宙にある物質すべてを飲み込むのを防いでいる。

さらに私たちは、炭素原子が他の原子、たとえば酸素原子と異なっている理由についても理解している。原子ごとの違いはすべて、原子核にある正の電荷の数で決まっているのだ。正の電荷は同数の電子を引きつけて、原子全体を電気的に中性の状態に保っている。すでに見てきたとおり、最も単純な原子は水素だ。水素の原子核には＋1の電荷（正電荷）が一個あり、その周囲を一個の電子が回っている。炭素の場合には、原子核に六個の正の電荷があり、周囲に六個の電子がある。これが酸素になるとそれぞれ八個ずつになる。モーズリーは、原子核の正の電荷の数が原子番号と完全に一致することを発見した。それまで原子番号は、特定の元素が周期表のどこにあるのかを知らせる単なる識別番号と考えられていたが、そうではなかったのだ。周期表を順番に見ていくと、元素の化学的性質が規則的に変化していくので、原子の化学的性質は原子核にある正の電荷の数だけで決まるはずだということになる。

こう見るととんでもなくすごい話だが、電子と原子核が発見されたといっても、アップルパイの中にある水素や炭素、酸素、さらにその他の元素を作る方法はまだわからない。ある原子が炭素になるのか、それともウランになるのかが、原子核にある正の電荷の数で決まるというのであれば、周期表のすべての元素のレシピを見つけるには、原子核の中になにがあるのかを突き止める必要がある。

一九一三年頃にラザフォード-ボーアモデルが完成した時点では、原子核はあいかわらず謎に包まれた存在だった。しかしはっきりしていたのは、原子核は、分割不可能な「原子」を数万分の一サイズに小型化した新バージョンなどではないことだ。マリ・キュリーとアーネスト・ラザフォードはともに、アルファ線やベータ線、ガンマ線といった放射線は原子核から放射されていると確信していた。そうだとすれば、原子核はさらに小さなものからできていることになる。問題はそれがなにかだ。

放射性崩壊のときに原子核から飛び出してくるアルファ粒子とベータ粒子は、それぞれヘリウム原子核と電子なので、原子核にはヘリウム原子核と電子が含まれていると仮定するのは自然だ。その背景には、水素原子がそれより重い元素すべての構成単位であるという、ウィリアム・プラウトが提唱した古い説がある。しかしこの説は、塩素のように、原子質量が水素の質量の整数倍ではないやっかいな元素のせいで暗礁に乗り上げていた。

状況は混乱していた。その先に進むにはまず新たな実験的証拠が必要になるが、原子核から情報を引き出すのは簡単な作業ではなかった。それを実現したのは、二〇世紀初めの四つの実験のうち、本当の意味で英雄的な残り二つの実験だった。そのうちの一つは、原子核を発見したあの科学者、エネルギーにあふれ、大声を響かせる自然児アーネスト・ラザフォードによるものだ。

原子核の破片

一九一四年には、第一次世界大戦が勃発してヨーロッパ中で科学研究が徐々に滞るようになった。ラザフォードも海軍本部向けの潜水艦検知技術の開発に取り組むため放射線実験を中止した。しかし世界大戦の中でさえ、ラザフォードは本当に愛するものから長く離れていられなかった。四十代半ばを迎え、最近サー・アーネスト・ラザフォードになったところだったが、好奇心は相変わらず旺盛だった。原子核の発見によって目の前に広がっていた真新しい未開拓分野を、ラザフォードは探検したくてしかたがなかった。

ラザフォードはすでに、科学に対する鋭い鼻で問題のにおいを嗅ぎつけていた。それは、一九一〇年のあの日曜の夜、若き科学者チャールズ・ゴルトン・ダーウィンに原子核のアイデアを明かしたときからずっと気になってしかたなかった問題だった。夕食後におしゃべりしていたとき、ラザフォードはダーウィンにあることを指摘されていた。ラザフォードの説でいけば、アルファ粒子を水素のような軽い元素の気体に打ち込めば、スヌーカー〔訳注：ビリヤードに似たもの〕で手球が別の球にぶつかる場合のように、アルファ粒子よりずっと軽い水素原子核が気体の中からはじき出されることもあるのではないかというのだ。

戦争が勃発する直前、アーネスト・マースデンはダーウィンの指摘について詳しく調べようと、アルファ粒子を通常の空気に照射する実験をおこなった。マースデンは、アルファ粒子か金の原子にぶつかって反対向きに跳ね返される現象を初めて目撃した、あの若手研究者だ。この実験で使った空気にはある量の水蒸気（H_2O）が含まれており、その中にはもちろん水素原子がある。そのためマースデンはダーウィンの予測どおりに、アルファ粒子によって気体から水素原子核がはじき出されることに気づいた。しかし、検出された水素原子核の数が空気中の水蒸気量から予測される数よりはるかに多かったことに、マースデンは困惑した。マースデンは多少悩んでから、最終的には、アルファ粒子を生成したラジウム原子も水素原子核を放出していたと説明したが、説得力には欠けていた。

ラザフォードは納得していなかった。残念ながら、マースデンはニュージーランドのウェリントンの大学でポストが得られたため、一九一五年にマンチェスターを離れていた。次にヨーロッパに戻ってきたのは、イギリス陸軍の一員としてフランスで戦ったときだ。ラザフォードは手紙でマースデンの許可を得てから、教え子が残した仕事を引き継いで実験を進め、戦争が長引く中でその実験に割く時間を徐々に増やしていった。かつては賑わっていたマンチェスターの研究室もいまや人の姿が少なくなっていた。暗い地下の実験室で過ごすラザフォードのそばにいるのは、いつのまにか実験助手のウィリアム・ケイだけになっていた。

使っていた実験装置は、ラザフォードが好む質素さを備えた大変な年代物だった。長さが約一〇センチメートルのぼろぼろの真鍮（しんちゅう）の箱があり、その片方の端に放射線を放つラジウムの塊を置くようになっていて、さらにさまざまな気体を送り込むためのパイプも何本かついている装置だ。ラジウムと反対の端には、薄い金属箔で覆った小さな窓がついている。この金属箔は、ラジウムが放射するアルファ粒子は通さないが、もっと透過性の強い水素原子核は通すようになっていた。窓のすぐ外側には硫化亜鉛のスクリーンがあって、漏れ出てきた水素原子核が衝突すると、特徴的な光点が生じた。

この実験でも、ほぼ真っ暗な部屋で硫化亜鉛のスクリーンを顕微鏡でのぞき込み、光点を数えた。目の疲れる作業だった。水素原子核が生じさせる光点はアルファ粒子よりはるかに弱いので、カウント作業はわずか二、三分しか続けられず、それ以上になると目が見えづらくなった。あまりに長時間観察していると、水素原子核による光点が見えたと勘違いしてしまう可能性すらあった。ラザフォードとケイはおよそ二分ごとに交替して観察した。一人が光点をカウントし、そのあいだにもう一人が目を休ませるのだ。ラザフォードが当時つけていた実験ノートは、金属箔で反射された光が紛れ込んだとか、気体に不純物が混じっている疑いがあるといったような、実験をめぐる問題が数え切れないほどあったことを伝えている。「目が見えづらいため観測なし」といった記録もあちこちに残っている。

　しばらくのあいだ、ラザフォードは自分がなにを見ているのかを理解しようと必死になった。過剰な水素原子核は気体中の不純物が原因なのだろうか？　もしかしたら、真鍮の箱の窓部分にある金属箔にアルファ粒子がぶつかったときに、なんらかの方法で水素原子核が生成されているのかもしれない。あるいはマースデンが考えていたように、ラジウムそのものから放出されているのだろうか？　一九一七年の夏、ラザフォードはアメリカでの任務のためにまた研究の中断を余儀なくされた。しかしよくある話だが、この中断がちょうどよい休息期間になった。ラザフォードは問題を離れたところからながめ、別の作業をしながら時間をかけて解決法を考えることができた。九月に研究室に戻ってきたとき、ラザフォードは答えを手にしていた。水素原子核は気体の中にもともとあったのではなく、アルファ粒子が気体の原子核に衝突したときに作り出されていたのだ。

　ラザフォードは一〇月から一一月にかけて猛烈な勢いで実験を重ね、通常の空気から純粋な二酸化炭素、窒素、酸素までさまざまな種類の気体を試してみた。アルファ粒子を空気に照射すると、スクリーンには水素原子核による光点が生じたが、純粋な二酸化炭素や酸素で実験をしたときには光点はほとんど見えなかった。一方で純粋な窒素の場合に、通常の空気よりもさらに多くの水素原子核がスクリーンに飛び込んでいった。他の可能性をすべて取り除いた結果、ラザフォードは衝撃的な結論にいたった。アルファ粒子が窒素原子核をばらばらに砕き、爆発で生じる破片のように水素原子核を飛び散らせていたのだ。この発見の重大さをよくわかっていたラザフォードは、潜水艦の研究から完全に離れ、海軍本部の上司には手紙でこんなふうに書いている。「私にはそう信じるだけの理由があるのですが[22]、もし私が原子核を分裂させたのなら、これには戦争よりもずっと大きな意味があります」。

一年かけて確認に確認を重ねたすえ、ラザフォードは劇的な最終結論を下せるようになったと感じた。「遊離している水素原子核は、[23] 窒素原子核の構成単位だったものだ」という結論だ。ラザフォードはついに、元素はすべて究極的には水素からできていることを示す、説得力のある証拠を初めて見つけていたのだ。ラザフォードは後にこの水素原子核に新しい名前を与えることで、この粒子が電子とともに、すべての原子の構成単位という地位にあることを明確にした。それは「陽子」[*1]という名前だ。これは長い物語のクライマックスだったといえる。その物語は、ジョン・ドルトンがさまざまな原子の相対質量を計測したことに始まっており、その研究がきっかけで、ウィリアム・プラウトはすべての元素が水素から作られていると考えるようになった。ラザフォードはプラウトの仮説を復活させただけでなく、元素の究極の起源を理解するという目標につながるドアを開いたのだ。陽子と電子を手にした物理学者たちはついに、ヘリウムからずっと先のウランまで、一つひとつの元素がどうやって作られるのかを考えられるようになった。そしてラザフォードは戦時中の物不足にもかかわらず、人気のない地下の実験室で、使い古した真鍮製の箱とラジウムの塊をいくつか、そして忠実な助手ウィリアム・ケイの支えだけを頼りに、これだけのことを成し遂げたのだ。

しかしこの説の唯一かつ大きな欠点が、塩素のような元素の謎だった。すべての元素が本当に水素からできているなら、塩素原子の質量が水素の三五・五倍なのはなぜだろうか？　実は、この難問を解決できそうな方法が、ラザフォードのマギル大学時代の同僚だった、フレデリック・ソディによってすでに発見

＊1　プラウトは一八一五年に元素がすべて水素原子でできているという説を初めて発表したとき、その水素原子を「プロタイル」（protyls）と名付けた。「陽子」（proton）という用語はここから着想を得ている。

されていた。一九一三年にソディは、他のよく知られた非放射性元素と化学的性質が変わらないように見える、新しい放射性元素がいくつも存在するという、不思議な発見をしていた。見つかった元素の一つが放射性のある鉛だったが、通常の鉛には放射性がまったくない。これは、同じ元素に複数の種類があって、周期表で同じ位置を占めているが、放射性は異なるとしか考えられないことを示していた。ソディはそうした同じ化学的性質を持つコピーを「同位体」と名付けた。

そうなるとここで期待が持てそうな一つの可能性が出てくる。ソディの同位体では、原子核の正の電荷の数が同じなので、元素としては同じだが、原子の質量が異なるのではないか、ということだ。おそらく、実際は塩素には二種類の同位体があって、一方の質量は三五、もう一方の質量が三六であり、これらが混ざり合っていると、あたかも塩素の原子の質量がこの二つの値の中間であるかのように見えるのだろう。それは魅力的な説だったが、二つの異なる同位体を分離して、それぞれの原子の質量を測定する方法を考えるのは難しかった。なにしろ同位体というのは定義上、化学的性質で区別することができないのだから。

しかし方法が一つあった。前述のキャヴェンディッシュ研究所の薄暗い地下室で、化学者のフランシス・アストンは、原子の質量を驚くほどの高精度で測れる質量分析計という新しい計測装置を使い、熱心に研究に励んでいた。アストンが開発した質量分析計は、さまざまな元素のイオンを照射して、電場と磁場で作ったある種のレンズに通し、その質量に応じて、写真の感光面上の異なる位置に届くようにしたものだ。

質量分析計はまったく新しい装置だった。アストンはすぐにそれを使って、水素がすべての原子の構成単位だとする説を成り立たなくさせていたあの塩素が、実は二つの同位体の混合であることを明らかにした。塩素35〔訳注：質量数（後述）が三五の塩素同位体〕と塩素37がおおよそ三対一の比で存在しているため、平均質量が水素原子の三五・五倍になっているのだ。一九二二年までに、アストンは二七種類の元素で四八の同位体を発見した。そのうちキセノンにはそれ一種類で六つの同位体があった。アストンが質量を測定したすべての元素で、質量が水素原子の質量の整数倍になっていた。[*2] これは、原子核から陽子を弾き出すというラザフォードの実験結果と組み合わせれば、陽子が原子核の構成単位であることをほぼ裏付けることになる、素晴らしい結果だった。

ラザフォードとアストンが協力して生み出した物質理論は、初めて本当の意味で統一的な理論であり、過激なほど単純だった。陽子と電子という二つの材料だけで、欲しい原子をなんでも作れるのだ。陽子は水素の原子核そのもので、＋1の正の電荷を持つ。一方の電子は負の電荷と、陽子の二〇〇〇分の一という小さな質量を持つ。当時、ラザフォードとアストン、そして他の物理学者のほとんどが、水素以外の原子では、小さな原子核の内部に陽子と電子が一緒に詰め込まれており、それとは別の「原子内」電子が原子核からずっと遠いところを回っていると考えていた。これは、水素以外のすべての原子核で水素との比を考えると、質量の比は正の電荷の比のおよそ二倍になっており、その理由を説明するには原子核内に電子があると考える必要があったからだ。たとえば、ヘリウム原子核は＋2の正の電荷を持つが、重さは水素原子の四倍だ。こうなるには、ヘリウムの原子核には四個の陽子（正の電荷）と二個の電子（負の電荷）があって、余分な正の電荷二個が電子によって打ち消されていなければならない。ヘリウム原子を作るには、さらに原子の周りの軌道上に原子内電子二個を追加して、原子全体を電気的に中性にする。炭素でも同じだ。原子核に一二個の陽子と六個の電子があり、水素原子の一二倍の質量と六個の正の電荷を持ち、

＊2　一つ悩ましい例外があった。水素自体の質量が一・〇〇八だったのだ。このわずかな超過分の質量こそ、太陽光や星の光、そして究極的には、宇宙に存在する他のあらゆる元素の源になっている。このことについては5章で詳しく扱う。

さらに原子核の周りを六個の電子が回っていれば、炭素原子になるとされた。さらに、放射性元素がときどき電子を吐き出すが、実はこれもやはり電子が原子内部に存在するという証拠だと考えられた。

この理論によれば、同位体についても、原子核に陽子と電子を追加するだけで説明できた。塩素35に陽子と電子をそれぞれ二個追加すれば、塩素37になる。陽子と電子の電荷は打ち消し合うので、塩素原子核の電荷全体は変わらないが（結局、電荷が原子の化学的性質を決めるのであり、その同位体はいぜんとして塩素ということだ）、原子核に二単位分の質量をうまく追加して、質量が大きい原子を作ることができた。

この理論はとてもうまくできていて、元素の構造や、放射性崩壊で原子が変化する仕組み、多くの元素が同位体を持つ理由をすっきりと説明できた。しかし残念ながら、この理論は間違っていた。ラザフォードやアストン、そして多くの物理学者らは、大切な材料を一つ見落としていた。それは、原子を作るための買い物リストを最終的に完成させるのに必要な材料だ。それがあれば私たちは好きな元素をなんでも作ることができる。しかしそれを見つけるまでの道筋は、長く曲がりくねったものになろうとしていた。

中性子よ、汝はいずこに？

キャヴェンディッシュ研究所の一室。二人の立派な大人が大きな箱としかいえない場所に背中を丸めて座っていた。一人はアーネスト・ラザフォード。原子核物理学の父と呼ばれる彼は、体格がよく、よく響く声の持ち主だ。その隣に体を押し込めるように座っているのは、ジェームズ・チャドウィックで、色白でやせ型の無口な男だ。どこかおかしな組み合わせの二人だ。部屋の外では、実験助手のジョージ・クロウが、キャヴェンディッシュ研究所のネオ・ゴシック様式で作られた高層棟の倉庫から、放射線源となる物質を持って下りてきて、二人の実験に使う装置をせっせと準備しているところだった。ラザフォードとチャドウィックは暗い部屋の中に座って、目が暗闇になれるのを待ちながら、自然と会話を交わしていた。

ラザフォードは、引退したJ・J・トムソンの後任の所長としてキャヴェンディッシュ研究所に戻ってきてからずっと、私たちが答えようとしているのと同じ疑問をじっくりと考えていた。元素をどうやって作るのか、ということだ。原子核に陽子を追加していく方法で、どんどん重い元素を作っていくと、すぐに深刻な問題にぶつかることにラザフォードは気づいていた。原子核が大きくなると、その正の電荷もやはり大きくなる。そうなると、近づこうとする陽子に働く反発力がどんどん強くなる。最終的に、この力がとても強くなって、陽子が原子核に入り込むのに必要な速度はとてつもなく高速になるとラザフォードは考えたのである。

ラザフォードは、ふだんは根拠のないでたらめな推量をするタイプではないのだが、暗闇の中でチャドウィックと座っていたこのときは、想像を自由にさまよわせていた。電子と陽子の両方が原子核の内部に存在するなら、電子一個と陽子一個がつぶされて一つになり、電荷がゼロの原子核を作る可能性があるのではないだろうか？　この中性の原子核は、これまで知られているどんな粒子にも似ていないだろう。それは、従来の意味での原子になることはなく、化学的にまったく不活性で、どんな容器にも入れることができない。しかしこの奇妙な仮説上の粒子が、すべての元素を作り出すための鍵を握っている可能性があった。この粒子は現在では中性子と呼ばれている。

正の電荷を持つ陽子は、正の電荷を持つ原子核から反発力を受けるが、この中性子はそんな邪魔は受けない。電荷を持たないということは、反発力も受けないということだ。中性子は、どんな原子核の中にもすんなりと進んでいく。原子核の周りに非常に強い反発力の場があっても、守りを固めた城の壁を通り抜ける幽霊のように、その中に入り込むのだ。ラザフォードとチャドウィックは話しているうちに、原子核に中性子を追加するのが、より重い原子を組み立てる唯一の方法だという確信を抱くようになった。中性子がなければ、周期表にある元素のほとんどが存在すらしないだろう。

とはいえ、仮に中性子が存在するとしても、見つけるのは恐ろしく難しそうだった。その当時使われていた粒子検出方法はどれも、粒子の電荷を利用して、どうにかして粒子を目に見えるようにするものだった。陽子とアルファ粒子は、硫化亜鉛のスクリーンに衝突すればなんとか光点を発生させるが、それは電荷を持っているためだ。一方で中性子はなんの痕跡も残しそうになかった。

ラザフォードたちが最初に試した実験は、小説『フランケンシュタイン』の怪物の世界さながらだった。ラザフォードは、水素ガスが入ったチューブ内にきわめて強力な電気アークを通すことができれば、強い電気力によって電子と陽子が合体し、中性子が飛び出してくるだろうと考えた。二人は、自分たちの身を少なからぬ危険にさらしつつ、その実験をやってみたが、成功しなかった。実際のところ、二人がやってみた実験はことごとく失敗に終わった。

一九二〇年代が徐々に過ぎていく中、ラザフォードとチャドウィックはうまく逃げ回る中性子をとらえるために、それまでになく苦し紛れの実験方法を考え出した。チャドウィックは後年、「その点では、私はかなりばかばかしい実験を相当たくさんやっていた[24]。ただいっておきたいのだが、最もばかばかしい実験をしたのはラザフォードだ」と振り返っている。ラザフォードの人生では初めて、いくらやっても空振りだった。物理学の世界で、疲れ知らずのブラッドハウンドのようにしつこく獲物を追いかけてきたラザフォードが、不満と幻滅を感じるようになった。実験室で過ごす時間はどんどん短くなり、科学界のリーダーとしてイギリス国内や海外でますます重要な役割をになうことに多くのエネルギーをふりむけるようになった。キャヴェンディッシュ研究所の副所長に任命されたチャドウィックは、研究所の日常的な運営や、研究者のための研究プロジェクトの設定、備品やスペースの不足との絶え間ない戦いを引き受けていた。一九二〇年半ばには、キャヴェンディッシュ研究所の勢いには陰りが出てきていたが、それでもラザフォードは、古びた建物いっぱいにできるだけ多くの学生を受け入れることに頑固にこだわった。

　ラザフォードは確かに、部下たちのやる気を奮い立たせるリーダーではあったが、意味のある実験はどれもわずかな予算でできるはずだというのが持論で、そのせいでキャヴェンディッシュ研究所での研究は行き詰まり始めていた。そもそも、誰が高価な装置など必要なのだ？　自分は、放射線の秘密を解き明かしたり、原子核を発見したり、その構造を調べたりするのに、実験室の作業台に楽に収まるような、びっくりするほど簡素な装置を使っていたのだから。ある学生が、必要な装置がないので研究が進まないと不満をいったときには、ラザフォードはこう怒鳴った。「なぜだ、私なら北極点でも研究できるぞ！」。こうした姿勢のせいで、チャドウィックとの関係にもきしみが生じ始めていた。

　チャドウィックは決して要領が悪いわけではなかった。第一次世界大戦中には、ドイツの有名なルーレーベン収容所で捕虜になっていたときに、間に合わせの実験室をなんとか運営していたことがある。そんなチャドウィックでも、キャヴェンディッシュ研究所で部下の研究者たちの要望に応えるのには苦労していた。後年チャドウィックは、オーストラリア出身の若手物理学者マーク・オリファントが、まともなポンプがないせいで研究をまったく進められないといって、ほとんど泣きそうな様子でやってきたときのことを振り返っている。取り乱した若者をなだめるためにチャドウィックが取ることのできた唯一の方法が、ラザフォードの個人用研究室からポンプを「拝借」してくることだった。それはラザフォードが自分で一般向けの科学実験をするときのためにずっと大切に取っておいたものだった。

そんな状況でもチャドウィックは頑張り続けた。中性子は必ず存在するという確信があった。単に適切な実験方法を見つければいいだけだと考えていたのだ。「私はただひたすら進み続けた。原子核を作り上げる方法はそれしかなかった」。後年チャドウィックはそう振り返っている。[25]

ラザフォードが一九一九年にケンブリッジ大学に戻ってきた頃、量子革命が物理学を根底から揺さぶっており、世界の物理学界の大部分はそれに夢中だった。一方で、原子核というのは主流からやや外れた研究テーマだった。ラザフォードの下で、キャヴェンディッシュ研究所は原子核物理学にほぼ完全に特化した唯一の研究所という特別な存在になった。しかし一九二〇年代の終わりには、ウィーンやベルリン、パリの研究者たちがトップの地位を目指して、ラザフォードの研究所に勝負を挑むようになった。

当時の物理学者たちが関心を持っていたのが、原子核の中を調べる新たな方法だった。質量の小さい元素の原子核にアルファ粒子を照射すると、そうした原子核はしばしば「ガンマ線」と呼ばれる、高エネルギーの光の粒子（光子）を放出した。これは、アルファ粒子が原子核に衝突したときに、原子核は少しのあいだ、それを構成する陽子と電子を通常の位置から「励起」状態へと移動させるためだと考えられた。そうした陽子と電子はほぼ即座にもっと安定した配置に戻り、その過程でガンマ線を放出するのだ。物理学者たちは、こうしたガンマ線が、原子核の奥深くからの使者となり、内部構造について貴重な情報を届けてくれる可能性があることに気づいた。そしてこのガンマ線を研究すれば、原子核についての真実の理論を発見することができ、原子核を一つにまとめている未知の力も理解できるだろうと期待した。

しかし問題が一つあった。ラジウムは一八九八年にマリ・キュリーが発見して以来、物理学者お気に入りのアルファ粒子源になっていたが、大量のガンマ線も放出する。そのためラジウムをアルファ線源とする実験では、検出されたガンマ線が、アルファ粒子と原子核の激しい衝突によって生じたものなのか、それともラジウム自体から直接届いたものなのかを判断するのが非常に困難だった。必要とされていたのは、ガンマ線をほとんど出さない別のアルファ粒子源だった。さいわい、マリ・キュリーはまさにそんな元素を一八九八年に発見し、母国ポーランドにちなんで「ポロニウム」と命名していた。キャヴェンディッシュ研究所では長いあいだ、この希少な元素が不足していたことが研究を妨げる壁になっていた。一方、世界でも飛び抜けて多くのポロニウムを持っていたのが、パリにあるマリ・キュリー自身のラジウム研究所だった。

偉大な功績をあげてきたマリ・キュリー自身は当時、国際的な科学界のリーダーであり、パリのラジウム研究所のトップであり、二度のノーベル賞受賞者という立場にあった。そうした役目を背負っていたことで、マリは研究の最前線から少しずつ遠ざかっていたが、家族の一員が彼女の研究を引き継ごうとしていた。娘のイレーヌだ。

一九三一年の秋、イレーヌはベルリンの物理学者ヴァルター・ボーテとヒルベルト・ベッカーが書いた論文に興味を持った。ボーテとベッカーは、軽い原子（リチウムから酸素までのすべての元素と、マグネシウム、アルミニウム、銀）にポロニウムを発生源とするアルファ粒子を衝突させ、そこから出てくるガンマ線を調べるという実験をしていた。ところが二人の実験では、ベリリウム[*3]で奇妙な現象が見つかった。ガンマ線が厚さ七センチメートルの鉄の板を貫通することができたのだ。通常はこれだけの量の鉄があれば、ガンマ線はすぐに止まるはずだった。さらに奇妙なことに、ベリリウムが放出するガンマ線は、実験した他の元素が放出する量よりもはるかに多かった。

＊3　ベリリウムは周期表で水素、ヘリウム、リチウムの次の四番目にあたる元素。銀色をした柔らかい希少金属だ。

イレーヌにはベルリンのチームにない大きな強みがあった。一〇倍強いアルファ線を発するポロニウムだ。イレーヌは夫であり共同研究者でもあるフレデリック・ジョリオと協力して、すぐにボーテとベッカーの実験を再現し、ベリリウムが発するガンマ線はボーテたちが考えていた以上に強い透過力を持つことを発見した。しかしそれ以上に驚くべきこともわかった。そうしたガンマ線をパラフィンワックスにあてると、陽子がとてつもない速度で飛び出してきたのだ。

この一連の現象は、原子世界でビリヤードのトリックショットをするようなものだ。つまり、最初のボールを別のボールにバシッとあてると、それがまた別のボールにぶつかり、次々と衝突が続くようなショットである。最初のボールは放射性元素のポロニウムで、これがアルファ粒子を放出する。このアルファ粒子がベリリウムの原子核にバシッとぶつかると、そこから透過力の強いある種の放射線が放出される。イレーヌとフレデリックはこれをガンマ線だと考えていた。このガンマ線がパラフィンワックス試料にぶつかる。パラフィンワックスは水素原子を多く含む物質だ。そのため、水素原子核の一部がガンマ線によってパラフィンワックスからたたき出され、高エネルギー陽子として放出されるという流れだ。

この現象で最も驚くべき点は、ガンマ線に衝突された陽子が加速を受けた結果、とんでもなく高いエネルギーを持つことだ。この先を説明するには、「電子ボルト」という考え方を導入しなければならないだろう。電子ボルトはエネルギーの単位で、もっと身近な（たぶん）ジュールやカロリーのようなものだ。ただしジュールやカロリーは、アップルパイ一切れのカロリーの話をするには最適だが、亜原子粒子を扱うときにはあまり便利ではない。原子一個のエネルギーと比べると、一カロリーはばかみたいに大きいのだ。亜原子粒子世界のエネルギーの話でカロリーを使うのは、あなたの体重を太陽の質量を単位にして表すようなものだ。[*4] そんなわけで、私たちは代わりに原子世界にもっと適した単位である、電子ボルト（e

V）を使う。これは、一個の電子が、電圧が一ボルトの電池を使って加速されたときのエネルギーにあたる。イレーヌが、実際に測定された速度まで陽子を加速するのに必要なエネルギーを計算したところ、ガンマ線は約五〇〇〇万電子ボルト、つまり五〇メガ電子ボルト（MeV）というとんでもなく大きなエネルギーを持っていなければならないことがわかった。これはどう見てもつじつまの合わない話だった。ポロニウムから放出されたアルファ粒子のエネルギーは、最大で約五・三MeVだった。仮にベリリウム原子核がそのアルファ粒子をまるごと飲み込んだとしても、いったいどうしたら、吸収したエネルギーの一〇倍のエネルギーを持つガンマ線を放出できるのだろうか？　なにかとんでもなくおかしなことになっていた。

イレーヌ・キュリーがこの驚くべき実験結果をフランス科学アカデミーに報告してから数日後の、一月のある寒い朝のことだ。チャドウィックはキャヴェンディッシュ研究所の自室で、最近発行されたいろいろな科学雑誌に目を通していた。届いたばかりのフランスの科学雑誌『コント・ランデュ』を開き、ベリリウムの放射について書かれたキュリーの論文を読み進めるうち、驚きが沸き起こってきた。数分後、若手物理学者のノーマン・フェザーが、やはり同じくらい驚いた風情でチャドウィックの部屋に飛び込んできた。一一時頃になって、チャドウィックはこのパリからの知らせをラザフォードに伝えに行った。話を聞きながら、ラザフォードは驚きで少しずつ目を見開き、とうとう「信じられない！」[26]と怒鳴った。チャドウィックは、自分の上司が一編の科学論文のことでそんな態度を取るのを見たことがなかった。ラザフ

＊4　一太陽質量（太陽の質量）は二〇〇〇万×一兆×一兆キログラムなので、私の体重は〇・〇〇〇〇〇〇〇〇〇〇〇〇〇〇〇〇〇〇〇〇〇〇〇〇〇〇〇〇三九太陽質量になる。人間の体の大きさを数値化するにはあまり便利な方法ではないが、こう表すと、自分の体重なんて取るに足らないと思えてくるのではないだろうか。

ォードもチャドウィックも、キュリーの実験結果そのものには納得していた。彼女の実験方法は簡潔な洗練されたもので、ラザフォードも感心するほどだった。ところがその現象に対するキュリーの説明となるとまったく別の話だった。キュリーは、ベリリウム由来のガンマ線の研究からスタートしていたので、自分が観察している放射線がガンマ線以外のものである可能性を少しも考えていなかった。一方、一一年をかけて中性子を探し続けたが発見できずにいたチャドウィックは、パリでの実験結果の重要性をすぐさま見て取った。ベリリウムが放出しているのはガンマ線ではない。中性子だ。

チャドウィックは、ベリリウムから出ているのがガンマ線ではなく、中性子からなる放射線だと考えれば、エネルギーの問題が解決できることに気づいた。光子であるガンマ線には質量がないので、質量の大きい陽子をパラフィンワックスからたたき出すには、とても高いエネルギーを持っていなければならない。これはピンポン球をボウリングの球にぶつけるようなものだ。はるかに重いボウリングの球をちょっとでも動かすには、ピンポン球をとんでもなく高速で衝突させなければならない。

一方で中性子は、陽子と同じくらいの質量を持っているはずだった。[*5] そのため、陽子に中性子を衝突させるというのは、ボウリングのボールにピンポン球ではなく、別のボウリングの球をぶつけるようなものだ。チャドウィックの計算では、ガンマ線であれば五〇MeVのエネルギーが必要だが、中性子一個の場合は四・五MeVあればいいことがわかった。これは、ベリリウム原子核に吸収されたアルファ粒子が運んでいた五・三MeVよりも低い。これで一気に話のつじつまが合うようになった。それでもやはり、チャドウィックには証拠が必要だった。

チャドウィックは、それが時間との戦いであることに気づいた。キュリーやベルリンのグループがベリリウム実験の結果の重要性に気づくのに時間はかからないはずだ。チャドウィックは、ボルチモアの病院からくすねてきたポロニウムとともに実験室に閉じこもり、取り憑かれたように実験をした。競争相手が同じ研究を進めているのではないかと心配で、毎晩三時間くらいしか眠らなかった。一〇年以上失敗と失望を重ねたすえに、最後の最後で僅差で負けるのはごめんだった。二週間後、姿を見せたチャドウィックは、疲れのせいで顔色は悪かったが、意気揚々としていた。

翌年二月、チャドウィックはカピッツァクラブの会合に出席した。これは、情熱にあふれるロシア人物理学者ピョートル・カピッツァがケンブリッジ大学トリニティ・カレッジの自室で、あえて私的な形で開いていた集まりだった。いつもは控えめなチャドウィックも、その日は美味しい食事と何杯かのワインでくつろいだ気分になっていた。そしてチョークと黒板だけを使って、彼には珍しく、自信にあふれた様子で研究発表をした。カピッツァや、話に夢中になった他のメンバーがひんぱんに口を挟んでくるのをうまくさばきつつ、チャドウィックは、キュリーとジョリオがもたらした最初のヒントから自らの最終結論へと聞き手を導いた。パラフィンワックスだけでなく、他のたくさんの物質に放射線をあてる実験を何週間もかけておこなった結果、チャドウィックは、ベリリウムが放出する未知の放射線はガンマ線だとする説を決定的に打ち砕いたのである。もしそれがガンマ線なら、神聖なるエネルギー保存則が破綻してしまう。キュリーとジョリオの実験結果も、チャドウィック自身によるあらゆる観察結果も、その未知の粒子が陽子に近い質量を持つ中性粒子であることをはっきりと指し示していた。過去数週間にわたってキャヴェンディッシュ研究所を取り巻いていた噂は本当だった。チャドウィックは、結果が得られない努力を一〇年以上続けたすえに、原子の構成単位の最後の一つである最もとらえにくい粒子、中性子を発見したのであ

＊5　ラザフォードの説では、中性子は陽子と電子から構成されるとしていた。

る。

新発見からしばらく遠ざかっていた後だったので、ラザフォードとキャヴェンディッシュ研究所全体がチャドウィックの成功がもたらした栄誉に浸った。チャドウィックが科学雑誌ネイチャーに研究報告を投稿した直後、ラザフォードはこの発見をロンドンの王立研究所での講演で公表した。それは恩師のJ・J・トムソンが一八九七年に、電子の手がかりを初めてつかんだときと同じだ。中性子の発見は、ラザフォードにとってとりわけうれしいことだった。なにしろその十数年前、一九二〇年に、中性子の存在を初めて予言したのはラザフォードだったのだから。

しかし、予言と違っていた部分もあった。チャドウィックが中性子質量の測定を試みたところ、陽子の質量よりわずかに小さいという結果が得られた。直感には反する結果だったが中性子が陽子と電子からできているというラザフォードの説とは一致していた。中性子が安定して存在するには、陽子と電子が結合するときにエネルギーの一部が放出される必要がある。この「結合エネルギー」の影響で、結合後の中性子の質量はそのパーツの質量の合計よりも小さくなると考えられたのだ。

一方パリでは、イレーヌとジョリオがベリリウムの研究を続けていた。より精密な手法を使うことで、二人はチャドウィックの中性子質量が間違いだと示すことができた。実際には中性子は陽子よりも約〇・一パーセント重かったのである。ラザフォードも最終的には、中性子が陽子と電子から作られているのではないと認めざるをえなかった。

実をいえば、原子核が陽子と電子からできているという説全体も間違いだった。物理学者たちは、電子は原子核から出てきているのだから、原子核の中に最初からあったはずだという論理的誤謬にはまっていたのだ。電子は実際には、原子が放射性崩壊をする瞬間に作られることがわかった。原子の中心にある原子核は、陽子と電子ではなく、陽子と中性子からできている。放射性崩壊の一種であるベータ崩壊が起こるとき、原子核内の中性子が正の電荷を持つ陽子に変化すると同時に、負の電荷を持つ電子を放出する。そして生成された陽子は原子核内にとどまる。

すぐに中性子はそれ自体が原子の基本的な構成単位となり、陽子や電子と並ぶ存在になった。この三種類の粒子があれば、水素（陽子一個と電子一個）からウラン（陽子九二個、電子九二個、中性子一四六個）まで、なんでも好きな原子を作ることができる。ここである疑問が出てくる。こうした材料が実際にどのように結びついて、私たちのアップルパイに含まれるような元素になるのか、ということだ。この疑問に答えようと思ったら、物理学者は星に目を向けなければならない。

5章

熱核融合オーブン

私は数年前、世界最大の原子核実験施設の一つを訪れる途中、その近くのカルハムという村を通った。曲がりくねったテムズ川上流部に抱かれ、風光明媚なオックスフォードシャーの田園に囲まれた、のんびりしたイギリスらしい村だ。宇宙で最も強力なエネルギーの一つを制御しようと悪戦苦闘する科学者たちがいる場所には見えない。カルハム村から少し車で走ったところには科学センターが不規則に広がっていて、そこでは国際研究チームがまさにプロメテウスのような偉業を実現させようとしている。彼らは地球上で星を作り出そうとしているのだ。

施設の受付で、広報責任者のクリス・ウォリックと会った。ウォリックは親切にもその日一日、私の案内役を買って出てくれていた。基本的には、私はその日、ロンドン博物館の学芸員の立場で、博物館の収蔵品としてゆずってもらえそうな面白い科学装置がないか探すために訪問していた。しかしそれは、十代の頃からどうしても見てみたかった実験装置をこの目で見るための格好の口実でもあった。その実験装置とは欧州トーラス共同研究施設（ＪＥＴ）だ。

ＪＥＴは世界最大の核融合炉だ。巨大な金属製のドーナツ型装置で、水素を数億度まで加熱する。そうした極端な高温に置かれると、水素原子核は互いに融合してヘリウムを作るとともに、熱と光を激しく放出する。これは太陽や星のエネルギー源と同じ原理だ。ＪＥＴチームは、このすさまじいエネルギーを制御するための研究を進めている。その研究がうまくいけば、核融合発電によって、全人類の数百万年分のエネルギー需要を満たすのに十分な量のクリーンで[*1]安価なエネルギーを供給できるのだ。

星のエネルギーを地球上で利用できるようにするという夢は、一九三〇年代に原子力エネルギーが初めて発見されて以来〔訳注：一九三八年に核分裂が発見された〕、科学者や技術者の情熱をかき立ててきた。現在、気候変動危機が大きな問題となる中で、核融合への期待は計り知れないほど高まっている。私は、二〇〇〇年代後半に博士課程をどうしようかと考えていたときに、核融合研究プロジェクトへの応募を真剣に検討したことがある。最終的には、完成したての大型ハドロン衝突型加速器（ＬＨＣ）で研究するチャンスを逃すことができなくてあきらめたが、核融合炉を間近で見たいとずっと思っていた。

受付を後にすると、ウォリックに案内されて、道路の反対側にある大きな白い建物に向かった。一九六〇年代に流行したスペースエイジデザインの建物で、「スター・トレック」の宇宙艦隊本部によく似ている。迷路のような廊下をゆっくりと進んでいき、メインホールに足を踏み入れた。ＪＥＴは私たちの頭上にそびえていた。大量のパイプやケーブル、機械類を圧倒するように、八基のばかでかい鉄芯変圧器が中心の反応炉から巨大なオレンジの控え壁のように突き出ている。その装置のとんでもない大きさを目の前にして、私はその中にぞっとするような力が押しとどめられていると思わずにはいられなかった。

核融合炉の周りを歩きながら、ウォリックは彼の同僚たちが取り組んでいる難題について説明してくれた。核融合の達成には極端な高温が必要になるため、固体の容器ではとてつもない熱い水素を閉じ込めておくことが不可能になる。代わりに強力な磁場を使って、水素をドーナツ型の核融合炉中心部を周回させることで、反応炉壁から遠ざけている。一九八〇年代に建設された時点では、ＪＥＴは核融合のブレークイーブン（入力したエネルギーよりも多くのエネルギーを取り出せる点）を初めて達成できると期待されていた。しかし残念ながらＪＥＴでは、装置の運転を開始して初めて判明した予想外の影響がいくつかあって、ブレークイーブンという聖杯には手が届いていない。その代わり現在のＪＥＴは、フランス南部で建設中の

＊1　核融合炉では二酸化炭素が発生しない。また、ウラン原子核を分裂させてエネルギーを生成する核分裂炉とは違って、長寿命放射性廃棄物も出さない。

さらに大きな核融合炉ＩＴＥＲのテストベッドの役割を果たしている。二〇〇億ユーロ規模の巨大プロジェクトＩＴＥＲは、核融合発電の実現可能性を最終的に実証することを目指しているが、技術面や政治面の問題が次々と持ち上がっていて、その目標が達成できるのかどうか疑問視する見方が出ている。

見学の後、私たちはウォリックのオフィスで核融合発電の可能性について話し合った。ウォリック個人は今も、核融合発電は最終的に実現可能という立場だ。技術的課題はゆっくりではあるが着実に克服されつつある。なによりも、無限のクリーンエネルギーという可能性は、手放してしまうにはあまりに惜しい。そうはいっても、工学面では手ごわい問題がいくつも残っている。

カルハム村で科学者や技術者が解決を目指している問題は、私たちが今、アップルパイの究極のレシピ探しで直面しているのと同じ問題だ。私たちはあらゆる原子の基本材料、つまり電子、陽子、中性子を手に入れることはできたが、アップルパイに入っている元素を作るには、そうした基本材料を融合する方法を見つけなければならない。水素は簡単だ。陽子と電子を持ってきて、しっかりとシェークすればいい。一方で炭素や酸素の場合、原子核はそれぞれ陽子六個と中性子六個、陽子八個と中性子八個からできていて、作るのは水素より大変そうだ。

実のところ、炭素や酸素の作り方を考える段階に進む前に、アップルパイにはそもそも含まれていない元素、ヘリウムの作り方を見つける必要がある。周期表で二番目の元素であり、陽子二個と中性子二個からなる原子核を持つヘリウムを通らずに、炭素や酸素にたどり着くことはできないのだ。

ＪＥＴの優秀な科学者たちも同じことをいうだろうが、残念ながら、水素からヘリウムを作るのはひどく難しいことがわかっている。その理由を考えるために、ちょっとした思考実験をやってみたい。よろしければ、私たちが原子世界のキッチンにいると想像してもらいたい。目の前の調理台には二つのボウルがあって、それぞれ陽子と中性子という基本的な材料が入っている。今日のメニューはヘリウム原子核。陽子二個と中性子二個を組み合わせただけの簡単レシピだ。原子核クッキングの初心者はここから始めよう。これ以上簡単なレシピなんてないんだから。

前に説明したとおり、ヘリウム原子をヘリウム原子たらしめているのは、原子核の電荷（原子核内の陽子の数）だ。そこでまず、ボウルから陽子を二個取り出そう。その二個を一緒にしようとすると、すぐに問題が出てくる。正の電荷を持つ二個の陽子が互いに反発し始めて、近づけようとすればするほど、反発力はどんどん強くなるのだ。極性が同じ二個の電荷に作用する電気的反発力は「逆二乗の法則」にしたがう。つまり、電荷間の距離が二分の一になるごとに、作用する反発力は四倍になる。そのため、両手に持った陽子を近づけようとすると、陽子は互いにまったく接触もしないうちに、ものすごい力で手から滑り出て、キッチンの反対側に飛んでいく。途中で原子世界の陶磁器を割ってしまうかもしれない。

この問題こそ、アーネスト・ラザフォードが中性子の存在を予想するきっかけになったものだった。電荷を持たない粒子は電気的反発力を受けないので、陽子と中性子を一つにするのは比較的簡単なはずだ。ところが調理台にある中性子のボウルを見てみると、びっくりすることに、目を離していたあいだに中性子はすっかり消えていて、ボウルには陽子と電子だけが残っている。

これが二つ目の大きな問題だ。中性子は不安定なのである。原子核という安全な領域の外では、中性子は短命で不安定な存在であり、寿命は平均一五分しかない。それを過ぎると自発的に崩壊して、一個の中性子が陽子一個と電子一個、そして「ニュートリノ」という幽霊のような第三の粒子一個に変わる（ニュートリノのことはすぐに詳しく説明しよう）。皮肉な話だが、中性子は元素を作り出す方法を説明するために考え出されたのに、その不安定さのせいで、実際には鉄よりも軽い元素を作るのにはほとんど役に立っていない。[*2] 中性子が存在していられる時間は短すぎるのだ。

私たちは袋小路に入り込んでしまっているらしい。ここを突破するには、二個の陽子を遠ざけておこうとする強い電気的反発力を乗り越える方法を見つけるしかない。実際には、二つのものが必要になる。まずは、陽子同士をなんとか十分近づけられたときに陽子を結合させる、別の引力だ。そうした引力の最初の手がかりは、一九二一年にジェームズ・チャドウィックと、エティエンヌ・ビーラーという若手物理学者によって発見された。二人は水素原子核にアルファ粒子をぶつける実験の最中、そのあいだの距離が一〇〇〇兆分の数メートル以内になると、引力が作用し始めることに気がついた。これは結果的に、自然界には「強い核力」というまったく新しい力が存在することを示す最初の兆候だった。その名称は、その力が二個の陽子間に働く途方もない反発力を乗り越えられるほど強いことからきている。

一九二〇年代、強い核力についてはほとんどなにもわかっていなかった。わかっていた事実は、原子核が一つにまとまっている仕組みを説明するにはその力が必要であること、そしてその力は二個の陽子が互いに触れ合うほどの距離まで近づいたときにようやく作用し始めることだけだった。このことから、電気的反発力を乗り越えるために必要なものがもう一つ出てくる。陽子を融合させてヘリウムを作ろうと思ったら、強い力が作用し始めるほどの距離まで陽子同士を近づける方法を見つける必要があるのだ。しかしその距離、つまり一〇〇〇兆分の一メートルほどの距離では、二個の陽子間に作用する電気的反発力はとてつもなく大きく、五キログラムのダンベルに働く地球の重力に相当する。たいした強さではないように思えるかもしれないが、思い出してほしい。これだけの力が一個の陽子にかかっているのであり、その陽子一個の質量は〇・〇〇〇〇〇〇〇〇〇〇〇〇〇〇〇〇〇〇〇〇〇〇〇〇〇〇一七キログラムしかない。

原子核を取り囲んでいる電気的反発力の場は、守りの固い城の周囲にそびえ立つ城壁のようなものと考えることができる。陽子が城の中心部に攻め込むには、この城壁の上まで「跳び上がる」ことができるほどの速度で動く必要がある。城壁の上では強い核力のほうが上回り、陽子を原子核に引き込む。こうしたことが起こりうるのは、陽子が信じられないほど高速で動いている場合だけであり、そうしたとんでもない速度を出すには、数千万度というとんでもない高温が必要になる。まさにこれこそ、JETの科学者たちが水素をそんな信じられない高温に加熱する必要性がある理由であり、核融合を手懐けるのがとても難しい理由でもある。しかし、たとえ私たちが核融合の方法をまだわかっていなくても、宇宙にはそうした高温が存在する場所がある。

太陽の謎

星中心部の温度を初めてまずまずの精度で推定したのは、イギリスの天文学者アーサー・スタンリー・エディントンだ。エディントンが天文学と恋に落ちたのは、一八八六年のある夜、ウェストン＝スーパー＝メアという海辺の街を母親と散歩しているときのことだった。四歳のアーサーはよく、暗黒の世界をじっと見上げて、夜空にある星の数を数えようとしていた。

一九二〇年、ケンブリッジ天文台の台長になっていたエディントンは、太陽と星をめぐる古くからの謎に取り組んでいた。それは、太陽や星はなぜ光るのか、ということだ。全体としてみれば、太陽は三八三兆×一兆ワット相当のエネルギーを絶えず宇宙に放出している。[27] これは一五〇〇億×一兆個のやかんを永

＊2　金など、鉄より重い元素を作るのには中性子が役に立っている。このことは後から詳しく説明する。

遠に沸騰させ続けられるエネルギーだ。これだけお湯があれば、紅茶を何杯もいれられる。

一九世紀半ばから、このとてつもないエネルギーの発生源について激しい議論が続いていた。その中で特に重大な論点とされたのが、そのエネルギー源が太陽を光らせ続けることのできる期間だった。この議論の一方の側には地質学者や博物学者がいて、かの偉大なるチャールズ・ダーウィンもその一員だった。このグループは、岩石形成や、自然選択による生物進化のプロセスが歯がゆいほどゆっくり進むことを説明するには、地球と太陽の年齢を数億年、もしかしたら数十億年としなければならないと主張していた。この説に反対していたのが物理学者たちで、先頭に立っていたのがケルビン卿だった。絶対温度という独自の温度単位を提唱した人物であるケルビン卿は、地質学者らの主張をナンセンスだとして横柄にはねつけた。太陽を現在のペースで数百万年以上も輝かせ続けられるエネルギー源はどこにもないし、岩石のことしか頭にない地質学者ごときが、どうして物理法則に異論を唱えたりするのだ。

数十年にわたる混乱の後、一九一九年に重要な手がかりが届いた。エディントンのいた天文台は、ケンブリッジ大学の外れにある並木に囲まれた静かな場所だった。そこからそう遠くないところにあるキャヴェンディッシュ研究所では、フランシス・アストンが薄暗い地下室にこもり、最近発明した質量分析計で原子質量測定に取り組んでいた。アストンの成し遂げた偉大な成果は、あらゆる原子の質量が水素の原子質量の整数倍であることを示し、水素原子核（陽子）が原子の構成単位であるという確実な証拠をもたらしたことだ。しかしこの整数倍のルールには、一つ悩ましい例外があった。

アストンの質量分析計では、相対的な原子質量しか測定できなかったので、基準となる元素を選んでおいて、それとの比較で他のさまざまな元素を測定する必要があった。当時は、酸素を基準の元素とし、その質量を一六と定めていた。つまり原子質量の基本単位を、酸素原子の質量の一六分の一と定義していたわけだ。この基準でいくと、ある原子が問題になる。水素自体だ。本来なら、水素原子一個の質量は厳密に一になるはずだったが、そうはならず、わずかに大きい一・〇〇八になっていた。

アストンの奇妙な研究結果を聞いたエディントンは、すぐにその重要性に気づいた。当時ラザフォードとアストンが主張していたように、すべての原子が水素からできているのなら、そのわずかな質量超過こそ太陽の真のエネルギー源だろうと考えたのだ。それより前の一九〇五年にアルベルト・アインシュタインは、質量とエネルギーが交換可能だとする説を提唱していた。この説は、科学の世界で最も有名な数式、$E=mc^2$[*3]として表される。

ここに出てくる光速（c）はとても大きな数なので（正確にいえば、秒速二億九九七九万二四五八メートル）、光速の二乗はとてもとても大きな数になる。つまりこの数式は、質量（m）一キログラムには、とてつもない量のエネルギー（E）を放出する潜在的な力があることを意味している。水素原子四個が融合してヘリウムになる場合、それぞれの水素原子から出るわずかな余剰分の質量がエネルギーに変換される。エディントンは、水素の質量が太陽のわずか七パーセントを占めていれば、この核融合のプロセスが、ダーウィンや地質学者たちを満足させるくらい長いあいだ太陽を光らせ続けるのもたやすいと考えた。

エディントンは、自分の説が推測に基づくものだときちんとわかっていた。実験室で水素を融合させてヘリウムを作ることには誰も成功していない。そこで大きな問題となったのが、太陽の中心は、電気的反発力を乗り越えて陽子を結合させられるほど高温かどうか、という点だった。運のいいことに、エディン

＊3　$E=mc^2$という数式は、実はアインシュタインの論文には出てこない。論文では、記号と言葉を組み合わせることで、この質量とエネルギーの関係を説明している。

トンはその頃、この問題を解決するのにぴったりの手段を考え出したところだった。それは、恒星内部の仕組みを説明する初めての現実的な理論モデルだ。

　エディントンがそのモデルを使って太陽中心部の温度を計算すると、摂氏四〇〇〇万度というとてつもない高温になった。しかし、それ以前に実験室で達成されていた温度よりははるかに高温だったとはいえ、二個の陽子を融合させるのに求められる推定一〇〇億度には遠くおよばなかった。先ほどの原子核クッキングの話でもわかったように、二個の陽子がとてつもなく強い電気的反発力を乗り越えられるのは、とてつもなく高速で動いている場合だけであり、四〇〇〇万度という温度でも陽子の速度が十分に速いとはとてもいえないのだ。

　エディントンはくじけなかった。太陽や星が水素を融合させてヘリウムを作っていると確信していて、批判に対してはこう反論したことが知られている。「星はこのプロセスに十分な温度ではないと批判する人とは議論しない[28]。そういう人にはもっと熱い場所を探しに行けといおう」（こんなに上品ないい方で「地獄に落ちろ」といわれたことのある人はいないだろう）。エディントンの説が正しいとされるには、すでに確立している物理法則を陽子がなんらかの形で破っていなければならない。さいわいにも二〇世紀初頭は、ある革命的な新理論が物理学をひっくり返していたおかげで、物理法則を破ることが大流行していた。

量子クッキング

　私が奇妙で素晴らしい量子力学の世界と出会ったのは、両親が一一歳の誕生日に、『不思議の国のトムキンス』というあまり厚くないペーパーバックの本をくれたときだった。この本は、「街のとある銀行のしがない事務員」の主人公トムキンスが、うたた寝をしたときによく見る、物理学の影響が色濃い空想世界の夢での冒険を描いたものだ。トムキンスの冒険を通して読者は、日常的なものが量子力学にしたがうようになったら世界はどうなるか体験する。たとえば、スヌーカーはとてもややこしいゲームになるし、動物園ではライオンやトラがいつのまにか囲いの外にいるので困ってしまう。この楽しくて風変わりな物語の作者が、二〇世紀で最も独創的な物理学者の一人であるジョージ・ガモフだ。彼の洞察力があったからこそ、物理学者たちは最終的に星での核融合をめぐる矛盾を解決できるようになるのである。

ゲオルギイ・アントノヴィッチ・ガモフは一九〇四年、黒海沿岸にあるウクライナの都市オデッサに生まれた。小さな頃から非常に強い好奇心と、権威に対する健全な軽蔑心の両方を持っていた。一〇歳のとき、教会で神父がいう、聖体拝領のパンがキリストの肉体に変化するという話に疑問を感じるようになった。そこである日曜日、ガモフは教会でパンを一切れくすねて、口の中に隠して家に持ち帰ると、父親が買ってくれた小型顕微鏡で調べてみた。自分の指先から切り取った皮膚の欠片と比較してみて、そのキリストの肉体には、人間の肉体よりもふつうのパンとの共通点のほうが多いと結論した。ガモフは後に、「これが私を科学者にした実験だったと思っている[29]」(『わが世界線　ガモフ自伝』、鎮目恭夫訳、白揚社より引用)と書いている。

第一次世界大戦と、その後のボリシェヴィキ革命(ロシア革命)の混乱の中でも、ガモフは初めはオデッサで、その後はペトログラードで素晴らしい教育を受けられた。ペトログラード国立大学は、理論物理学研究ではソビエト連邦でトップの大学だった。しかし大きなチャンスがめぐってきたのは一九二八年だった。この年の夏、ドイツのゲッティンゲンに滞在して、量子力学革命を牽引する物理学者の一人、マックス・ボルンが所長を務める理論物理学研究所で研究できることになったのだ。

ガモフが行ってみると、そこは「興奮によって（中略）大さわぎになって」[30]（『わが世界線　ガモフ自伝』より引用）いた。セミナールームやカフェは量子力学という新しい理論がもたらすものについて議論する物理学者たちでいっぱいだった。しかし、ガモフは競争相手の多くない分野で研究したかったので、図書室に引っ込んで、誰もまだ取り組んでいない問題を探した。そこで見つけたのが、アーネスト・ラザフォードが書いた、アルファ粒子（陽子二個と中性子二個からなるヘリウム原子核）をウランに衝突させる実験についての論文だった。その論文を読んだガモフは困惑した。ラザフォードが発見していたのは、アルファ粒子をウラン原子核に貫通させるのは不可能だということだった。しかし一方で、ウランがアルファ粒子を自発的に放出する（アルファ崩壊）こともすでによく知られていた。アルファ粒子が外から原子核に入ることはできないのに、その半分のエネルギーだけで原子核の中から外に逃げ出せるのは、一体なぜなのだろうか？

ガモフは、量子力学という画期的な理論を原子核に応用すれば、説明が見つかるのではないかと考えた。それはまだ誰も取り組んでいないことだった。その当時、量子力学の法則は、原子の周りにある電子軌道の説明にしか使われていなかった。謎の多い原子核の世界にも同じルールがあてはまるかどうかは、まったくわかっていなかった。

量子力学の要になっているのが、物理学全体の中で最も直感に反していて、しかし最も重要な考え方の一つである「波動と粒子の二重性」だ。一九世紀末には、光は波であり、湖の表面に広がるさざ波のように、ゆらゆらと広がっていくものだと考えられていた。実際にさまざまな実験で、光が波のように振る舞うことを示す決定的な証拠が見つかっていた。その一つが、小さな穴を通った後の光が円形の波のように広がっていく回折現象だ。また、二つの光の波が重なり合ってもっと大きな波になったり、反対に波の山と谷が出会って互いに打ち消しあったりする、光の干渉現象もある。

しかし二〇世紀になる頃から状況が複雑になってきた。まず、ドイツの物理学者マックス・プランクが、光が「量子」と呼ばれる不連続の小さな単位で存在すると仮定したうえで計算しなければ、高温の物体（赤熱した鉄など）が放つ光の色を説明できないことを示した。当初プランクはこれを、正しい答えを得るための単なる数学上の小技だと思っていたが、一九〇五年になるとアインシュタインが、実際に光が量子化された小さな塊として存在していれば、「光電効果」という不思議な現象を説明できることを示す論文を発表した。別のいい方をすれば、光は粒子の流れだということだ。この粒子は光子と呼ばれている。

この光の性質をめぐる一見矛盾した主張が、量子力学革命の火蓋を切った。当初、そうした奇妙な波動と粒子の二重性を示すのは光子だけだと考えられていたが、一九二四年には、フランスの物理学者ルイ・ド・ブロイが、それが光だけの性質ではないとする説を発表した。それは物質の粒子にもあてはまるのだ。電子や陽子、さらに原子は、それまでは決まった位置にある小さな固い物体だと考えられていたが、そうした粒子も、広がっていく波のように振る舞う性質を持つ可能性がある。ガモフがゲッティンゲンを訪れる前の年、J・J・トムソンの息子であるジョージ・パジェット・トムソンがおこなった、金属薄膜に電子を貫通させる実験で、ド・ブロイの突拍子もない仮説の正しさが劇的な形で証明された。電子が回折パターンを作ることがわかったのだ。[*4] これは、電子は粒子であることを示した父J・J・トムソンの実験結果と明らかに矛盾していた。

＊4　これと同じ現象は、ほぼ同時期にニューヨークのベル研究所で、アメリカ人物理学者クリントン・デイヴィソンとレスター・ガーマーも発見している。デイヴィソンはジョージ・パジェット・トムソンとともにノーベル賞を受賞している。

あなたがこういう話を聞いて頭がくらくらしてきても、心配しなくていい。一九二〇年代の物理学界は、この波動と粒子の二重性にひどく面食らっていた。量子力学の奇妙な性質に対する最も直感的な説明は、あるいは最も直感に反しない説明というべきかもしれないが、ドイツ人理論物理学者のエルヴィン・シュレーディンガーが考え出したものだ。それは「波動力学」と呼ばれている。

一般的に、光子や電子、陽子を含めた粒子というのは、空間内の特定の点で検出される。たとえば、なんらかの実験で検出スクリーンに電子をぶつければ、電子はそのスクリーン場のある特定の場所に到達するだろう。その電子が一面に広がった状態になるのではなく、ある一カ所にだけ到達するように見えることを指して、その粒子の挙動が粒子的であるという。しかし波動力学によれば、電子は放出されてから検出されるまでのあいだは、粒子のような挙動はせず、波として伝わるのだとする。

この波というのは、水や空気などの波ではないし、実際のところ、他のどんな媒質に立つ波とも違う。それは確率の波で、「波動関数」として知られている。波動関数の大きさは、スクリーン上のある点で電子を見つける確率に関係している。ある特定の点での波動関数が大きいほど、粒子をその点で見つける可能性が大きくなる。ここから先は、本当に謎めいた話になる。どういうわけか、波動関数は、空間全体に広がった状態から収縮して、電子が検出される一つの点になるというのだ。この波がどの時点で収縮するのかを事前に知ることは不可能で、私たちにできるのは、スクリーン上の異なる位置で波動関数が収縮する確率を計算することだけだ。この訳のわからないプロセスは「波動関数の収縮」と呼ばれていて、今日にいたるまで、誰もその仕組みを本当にはわかっていない。[*5] わかっているのは、亜原子世界にあるものは実際にそんなふうに振る舞うらしいということだけだ。

ではそろそろ、ゲオルグ少年の話に戻ろう。ガモフは、ウラン原子核から放出されたアルファ粒子の挙動を波動力学で説明すれば、そのアルファ粒子には原子核から逃げ出すのに十分なエネルギーがないという矛盾を解消できることに気づいた。ここでさっきの城のたとえに戻ろう。実はこのたとえは、ガモフ自身による『不思議の国のトムキンス』での説明から盗んできたものだ。このたとえでは、原子核は、高い城壁で守られた城の内部のようなもので、その城壁は侵入者を中に入れず、城の住人を外に出さないようにしている。ガモフは、原子核から逃げ出す前のアルファ粒子が城壁内をあちこち跳び回っていると想像した。昔ながらの考え方で、このアルファ粒子が固い小さな球だと考えるなら、アルファ粒子は城壁を乗り越えて逃げ出すだけのエネルギーを持っていない。

しかしそうではなく、アルファ粒子が波だと考えるなら、とても奇妙なことが起こりうる。波は城壁を抜けて漏れ出してしまう。水のようにレンガ造りの壁の割れ目からしみ出るのだ。そうすると、波の一部が城の外に残るので、アルファ粒子が城壁の外で見つかる確率は小さいが無視できなくなる。そして波動関数が収縮すると、アルファ粒子はまるで城壁にトンネルを掘り抜いたかのように、ウラン原子核の外に突然出現する。それは、囚人が独房の壁に猛烈な勢いで何度も体当たりしていると、やがて突然、まるで魔法のように、壁を真っ直ぐ通り抜けて、気づけば外に出て自由の身になっているのに気づくというのにやや似ている。驚くことに、そういうことが実際の監獄で現実の囚人に本当に起こる確率はわずかにある。ただし、囚人の体にあるすべての原子が独房の壁を同時に通り抜ける確率はとてつもなく小さいので、そういうことはたとえ原理的にはあり得ることでも、ほとんど絶対に起こらない。

＊5　つまり、それが本当に必要なのかどうかについては意見の一致をみていない。この点については、フィリップ・ボールの「Beyond Weird」（未邦訳）が詳しい。

ガモフの理論は成功で、アルファ粒子がウラン原子核から逃げ出すアルファ崩壊のパラドックスを解決できることがわかった。[*6] ガモフはゲッティンゲンで過ごしたその夏はずっと、自分の理論に取り組みながら、一歳年下のドイツ生まれの物理学者、フリッツ・ハウターマンと友人になった。ガモフとハウターマンはすぐに意気投合した。二人とも若くて感じがよく、気ままで慣習に縛られない暮らしを楽しんでいた。どちらも茶目っ気のある性格で、そのせいでよく面倒を起こしていた。そして物理に情熱を抱いていた。ハウターマンはガモフのアルファ崩壊の理論にすっかり入れ込んでいて、ベルリンに戻った後もその理論について考え続けた。

数カ月後、ガモフはハウターマンから一通の手紙を受け取った。ベルリンに戻った後、ハウターマンは訪問中のイギリス人天体物理学者、ロバート・アトキンソンに偶然会った。二人はガモフの理論について議論していて、粒子がトンネルを通って原子核の外に出られるのなら、トンネルを通って中に入ることもできるはずだと気づいたというのだ。アトキンソンは、太陽や星の中心温度についてのエディントンの研究についてよく知っていて、核融合はやはり可能なのではないかと考えていた。太陽中心部の陽子が、陽子同士を遠ざけている電気的反発力の障壁をこの量子トンネル効果といわれる現象で突破できるなら、考えられているより低い温度でも核融合が起こりうるのではないか。もしかしたらだが、エディントンは正しかったのかもしれない。

三人は、オーストリアアルプスにある風光明媚なスキーリゾートのツュルスが、この理論に取り組むのに一番よさそうな場所だと決めた。ガモフは、ハウターマンとアトキンソンの「計算はもうほとんどお膳立てができていたので、[31] 討論のためにスキーの時間にこと欠くようなことはなかった」(『わが世界線　ガモフ自伝』より引用）ので、満足だった。

ハウターマンとアトキンソンの説は、ガモフの説とまったく反対向きの作用を考えるものだった。原子核内の粒子がトンネルを抜けて外に出てくる代わりに、今回は、城壁を襲撃する兵士のように、陽子が外側から原子核の電気的障壁に向かって体当たりしてくることを考えていた。エディントンの計算では、太陽の中の陽子が動く速度は、城壁の一番上に届くほど速くないことを示していた。しかし城壁の上に行けば行くほど、原子核を取り巻く電気的反発力の障壁はどんどん薄くなっていく。太陽中心部の陽子に、障壁が十分薄くなる地点まで上るための速度があれば、そこで量子トンネル効果によって一部の陽子が壁を通り抜けて、原子核の内部に現れることが可能になる。そうなれば壁の一番上まで行く必要はないかもしれない。

問題は、核融合が太陽中心部で起こるようになるほど、トンネル効果が起こる確率が高いかどうかということだった。何日かスキーをしたり、酒を飲んだり、たぶん物理学もちょっとやったりした後で、三人は、核融合の反応速度を星中心部の温度と密度の関数で表す数式にたどり着いた。運悪く、一九二九年当時は原子核の構成についての知識が乏しかったため、ガモフの計算結果は一万倍も違っていた。しかし、ハウターマンとアトキンソンが別の間違いをして、答えを逆方向に一万倍動かすという偶然が起こった。これは、科学の歴史の中でも特に珍しい幸運な偶然だといえる。この二つの間違いが奇跡的に打ち消しあったことで、ガモフらが最終的に手にした数式は基本的に合っていた。

その数式に、太陽中心核の状態についてのエディントンの推定値を入れてみると、核融合が本当に起こり得るように思えること、そしてなにより、その核融合で太陽を数十億年は軽く光らせ続けられそうなこ

＊6　アメリカ人のロナルド・ガーニーとエドワード・コンドンも、ガモフと同じ答えを同じ時期に考えついていた。

とがわかり、ガモフらは喜んだ。

ハウターマンは後に、いかにも彼らしいいきいきした表現で、自分たちの研究のクライマックスについて詳しく語っている。論文の最後の仕上げをした後で、若手物理学者のシャーロット・リーフェンシュタールと夕方の散歩にでかけた。リーフェンシュタールは当時、ハウターマンとリチャード・オッペンハイマー[*7]がいい寄っていた相手だった。

「暗くなるとすぐ[32]、星が一つまた一つと現れてきて、見事な輝きを放った。『きれいに輝いているわね』と連れが声を上げた。しかし私は胸を張って、誇らしげにいった。『あの星が輝いている理由を、僕は昨日見つけんだ』」。

それは間違いなく、史上最高の口説き文句に数えられるだろう。実際、その言葉に効果はあったようだ。やがてリーフェンシュタールとハウターマンは結婚した。それも一度ではなく二度も。ハウターマンとアトキンソンは、論文に「ヘリウムをポテンシャルの鍋で料理する方法」という愉快なタイトルをつけて投稿した。残念なことに、論文雑誌の編集者は想像力に欠けていて、それを「星における元素合成の可能性をめぐる問題について」という、どう見てもパンチに欠けるタイトルに変えてしまった。

そうやってタイトルを変えたにもかかわらず、ハウターマンたちの論文には、少なくとも当初はあまり反響がなかった。原子核物理学分野の研究は先行きの見えない状態に陥っていて、今見るとばかばかしく思えるようなさまざまな説が広まっていた。たとえば偉大な物理学者ニールス・ボーアは、不可侵とされるエネルギー保存の法則が原子核内では破れており、そうなると太陽が放つエネルギーの問題を解決できるという説を提案していた。アトキンソンとハウターマンが支持を集めるには、トンネル効果理論が正しいことを示す実験的証拠が必要だった。さいわいその証拠は、すぐにキャヴェンディッシュ研究所のアーネスト・ラザフォードとその部下の物理学者たちによってもたらされることになった。

一九三二年、キャヴェンディッシュ研究所の物理学者であるジョン・コッククロフトとアーネスト・ウォルトンが、世界初の粒子加速器の一つを使ってリチウムのターゲットに陽子ビームを照射する実験をおこなって、リチウム原子核を真っ二つにした。この信じられない偉業が実現したのは、ひとえにガモフが提唱した原子核でのトンネル効果があったからだ。コッククロフトとウォルトンは、八〇万ボルトという[33]ものすごい高電圧まで陽子を加速させた。それでも、リチウム原子核を守る電気的反発力の障壁を直接飛び越えさせるのに必要な、数百万ボルトの電圧にはまったく届かなかった。それでもコッククロフトらがリチウム原子核を破壊できた理由を説明するには、まさにガモフの理論が予測したとおり、陽子が量子トンネル効果によって障壁を通り抜けたと考えるしかなかった。

量子力学が実際に原子核にも適用されることが実験によって確かめられたことで、ヘリウムが太陽や星の内部で作られるプロセスを解明するための道がようやく開けた。しかし、乗り越えなければならない大きなハードルがまだいくつかあった。私たちのレシピには二つの重要な材料が欠けている。一つは水素の希少な同位体、もう一つは世界中のSF作家が大好きなもの、反物質だ。

ヘリウムの作り方は二とおり

量子トンネル効果という考え方を取り入れたおかげで、太陽と星には二個の陽子を融合させるのに十分

---

*7　やがて「原爆の父」となる物理学者。

な温度があることがわかった。別のいい方をすれば、ヘリウムを焼き上げるのに必要な「熱核融合オーブン」が見つかったのだ。〔訳注：熱核融合とは超高温により起こる核融合反応のこと〕。しかし問題があった。本当にゼロからアップルパイを作ろうとするなら、ヘリウムのレシピでは最初の手順として陽子二個を核融合させなければならないのだが、すぐに面倒なことになる。陽子二個からなる安定な原子核は存在しないのだ。もし存在するなら、専門用語としてはヘリウム2と呼ばれているはずだが、そんなものはない。

ただし、陽子一個と中性子一個からなる原子核は存在する。これは重水素と呼ばれる水素の重い同位体で、一九三一年にアメリカの化学者ハロルド・ユーリーが発見した。これが私たちにかすかな希望の光を与えてくれる。もし二個の陽子を結合させて、その瞬間に陽子の一個を中性子に変える方法があったら、ヘリウムのレシピにとって大切な最初のステップとして、重水素を作ることができるだろう。

一九三二年までは、陽子を中性子に変えることは不可能だと思われていた。その理由の一つは、陽子の正の電荷はどこに行くのか、ということだ。電荷がただ消えてなくなることはできない。ここで欠けているのはもう一つの材料、つまり一九三二年に発見された陽電子だ。「反電子」とも呼ばれるこの粒子は電子にそっくりだが、唯一の違いが正の電荷を持つことだ。陽電子は初めて検出された反物質粒子だ。この本当に重要な発見については後から詳しく説明することにして、ここでは熱核融合クッキングの話に重要だが出番の少ない脇役として登場させるだけにしておこう。

一九三四年、パリを拠点とする物理界のパワーカップル、イレーヌ・ジョリオ・キュリーとフレデリック・ジョリオ・キュリーは、新しい種類の放射性崩壊を発見した。不安定な原子核が陽電子を放出する放射性崩壊だ。二人はすぐに、崩壊した原子の奥深くで、陽子が中性子に変化したのだと理解した。この現象が発見されるまでに時間がかかった理由の一つには、単独で存在する陽子はこの方式で崩壊できないことがある。一個の陽子は実は、それが変化して生まれる中性子よりも質量が小さい。しかし、ある不安定原子核の中では、陽子はその原子核からエネルギーを吸収できるので、より重い中性子に変化して、陽電子一個とニュートリノ一個を放出することが可能になる。

重水素が手に入り、陽子を中性子に変える方法もわかったので、これで私たちはヘリウム作りをようやく先に進められる。一九三六年にロバート・アトキンソンは、水素からの重元素の作製につながる道の第一歩となる可能性がある説を提案した。太陽中心部の超高温状態では、二個の陽子が結合して、とてつもなく短い時間だけ、陽子二個からなる不安定原子核を作り出す。そして、この原子核が壊れる前に、その陽子のうち一個が中性子に変換されて、重水素の原子核になるという説だ。

アトキンソンの提案によって急速な発展の時期が幕を開け、すぐに劇的なクライマックスを迎えた。ガモフはヨーロッパ中をめぐり、静かな大学町にバイクの轟音を響かせてたびたび乗り込んだりしながら数年を過ごしたすえ、一九三三年にソビエト連邦から逃れていた。亡命先のアメリカのジョージ・ワシントン大学を研究の場としたガモフは、当時「星のエネルギー源問題」（つまり星が光る理由）として知られていた研究テーマに徐々に関心を持つようになっていた。そこで一九三八年に、天体物理学や原子核物理学、量子物理学の分野から世界トップクラスの研究者を招いて、このテーマについての会議を開いた。

参加者の中に、この時代では最も優れた理論物理学者の一人であるハンス・ベーテがいた。ガモフによれば、ベーテは「恒星の内部についてはなにも知らなかったが[34]、原子核の内部についてはあらゆることを知っていた」（『わが世界線　ガモフ自伝』より引用）。実はこの会議の直前、ベーテはガモフのかつての教え子であるチャールズ・クリッチフィールドから連絡を受けていた。クリッチフィールドは、陽子二個を融合させて重水素を作るというアトキンソンが提案した反応にさらに検討を加えて、陽子という材料がさまざまなステップを経て、焼きたてほかほかのヘリウム原子核になるという大きな流れを考え出していた。その研究の過程で、数学上の問題にぶつかっていたクリッチフィールドは、ベーテに助けを求めたのである。

ベーテは若き物理学者の研究に心を動かされ、クリッチフィールドとともに、計算がより明快になるような工夫をいくつか加えて、ヘリウムの完全なレシピを作り出した。今日、そのレシピは「陽子－陽子連鎖反応」と呼ばれている。そのレシピを現代風にまとめるとこんな感じだ。

★ヘリウムのレシピ　陽子－陽子連鎖反応
ステップ一：二個の陽子を衝突させて、陽子二個からなるきわめて不安定な原子核を手早く作る。
ステップ二：陽子二個の原子核が分解する前に、陽子の一個が中性子一個に崩壊し、重水素原子核（陽子一個、中性子一個）ができ、陽電子一個とニュートリノ一個を放出する。
ステップ三：新たにできた重水素原子核に別の陽子が衝突して、ヘリウム3（陽子二個、中性子一個）になり、ガンマ線を放出する。
ステップ四：ヘリウム3原子核二個が衝突して、ヘリウム（陽子二個、中性子二個）の原子核になり、残りの陽子二個を放出する。

とうとうヘリウムのレシピが手に入った！　さらにありがたいのは、プロセス全体では放出されるエネルギーのほうが多くなるので、これは星の光のレシピでもあることだ。しかし、問題が一つある。エディントンの見積もりでは、太陽中心部の温度は摂氏四〇〇〇万度とされていたが、その温度では陽子－陽子連鎖反応が速く進みすぎて、太陽は実際よりもはるかに明るく輝くことになる。クリッチフィールドとベーテは、科学の世界で最も古くからある謎の一つの解決まで本当にあともう少しのところで、太陽というオーブンはこのレシピには高温すぎることに気づいたのである。

風向きが変わったのが、ガモフが開いたそのワシントンでの会議だった。太陽内部の条件についての長時間にわたる詳細な議論の中で、ベーテはあることに関心を持った。エディントンが摂氏四〇〇〇万度という数値を持ち出した時点では、人々は、太陽は地球とほぼ同じ物質でできていると考えていた。しかし一九二五年に、優秀な若手天文学者セシリア・ペインが、太陽と星は水素とヘリウムが主な成分であり、それより重い元素は比較的少量しか含まれていないことを示した。太陽の成分は七三パーセントが水素、二五パーセントがヘリウムだと考えて、エディントンの計算を修正してみると、太陽中心部の温度ははるかに低い（それでもまだ断然高温だが）一九〇〇万度まで下がった。ベーテは、太陽オーブンをこの低い温度に設定してみると、陽子－陽子連鎖反応から予測される太陽のエネルギー出力が実際の値とかなり近くなることを発見したのである。

これでようやく太陽が光る理由の謎が解き明かされた。太陽の中心部深くでは、太陽自身の重力によって押しつぶされて、水素が摂氏一五〇〇万度まで加熱される。[*8] この恐ろしい温度では、陽子と電子はとてつもない速度でピンボールのように衝突している。そしてときどき、数え切れないほど起こる衝突のある一回で、二個の陽子が十分に近づき、量子力学が大きな影響を与えるようになる。そうなると、陽子同士を遠ざけていた電気的反発力の障壁にトンネルができるので、陽子が結合して重水素原子核を作れるよう

＊8　現在認められている値。

になる。ここから太陽はゆっくりだが確実に、水素からヘリウムを作り、数十億年にわたってそれ自身の巨体を徐々に変えていく。そしてその間ずっと定常的な熱の流れが放出され続けている。その熱はやがて複雑なパターンが浮かぶ太陽表面を離れ、太陽光として宇宙空間に出て行く。太陽は巨大な熱核融合炉なのだ。

ただし、私たちのヘリウムレシピ探しは終わりではない。ワシントンでの会議で、ベーテはあるおかしなことに気づいた。陽子－陽子連鎖反応は、太陽より小さい星ではエネルギーの問題をうまく解決できるのに、太陽より大きな星にあてはめるとうまく合わなかったのだ。

例として、夜空で最も明るい星、シリウスを考えよう。おおいぬ座で青白い宝石のように光り輝いている星だ。シリウスの見かけの光度は二つの要素で決まっている。一つ目は距離だ。シリウスは地球からわずか八・六光年の位置にある。これは銀河の尺度ではバスにちょっと乗って行くくらいの近さだ。二つ目は質量だ。シリウスは太陽の二倍の質量があるので、重力による圧力で中心部は太陽より高温になっている。温度が高ければ、陽子はより高速で跳び回っていることになり、そうなると陽子はお互いを遠ざけている電気的反発力を乗り越えやすくなるので、核融合がより多く起こる。

しかし奇妙だったのは、シリウスは質量が太陽の二倍しかないのに、明るさけ太陽の二五倍あることだ。これは陽子－陽子連鎖反応では説明できなさそうだった。シリウスをそれほど激しく光らせている中心部では、なにか他のことが起こっているはずだ。

ベーテはまったく異なる種類の反応について考え始めた。この反応では、陽子が直接結合してヘリウムになるのではなく、陽子は元からある重い原子核に飲み込まれる。その原子核は四個の陽子を少しずつ消化していって、やがて最後に、完成したヘリウム原子核として吐き出す。問題は、陽子の消化装置としてちょうどいい性質を持つ重い原子核が存在するのかということだった。

ベーテは周期表上の元素をヘリウムから順に一つずつ検討しては捨てていった。ヘリウム自体はこの反応には使えない。質量数〔訳注：陽子と中性子の個数の合計〕が五の元素がないので、質量数が四であるヘリウムに陽子を一個加えても反応が進まないからだ。リチウムやベリリウム、ホウ素は存在する量があまりに少なく、反応によって短時間で使い尽くされてしまうため、星を長期間光らせ続けることができない。次にベーテが検討したのが六番目の元素、炭素だった。炭素はベーテが求めていた性質を持っているように思えた。ベーテは、大まかな答えを早くも温めつつ、コーネル大学に戻るために列車に乗った。

わずか数週間後、ベーテはもう一つのヘリウムのレシピを考案した。これには炭素（C）と窒素（N）、酸素（O）がかかわっているため、「CNOサイクル」と呼ばれている。

★ヘリウムのレシピ―CNOサイクル

ステップ一：陽子一個が量子トンネルを通って炭素12の原子核に入り込み、新たに窒素13の原子核を作る。この窒素13が崩壊して炭素13になり、その過程で陽電子一個とニュートリノ一個を放出する。

ステップ二：二個目の陽子が量子トンネルを通って、ステップ一でできた炭素13の原子核に入り込み、窒素14を作る。

ステップ三：三個目の陽子が量子トンネルを通って、ステップ二でできた窒素14の原子核に入り込み、酸素15を作る。これが崩壊して窒素15になり、陽電子一個とニュートリノ一個を放出する。

ステップ四：最後に、四個目の陽子が量子トンネルを通って、ステップ三でできた窒素15の原子核に入り込み、ヘリウム4原子核一個と、このサイクルの最初にあった炭素12原子核に分解する。

ベーテが考案したこの核融合反応は、奇跡といってよいものだった。粒子の連続的な衝突を通じて、炭素12原子核が陽子を効果的に飲み込んで、ヘリウムに変えることができた。そしてなによりも素晴らしい点は、反応の最後でスタート地点の炭素12原子核に戻るので、プロセス全体をまた最初から繰り返せることだ。

この反応では、炭素12原子核には正の電荷を持つ陽子が六個あるので、その電気的な障壁は水素のものより六倍高い。結果として、陽子が量子トンネルを通って炭素原子核に入る機会をものにするには、ものすごい速度で動いていなければならないので、この反応は温度にとても敏感になる。実をいえば、星の中心部の温度を二倍にすると、CNOサイクルが作り出すエネルギーは六万五〇〇〇倍になる。[35] シリウスが質量は太陽の二倍で、少しばかり高温なだけなのに、二五倍もの明るさで光っているのはこのためだ。現在では、質量が太陽の一・二倍以上あるすべての星で、[36] CNOサイクルが星の光の主なエネルギー源になっていると考えられている。[*9]

これでわかった。ついに、星の内部でヘリウムを作るのに必要なレシピが手に入ったのだ。ただし、一つ大きな難問が残っている。どうすれば、この現象が太陽の内部で起こっていると実際に確認できるだろうか？

比較的最近まで、太陽が水素の核融合でヘリウムを作る仕組みについての私たちの理解は、二種類の科学研究がもとになっていた。一九三〇年代以降、物理学者たちは粒子加速器を使って、陽子をさまざまなターゲットにぶつけて、ハンス・ベーテや彼の仲間たちが考えついた核融合反応を再現するという実験を始めた。こうした先駆けとなる実験によって、物理学者たちは、星のオーブンの温度によって異なるヘリウムクッキングのプロセスの進み方についての直接的な手がかりを手にした。一方で天体物理学者たちは、星の核の温度をよりいっそう正確に推定できる、より精度の高い理論モデルを作り上げた。こうした二種類の重要な科学知識から、物理学者たちは、太陽くらいのサイズの星は主に陽子－陽子連鎖反応をエネルギー源としており、シリウスのような太陽より大きな星はCNOサイクルを頼りにしていると推測することができたのである。

しかしこうした証拠はどれも間接的なものにすぎなかった。きちんと確かめるには、燃えている星の核をまともにのぞき込んで、核反応をじかに目撃する必要がある。でも、星の内側を見るなんて不可能ではないか？ 太陽を見ても（もちろんちゃんとした観察装置で。くれぐれも直接見ないように）太陽表面が光っているのが見えるだけだ。太陽の中心核は隠されていて、永遠に手が届かない。

少なくとも最初はそう思える。実際のところ、物理学者たちがようやく太陽の外層をのぞき込んで、その中心部を見つめられるようになったのは、ここ数十年の話にすぎない。物理学者たちが、イタリアのローマから車で数時間かかる山の地下に、幽霊のような使者が太陽の熱核融合炉から直接やってくるのをじっと待ち受ける、巨大な検出器を建造したのだ。そのゴールは、一九三〇年代後半に初めて提案された核反応が本当に太陽のとてつもないエネルギーの究極の源であることを、はっきりと証明することだ。

＊9　ベーテは当時、CNOサイクルは太陽でも主要なエネルギー源になっていると考えていた。この間違いは、太陽中心核の温度を多く見積もっていたせいだ。

地下で見る太陽光

息苦しいほど暑い八月のある日、私はイタリアのアッセルジ村近くで高速道路(アウトストラーダ)二四号線を下り、高くそびえるグラン・サッソ山の山麓斜面を走る、車線表示のない道に入った。車線がないせいか、それともローマへの早朝の飛行機に乗るために朝三時に起きたせいか、しばらくイギリスと同じように道路の左側を走ってしまって、対向車がカーブを曲がって目の前に現れてようやく間違いに気づいた。大慌てでハンドルを切り、驚いた顔のドライバーに謝罪の意味で手を振ってからカーブを曲がると、その先の道路はイタリア警察でいっぱいだった。

警察官たちは、世界最大の地下研究所、グラン・サッソ国立研究所の門の前に集まっていた。さっきの妙な運転を見られていなければいいがと思いながら、慎重に車を進め、集まった警察官たちの前を通り過ぎたが、彼らは私を逮捕するそぶりを見せなかったのでほっとした。それでもかなり不安になった。地下でなにか起こったのだろうか？　この研究所が最近、訴訟トラブルを抱えていて、実験施設の一部に閉鎖のおそれがあるというニュースを読んではいたが、ここまで重大な話だとは少しも思っていなかった。次のカーブを曲がった辺りの目立たないところにレンタカーをとめてから、守衛所に行き、物理学者のアルド・イアンニの名前を伝えた。この山の地下にある研究所をイアンニに案内してもらうことになっていたので、予定がキャンセルにならないよう祈った。

私がそこを訪れたのは、世界で最も変わっているとされる太陽観測所を見学するためだった。そもそも、山の地下一・五キロメートルにある空洞というのは、太陽を研究するのにまず思いつく場所ではない。しかしこれはただの観測所ではない。私がここに見にきた観測装置は、太陽を光でも電波でもなく、ニュートリノで観測しているのだ。

ニュートリノは、素粒子〔訳注：物質を構成する基本単位となる粒子〕の中では最も捕まえにくい。質量はほとんどなく、電荷を持たない。こうした性質がニュートリノの検出を恐ろしく難しくしている。粒子検出器は、荷電粒子が電磁気力によって検出器内の物質と相互作用し、はっきりとした閃光や、電流を作り出すことを利用したものがほとんどだ。しかし中性粒子は電磁気的に相互作用しないので、見つけるのがはるかに難しい。ジェームズ・チャドウィックは中性子を最終的に追い詰めるまでに、失敗と挫折の一〇年強をくぐり抜けなければならなかったのはそのせいだ。ただし中性子は電荷を持たないとはいえ、少なくとも強い核力は感じるので、それによって他の原子核との衝突は起こりやすくなり、そこから中性子の存在を知ることができる。一方でニュートリノは、強い核力すら感じない。ニュートリノが物質と直接的に相互作用する唯一の方法は、量子世界を支配する第三の力、いわゆる「弱い力」による方法しかない。その名が示すとおり、弱い力は弱い。そのため、ニュートリノが原子に衝突する確率はとてつもなく小さい。

しかしニュートリノはこうした性質のおかげで、検出はきわめて難しいものの、太陽内部の仕組みを探るのに完璧なツールになっている。太陽中心核の奥深くでは、核融合反応によってニュートリノとともに、大量の光子（光の粒子）がたえず生成されている。太陽物理学者にとって残念なことに、こうした光子は、太陽の成分である超高温の陽子や電子のガスに繰り返し衝突し、ピンボールのように太陽表面まで進んでいくのに何万年もかかる。そしてその光子が作られた時点で持っていた核融合反応についての情報は、表面に到達したときにはすべて失われてしまっている。一方でニュートリノはこうした障壁にぶつからない。ニュートリノにとっては、太陽の巨体もほぼ完全に透明であり、光速で二分あまりで表面へ逃げ出し、地球には約八分二〇秒後に到達する。

あなたがこの一文を読み終えるまでに、そんなニュートリノが約二〇〇〇兆個、あなたの体を通過することになる。さいわい、私たちがこの絶え間ない集中砲火に気づくことはまったくない。弱い力の弱さのせいで、ニュートリノがあなたの体の原子をかすめていくことすらほとんどないからだ。それでも、その一つずつが太陽の中心部で起こっている核融合反応についての貴重な情報をたずさえている。後はこうしたニュートリノを捕まえられさえすればいいのだ。

私がイタリアまで見にきた実験装置は、まさにそのためのものだ。それはボレキシーノという、液体炭化水素を入れた巨大なタンクを備えた装置で、グラン・サッソ山塊の地下深くにある空洞に設置されている。その実験を成功させるのは信じられないくらい難しいが、その原理を理解すること自体は簡単だ。タンクをつねに通り抜けている無数のニュートリノのうち、ごく一部が通過時に炭化水素の電子と衝突し、蹴り飛ばす。電子はその目に見えない一撃ではじき飛ばされると、周囲の液体を励起し、小さな閃光を生じさせる。この閃光をタンクを取り囲むように配置した検出器でとらえる。ボレキシーノ実験の物理学者チームは、こうしたニュートリノの数を数え、そのエネルギーを測定することによって、太陽が水素の核融合によってヘリウムを作る様子をリアルタイムで観察できる。

真昼の日差しを浴びながら守衛室の横で数分待っていると、イアンニが車を寄せてきたので、私たちは握手をした。イアンニの説明によれば、警察官がたくさんいるのはイタリアの財務大臣の急な訪問のためで、私たちの見学ツアーは準備万端だという。ボレキシーノまで行くために、私たちはまず高速道路二四号線に戻り、それから長さ一〇キロメートルの高速道路のトンネルを通って山腹に入っていく必要があった。イアンニは車を走らせながら、グラン・サッソ研究所が最初に提案されたのはこの高速道路のトンネルが建設中の一九七〇年代で、三つある大きな実験ホールは一九八七年に完成したと説明してくれた。一方で私は、ニュートリノ物理学がアップルパイとどんな関係があるのかをなんとか説明しようとしたが、イアンニはどこか戸惑ったような顔をした。カール・セーガンの名はイタリアではそれほど知られていないのだ。

そびえ立つグラン・サッソの頂を見上げながら、私たちはイタリアの午後の明るい日差しの中から、山の中の暗闇へ入っていった。私たちの上には、厚さが一キロメートル以上ある巨大な苦灰岩の塊があって、これがなければ、ボレキシーノ実験はいっさい不可能だっただろう。地球には、宇宙からの高エネルギー宇宙線が絶えず降り注いでいる。そうした宇宙線は高層大気と衝突すると、荷電粒子のシャワーを生成し、その多くが地上レベルまで届く。グラン・サッソ山という強力な遮蔽物がなければ、そうやって降り注ぐ宇宙線由来の荷電粒子は、ボレキシーノが研究対象とする、まれにしか起こらないニュートリノの相互作用を完全に覆い隠してしまうだろう。グラン・サッソ山は、荷電粒子をほぼ完全に吸収するが、太陽からのニュートリノは通過させるのだ。

私たちの車は、高速道路の長いトンネルを数分走ってから、そこにあると知らなければ見逃してしまいそうな、小さな通路に入った。目の前には地下の研究所への入口があった。それはステンレス製の大きなドアで、イアンニがインターフォンで連絡するとゆっくりとスライドして開いた。まるで映画の「ジェームズ・ボンド」シリーズの悪役が潜む、山奥の隠れ家に入って行くような気分だった。

私たちは脇のトンネルに車をとめた。車を降りると、空気の冷たさと、地下深くの洞窟でしか嗅いだことのない、あの独特の湿った鉱物のにおいに迎えられた。守衛所へ手続きをしに少し歩いて行くと、苔むしたトンネルの壁から水がしたたり落ちてきた。イアンニは書類に署名し、かなり素敵な青い保護ヘルメットを渡してくれてから、私をつれて別の長いカーブしたトンネルを進んでいくと、その先の鋼鉄製の扉を抜け、天井の高い地下空洞へ足を踏み入れた。私たちが入って行ったのはボレキシーノが設置されているホールCで、幅二〇メートル、高さ一八メートル、長さ一〇〇メートルのかまぼこ形をしたコンクリートの空間だった。機械の低いブンブンいう音を遮るように、リズミカルで甲高いチュッチュッという音がしている。まるで巨大な機械仕掛けのコオロギがメスに向かって鳴いているみたいだった。イアンニは、これはただの真空ポンプの音だといって、私を安心させてくれた。

私たちの前には、それぞれが建物数階分の高さがある二個の円筒形タンクがあった。ボレキシーノの複雑な供給系の一部だ。そびえ立つ機械装置の塊に向かって歩いていきながら、イアンニは、自分や同僚たちが抱えている大きな問題は、自然界からのバックグラウンド放射線が原因だと説明した。私たちが歩いている地面や、身の回りの物体、そして呼吸している空気にさえも、ウランやラドン、炭素14といった放射性元素がわずかに含まれている。そうした放射性物質はアルファ線や電子、ガンマ線といったバックグラウンド放射線を絶えず放出している。その量はとても少ないので、私たちには無害だが、ボレキシーノのような実験にとっては致命的なのだ。

ニュートリノと物質の相互作用は弱いため、ボレキシーノほどのサイズがあっても、一日に見えるニュートリノの数はわずか数十個だ。それほど微弱なシグナルは、通常レベルのバックグラウンド放射線で完全に覆い隠されてしまうので、イアンニたちは実験システムに不純物として混じる放射性物質とつねに闘っている。私たちはそのとき、パイプでつながれたいくつものタンクの下に立っていたが、そうした大がかりな配管系の仕事は、ボレキシーノのタンクに入っているさまざまな種類の液体をつねにきれいに浄化することだ。液体を浄化してから、高純度の窒素ガスの泡を使って放射性不純物を取り除くことでようやく実験装置に入れられるようになるのだ。それだけでなく、ボレキシーノのどの部品でも、放射性物質をできるだけ含まない材料を慎重に選んで製造し、試験をおこなう必要がある。この大変な努力の結果、この実験装置のバックグラウンド放射線は、地球上でこれまでに達成された最低レベルに相当する量におさえられている。

私たちは鋼鉄製の足場を上って、ボレキシーノのコントロールルームの一つに着いた。そこでイアンニは立ち止まって、忙しく実験を進める同僚の一人と言葉を交わした。なにをいっているのか見当もつかなかったが（私のイタリア語はコーヒーをなんとか注文できる程度だ）同僚は動揺しているようだった。イアンニが後で説明してくれたところによると、データ読み出し用の電子機器の冷却システムが故障していて、彼らはその電子機器をできるだけ早く再接続すべく作業をしていたのだという。それだけまれな現象を相手にしていると、データ収集をおこなう日は一日たりとも無駄にできなかったし、そもそもボレキシーノチームは時間の闘いのさなかにあった。

ほんの数カ月前の二〇一八年末にボレキシーノチームは、陽子－陽子連鎖反応で作られるニュートリノについての総合的な研究結果を発表していた。この反応は太陽のエネルギーの九九パーセントを生成している。陽子－陽子連鎖反応によってゆっくりとしたペースで水素からヘリウムが作られるときには、ニュートリノが放出されるが、そのエネルギーからは、ニュートリノ放出が太陽のどこで起こったがわかる。二〇年近くにわたって、装置に届くニュートリノの数とエネルギーを細心の注意を払って詳細に測定した結果、ボレキシーノチームは、ハンス・ベーテとチャールズ・クリッチフィールドが一九三八年に初めて提案したこの核融合反応が、二人が予測したとおり、太陽中心部の奥深くで起こっていることを明らかにした。

しかし、パズルのピースが一つ残っている。炭素が陽子を少しずつ飲み込んで、最終的に完成したヘリウム原子核を吐き出す、CNOサイクルだ。このもう一つの核融合反応は、太陽のエネルギー全体の一パーセントを生成しているにすぎないため、観測するのはさらに難しい。ただし、そこから得られるものは大きい。イアンニたちがCNOサイクルからのニュートリノを検出できれば、太陽はなぜ光るのかという、科学の世界で最も古い謎の一つを最終的に解明できるだろう。それだけではない。CNOサイクルは、質量が太陽の一・二倍以上のすべての星の主なエネルギー源だと考えられているので、それが自然界で起こっている様子をリアルタイムでとらえられれば、目を見張る成功だといえるだろう。

不幸なことに、二〇一九年始めにボレキシーノは予想外の、そして命取りになりかねない問題に遭遇した。ただ強調したいのは、それは科学上の問題ではなく、法的な問題だということで、その経緯は二〇〇二年までさかのぼる。その年の夏、人的ミスが原因で、ボレキシーノで使われている液体炭化水素の一部が地下水に漏出してしまった。その事故以降、この研究所では環境安全のための基準や手続きが大幅に強化され、私が話をした人はみな、同様の事故が起こるリスクは現在ではとても小さいと自信を持って答えていた。しかし、地域社会との関係は悪化してしまった。環境保護活動家グループが一〇年以上にわたって断固たる態度で進めてきた反対活動は、私の訪問のほんの二カ月前についに頂点に達した。グラン・サッソ国立研究所の幹部三人が刑事訴追を受けることが発表されたのだ。この訴訟により、新たな実験作業はすべて停止され、ボレキシーノは二年弱で閉鎖しなければならなくなった。

時間との闘いというのはそういうわけだった。研究者たちの頭に浮かんでいる大きな疑問は、二年というのがCNOサイクルからのニュートリノを観測するのに十分かどうかということだ。CNOサイクル由来のニュートリノがまれであることを考えると、それを見つけるチャンスをつかむには、ボレキシーノチームはバックグラウンド放射線を前例のないレベルにおさえる必要があるだろう。

私たちはコントロールルームを後にして、空洞の床から数メートルの高さにある通路をさらに数メートル歩き、実験ホールの後方へと移動した。機械の立てる甲高い騒音がどんどん大きくなっていき、その先でついにボレキシーノ本体と直接対面した。高さ一七メートルのドーム型タンクで、人工光の中で柔らかく光る銀色の断熱シートで覆われている。最上部近くでは、青色の配管が直径一八メートルのボレキシーノの胴回りにぐるりと巻き付いていた。すべてが一九世紀の人たちが想像した異星人の宇宙船みたいに見えた。ぴかぴか光る断熱シートと青い配管は、CNOサイクル由来のニュートリノの観測が最後の最後で可能になればと期待して、つい最近設置されたものだとイアンニは教えてくれた。

ボレキシーノが一九九〇年代に初めて提案されたとき、この実験でCNOサイクルからのニュートリノを見るチャンスがあるとは誰も考えていなかった。そのシグナルはあまりにも弱く、バックグラウンド放射線のレベルはあまりに高かったからだ。しかし近年、ボレキシーノチームは、地下環境の独特な特徴がそれをそもそも可能にするかもしれないことに気づいた。

空洞を取り囲む山の岩石は、ボレキシーノが置かれている空洞の床を摂氏八度でほぼ一定に保っている。そこは、高さ一七メートルのタンク上部の温度より低いことになる。温かいものは上に行き、冷たいものは下に行くので、結果としてボレキシーノ内の液体はほぼ完全に静止した状態になる。重要なのは、こうした条件が、タンク内の球形ナイロン製容器からしみ出した放射性不純物が広がるのをおさえ、ニュートリノ検出に使われる液体と混合しないようにしていることだ。追加された断熱シートと青い水供給パイプの役割は、できるだけ一定の温度を維持することだ。これがうまくいけば、内部の液体に流れが起こらなくなるので、本当にもしかしたらだが、太陽がヘリウム生成に使っている最後の未発見の核融合反応を発見できる可能性がわずかに生まれるかもしれない。

　私たちは階段を下りて、そびえる検出器の足下にある台の上に立った。ボレキシーノは今まで見た観測施設の中でも飛び抜けて奇妙だ。太陽の中心からやってくる幽霊のような使者のささやきを、山の地下深くで辛抱強く待っている静かな巨人である。車に戻るためにホールCを離れるとき、私はイアンニに、ボレキシーノの命が尽きる前にCNOサイクル由来のニュートリノを観測できる可能性についてどう考えているかとたずねた。イアンニは私を横目で見ながらいった。「私たちは……私の意見では、今年の年末までには見つかると思う」。

　イタリアにくる二週間前に私は、イタリアの田園地帯の貸別荘で過ごしているジャンパオロ・ベッリーニとスカイプ通話をした。ベッリーニは親しみを込めて「ボレキシーノの父」と呼ばれている人物だ。現在は八〇歳代で、仕事からは（少なくとも公式的には）引退しているものの、ベッリーニはいまも、自分が一九九〇年代初頭に初めて思い描いたボレキシーノ実験の成功に対する情熱と喜びにあふれていた。CNOサイクルをついに捕まえられれば、長い研究人生の素晴らしい締めくくりになるし、観測所を完成させるためにたゆまず働いてきた一〇〇人ほどのチームにとってはなによりの報いになるだろう。ボレキシーノが二年後に閉鎖されてしまえば、同じような性能を持つ新しい検出器で準備中のものはない。ボレキシーノがCNOサイクルのニュートリノを見つけなければ、どうやっても見つからないだろう。ベッリーニはそう語った。

　夕方にホテルに戻ってから、私は車で山を登っていって夕焼けを見ようかと考えたが、結局は、まあいいか、疲れたし、ビールとピザの時間だ、という気分になった。日没はどれも同じものだし、だいたい、ニュートリノは太陽光とは違って太陽が沈んでも届かなくなるわけじゃない。ニュートリノは変わらない強さで地球を通り抜けている。それで、暗くなっていく中でホテルのテラスに座り、ビールを飲みながら、目に見えないニュートリノが大量に押し寄せてきて、私の体を通り抜けている様子を想像しようとした。それは太陽の中心部から宇宙の果てへ向かうニュートリノの長い旅の途中で起こる、ほんの一瞬の出来事だ。

星（スター）の素質

私がミスター・キプリングのブラムリーアップルパイを元素のレベルまで分解することを思いついて、両親の家を目指して列車に乗ってから数カ月がたった。そのときの生成物が入った試験管は、口を密封して自宅のデスクに飾ってある。それを見ると、私たちが奇妙で抽象的な素粒子物理学の世界をどれだけ深く掘り進んでも、まだふつうの物質の起源を最終的に追いかけている段階だということを考えさせられる。それだけでなく、そういう生成物は見ていて楽しい。

アップルパイの焦げた残骸である炭素の塊は、私のお気に入りだ。固くて、ぎざぎざしていて、真っ黒で、かすかにきらめく小さな反射面がいくつかある。すべての元素の中で、炭素は最もカリスマ性のある元素にちがいない。木炭からダイアモンドまで、さまざまな表向きの顔が、炭素を周期表のデヴィッド・ボウイにしている。しかし炭素が本質的に神秘的な存在なのは、生命の重要な構成単位としての役割を持っているためだ。リンゴの木からミスター・キプリング本人[*1]まで、生きとし生けるものはすべて、炭素が基本的な骨組みになっている分子から作られている。

その小さな炭素の塊を形作っている原子は本当に古い。はるか昔、最初の生命が誕生するよりも、地球が形成されるよりも、さらに太陽に最初の光が揺らめくよりも前に、遠く離れた宇宙のどこかで作られた。問題は、それがどこかということだ。

私たちは、アップルパイの中にある元素のレシピを手にするために、最初の一歩を踏み出した。一世紀以上にわたる天文学者や物理学者の研究のおかげで、太陽のような星は巨大な熱核融合オーブンであり、そこでは何十億年もの間、水素を材料にしてヘリウムが焼き上げられていることがわかっている。星が水素からヘリウムを作れるなら、もっと重い元素も作れるだろう。通常の炭素原子核は陽子六個と中性子六個からできているので、炭素原子核を一個作るのは、ヘリウム原子核を三個くっつけるだけの簡単な話のはずだ。

実はハンス・ベーテも、一九三九年に発表した星が光る理由についての有名な論文で、まったく同じことを提案していた。しかし、水素からヘリウムを作る核融合が太陽のエネルギー源だとする説をアーサー・エディントンが最初に提案したときにぶつかったのと同じ問題に遭遇した。星の温度が十分に高くないように思われたのだ。前の章で見てきたように、二個の陽子を融合させるには、正の電荷を持つ二個の粒子間に働く強力な電気的反発力をなんとかして乗り越えなければならない。その解決法としてガモフとハウターマン、アトキンソンがもたらしたのが、量子力学を適用すれば、陽子は量子トンネルを通って、原子核の要塞を囲む壁の外側に出ることができるので、太陽や星の中心核の温度でも核融合が可能になるという説だった。

残念ながら、三個のヘリウム原子核を無理やり融合させて炭素を作るというのは、それよりはるかに難題だ。ヘリウム原子核は+2の電荷を持つので、三個のヘリウム原子核間の電気的反発力は水素の場合よりはるかに強くなる。ベーテは、ヘリウムを融合させようと思ったら、星の内部で想定される温度よりもはるかに高い、数億度、あるいは数十億度という高温が必要になることに気がついた。

しかし、星のオーブンに重い元素を焼き上げられる十分な温度がないのなら、そうした元素はどこからきたのだろうか？　一九四八年にジョージ・ガモフとその教え子である博士課程学生のラルフ・アルファ

＊1　私はそう思っていたのだが、実はミスター・キプリングは実在の人物ではないらしい。オズの魔法使いやロナルド・マクドナルドみたいなもので、でっち上げであり、いかさまであって、一九六〇年代に焼き菓子を売り込むためにブランドコンサルタントが考え出したのだ。そうだとしても、世間のブランドコンサルタントはやはり炭素を基本とする生命体なのだから（実は私の兄弟がブランドコンサルタントだ）、話のポイントとしては同じだ。

ーは、ある思い切った答えを提案した。ヘリウムより重い元素が星で作られたのでないとすれば、十分に高温と考えられる核融合炉は他に一つしかない。太古に存在した原初の火の玉だ。

宇宙がビッグバンで始まったとする説は、宇宙が膨張している可能性が天文学者によって発見された一九二〇年代以降、支持を集めつつあった。宇宙が膨張しているのなら、時計の針を戻していくと、過去の宇宙は今よりも小さかったはずだ。そして十分遠い過去までさかのぼれば、あらゆるものが一点に押し込められていた時点までたどり着くだろう。

ガモフとアルファーの理論によれば、数十億年前には宇宙全体が一つに集まって、信じられないほど熱くて小さい未発達の塊の状態になっており、その内部は超高温の中性子ガスで満たされていた。理由はわからないが、その塊が急激に膨張を始め、やがてサイズが大きくなって冷えると、中性子同士が連続的に衝突するようになる。すると激しい核反応の中で、水素から始まって周期表の最後までの元素が一つずつ作られていった。

残念ながら、この理論にはすぐに致命的な欠陥が見つかった。気がきかないことに、自然界には質量数五の元素がないのだ。つまり、ヘリウム（質量数四）が生成されてしまうと、次の元素へ進む経路がブロックされることになる。ヘリウムに中性子をもう一個追加してできる原子核はとてつもなく不安定で、一秒の一兆分の一の十億分の一ほどの時間でばらばらになってしまう。これはあまりにも短い時間なので、その原子核に中性子がさらに一個衝突して、質量数六の元素を作るチャンスがない。質量数五の谷を越える一つの方法が、二個のヘリウム原子核を衝突させて、質量数八の原子核を作ることだが、この場合もやはり、生成される原子核の寿命があまりに短くて（一兆分の一秒のさらに一万分の一）、質量数九を持つ次の安定な元素までジャンプするには時間が足りない。

ガモフとアルファーが考えたビッグバンは、クラッシュして燃えてしまった。しかしそれでも、私たちが暮らしている宇宙には炭素や酸素、鉄、ウランが存在する。そうした元素はどこかで生成されていなければならない。しかしいったいどこでだろうか？

さいわい、ガモフとアルファーがアメリカで自分たちの理論に取り組んでいたのとちょうど同じ頃、イングランドでもフレッド・ホイルという若手理論物理学者が同じ問題に頭を悩ませていた。

炭素のレシピ

フレッド・ホイルは、二〇世紀の天文学者の中では最も影響力が強く、なおかつ最も物議をかもしがちだった人物の一人だ。イングランド北部のヨークシャーで、羊毛取引を営む貧しい家庭に生まれたホイルは、学校をよくずる休みしていたが、地元の図書館からアーサー・エディントンが書いた『星と原子』という本を借りて以来、科学のとりこになった。このタイトルにある二つのものがやがて、ホイルの人生を支配するようになる。熱心な教師の粘り強い努力のおかげという面が大きくはあったが、ケンブリッジ大学で勉強するための奨学金を獲得し、特に希望したわけではなく、たまたま、ポール・ディラックの下で博士課程の指導を受けるはめになった。ディラックは、人類が知るかぎりの宇宙の中で最も優れた量子物理学者だ。もともとは学生の指導にあまり熱心ではなかったディラックが、一九三〇年代半ば、ホイルに人生を変えるようなアドバイスをした。物理学の栄光の日々は過ぎ去った。量子革命も終わった。一方で、新しい画期的な発見の機は熟していない。熱意あふれる若者が科学の世界で成功したいなら、別のところに目を向けるべきだ、と。そこでフレッド・ホイルは星に注目するようになった。

ホイルは多方面にわたる長い研究生活のあいだに、科学に対するひねくれた、ときに風変わりな見方や、仲間の研究者との激しい論争、そしてBBCの人気テレビシリーズ「アンドロメダのA」などのSFの作者としての才能で有名になった。そしておそらく今日最もよく知られているのは、ビッグバン理論にかたくなに反対したことだろう。ホイルはビッグバン理論を、そもそもなにがビッグバンを引き起こしたのかを説明できないという理由で、疑似科学として一蹴したのである。[*2]

しかし、いろいろな騒ぎを引き起こしたとはいえ、ホイルが優れた科学者だったことは疑問の余地がない。実際のところ、伝統的な考え方に対抗する姿勢は、ホイルを難しい立場に陥らせることが多かったが、同時に彼の成功の重要な要因でもあった。ホイルに関するかぎり、「退屈で正しいより、面白くて間違っているほうがまし[37]」なのだ。そしてホイルの考えが面白く、かつ正しかったテーマの一つが、元素の起源だった。

一九四四年末に、ホイルは陰鬱な雰囲気に包まれた戦時中のイギリスを離れて、レーダー技術関連の会議に出席するためにアメリカを訪問する機会を得た。アメリカ滞在中、ホイルはその機会を利用して、カリフォルニア州のウィルソン山天文台に立ち寄った。そしてふもとの街パサデナに戻るときに、当時最も優れた観測天文学者だったウォルター・バーデの車に乗せてもらった。その道中、ホイルとバーデのおしゃべりはすぐに、知られている範囲の宇宙の中で最も激しい爆発、超新星の話になった。この途方もなく激しい星の爆発現象で放出されるエネルギーは、一つの銀河に含まれる数千億個の星のエネルギーの合計を上回ることがある。当時、超新星のすさまじいエネルギーの源を誰も説明できなかった。しかし、モントリオールの空港で帰国する飛行機を待っていて、たまたまかつての同僚に出会ったとき、ホイルの頭はうなりを上げて動き出した。

その同僚は、モーリス・プライスという名のイギリスの物理学者で、ホイルと同じポーツマスのレーダー施設にいたが、その年の初めに不可解な形で姿を消していた。プライスが同僚とともにモントリオールにいた理由は極秘扱いだったが、原子核物理学分野の重要人物たちがカナダの原子力研究施設であるチョーク・リバー研究所の近くにいるのを見て、ホイルはあることをほぼ確信した。プライスたちは原子爆弾を研究しているのだ。

会話を交わす中で、ホイルはプライスたちが悩んでいる問題を察した。彼らの目標は、放射性同位体であるプルトニウム239を核爆発物として使った爆弾の設計だった。核分裂の連鎖反応を引き起こすために、チョーク・リバー研究所の科学者や技術者は、球体状にしたプルトニウムを内側に向けてつぶす、つまり爆縮という現象を起こす方法を探していた。プルトニウムの爆縮が十分な速度で起これば、核反応の暴走が始まって、はるかに大きな爆発が発生し、破壊的なレベルのエネルギーが放出されるだろう。[*3]

イギリスに戻ったホイルは、同じようなプロセスが超新星の原因になっているのではないかと考え始めた。星は年老いると、徐々に中心核にある水素を燃やし尽くし、最終的にはヘリウムの中心核に変わってしまう。ホイルは、その状態になると星を膨張させ続ける熱源が失われるため、中心核は自己重力で押しつぶされて、収縮し始めることに気づいた。中心核が爆縮すると、この巨大な重力エネルギーの井戸が熱

＊2　ホイルは、一九四九年のBBCラジオのインタビューで「ビッグバン」という用語を初めて使ったとされている。この用語には侮蔑の意味が含まれているという見方もあった。ただしホイル自身は、印象に残る表現をねらっただけだと弁明している。

＊3　プルトニウム爆縮方式の原子爆弾は、一九四五年七月一六日に、アメリカのニューメキシコ州の砂漠での試験に成功した。それから数週間後の八月九日には、長崎上空で同じ方式の原子爆弾が炸裂した。その犠牲者数は三万九〇〇〇人から八万人のあいだとされている。

に変換され、星の中心部の温度を急上昇させて、最終的には想像できないほど激しい爆発を引き起こす。これが超新星だ。ホイルは一年ほどたってからおこなった計算で、理論上は、収縮する星が生成する温度は摂氏四〇億度以上になる可能性があることを示した。これは、それ以前に可能だと考えられていた温度より数百倍も高かった。たぶん、本当にたぶんだが、星はやはり、元素を作る宇宙のオーブンだったのかもしれない。

一九四五年に戦争協力のための仕事から解放されたホイルは、ケンブリッジ大学に戻り、天文学の世界に復帰した。収縮する星の中で元素が作られるプロセスに関する理論はすでに発表していたものの、その理論は詳細まできちんと練られていたとはとてもいえなかったし、ヘリウムからもっと重い元素へと進むための具体的なレシピがなければ、ガモフやアルファーの理論と同じように挫折する運命だった。

ベーテが一九三九年に発表した、核融合についての画期的な論文を見直していたホイルは、「トリプルアルファ反応」として知られていたものを復活させることを思いついた。これは、三個のヘリウム原子核が結合して、炭素12の原子核一個になるという反応だ。ベーテはもともと二つの理由から、この反応が星の中で起こる可能性を否定していた。一つは、この反応にはとてつもなく高い温度が必要で、それはあらゆる星で考えうる温度を上回っていたこと、そしてもう一つは、三個の原子核が同時に衝突する可能性が極端に小さいことだ。

星の収縮に関するホイルの研究によって、否定する理由の一つ目はすでになくなっていた。そして二つ目の理由を解決する方法も見つけられるとホイルは考えていた。三個のヘリウム原子核が同時に衝突するのではなく、まず二個が衝突してベリリウム8（陽子四個、中性子四個からなる）を作り、その後でそれに三個目を衝突させて炭素12を作るというのはどうだろうか？　いやちょっと待って、質量数八の安定した元素はないとさっきいったのでは？　そのとおり。ベリリウム８の寿命はわずか一秒の一兆分の一のさらに一万分の一で、その後は二個のヘリウム原子核に分かれてしまう。しかしホイルは、これが乗り越えられない問題ではないことに気づいた。温度と密度の条件が整った星では、たくさんのヘリウム原子核が衝突し合うので、ベリリウム８がたえず分裂し続けるとしても、衝突で作られるベリリウム８はそれを埋め合わせるのに十分な数になるのだ。この生成と破壊のバランスが意味するのは、ベリリウム８の個々の原子核はつかの間しか存在しないにしても、星内部のベリリウム８の濃度は常に安定しているということだ。

問題は、ある一時点で存在するベリリウム８の量は、そこそこの数が三個目のヘリウムに衝突されて炭素１２になるのに十分だったのかということだった。一九四九年に、ホイルはこの問題を研究テーマとして、指導していた博士課程学生の一人に与えた。ホイルの期待するような答えが出てきたら、周期表にあるすべての元素を核融合で作り出すことが可能になる。

ところが、まさにその研究テーマをその学生に与えたことが結果的には大きな間違いだった。三分の二くらい進んだ時点で、その学生はその研究テーマに嫌気がさして投げ出してしまったのだ。私自身も現代の博士課程学生として、孤独と混乱、挫折感にさいなまれながらジェットコースターのような三年間を過ごしたことがある。あのころはよく友人と、大学から逃げ出してパン屋を始める妄想をしていたので、この学生の気持ちはよくわかる。問題は、ケンブリッジ大学の規則はかなり時代遅れで、ホイルがその研究テーマをその学生に与えたことは取り消し不可能と決められており、その学生が博士課程の登録を抹消しないかぎり、ホイルが自分でそのテーマに取り組めないようになっていたことだった。

ホイルにとっては運が悪いことに、八八〇〇キロメートル離れた陽光あふれるカリフォルニアでは、ハンス・ベーテの教え子である若いポスドク研究員エドウィン・サルピーターがまさに同じ問題を検討していた。サルピーターは、ニューヨーク州北部にあるコーネル大学からサバティカル休暇をもらっていて、一九五一年の夏はカリフォルニア工科大学のケロッグ放射線研究所でウィリアム・ファウラーと研究をしていた。オハイオ州出身のファウラーは、体格がよく外向的な人物だった。粒子加速器を使って、太陽や星のエネルギー源になっている反応を実験室内で再現するという研究で、すでに実験天体物理学の父として名を上げていた。一方のサルピーターは、データをなんとしても必要としている理論家という立場だった。具体的には、ベリリウム8原子核が持つエネルギーの正確な値を知る必要があった。サルピーターは、これ以上ないほどよい場所にきていたのだ。

幸運にも、ファウラーの研究チームはすでにサルピーターが必要としている測定をおこなっていた。戦争が終わった直後、ファウラーたちは手元にある陽子加速器を使った実験で、ベリリウム9原子核を分裂させ、ベリリウム8を作り出していた。このベリリウムの寿命は短く、すぐに二個のヘリウム原子核に分裂した。ファウラーは、衝突の中から飛び出してきた二個のヘリウム原子核のエネルギーを足し合わせることで、ベリリウム8原子核のエネルギーを正確に測定することができた。サルピーターにとってうれしかったのは、その測定値が、トリプルアルファ反応の反応率を大幅に高めるのに適切なエネルギーの値にかなり近かったことだ。さらに、そうしたヘリウムから炭素12への核融合に必要な温度は、それまで考えられていた数十億度ではなく、はるかに低い数億度で起こりうることもわかった。

ケンブリッジに話を戻すと、ホイルはサルピーターのヘリウム核融合についての論文を読んで、いらだちを募らせていた。ホイルが自分の机にこぶしを打ち付けて、ケンブリッジ大学の時代遅れの規則をののしっている様子が目に浮かぶようだ。ホイルは、サルピーターとファウラーという強力なコンビにすっかり出し抜かれたのだ。しかし絶望して降参するかわりに、ホイルはその怒りを力にして、決意も新たに研究に取り組んだ。そしてすぐに結果を出すことになる。

一九五二年の終わり頃、ホイルは翌年の春にカリフォルニア工科大学に滞在しないかという招待を受けた。戦後のイギリスに残る陰鬱な雰囲気と配給制度と、カリフォルニア南部の太陽降り注ぐオレンジの果樹園を交換するというのは心惹かれる考えだったし、なによりホイルは一九四四年のアメリカ旅行ですでにそうした豊かな暮らしの味を覚えていた。ホイルはカリフォルニアでおこなう予定の講演の準備中、サルピーターが提案していた核融合反応を調べ直していて、なにかがひどく間違っていることに気づき始めた。

星の内部で炭素12が作られると、その炭素12はほぼ直後に別のヘリウム原子核と衝突して、酸素16を作る。それ自体は問題ではない。なにしろ、酸素は宇宙の重要な材料なのだから。しかし困るのは、その反応はとても速く進むので、生命を（そしてもちろんアップルパイを）作るための炭素がほとんど残らないことだ。やはり炭素を基本とする生命体であるホイルが、そうした問題を心配できているということ自体が、炭素がすべて核融合で使い果たされないようにする、なにか別のプロセスが作用していなければならないことを意味していた。

ホイルが考えついた答えは、素晴らしいだけでなく、とてつもなく大胆なものだった。炭素12は、その原子核があるきわめて特別な性質を持つ場合にだけ、星の内部で形成されるのだ。

原子の中の電子と同じように、原子核にある陽子と中性子は、さまざまな異なる状態（エネルギー準位）をとることができる。こうしたエネルギー準位を、大規模な高層ホテルの部屋だと考えてみよう。原子核が最も低いエネルギー状態にある場合、陽子と中性子はホテルの一階に近い部屋に入る。それよりも上の階に滞在するのは、下の階に空きがない場合だけだ。しかし、たとえばガンマ線を照射するなどして、原子核に強い衝撃を与えると、陽子と中性子は励起状態に放り込まれる。ホテルでたとえるなら、フロントで火事が起こって、滞在者は全員ひどいパニックを起こして階段を駆け上り、上階の部屋にたどりつくようなものだろう。ともかく、原子核にはこうした明確に定義できる励起状態がいくつかあって、その状態は陽子と中性子のあいだの力と、量子力学法則によって決まる。

ホイルが気づいたのは、炭素１２の励起状態が存在していて、そのエネルギーが、星の内部で典型的に起こるベリリウム８一個とヘリウム原子核一個の衝突エネルギーと同じであれば、炭素１２の生成率が大幅に増え、その後の酸素１６生成反応で使われる分を埋め合わせても余るくらいになることだった。さらに、この特別な励起状態のエネルギーも計算できた。それは七・六五ＭｅＶ[*4]にかなり近い値でなければならなかった。

カリフォルニア工科大学に到着したときには、ホイルはこの炭素の特別な励起状態のことをファウラーに話したくてしかたがなかった。しかし、ホイルに敬意を表するために催されたカクテルパーティーで近寄って話しかけようとしても、ファウラーは仕事の話はしたがらず、ホイルは大学の他の教員たちと立ち話をさせられるだけで終わってしまった。しかしホイルの決意は固かった。その翌日、ファウラーのオフィスにお伺いすら立てずに飛び込んでいき[38]、ファウラーたちが今やっている実験を中止して、その粒子加速器を使って、ホイルが存在を予言している炭素１２の励起状態を探索するよう要求したのである。

ファウラーは、控えめにいっても懐疑的だった。目の前には、奇妙なアクセントでしゃべるおかしな小男がいて、自分は原子核のエネルギーを予言できると興奮して主張している。そんなことは至難の業で、当代随一の原子核物理学の理論家でもできないことだ。ホイルの主張は明らかにばかげているし、彼はどうやら原子核物理学のことはなにもわかっていないとみえる。それに、自分たちはすでに炭素12のエネルギー準位を測定していて、ホイルが夢中になっているような励起状態の兆候は見つからなかった。ファウラーはホイルの要求をそっけなく拒絶したが、ホイルはその件をそのままにする気はさらさらなかった。最終的には、ジュニア・ポスドク研究員の一人であるワード・ウェイリングを引き込んで、励起状態をもう一度探してみる価値はあると説得することになんとか成功した。

その実験をするのは大仕事だった。核反応を実験室で作り出そうというときにいつも生じる技術的課題はもちろんだが、実験装置を準備するだけでも、ウェイリングは同僚とともに、重さが数トンある質量分析計を狭い廊下の先まで動かす必要があった。そのときには、床に数百個のテニスボールを敷き詰めた上に質量分析計を載せて、先へ動かしていった。そうやって動かしているあいだ中、学部学生の一団が質量分析計の後方から前方へとテニスボールを必死に運ぶのだ。実験自体は、ケロッグ研究所の暗い半地下室でおこなわれ、ホイルは電気ケーブルやうなるような音を上げる機械のあいだで不安げに見守っていた。ホイルは後年、そのときのことを振り返って、裁判にのぞむ犯罪者のような気分だったが、自分が無罪なのか有罪なのかがわからないところが犯罪者と違っていたと書いている。[39]

結果が出ないまま、不安な気持ちで待つ数日が過ぎた。その間ホイルは、暑くて狭苦しい地下室に下りていっては、[40]一日の終わりにカリフォルニアの空気の中にほっとした気持ちで出てくることを繰り返した。ウェイリングのチームに無駄骨を折らせたのだとしたら、自分がどれだけ間抜けに見えることになるのか、ホイルはしっかりわかっていた。しかし、入念な作業を二週間ほどおこなった結果、ウェイリングはホイ

＊4　一ＭｅＶ（メガ電子ボルト）は、一個の電子が一〇〇万ボルトの電位差で加速されたときに得るエネルギー。

ルに驚くべき結果を告げた。ウェイリングのチームは、ホイルが主張している炭素12の励起状態を、ホイルが予測したとおりの場所に発見したのだ。ホイルも含めて、誰もがびっくりした。特にファウラーは、イギリスからきたこの厚かましい小男をかなり疑っていたが、いまやホイルの偉業にすっかり感服してしまい、翌年には太平洋を渡り、ケンブリッジでホイルと共同研究する計画を立てたほどだ。

ホイルは幸福感の波に漂いながら帰国した。数カ月後に発表された実験結果の論文の中で、ウェイリングはホイルの名前を真っ先にあげている。これは、ホイルが実際に苦労して実験をしたわけではないことを考えれば、相当な敬意を示したことになる。いったん冷静さを取り戻すと、ホイルは、宇宙に生命が存在することを可能にしたのがそんなあぶなっかしい状態であることに、畏敬の念を抱いた。生命のもとになった炭素12の特別な状態だけでなく、酸素16にも七・一九MeVのエネルギー[41]で同じような励起状態があったら、星の内部で生成された炭素はすべて、あっという間に酸素に変換されてしまうことにホイルは気づいた。酸素16の原子核の性質を調べてみると、その危険ゾーンに恐ろしいほど近い、七・一二MeVの励起状態が見つかった。同じように、もしベリリウム8がすぐにヘリウム原子二個に分裂する代わりに、安定に存在できるとしたら、ヘリウムの燃焼（核融合）はとても激しくなり、星は、それなりの量の炭素や、他の重い元素を核融合で作り出すよりずっと前に、爆発して粉々になってしまうだろう。

生命は宇宙の中で、危ういバランスを取っているように思える。ベリリウムや炭素、酸素のいずれかの状態が間違った方向に少し変化するだけで、宇宙には炭素が存在しなくなる。その宇宙に生命は存在しないか、仮に存在したとしても、少なくとも私たちが知っている形のものではない。それはまるで、宇宙には偉大な機械職人がいて、原子核の微妙な性質を慎重に調整しているかのようだ。その職人は、こうした元素の原子が星の内部で十分な数だけ作られると、宇宙全体に散布されるように調整する。そしてそうした原子が数十億年分の偶然の出来事の積み重ねのすえに、また一つにまとまって形成された集合体が、少なくとも与えられた時間の一部を、自分がどうやってそこにたどり着いたかを考えて過ごすようにしている。別のいい方をすれば、原子核物理学は生命が存在するように微調整されているように思えるのだ。

こういった話を聞いたあなたがちょっと不安に感じるなら、同じように思う人は多いので心配はいらない。「微調整（ファインチューニング）」は、現代物理学で最も論争の的になっている話題の一つであり、その理由はたやすく理解できる。その前提を認めてしまえば、神の存在や、マルチバース（多宇宙）、シミュレーション仮説（宇宙は巨大なシミュレーションだとする説）など、かなり非科学的な考え方につながるのはほぼ避けられないからだ（このファインチューニングの問題については、後でもう一度考える）。

人間の存在に関する不安の話はひとまず置いておこう。アップルパイをゼロから作るための材料探しは、決定的な瞬間を迎えた。ようやく私たちは、例のガレージでの実験の主な生成物のうち、二つを作るレシピを見つけたのだ。最初は炭素だ。

★炭素のレシピ

トリプルアルファ反応

ステップ一：星内部でヘリウム原子核二個を衝突させて、きわめて不安定なベリリウム8原子核を作る。

ステップ二：ベリリウム8原子核ができたらすぐに、つまり一秒の一兆分の一のさらに一万分の一ほどの時間内で、別のヘリウム原子核一個を打ち込む。そして中指と人差し指を重ねて十字架を作り、うまくいくように祈る。

ステップ三：とても運がよければ、ベリリウム８原子核は自発的に分解してしまう前に、打ち込んだヘリウム原子核と融合し、フレッド・ホイルが発見した特別な励起状態にある炭素１２原子核になる。
ステップ四：ここでまた中指と人差し指を重ねる。その励起した炭素１２原子核がまた分裂して、最初にあったヘリウム原子核三個になってしまうこともある。しかしもう少し運がよければ、その励起状態は、二個のガンマ線光子を放出することで基底状態になる。これで、私たちがよく知っている炭素１２原子核のできあがりだ。

このレシピを使えば、私たちは周期表の質量数五と八にそれぞれ開いた大きなギャップを飛び越えて、質量数四のヘリウムから質量数一二の炭素まで進むことができる。以前は越えられなかったそうした谷を越えてしまえば、炭素からウランまでのすべての元素を核融合で作り出す道が開ける。今私たちの前にあるのは次のステップ、酸素１６で、そこに到達する方法は驚くほど単純だ。

★酸素のレシピ
アルファ反応
ステップ一：オーブンで焼きたての炭素１２原子核を用意して、ヘリウム４原子核と衝突させる。
ステップ二：すると酸素１６のできあがりだ！（他に少しだけ残った原子核のエネルギーがガンマ線光子一個として放出される）

この二つのレシピを手に入れた私たちは、アップルパイの主な材料のうちの一つをついに作れるようになった。もちろん、こうした反応が実際にどこで、どのようにして起こっているのか、詳しいことはまだ突き止めていない。炭素と酸素は水素の備蓄を使い果たした星の内部で作られたとホイルが考えたのには十分な理由があったけれども、この反応がどこでどのように起こるかという話は、複雑で、ドラマチックで、間違いなく美しいものだ。そしてさらにいえば、星での元素の生成については、今でもわかっていないことが多い。世界中の天文学者が、この世界の材料を作った星のオーブンを探し求めて、宇宙の最果てについての理論研究や観測をおこなっている。

星の一生

サクラメント山脈の高地にある岩場の上に、アパッチポイント天文台の白いドーム群がよい香りのするマツやモミに囲まれて立っている。そこから西を見ると、深い森を突き抜ける山の尾根が、およそ一五〇〇メートル下方のトゥラロサ盆地に向かってのび、さらにその先にはホワイトサンズ国定記念物のまぶしく輝く石膏の砂丘がある。一九世紀中頃、ここは伝説的な西部開拓の舞台であり、アパッチ族が幅広い肥沃な谷を支配していたが、やがてアメリカ人牧場主たちによって土地を追われた。そしてその土地は、牧場主たちが牛を放牧しすぎたせいで不毛な砂漠に姿を変えた。現在、ニューメキシコ州の一角を占めるこの広い地域は、アメリカ軍のホワイトサンド・ミサイル実験場の中に位置しており、北西の山向こうには一九四五年七月に世界初の原子爆弾の爆発実験が実施された場所がある。

アパッチポイント天文台にある望遠鏡は、原子爆弾よりもはるかに遠く、はるかに強力な核反応の炎に照準を合わせている。天文学者たちは、この標高が高くて見晴らしのいい場所から、天の川銀河全体に広がる数十万個の星の光をくまなく調べることで、私たちの銀河の進化の歴史と元素の起源を解明しようとしている。

私は宿泊していたアラモゴード市内のモーテルから道を東に進み、ふもとの砂漠から山の中へと上っていった。かわいらしい見かけの村を通り過ぎ、背の高い針葉樹林の中をさらに先へ、上を目指して進んだ。天文台に近づくと、夜間は車の通行を禁止するという看板が見えた。ヘッドライトのまぶしい光は、天文学者が一番相手にしたくないものなのだ。

私が平屋建ての運用棟の前に車を寄せたのはお昼頃だった。そこにきたのは、アパッチポイント天文台の専門観測スタッフの一人であるカレン・キネムチに会うためだった。キネムチはありがたいことに、その夜の夜間観測シフトを見学できるようにしてくれていた。キネムチはちょうどそのとき、下の山腹に向かって急激に切り立つ崖の上に危険なほど張り出した、巨大な口径二・五メートルスローン財団望遠鏡の架台の上にいて、同僚とともに電気系統の不調を直していた。

キネムチは笑顔と握手で私に挨拶すると、誇らしさを隠すことなく、トゥラロサ盆地とその先のサンアンドレアス山脈を望む素晴らしい景色を指さした。間違いなく、日々働くには最高の場所だ。しばらくその景色に浸ってから、私は会話のきっかけとなる言葉を口にした。イギリス人である以上、当然それは天気の話だ。日差しはあったが、南西のほうにうっすらとした雲の層があった。昼も夜も晴という天気予報だったのに、その雲は午後中ずっと広がってきていた。ただ、キネムチはあまり心配していないようだった。スローン財団望遠鏡は夜空を赤外線でスキャンするので、あまりに厚くならないかぎり、この種類の雲を通して観測するのは簡単なのだ。とにかく、コントロールルームに行けばレーダーをチェックできる。

アパッチポイント天文台を訪問したきっかけは、数週間前に別の天文学者とスカイプで話したことだった。オハイオ州立大学のジェニファー・ジョンソン教授は、スローン財団望遠鏡のデータを使って、星で起こるさまざまなプロセスが、周期表に九〇種ほどある天然の元素をどうやって作っているのかを理解しようとしている。それは、うっとりさせられる部分と複雑な部分が同じだけある物語だ。一九五〇年代初頭にエドウィン・サルピーターとフレッド・ホイル、ワード・ウェイリングが炭素のレシピを解明して以来、研究は進展してきたものの、物語はまだ書きかけだった。

オハイオ州コロンバスのオフィスで、天文学関係の本やポスターなどに囲まれて座るジョンソンは、元素の起源をめぐる最新の研究結果について、明るい調子で詳しく話してくれた。自分や仲間の天文学者を悩ませている、なにか特にやっかいな問題の話になると、思わず笑顔になったり、急に笑い出したりすることも多かった。彼女の研究テーマである「元素合成」(文字どおり、星での原子核クッキングのことだ)の基礎は、一九五三年にホイルがカリフォルニア工科大学を訪問したところまでさかのぼることができる。原子核物理学者で、ケロッグ放射線研究所所長のウィリアム・ファウラーは、ホイルが元素の起源についてマジシャンのような予測をしたことに圧倒されて、次の年をケンブリッジで過ごした。そこで天文学界のパワーカップル、マーガレット・バービッジとジェフリー・バービッジに出会い、そこにさらにホイルを加えて、手ごわい四人組のチームを結成した。

一九五七年、この四人の共同研究の結果として、天文物理学の世界で最も重要な論文の一つが発表された。日常的には、バービッジ夫妻(Burbidge)、ファウラー(Fowler)、ホイル(Hoyle)の名前にちなんでB^2FHとして知られるこの論文は、原子核の料理本だった。その中で明確に説明されている、複雑にからみ合ったいくつもの核反応では、自然界に存在するほぼあらゆる元素をさまざまな種類の星のオーブンで作り出すことができた。しかし星がキッチンにあるふつうのオーブンと大きく違うのは、星のエネルギーが原子核クッキングのプロセスそのもので生成されることだ。そしてダストやガスの衝突による誕生から劇的な断末魔の苦しみにいたる星の進化を最終的に方向付けているのは、つねに変化する星内部の化学組成なのだ。

B^2FHによれば、宇宙のどこか一カ所ですべての元素が作られるわけではない。そのかわり、さまざまな種類の星の炉があって、それぞれの炉が恒星間空間に異なる元素を加える。太陽のような小さな星は、外層を徐々に捨て去ることで死を迎える。巨星は激しい超新星爆発で自らを吹き飛ばす。そして死んだ星の抜け殻である白色矮星は、伴星からあまりに多くのガスを飲み込むと、激しく爆発することがある。

ジョンソンの目標は、こうしたさまざまなプロセスをすべてつなぎ合わせて、元素の起源の全体像を描き出すことだ。研究の過程で、ジョンソンは美しく色分けされた[42]周期表を作成している。この周期表ではそれぞれの元素を、現時点で考えられている合成の場所にしたがって色分けしてある。さまざまな色が周期表全体にちらばっていて、複数の色がついている元素も多い。こうした色は、私たちを作るもとになった物質には、互いに結びついた、多様な長い進化の歴史があるという印象を与える。

とはいえ、星の物理学について本格的に考える前に、一歩離れて、そもそも星についてどのくらいのことがわかっているのか考えてみよう。一八三五年に、フランスの哲学者オーギュスト・コント[43]は、星を作る材料は決して解明されないだろうと断言した。いっておきたいのだが、あることが決して解明されないと主張するのは、墓穴を掘る行為そのものだ。その主張に関して証明できるのは、その主張自体が誤りであることだけだからだ。しかし一方で、星が途方もなく遠くにあることを考えれば、それは不合理な主張ともいえなかった。どこかの星にひょいと出かけて、サンプルを取ってくるわけにはいかない。しかしほんの数十年後、分光学という革新的な新しい観測手法が思いがけず登場したことで、気の毒な老コントは面目を失うことになった。

分光学は、元素がそれぞれ特定の色の光、もっと専門的にいえば特定の周波数の光を吸収したり、放射したりするというきわめて重要な発見から生まれた。学校で化学を習ったことがあれば、金属粉をブンゼンバーナーの炎の中に入れると、鮮やかな色の炎が一瞬あがるという、炎色反応の実験をしたことがあるだろう。たとえばストロンチウムは紅色の炎をあげるし、銅はどぎつい緑色を生み出す。花火の色も同じ炎色反応を利用している。ある元素が吸収したり放射したりする周波数の組はその元素に特有なので、それを固有の指紋として使えば、ブンゼンバーナーの炎や花火の中だけでなく、遠くの星の燃える大気の中に存在するその元素を検出することができる。[*5]

太陽光をプリズムに通して、虹色のスペクトルに分解してから、ごくごく間近に見ると（顕微鏡を使う必要があるだろう）、虹色の帯の中は暗い色の線でいっぱいで、バーコードによく似ていることがわかる。こうした暗い色の線はそれぞれ、太陽の上層大気に存在していて、光を発する太陽表面〔訳注：光球のこと〕からの光を吸収する元素に直接対応している。分光学の発見は素晴らしい出来事だった。それは天体世界についての理解を、一七世紀初頭の望遠鏡の発明以来なかったような形で一変させ、天文物理学誕生の前

＊5　元素がそれぞれ特徴的な周波数の光を吸収したり、放射したりする理由は、もとを正せば原子の量子構造にある。3章で取り上げたように、電子は原子核の周りを、別々の量子化されたエネルギー準位を取って周回している。このエネルギー準位はそれぞれの元素に固有のものだ。電子が異なるエネルギー準位に量子跳躍するときには、光子を一個吸収（または放射）しなければならず、その光子のエネルギーは準位間のエネルギー差に等しくなければならない。高いエネルギー準位にジャンプするときには、電子は光子を吸収し、低いエネルギー準位に下がっていくときには、光子を放出する。さらに光子のエネルギーは周波数に直接的に左右される（周波数が高い＝エネルギーが大きい）ので、ある原子が吸収（または放射）する光子は、その固有のエネルギー準位タワーの配置に対応した、特定の周波数を持つことになる。

触れとなった。

アパッチポイント天文台のスローン財団望遠鏡は、星の光に隠された暗号を解読して、天の川銀河の星々の成分を明らかにするために、まさにこの分光学の観測手法を使っている。その日の夕方、太陽がサンアンドレアス山脈に向かって傾き始める頃、キネムチは私を望遠鏡架台の真下にある小部屋につれて行ってくれた。そこには、「アパッチポイント天文台銀河進化観測実験」（APOGEE）の装置が収められている。光ファイバーケーブルの束で真上の望遠鏡と直接結ばれているAPOGEEは、一〇〇〇個の対象天体からの光を同時に分析できるので、これを使えばコロンバスにいるジョンソンのような科学者がそうした天体の材料を解明することが可能になる。

コントロールルームに行くと、ずらりと並んだディスプレイに、この地域の天気図や望遠鏡からのリアルタイムデータ、望遠鏡の稼働状況をモニタリングするさまざまなグラフが映し出されていた。そうしたディスプレイに囲まれながら、キネムチは私に夜間観測でどんなことをするのかを詳しく話してくれた。スローン財団望遠鏡の操作は、「ウォームオブザーバー」（暖かい観測者）と、それより不吉な気配のする「コールドオブザーバー」（寒い観測者）と呼ばれる二人の天文学者がおこなう。ウォームオブザーバーの仕事は、観測対象天体のリストにある星や銀河に望遠鏡を向け、同時に望遠鏡が期待どおり動作していることを確認することで、作業はすべて、暖房の入ったコントロールルームという比較的快適な場所でおこなう。一方、コールドオブザーバーの仕事はそれほど恵まれたものではなく、凍えるほど寒い暗闇に何度も走り出て、望遠鏡の基部に直接差し込んである、重さ一五〇キログラムのカートリッジを交換しなければならない。このカートリッジには星の地図にあたる金属製ディスクが一枚ずつ入っている。ディスクには観測対象の星や銀河の位置に合わせて数百個の穴が空けてあり、その穴から入った星の光を光ファイバーケーブルでAPOGEEの観測装置に送るようになっている。

この夜、キネムチは運よくウォームオブザーバーにあたっていたが、夜間観測シフトはたとえ屋内で暖かくしていてもつらい作業だ。キネムチが前日のシフトを終えてようやくベッドにたどり着いたのはその日の朝七時だったが、午後一時には次の夜間観測に向けた点検作業を始めるために起床していた。そして夜が明けるまで、キャビンに戻ってひと眠りすることはなかった。それは一一月末のことで、冬が近づくにつれ、シフトはより長く、より暗く、より寒くなるばかりだった。

また屋外に出て、キネムチと一緒に望遠鏡へと坂道を下りていきながら、私は少しばかり長くて複雑な質問をするという失敗をしてしまい、すぐに息が切れてしまった。私が落ち着きを取り戻そうとする横で、キネムチは苦笑いしていた。アパッチポイント天文台があるのは海抜三〇〇〇メートル近い場所で、ここの空気は私がふだん吸っている空気より二五パーセント薄い。こうした高山では、歩くか話すかどちらかにすべきであって、同時にしてはいけないのだ。

今太陽は遠くの山々に沈みかけており、空気には明らかな冷気が感じられた。昼過ぎに心配していた雲は消えかけていて、残ったうっすらとした雲が夕方の淡い青色の空を背景にして、オレンジがかったピンク色に輝いていた。天体観測に最適な、素晴らしく晴れた夜になりそうだった。

望遠鏡本体でいくつか点検をした後、ついに観測開始のときがきた。ボタンを押すと、サイレンのけたたましい音が短く響き、望遠鏡を覆っていた大きな白い建物が何本かのレールに沿って後方に移動していくと、やがて広い架台の端に望遠鏡だけがぽつんと残された。望遠鏡と風景、その上に広がる空のあいだにはなにもない。次に、巨大な円筒が音を立てずにゆっくりと空に向かって起き上がり始めると、思いがけず劇的な瞬間が訪れた。まるで花びらが開いて太陽に挨拶するかのように、望遠鏡の保護カバーが勢いよく開いたのだ。

私は気づけばその光景にほとんど圧倒されていた。広大な風景の上に鮮やかな色が広がり、それがオレンジからピンク、そして深い青と漆黒へと変わっていく。地平線へ向かう太陽を、まばゆいダイヤモンドのような金星と木星が追いかける。そしてその下では、無言の望遠鏡が冷たく薄い空気に向かってのびて、暗くなっていく空を見つめている。これは間違いなく、最高にロマンチックな形の科学だ。この光景が広がっていく様子を数え切れないほど見てきたキネムチでさえ、魔法が弱まることは決してないといっていた。

キネムチは最初の観測の準備をしにコントロールルームに戻ったが、私はもう少し外にいて日没を見ていた。次第に星が一つ、また一つと見え始めた。どの星にも、その星だけの物語、その星だけの過去、そしてその星だけの未来がある。人間の基準で見れば、星の一生は想像できないほど長く、たいていの星では歳月が過ぎても変化はわからない。さいわい、天の川銀河は私たちに研究対象になる星を何億個も用意してくれているので、天文学者は進化のさまざまな段階にあるたくさんの星を通して、星の誕生や死のプロセスを理解することができる。

星の一生は、中心核の奥深くで起こる核反応によって決定づけられている。たとえば、太陽を考えてみよう。これまで見てきたように、太陽は現在、水素の核融合でヘリウムを作っており、このプロセスは今後五〇億年継続する。しかしこのプロセスが無期限に続くことはない。ゆっくりとだが確実に、太陽の中心核ではヘリウムが増えてきて、暖炉の灰のようにたまると同時に、水素が減っていく。最終的に中心核の水素が底を突く。そしてそうなると、面白い状況になってくる。

内部の熱源がなくなると、中心核は重力の圧力を受けて収縮を始め、それによって熱を発するようになる。やがて温度が非常に高くなって、ヘリウムでできた中心核の表面にあたる薄い層で水素の核融合が急に始まる。これによって、上から押さえつけているガス層に向かって大量の光が放出され、ガス層がとてつもなく大きく膨らんで、太陽を膨張した赤色巨星に変えてしまう。

これは地球にとって悪いニュースだ。太陽が赤色巨星になったら、地球はその焼け付く大気の中に飲み込まれる可能性が高いからだ。[*6] 一方で、核融合が起こっていないヘリウムの中心核は収縮を続けるので温度が高くなり、やがて一億度に達する。[44] これだけ高温になると、サルピーターとホイルが発見したトリプルアルファ反応が始まって、ヘリウムの核融合で炭素が作られるようになる。この結果、激しいヘリウムフラッシュ〔訳注：ヘリウム核融合の暴走〕が起こって、太陽が二億年かけて放射するのと同じエネルギーを、ゆで卵を作るのにかかる程度の時間で放出する。

このように中心核ではヘリウムの核融合、中心核の上の層では水素の核融合が起こるようになると、太陽はふたたび五〇分の一まで収縮し、現在の大きさのわずか一〇倍になる。それと同時に、ゆっくりと炭素を生成し、その一部がさらにヘリウム原子核一個を捕獲して酸素になる。これでアップルパイの主な材料のうちの二つができる。

しかしこの段階は、少なくとも星の一生の長さと比べるとあまり長くは続かない。さらに一億年たつと、中心核のヘリウムも枯渇し、中心核の収縮が始まる。一方で、中心核の周りに同心球状に存在する層では水素とヘリウムを燃料とする核融合が続く。そうした層が混合することで、さらに炭素の一部と水素が融

＊6　とはいえ、地球上の生物はそうなるよりもずっと前から、かなり不快な思いをしているだろう。太陽は年老いるにつれてより小さく、より高温になる。今からわずか一〇億年後には非常に高温になって、地球の海水温度がかなり高温になる（私たち人間のせいでそうなっていなければだが）。

合して窒素ができる反応が可能になる（これも後で必要になる元素だ）。

いまや死の淵にある太陽は、最後に何度か発作を起こしたかのように、外層を宇宙空間に少しずつ吹き飛ばして、天の川銀河に炭素と窒素を増やす。最終的に大気がすべてはがれると、ほぼ炭素と酸素だけからなる高温で高密度の中心核がむき出しになる。これを白色矮星という。

これが太陽の最期だ。最後の核反応が終わったときに残っているのは、地球くらいの大きさの白熱した燃えさしと、その周りで広がり続ける、太陽大気の名残の明るい雲だけだ。白色矮星本体は密度がとてつもなく高く、角砂糖程度の大きさで重さが約一トンにもなる。[45] そして白色矮星がさらに収縮するのを止めているのは、白色矮星のすべての原子が同時に同じ場所に存在することを禁じる、量子力学の法則だけだ。

私たちがこういったことを知っているのは、ＡＰＯＧＥＥのような観測装置を使った分光学的研究のおかげという面が大きい。太陽に似た星の表面から届く光を調べると、星の内部で起こっているプロセスの状況がわかる。特に星の晩年になると、対流によって核融合の生成物の一部が星の表面に汲み上げられるようになるため、多くの情報が得られる。しかし天文学者らは、通常の可視光を使った昔ながらの観測からも、多くの情報を得てきた。

その夜遅く、この世のものならぬ天の川の輝きが月のない空を支配する頃、私はアパッチポイント天文台で最大の観測装置を通して空を見るという、めったにない、まったく思いがけないチャンスを得た。巨大な口径三・五メートルＡＲＣ望遠鏡は、スローン財団望遠鏡から少し歩いたところにそびえ立つ観測棟の中にある。この望遠鏡は通常、インターネット経由で遠隔操作されていて、観測者は世界のどこからでも天体観測をできるようになっている。しかしこの夜は、見学にきていたバージニア大学の博士課程学生のグループが天体観測を直接体験できるように、接眼レンズが取り付けてあった。コントロールルームは静まりかえっていたので、キネムチから、学生たちについていって自分で見てみてはと提案された。

観測棟の中は暗くて凍えるほど寒く、明かりといえば建物正面にある狭い開口部越しに輝いている星の光だけだった。ARC望遠鏡の観測スタッフのキャンディス・グレイが、部屋の後方にあるコンピューターを使ってその巨大な望遠鏡を操作した。グレイが最初の観測ターゲットを選択すると、足下で建物全体が回転する感覚があり、前方の開口部を星が横切っていくのが見えた。一方、望遠鏡は向きを変えて、コンピューターから与えられた厳密な座標にねらいを合わせた。

学生たちをじらそうとして、グレイはその夜最初に観測する天体のヒントを出した。「一一代目ドクターですよ」とからかうような口調でいったが、学生たちはぽかんとして沈黙するばかりだった。この二〇歳そこらのアメリカ人たちがドクター・フーのファンではないのは明らかだ。「マット・スミスに決まってますよ」。私はかなり誇らしげにいった。「あの蝶ネクタイ！」。

私の順番がくると、目が慣れるのに少し時間がかかったが、慣れると、ぼんやりとした優美な形の天体が見えてきた。私が見ていたのは太陽に似た星の残骸なのだが、この種類の天体には惑星状星雲というかなり誤解を招きやすい分類名がある。[*7] 中心部には白色矮星が輝き、その周囲には、明るいガスが二つの耳たぶのような構造をなしている。想像力を働かせれば、結び方がかなり下手な蝶ネクタイ(ボウタイ)のように見えなくもない。それゆえ、この惑星状星雲には「ボウタイ星雲」というニックネームがある。私はしばらく動けなくなった。死んだ星をこの目で見るのは初めてだったし、なにより目の前にあるのは、私たちの周り

＊7　「惑星状星雲」という用語は一八世紀後半に作られた。当時の天文学者には、観測対象についての手がかりがあまりなく、それが消えつつある惑星に似ていると考えたのだ。

の世界にある炭素のほとんどを作り出した、まさにその種の天体だったからだ。

ところで、酸素はどうなのだろうか？　太陽に似た星の一生の終わりに酸素が作られるのは確かだが、惑星状星雲の分光観測は、その酸素はほぼすべてが高密度の白色矮星に閉じ込められたままで、もっと広い宇宙に逃げ出さないことを示している。ジェニファー・ジョンソンの色分けされた周期表を見ると、アップルパイの材料である酸素を見つけるには、別の場所を探さねばならないことがわかる。

また屋外の冷たい夜気の中に出ると、月が昇ってきていた。その前の暗闇に比べると、月の光は目が眩むほど明るかった。天の川は見えなくなっていて、特に明るい星だけが見えた。東の空から昇ってきているオリオン座は、三つの明るい星でできた独特なベルトのおかげですぐにそれとわかる。ギリシャ神話では、オリオンは狩人で、水の上を歩くとか、酒を飲んであちこちの姫を犯すとか、地球上の動物をすべて狩りつくそうとするとか、さまざまな悪さをしたあげく（オリオンはたいしたやつだったみたいだ）、巨大なサソリとの戦いでドジを踏んで、ゼウスに空に投げ上げられた。ともかくオリオン座は、想像力をかなり働かせて、細かいところには目をつぶれば、その狩人の姿のように見えるということになっている。

オリオンのベルトから左肩へとたどっていくと、赤い色をしているのがはっきりわかる、特に明るい星が見つかる。その星の名前はベテルギウス。まぎれもなく怪物じみた星で、厳密にいうと赤色超巨星という種類の星だ。ベテルギウスを太陽系の真ん中にぽんと置いたら、そのガスの巨体は地球を含めて、火星より内側の惑星すべてを飲み込み、木星の軌道まで届くほどだ。ベテルギウスは一生の最期を迎えつつある。その意味では、今から五〇億年後の太陽をさらに大きくしたものだといえる。しかしその最終的な運命は太陽よりはるかに壮観だ。

他の条件がすべて同じであれば、星の一生は質量によって決まる。星の質量が大きければ、その中心核は重力でより激しく押しつぶされる。中心核がより激しく押しつぶされるほど、中心核の温度が高くなる。そしてこれまで見てきたように、温度が高いほど、原子核の跳び回るスピードが速くなり、電気的反発力を乗り越えて核融合を起こしやすくなる。こういったことを考え合わせると、重い星は軽い星よりも核融合の燃料を速く消費するので、格言でよくいうように、「二倍明るい星が輝く時間は二分の一」なのである。太陽は星の中では比較的小さいほうなので、水素を使い尽くすのに全体で一〇〇億年ほどかかる。一方でベテルギウスは、太陽の一〇倍から二〇倍の質量がある。生まれてから八〇〇万年しかたっていないのに、まるで食力旺盛なとても大きい幼児のようにすでに水素を食べ尽くしていて、膨張して赤色超巨星になっている。

確かなことは知りようもないが、天文学者たちは、ベテルギウスがこれから一〇〇万年もすればヘリウムも使い果たして、炭素と酸素の中心核ができると考えている。とはいえ、太陽の場合はこれが道の行き止まりだが、ベテルギウスほどの巨体にはとんでもないことが起こりうる。

ヘリウム核融合が止まると、炭素と酸素の中心核はベテルギウスの莫大な質量を受けて収縮し始め、温度が五億度を超えるようになる。こうしたものすごい温度では、炭素原子核が非常に高速で動き回るので、強い電気的反発力を乗り越えて融合し、ネオンやマグネシウム、ナトリウム、酸素などのより重い元素を作る。

この炭素核融合の段階はわずか一〇〇〇年で、星の時間スケールではほんの一瞬だ。炭素を使い果たした後は、中心核はさらに収縮を何度も繰り返し、そのたびに温度が高くなって、まずはネオンが、次に酸素が新たに核反応の燃料になる。この短い期間、ベテルギウスは熱核融合するタマネギのように見える。タマネギの各層で核融合が起きていて、中心核に近い層ほどより重い元素が燃料になっているのだ。ベテルギウスがいまわの際を迎えると、中心核は三〇億度という猛烈な温度になり、最後の核融合が点火する。ケイ素が融合して鉄とニッケルが生まれる反応だ。この反応の継続期間はわずか一日だ。

ベテルギウスの中心核が鉄とニッケルに変換されると、ゲームオーバーだ。この二つは周期表の中で最も安定した原子核を持つ元素だ。つまり、ニッケルや鉄の核融合でもっと重い元素を作ろうとすると、エネルギーを使い果たしてしまい、完全に燃料切れになるのだ。重力と戦う熱源がなくなって、中心核は避けることのできない、破滅的な最後の収縮を始める。

中心核は爆縮して、破滅に向かって容赦なく崩壊していき、それにつれて密度は高くなっていく。原子核はぎゅうぎゅうと押し合って、最終的には中心部全体が原子核と同じ密度になる。一方で陽子と中性子は、原子核にある状態よりも互いの距離が近くなることを好まない。そのためこうした状況になると、強い核力が押し返してくるので、落下してきている物質は実質的にはね返されて、破壊的な衝撃波を送り出し、これがベテルギウスを上向きに破壊していく。同時に、電子と陽子が結びついて中性子になり、非常に大きなスケールのニュートリノの波を放出する。この波は非常に強力なので、実際に中心核に落下してきているベテルギウスの大部分を宇宙空間に吹き飛ばしてしまう。

結果として生まれるのが、宇宙で最も強力な現象の一つである超新星だ。ベテルギウスはばらばらになるときに、一つの銀河に含まれる数千億個の星すべてを足し合わせたよりも多くのエネルギーを短時間で宇宙空間に注ぎ込む。今後数百万年以内にベテルギウスが超新星になったら、満月よりも明るく輝き、昼間でも簡単に見えるだろう。[*8] ありがたいことに、地球からは十分離れているので深刻なリスクはないが、とんでもない見物になるのは間違いない。もっというと、オリオンは左肩を失うことになるが、彼のしたことを考えれば当然の報いだろう。

超新星は、生命が存在するのに必要不可欠な元素を作るのに重要な役割を果たしている。アップルパイに含まれている酸素やナトリウム、マグネシウム、鉄は、数十億年前に巨星の破滅的な死の中で作られたものだ。巨星の激しい最期によって、宇宙には重い元素が豊富に含まれるようになった。そしてそうした元素が太陽のような小質量の星の名残と混ざり合って、最終的に私たちが住む惑星を形作ったのだ。このことを、科学を最も叙情的な形で伝える能力ではほぼ並ぶ者のいなかったカール・セーガンはこういい表している。「わたしたちのDNAの中の窒素も、歯の中のカルシウムも、血液の中の鉄も、私たちのアップル・パイの中の炭素も、収縮する星の内部で作られた。私たちの体も、星の物質でできている」(『COSMOS』(木村繁訳、朝日新聞出版)。

ここまで私が紹介してきた多くの話は、一九五七年のB^2FH論文で説明されているが、元素の起源についてはまだ理解されていないことがたくさんある。「ナトリウムは本当におかしなことになっていますよ」。ジョンソン教授はスカイプでそういった。「そしてどうしてそんなことになっているのかわからないんです」。理論天文学者はかつて、ナトリウムはすべて超新星で作られたと考えていたが、問題があった。超新星ではマグネシウムとナトリウムが同時に作られるはずで、そうなると銀河内に存在するマグネシウムとナトリウムの量には密接な関連性があるはずだ。不思議なことに、ジョンソンたちの研究では、この二つの元素のあいだに予想されていたほどはっきりした相関関係は見つかっていない。この結果は、ナトリウムの一部はどこか別の場所で作られていなければならないことを暗示している。

＊8　私がアパッチポイント天文台を訪れた直後、二〇一九年から二〇二〇年にかけての冬にベテルギウスの光度が突然暗くなったことから、爆発が近いのではないかという憶測が盛んに飛び交ったが、最終的にはダストによって光が遮られたのが原因だとされた。

しかし、元素の起源についての考え方をめぐる、おそらく最大の難問が持ち上がったのは、ほんの数年前のことだ。二〇一七年八月一七日に、LIGOプロジェクト[*9]（ワシントン州とルイジアナ州にある、三〇〇〇キロメートル離れた二つの観測所による観測プロジェクト）が、中性子星という超高密度の天体同士のすさまじい衝突によって発生した重力波を検出したのだ。今書いた文章には確かに、かみ砕いて説明すべきことがたくさん含まれている。重力波ってなんのこと？　そう疑問に思うのはもっともだ。そのあたりは後から詳しい話をするが（その説明はとても長いし、あまりに重要なので余談ですませるわけにはいかない）、簡単にいえば、重力波というのは、きわめて質量の大きい天体同士が衝突したときに、時空の織物にできるさざ波だ。

一方、中性子星は超新星爆発の後、最終的に残ると考えられている天体だ。死を迎える星の質量が大きいが、極端に大きくはない場合（太陽質量の八倍から二九倍まで）には、中心核が収縮すると、電子が原子核に押し込められて、そのプロセスですべての陽子が中性子に変わり、最終的には中心核全体が中性子だけで作られた一個のとてつもなく巨大な原子核になる。超新星が星の残りの部分を宇宙空間に吹き飛ばすと、残るのは、質量が太陽の一個か二個分だが直径が二〇キロメートルしかない、小さくて信じられないほど密度の高い中性子星だ。白色矮星のことを高密度だと思ったかもしれないが、中性子星の場合は、〇・五カップほどの体積でエベレスト山と同じくらいの質量がある。

こうした中性子星が十分近い距離で二個できると、最終的に衝突して、時空に強力な波を送り出す。LIGOがそうしたシグナルを初めて検出したとき、世界中の天文台にある望遠鏡が、その波がやってきたと思われる空の一角へと向けられた。すると驚くことに、光が見えた。そしてその光を分光学的に分析すると、金(きん)からウランまでの重い金属が大量に作られている証拠が見つかった。ある見積もりによれば、この衝突によって生成された金の量は、純金製の地球を三〇個作れるほどの量だったという。しかしイーロン・マスクに電話をかけて、手っ取り早いもうけ話を持ちかける前に知っておきたいのは、この衝突が地球から約一億三〇〇〇万光年離れた銀河で起こったということだ。この距離を行くには、最速のロケットでもかなりの時間がかかるだろう。

何十年ものあいだ、宇宙に存在する重元素は超新星爆発で作られたと考えられていたが、ジョンソンたちは最近、その大部分はそうした中性子星の破壊的衝突を起源としているのではないかと考えるようになった。ふつうのジュエリーに使われている金の大部分が実は中性子星のかけらだと考えるとすごく意外だ（もちろんアップルパイには金はあまり含まれていないが、上に食用金箔をちょっと振りかけた派手なアップルパイを作ってもいいかもしれない）。

アパッチポイント天文台では、キネムチが疲れも見せずに徹夜作業を続けていた。観測対象を次々と調べながら、そのあいだ中、スローン財団望遠鏡とＡＰＯＧＥＥが期待どおりに機能していることを確認していた。空のある決まった領域から十分な光を集め終えるたびに、その夜のコールドオブザーバーであるヴィクトルは、小さな懐中電灯だけを手に、重い足取りで真っ暗な闇の中に出て行き、使い終わった重さ一五〇キログラムのカードリッジを取り外して、新しいカードリッジを取り付ける作業をする必要があった。午前一時半になると、私は疲れが出てきてしまい、ちょっと抜け出して近くにある宿舎で数時間眠った。午前五時にまた起きると、キネムチは夜明けの時間になったので仕事を終えるところだった。

紅茶を手にしたキネムチは、やや疲れた目をしていたが、その夜の観測がうまくいって満足しているよ

＊9　ＬＩＧＯはLaser Interferometer Gravitational-Wave Observatory（レーザー干渉計重力波天文台）の略称。

うだった。観測条件はほぼ完璧で、スローン財団望遠鏡は滞りなく動いていた。数時間後にはその夜間観測の結果が、スローン・デジタル・スカイサーベイを使って研究している世界中の何百人もの科学者に公開されることになっていた。

ジョンソンたちが現在探索対象としているのは、宇宙で最も古い星だ。宇宙が進化するにつれて、星は恒星間空間に天文学者が「金属」と呼ぶものをどんどんと供給していった。ここでいう金属とは、ヘリウムよりも重いすべての元素のことだ。結果として、若い星ほど金属を豊富に含む傾向があり、最も古い世代の星には金属が含まれない。APOGEEを使って、星の大気にどんな元素が存在するかを調べることで、天文学者はその星の年齢を推測できる。目指しているのは、星が一つも輝いていない宇宙を満たしていた、真新しい汚れのないガスから形成された星、つまり初代星を見つけることだ。

そうした星は、いつか見つかることがあればだが、水素が約七五パーセント、ヘリウムが二五パーセントの割合で存在する初期宇宙の遺物だ。しかしこのこと自体から一つの疑問が浮かび上がる。過去一三〇億年ほどのあいだに、何世代もの星によってより重い元素に変換されたのは、宇宙の物質のわずか二パーセントだ。これが正しくて、さらにすべての物質が最も単純な元素である水素から始まったと仮定するなら、初期宇宙のヘリウムはいったいどこからきたのだろうか？　これこそ、一九五〇年代にフレッド・ホイルや仲間の研究者たちが答えられなかった疑問だった。

建物の外に出ると、空気は身が引き締まるほどの冷たさだった。東の方角では、木々に覆われた稜線の向こうがかすかに明るくなってきている。キネムチと私は、その夜最終の観測対象を見上げてじっと動かないスローン財団望遠鏡への道を黙って下っていった。望遠鏡を格納する作業をしているキネムチに、家から遠く離れた場所で過ごす、こんなにたくさんの眠れない夜をどうやって乗り越えているのかと聞いてみた。キネムチは振り返って、目の前の風景を指し示した。トゥラロサ盆地を見渡すと、アラモゴードの町の光が朝の空気の中でやわらかに瞬いている。サンアンドレアス山脈の頂は昇ってくる太陽の最初の光を受けている。「これがあるからですよ」とキネムチはいった。

7章

究極の宇宙オープン

私たちの体を作り上げている原子は、数十億年前に星の内部で鋳造されたものだ。

この考え方は間違いなく、科学が明らかにしたことのうち最も詩的なものであり、私たちの平凡で単調な生活を宇宙と結びつけるものだ。私たちも、身の回りのあらゆるものも（アップルパイも含めて）、すべてが星の生と死をめぐる物語の一部だといえる。私たち人類の起源は星にあるという発見がすぐに、芸術家や作家、音楽家の想像力をかき立てたのは納得のいくことだ。ジョニ・ミッチェルは一九六九年に、カウンターカルチャーの賛歌と呼ばれる自らの曲「ウッドストック」にその考え方を取り入れている。この曲は、自分自身や自然との調和をさらに高めたいという若者世代の切望を表現したもので、歌詞には「私たちは星くず（数十億年前に生まれた炭素）／私たちは黄金（悪魔の契約にとらわれた）／だから戻らなくては／あの日の庭に」という一節がある。そして農場でドラックでハイになるというわけだ。いうまでもなく、この考え方からは新たな疑問が出てくる。星の材料になった星くずはそもそもどこからきたのか、ということだ。過去のあるところまでは、それは他の星からきたと答えることができる。星が死んで、そこにある物質を宇宙空間に吹き飛ばすと、その物質が他のダストやガスと混ざり合って、さらに多くの星を作り出すのだ。しかしある時点までさかのぼると、この連鎖的なロジックは破綻してしまう。

現在の宇宙に水素がまだ大量にあるという事実からは、次の二つの状況のどちらかが考えられる。まず、宇宙が無限に古くて、なおかつ星の中で水素からもっと重い元素への変換が継続的に起こっているという状況だ。この場合は、水素がなんらかの方法でつねに生成されて、星で消費された分を補給しなければならない。一方で、宇宙は無限に古くはなく、星の形成は過去のある時点で始まったとも考えられる。それは数十億年前かもしれないが、無限に遠い過去ではないのは間違いない。

こう考えると、星を作っている物質はどこからきたのかという疑問は、さらに重要な疑問と不可分にかかかわり合ってくる。その疑問はおそらく、科学者がかつて問いかけたなかで最も重要なものだろう。それは、宇宙には始まりがあったのか、という疑問だ。

ジョニ・ミッチェルが星くずについて歌っていた頃、宇宙の起源（あるいは起源がないこと）をめぐる、ときに激しさを見せた長年の論争が終わりを迎えつつあった。この論争の一方の陣営にいたのは、宇宙はつねに同じように存在していたのであり、夜空ではさまざまな現象が起こってはいるが、大きな目で見れば、宇宙は根本的に不変かつ永遠であって、始まりも終わりもないと主張する人々だった。この「定常宇宙論」支持者の中心にいたのが、星での元素合成の提案者であり、なにかと逆張りをしたがるフレッド・ホイルその人だった。

ホイルたちの前に立ちはだかっていたのが、「ビッグバン」という、ホイル自身が名を与えた考え方の支持者だった。彼らは、宇宙は数十億年前に誕生したと考えていて、想像もできないほど高密度な一点から急に生まれ、その過程で空間と時間、光、物質を作り出したと主張していた。

ホイルはビッグバンという考え方を忌み嫌っていた。ホイルにいわせれば、ビッグバンは非科学的な考え方で、そこには創成の瞬間というものが絡んでいるが、その根本的な原因を科学的に調べることは決してできないのだ。なおも悪いことに、無神論者を自認するホイルにしてみれば、ビッグバンには不愉快な宗教の匂いが漂っていた。宇宙に始まりがあると認めれば、その始まりがどうやって生じたかについて、あらゆる種類の超自然的なばかげた話への扉を開くことになってしまう。

しかし、この後すぐに見ていくとおり、創成の瞬間というのはビッグバン理論と定常宇宙論のどちらにも、なんらかの形で絡んでいる。ビッグバン理論の場合、創成は宇宙の始まりの段階で一気に完了する。一方、定常宇宙論では、無限に小さな創成の瞬間が無限回必要とされていて、時空全体にわたって個々の物質粒子が絶えず出現していることになる。

この論争がどう決着したのか、みなさんはご存知のはずだ。なにしろ、「ビッグバンセオリー」というアメリカのコメディードラマはあるけれど、「定常宇宙セオリー」はないのだから。それでも、ビッグバン理論と定常宇宙論を生み出すきっかけになった数々の発見は、最終的にビッグバンの勝ちを決めた観測結果と同じように、私たちが進めている物質の起源の探求にとって絶対に必要不可欠なものだ。ここから先、元素の話を離れて、物質の構造に深く分け入っていくときに明らかになるのは、問題となるオープンはたった一つ、宇宙の始まりに存在したオープンしかないということだ。

宇宙の爆発

数年前に私は、オーストラリアのメルボルン郊外であった素粒子物理学の学会に出席した。それはなかなか楽な仕事だった（研究者たちは誰もそんなふうにいわないが）。会場は海辺のリゾート地、トーキーにあった。そこはサーフィンのメッカであり、グレートオーシャンロードの玄関口だった。グレートオーシャンロードはそこから西へ二四三キロメートルにわたり、切り立った石灰岩の崖や、長く伸びる白砂の海岸、生い茂る温帯雨林を横目に蛇行して進む、信じられないような舗装道路だ。パワーポイントを使ったプレゼンがぎっしり詰まった一週間が始まる前に、私は車を借りて、数日かけてこの有名なルートを探検し、道沿いにある美しい海辺の街にいくつか立ち寄った。

ある夜のことだ。私はその夕方ずっと、「カモノハシウォッチングツアー」と銘打ったツアーに参加して、湖の上にぷかぷか浮いて待ち構えていたのに、カモノハシはまったく姿を見せないままという、ちょっとがっかりする目にあった後で、車でホステルに戻るところだった。街灯のない道路を通って森から出ると、海岸沿いに曲がり、アポロベイにあるホステルを目指した。その夜は格別によく晴れていた。最寄りの街から何キロメートルも離れていたので、私は車を路肩に寄せて、夜空をながめることにした。

ヘッドライトを消し、車を下りて、夜空を見上げた。そこに見えたものは、私をクラクラさせた。頭上の空全体に伸びているのは、天の川だった。無数の星がこれまで見たことがないほど明るく輝いていた。急にめまいのような感覚に圧倒された。少しのあいだ、平衡感覚がなくなってしまい、車の屋根に手を伸ばして体を支えた。

人生のほとんどを大都市か、その周辺で過ごしてきた私は、天の川といえば、うっすらとした姿をほんの数回見たことがあるだけだった。しかし闇夜で、光害の発生源から遠く離れたこの場所では、天の川は空を支配していた。私の真上には、銀河中心の膨らんだ部分（バルジ）が明るく光っており、それをグレートリフト（裂け目）の広大な影が包み込んでいた。グレートリフトは、天の川の前に煙のように漂う巨大なダストの帯だ。そのかたわらにある二つの明るい部分が、大マゼラン銀河と小マゼラン銀河だ。これは矮小銀河で、それらよりはるかに大きな私たちの銀河の周りを回っている。私が住むロンドンの夜空は二次元で、暗いシートに小さな光の点がいくつか開いているという感じだが、この光景はきらきらと輝き、細かなところまで見えたので、私は本当に初めて、自分は巨大な三次元のものを見ているのだと感じた。

この瞬間、私は初めて真の意味での畏敬の念というものを感じたのだと思う。それは、驚嘆と喜びと恐れが混ざり合ったものだった。天の川が頭上に大きくかかっている姿を見ると、自分は取るに足らない存在だと感じたが、同時にとてもわくわくした気分にもなった。この経験で思い出したのは、ダグラス・アダムスのＳＦ小説『銀河ヒッチハイク・ガイド』シリーズに出てくる「事象渦絶対透視機」だ。これは、不幸な犠牲者に、想像を絶する無限の宇宙と、その中にある「これがあなた」と書かれた顕微鏡的な一点を見せることで、正気を失わせる拷問装置である。

一九二〇年代以前は、ほとんどの天文学者は天の川銀河が宇宙のすべてだと考えていた。星が集まった巨大な島が一つだけ、闇の中に存在しているとされていたのだ。しかし夜空に散らばる渦のような形のぼんやりした天体である渦巻星雲が、天の川銀河内のダストとガスの雲なのか、それとも天の川銀河の境界のはるか外側にある独立した島宇宙なのかをめぐっては論争があり、ときにかなり激しくもなった。問題だったのは、そうした星雲までの距離を測定する方法がなかったことだ。その状況を変えたのが、アメリカの草分け的天文学者、ヘンリエッタ・スワン・リービットによるきわめて重要な発見だった。

一九〇四年に、リービットは小マゼラン雲の中に、時間とともに明るさが変わるように見える暗い星を数多く発見した。その後の数年でリービットは、そうした変光星と呼ばれる天体をさらに数百個発見し、一九一二年には、変光星の明るさと、明るさが脈打つ速さのあいだにはっきりした関係があることに気づいていた。星が平均的に明るいほど、ゆっくりと脈打つのだ。

リービットの法則として知られるようになったこの法則性を重要な手がかりにして、やがて天の川銀河近傍領域の外側にある天体までの距離を測れるようになった。こうした変光星の一つの脈を測ることで、それが実際にどのくらい明るく輝いているのかを突き止めることができる。そしてその絶対的な明るさを見かけの明るさ（遠くの星は近くの星よりも暗く見える）と比較すれば、その星の距離がわかるのだ。

その後一九二三年に、アメリカの天文学者エドウィン・ハッブルが、夜空で最も大きい渦巻星雲であるアンドロメダ星雲に一個の変光星を発見した。ハッブルはリービットの法則を使って、地球からアンドロメダ星雲までの距離をほぼ一〇〇万光年と推定した。[*1] その直前に宇宙全体の大きさがわずか一〇〇〇光年と見積もられていたことを考えると、これは恐ろしく大きな数だった。一気に宇宙が一〇〇〇倍の大きさになったのだ。

ほんの数年で、人々が思い描く宇宙の姿が一変してしまった。渦巻星雲は天の川銀河の中にあるダストとガスの雲ではなく、天の川銀河の外縁よりずっと外側にある、数十億個の星が集まった銀河だということがはっきりした。宇宙は突如としてはるかに大きな場所になったが、その先にはさらに重要な発見が待ち受けていた。

その一〇年前、ヴェスト・スライファーという、スター・ウォーズの登場人物みたいな名前だが、アリゾナ州のローウェル天文台にいた実在の天文学者が、アンドロメダ星雲が地球に向かって秒速約三〇〇キロメートルで突進してきているように見えるという驚きの発見をしていた。スライファーが他の星雲を調べてみると、どれもが動いているようだったが、その大半は実際に地球から離れるように動いていて、なかには秒速一〇〇〇キロメートル以上という信じられないスピードで遠ざかっているものもあった。初めのうちスライファーは、天の川銀河自体がそれらの星雲に対して相対的に宇宙空間を移動していると考えることで、星雲の動きを説明しようとしたが、星雲がどのくらい遠くにあるかがわからなければ、確固たる結論を出すのは不可能だった。

リービットの法則で身を固めたハッブルは、スライファーがもたらした謎に挑む用意ができた。カリフォルニア州のウィルソン山天文台で研究していたハッブルは、天の川銀河の外にある二四個の銀河内の変

＊1　現在では、この値はさらに大きい二五〇万光年とされている。一光年は光が一年かかって進む距離で、およそ九兆五〇〇〇億キロメートル、太陽と地球の距離の六万倍以上に相当する。

光星を慎重に観測し、距離を計算した。その結果をスライファーが割り出した銀河の移動速度と比較すると、実に面白いパターンが見つかった。アンドロメダ銀河のようなかなり近くにある銀河をのぞけば、夜空の銀河はどれも地球から離れるように動いているように見えた。そして遠くにある銀河ほど、速いスピードで遠ざかって（後退して）いるのだ。それはまるで、宇宙全体が私たちから離れるように膨張しているかのようだった。ただし一九二九年にこの研究結果を論文として発表したときには、ハッブルはそうした大胆な主張をしないように注意していた。

初めのうちは、ハッブルの結果が信頼できるものなのか疑う人もいたが、一九三一年までに、ハッブルは一億光年以上離れた銀河を含めた新たな観測をおこなっていた。そうした新たなデータには疑いを差しはさむ余地はなかった。その現象は本物だったのだ。そのうえ、銀河の後退速度と距離のあいだには、明白な比例関係があった。つまり、地球から銀河までの距離が二倍なら、後退速度も二倍なのだ。議論の余地があったのは、それをどう解釈するかという部分だった。アインシュタインを含めて、当時の物理学者の多くは、宇宙は定常的で、変化せずに永遠に続くという考えに固執していた。宇宙が膨張していることを認めれば、宇宙には始まりがあったという可能性が開けることになる。そしてその考えについて、多くの物理学者や天文学者は不快に感じた。

そうした不快さを感じなかった人物が、ベルギーの物理学者でカトリック司祭のジョルジュ・ルメートルだった。ルメートルは、宇宙が膨張していると主張したばかりか、論理の極限まで話を進めた。宇宙がどんどん大きくなっていたのなら、過去の宇宙はずっと小さかったはずで、時計をずっと巻き戻していったら、最終的には、宇宙のあらゆるものが想像できないほど高密度の一個の物体の中に詰め込まれる時点にたどりつく、というのだ。ルメートルはこの物体を「原始的原子」と呼んだ。

ルメートルは放射性崩壊からひらめきを得て、この「原始的原子」は原子核だと考えた。ただし、宇宙全体と同じ重さがある、本当に重い原子核だ。ルメートルの考えによれば、宇宙の始まりでは、彼のいう宇宙規模の原子核が突然花火のように爆発して、分解して星サイズの原子になった。この原子がさらにどんどん壊れて小さなかけらになり、最終的に私たちが目にしているあらゆるものを生み出したのである。

しかし花火とは違って、ルメートルの「原始的原子」は、すでに存在していた空間に向かって爆発したわけではなかった。爆発が空間そのものだったのだ。花火の前には、空間のすべてが原始的原子の内側に詰め込まれており、爆発の後に膨張したのは空間そのものだった。ルメートルの花火には中心というものがない。爆発は宇宙のあらゆる場所で起こった。あらゆる場所が「原始的原子」の内側にあり、「原始的原子」があらゆる場所だった。夜空のほぼすべての銀河が私たちから急いで遠ざかっているのは本当だが、そうはいっても、そういう銀河は実際に宇宙空間を動いているわけではない。銀河のあいだにある空間がどんどん大きくなって、あらゆる銀河が、まるで膨らみつつある巨大な風船の表面に貼り付いているみたいに、遠くへ遠くへと運ばれているのだ。

宇宙は花火で始まったという説は、ルメートルをちょっとした有名人にしたが、彼の説が科学界で絶賛されたとはいい難い。多くの科学者は、創成の瞬間が存在したという考えに驚き、なによりもそこに創造主が果たせる役割が残されていることに愕然とした。アーサー・エディントンは、才能あふれる元教え子を深く尊敬してはいたが、この考えを「不快だ」[46]といっていた。しかし、一時期は定常宇宙論を擁護するのに苦労していたアインシュタインは、考えを変えて、ルメートルの説を「これまで耳にした創成についての説明の中で、最も美しく、納得のいくものだ」[47]と評している。

ただし困ったことに、宇宙の進化を説明できるとされていた方法は数多くあって、ルメートルの説はその一つにすぎなかった。一九三〇年代には、そうした宇宙論モデルはすべて、アインシュタインの一般相対性理論がもたらした強力な枠組みに基づいたものになっていた。この宝石のような理論はアインシュタインの代表的な研究であり、空間、時間、重力の意味を簡潔で、きわめて数学的な形でイメージしなおすものだった。一般相対性理論によって、宇宙全体のサイズや形、進化を一つの方程式で書き表すことが可能になり、現代科学としての宇宙論、つまり宇宙全体についての研究が実質的に生み出されたといえる。しかし当時は、たった一つの方程式だけが存在するのではなく、たくさんの方程式が提案されていて、それぞれが異なる歴史と異なる未来を持つ、別の宇宙を記述していた。ルメートルが考えた花火宇宙はそうした宇宙の一つにすぎなかった。ほぼすべての銀河が地球から遠ざかって見える理由を説明できたが、哲学的に悩ましいところのある創成の瞬間を必要とせずに、同じ説明ができる理論はほかにもあった。

一般にそうした高尚な宇宙論の論争は、アインシュタインやルメートル、エディントンといった一般相対性理論の熱心な支持者の独壇場だった。しかし一九三〇年代後半になると、原子核物理学者たちがルメートルの花火宇宙に対して、天文学そのものの問題を解決する手段としてでなく、元素の起源を解明する方法として関心を持つようになった。その当時、星は重い元素を作れるほど高温ではないと考えられていたが、その条件を間違いなく満たす場所が一カ所あった。時間の始まりに存在していた究極の熱核融合オーブンだ。

さっと焼いたヘリウム

ビッグバン理論は誰か一人の功績ではない。この理論は多くの研究者の手によって、ゆっくりと断続的にまとめ上げられてきた。それでもこの理論全体を前進させるのに大きな働きをした人を一人あげるなら、それはジョージ・ガモフだ。

ガモフには、宇宙の始まりについての理論を考え出すつもりはまったくなかった。ビッグバンとかかわるようになったのは偶然で、元素の起源を解明しようという研究の最中のことだった。ガモフのこの研究は、元はといえば、一九二八年の夏にフリッツ・ハウターマンとコーヒーを飲みながら活発に議論したことに始まっている。ガモフは宇宙を全体として理解することに長けていた。ペトログラード大学の学生だった若者時代には、一般相対性理論をその分野で史上最高の研究者であるアレクサンドル・フリードマンから教わっていた。ロシア人物理学者で、数学者でもあったフリードマンは、アインシュタインの理論を使って膨張宇宙を記述する方程式を書き上げた初めての人物だった。

ハンス・ベーテが一九三九年に、星内部の温度はヘリウムより重い元素を核融合で作り出せるほど高くないと主張したとき、ガモフは、膨張宇宙の始まりにはその仕事をこなすのに適切な条件が整っていたのではないかと考えるようになった。第二次世界大戦中、仲間の物理学者の多くとは違い、ガモフは原子爆弾の研究からいつの間にか締め出されていた。ロシアにルーツがあることをアメリカ政府当局が懸念したからかもしれないし、単にやんちゃな性格だったことや、マティーニを一杯（または三杯）飲みながら面白い話をするのが大好きだったことが理由かもしれない。ともかく、ガモフには自分のアイデアを練り上げる時間がたっぷりできたので、戦争が終わる頃には理論の骨組みを作り上げていた。

ガモフが考えたビッグバンは、信じられないほど小さく、密度の高い宇宙から始まる。そこには低温だがとてつもなく濃い中性子のスープが満ちていて、一立方センチメートルの体積に一トンの重さがある。宇宙はその後、フリードマンとルメートルが作り上げた方程式にしたがって膨張し、一秒あまりでサイズが一〇倍に増える。空間が膨張するにつれて、中性子同士が結合し（ガモフはこれを「凝固」と呼んだ）、中性子からなる大きな原子核ができる。それと同時に、一部の中性子が陽子に崩壊して、中性子だけの核が陽子と中性子の両方からなる原子核に変わり、最終的には私たちになじみ深い元素すべてが生まれる。

ガモフが考えていたモデルは信じられないほど野心的だった。そのゴールは、時間の始まりに起こった一回の巨大な爆発で、あらゆる元素が作り出されることだった。そのモデルが正しいとされるには、私たちの身の回りの世界に存在する各元素の相対的な量を、正確に再現できなければならない。さいわい戦争が始まる直前に、スイス生まれのノルウェー人地球化学者ヴィクトール・ゴルトシュミットが、地球の岩石と隕石、そして星の光のスペクトルの比較研究から、元素の存在度を幅広く調べた結果が発表されていた。ゴルトシュミットのデータは、宇宙における元素の歴史全体を収めた貴重な考古学的発見だった。ガモフがゴルトシュミットのデータを再現できれば、成功は確実だった。

ガモフは確かに素晴らしい想像力の持ち主ではあったが、自分の突拍子もない理論からどんな具体的な結果が出てくるかを一生懸命計算することにはあまり熱心ではなかった。そこで、ガモフは自分の考えるビッグバンでそれぞれの元素がどのくらい作られるかを予測するという研究テーマを、指導していた博士課程学生のラルフ・アルファーに与えた。アルファーは、原子核物理学についてはあまり知らなかった。しかし、一年かけて取り組んできた研究テーマがすでに別の物理学者の手によって論文発表されているのを発見するという、がっかりする出来事があった後だったので、もはやこのテーマに取り組まざるをえなくなった。[*2] 当時、ガモフは他に誰もしていないような研究をしていたので、少なくとも競争からは比較的自由でいられるだろうとアルファーは考えた。

博士課程の研究をしているあいだ、アルファーは週に四〇時間、ジョンズ・ホプキンズ大学の応用物理学研究室で軍事研究をし、仕事を終えた後、夜中にジョージ・ワシントン大学でガモフと一緒に物理学の研究をした。二人はワシントンDCにあるガモフお気に入りの「リトル・ヴィエナ」というレストランで会って、研究の進捗について議論するのが習慣になっていた。そこでアルファーは昼と夜の仕事のあいだに軽く食事をするのだが、酒豪のガモフのほうはマティーニのグラスを次々空けるのだった。アルファーはすぐに、ジョンズ・ホプキンズ大学での同僚だったロバート・ハーマンと、このテーマについて酒なしでもっと真面目に話し合うようになる。ハーマンはアルファーとガモフの説に興味を覚えて、すぐに共同研究者として二人に合流した。[48]

研究が大きく進むきっかけとなったのが、物理学者のドナルド・ヒューズがおこなった、中性子をさまざまな元素に衝突させる実験についての講演を、アルファーがたまたま聞いていたことだった。ヒューズは、原子炉内の過酷な環境の中で、さまざまな種類の物質がどのような目に遭うかに興味を持って、手に入るありとあらゆる元素に中性子を衝突させる実験をしていた。アルファーはすぐに、ヒューズのデータこそ自分が必要としているものだと気づいた。

ヒューズの中性子衝突実験のデータと、ゴルトシュミットの元素存在度を比較してみて、アルファーはあるパターンに気づいた。それは、中性子をがつがつと取り込む傾向の強い元素は存在度が小さく、その反対も成り立つというパターンだが、これは少し考えてみると理解できる。中性子をよく吸収する元素は、ガモフの考えるビッグバンのあいだにより重い元素に変換されたはずだ。そのため、変換される前の元素は比較的少なくなる。一方で、中性子を吸収する可能性が低い元素は、いったん作られるとそのまま存在

＊2　実際、アルファーはむしゃくしゃして、一年間分のノートを文字どおり引き裂いて、トイレに流してしまったほどだ。

し続けることが多いので、他の元素より多く存在するようになる。単なる兆しにすぎなかったが、それはガモフがなにかをつかみかけていることを意味しているように思えた。

アルファーは一九四八年の夏に博士論文を完成させた。その過程で、アルファーとハーマンは、ガモフが最初考えていた低温の中性子のスープという仮定が間違っていることに気づいていた。代わりに初期宇宙では、中性子ではなく、光が多数派を占めていたと考えるようになった。そしてとてつもなく高温だったので、最初の数分で形成された元素はすべて、高エネルギーの光子との衝突ですぐにまたばらばらにされたはずだった。この改良版のモデルでは、宇宙クッキングのプロセスは、スタートから五分ほどたち、宇宙が膨張して温度が数十億度に下がるまで始まらない。

しかし、中性子の寿命は平均して一五分しかなく、その後は崩壊して陽子と電子、反ニュートリノになるので、その最初の五分間には多くの中性子が消滅した。結果として、最初に起こった核反応は、陽子と中性子が融合して重水素という水素の同位体が作られる反応だった。いったん一定量の重水素が作られると、それがさらに別の中性子か陽子を一個吸収し、三重水素（水素より重い同位体で、陽子一個と中性子二個からなる）かヘリウム3（ヘリウムの同位体で、陽子二個と中性子一個からなる）のどちらかを作る。次にこの三重水素とヘリウム3の核融合でヘリウム4ができる。このヘリウム4がさらにたくさんの中性子を飲み込んで、最終的に周期表にある元素すべてを作り上げることになる。アルファーがビッグバンから予測される元素の存在度を計算したところ、うれしいことに、その結果はゴルトシュミットのデータとかなりよく一致した。

一九四八年春、アルファーとガモフがこの説の概略を発表すると、メディアでセンセーショナルに報じられた。地元のジャーナリストが書いた記事がアメリカ全土に配信され、ワシントン・ポスト紙も「世界は五分間で始まった」と報じた。一方ガモフは、「元素は、カモのローストポテト添えを料理するのにかかるよりも短い時間で作られた」[49]と、いつものガモフらしい表現で、ずっといきいきといい表している。

一部のジャーナリストは、宇宙創成で起こるビッグバンの熱核爆発と核兵器爆発のあいだに重なる部分があることに飛びついた。別のジャーナリストたちは宗教の領域に迷い込み、そのせいでアルファーは、心配したキリスト教徒からあなたの魂のために祈るという手紙を何通か受け取ることになった。アルファーは神について一切触れないように気をつけていたのだが。メディア報道はあまりに過熱して、アルファーが博士論文の口頭試問を受けるときには、宇宙がどのように始まったかを聞こうと、ジョージ・ワシントン大学の一室に三〇〇人ほどが押し寄せる騒ぎになった。

その後の数年間、アルファーとハーマンは猛スピードで研究を進め、ビッグバン説を定量的な本物の科学理論へと発展させた。しかしこの研究プロジェクト全体がすぐに暗礁に乗り上げてしまう。立ちはだかったのは、二〇年近くにわたってふつふつと湧き上がり続けていた、宇宙の年齢に関するやっかいな問題だ。宇宙論研究者は、ハッブルによる宇宙の膨張速度の観測結果を使って時計を巻き戻すことで、どれほど時間をさかのぼればビッグバンが起こったと考えられる時点に行き着くかを計算することができた。その答えは約二〇億年前だった。放射性元素を使った年代測定から、地球が四〇億歳以上とされていることを考えると、これほど短い時間なのは都合が悪かった。地球よりも宇宙の方が若いなんてことがどうしてありうるだろうか？

これがちょっとした問題ではないことは、みなさんにもわかると思うが、ガモフはくじけなかった。一九四九年にガモフは、宇宙論の方程式を少しだけうまく調整すれば、宇宙の年齢を好きなだけ長くできることを明らかにした。しかしこれにはかなり恥ずかしげもなくインチキをするようなところがあって、アインシュタインなどはその点を相当不満に思っていた。

アルファー・ガモフ・ハーマン理論にはさらに深刻な欠陥があった。それは、大体物理学者たちが長年頭を悩ませてきた、質量数が五と八の安定した原子核が存在しないという例の問題だった。ビッグバンでヘリウム4ができたら、そこはもう行き止まりなのだ。中性子を一個追加したり、ヘリウム原子核二個を融合したりしてもどうにもならない。アルファーとハーマン、そしてイタリアの偉大な物理学者エンリコ・フェルミを含めた他のたくさんの物理学者たちが、この質量数のギャップを乗り越えるルートを見つけようとしたが、無駄に終わった。より重い元素へわたるためのぐらつく橋をなんとかかけられたと思うたびに、すべてが音を立てて崩れてきてしまうのだ。

ビッグバン宇宙論が死にかけているように見えるところへ、この理論に反対するグループの筆頭格のフレッド・ホイルは嬉々として追い打ちをかけた。アルファーたちとは大西洋を隔てたケンブリッジ大学にいるホイルや、同僚のヘルマン・ボンディやトーマス・ゴールドは、創成の瞬間という考え方に対する深い嫌悪感から、それとはまったく別の宇宙史を考え出した。宇宙は過去にも未来にもつねに存在しており、星の誕生と死という無限のサイクルはあるものの、宇宙自体は変化しないと主張する「定常宇宙論」だ。

問題は、膨張宇宙の見た目がつねに同じということがどうしてありうるのか、という点だった。その解決策はゴールドが思いついた。物質の自然発生的な創成だ。宇宙が膨張して、銀河がどんどん遠くへ飛び去る中で、たえず原子が生まれてきてその隙間を埋めるとゴールドは考えたのである。この新しい物質がやがてひとまとまりになって、新しい星や銀河を作るあいだに、古い星や銀河は年老いて姿を消していくので、宇宙はいつまでも同じ姿を保つことになる。

これはぱっと見たところではひどく突拍子もない考えだった。一つには、無から物質を出現させるのはエネルギー保存則に反することだ。しかしその反面、宇宙を定常状態に保つにはきわめて少量の物質が創成されるだけでよく、ホイルはその量を「エンパイアステートビルと等しい体積に、一世紀におよそ一個原子生まれる」[50]くらいだとわかりやすく説明している。

ガモフたちがビッグバンで重い元素を「作る」のに苦労する一方で、ホイル、ファウラー、バービッジ夫妻は一九五七年、星内部のオーブンで元素が作られる仕組みについて、B²FHとして有名な力作論文を発表し、定常宇宙論が大勝利を収めた。この一撃で、ビッグバンのそもそもの存在理由がずたずたにされた。ビッグバンが重い元素を作る必要はない。星さえあれば用は足りますのでどうぞご心配なく、というわけだ。

それでも、である。定常宇宙論が優勢に見えてはいたが、星の世界からは零落の前触れが見え始めていた。宇宙膨張の観測が進んだことで、宇宙の年齢が少しずつ長くなり、一九五八年の段階では地球最古の岩石よりはるかに古い一三〇億年までのびていた。同時に、深宇宙からのX線や電波の観測データが新たに得られると、定常宇宙論の基本的な考え方の一部に疑念が生じ、この説を支持していた人々の一部が離れ始めるまでになった。

B²FH論文が登場したときになぜか見過ごされていた別の問題が、やっかいなヘリウムの話だった。ヘリウムは宇宙で二番目に多く存在する元素で、全原子の質量の二五パーセントを占めている。これに対して、水素は七五パーセントで、それより重い元素はごくわずかしかない。つまり、私たちの骨に含まれる炭素や、呼吸している酸素、血液中の鉄、アップルパイの上の食用金箔など、他のあらゆる元素はすべて、水素とヘリウムで作られた巨大なケーキの上に軽く振りかけてある粉砂糖にすぎないのだ。しかし、星ではヘリウムとそれ以外の元素がどちらも一緒に作られるので、ヘリウムをそれだけ大量に作ったのに、他の元素はほんの少しだけというのはおかしい。すべての物質が最初は水素だったという仮定に立つなら、宇宙に存在するヘリウムのほとんどは、星以外の別の場所で作られたはずだ。しかしいったいどこで？

定常宇宙論をほとんど狂信的といえるほどに信じていたホイルは、このヘリウム問題を回避しようと、巨大な「黒色星」が存在するという説を提案した。それは太陽質量の数万倍から数百万倍もある非常に大きな天体で、巨大なガス雲の中にうまく隠れているので観測にもかからない。そのとてつもないサイズのおかげで、この巨大な星は激しい爆発と収縮を何度も繰り返し、それ自体がミニビッグバンのようになっている。中心核の温度は数百億度になり、核融合によって大量の水素からヘリウムが生成されているというのだ。ホイルにとっては残念なことに、そうした黒色星が実際に宇宙に存在する証拠は皆無であり、多くの研究者たちはこの説を、死にかけの理論を救い出すためのやぶれかぶれのアイデアと受け止めた。

一方で、ビッグバン理論は条件を満たすようだった。重元素を作ることはできないものの、ヘリウムを作るのにはまったく問題がなかったのだ。問題は、高温のビッグバンでの核融合でどのぐらいのヘリウムが作られると予想されるか、そして大切な点として、その量が私たちの宇宙に実際に存在する量と一致するか、ということだった。

この疑問に答えるには、すべての空間が燃えたぎるプラズマ粒子で満たされていた、宇宙史の最初の数分間に戻る必要がある。現在の宇宙は物質が優勢で、ガスやダスト、星、暗黒物質[*3]などが、なにもない空間に散らばっている。しかし最初の数分間、宇宙は光に支配されていた。宇宙は光でできていたといってもいいかもしれない。やがて私たちの身の回りのあらゆるものを作り上げることになる物質粒子や陽子、中性子、電子は、怒り狂う光子の海に浮かぶ泡にすぎなかった。

最初の数分間、こうした始原的な光の勢いはすさまじく、光子一個に原子核をばらばらにできるほどのエネルギーがあった。そのため原子核はほとんど形成されなかった。陽子と中性子がなんとか結合して重水素になっても、高エネルギー光子との衝突ですぐにまたばらばらに分解されてしまうのだ。しかしこの最初の数分間で宇宙はきわめて急速に膨張し、それにつれて冷えていった。約三分後には、宇宙オーブンの温度は数十億度まで下がっており、光子にはもはや、重水素の原子核を破壊するほどの勢いがなくなっていた。そして突如として、宇宙に存在する重水素の量が急増し、宇宙クッキングのプロセスがうなりを上げて進んでいった。

一分もしないうちに、核融合の嵐によって重水素が三重水素とヘリウム3に変換され、それがさらにヘリウム4に変換された。それから約一〇〇秒後には、使える中性子はほぼ使い尽くされて、すべてが終了した。しばらくはいくつかの核融合プロセスが気まぐれなペースで続いたが、ビッグバンから二〇分後には宇宙オーブンの温度が下がりすぎて、熱核融合クッキングが終わりになり、宇宙でのヘリウムの存在量が確定した。

それでは、具体的にどのくらいのヘリウムが作られたのだろうか？　驚いたことに、その答えはある一つの比によって決まる。それは核融合が開始する時点で、陽子一個に対して中性子が何個存在したのかという比だ。中性子はほぼすべてが最終的にヘリウムに変換され、そのヘリウムには中性子二個と陽子二個が含まれるので、この陽子と中性子の個数の単純な比から、ビッグバンで作られたヘリウムの量が厳密にわかる。そして中性子の数には、最初の一秒で起こった出来事が大きく影響している。

宇宙時間の最初の一秒間では、始原的な火の玉の中にある粒子のエネルギーが非常に高いので、中性子

＊3　暗黒物質がどんなものか知らなくても心配はいらない。物理学者も知らないのだから。詳しくは後で説明しよう。

と陽子は高エネルギー粒子との衝突によって、たえずお互いに変換されている。最初のうちは、陽子から中性子へ変換する反応と、それとは反対の中性子から陽子への反応が同じペースで起こる。平等が第一だったのだ。

しかし宇宙が冷えていくと、中性子が陽子よりわずかに重いせいで反応のバランスが狂い始める。陽子から中性子への反応は余分なエネルギーを必要とするため、反対向きの反応よりも起こりにくくなり、中性子の数が陽子よりも少なくなる。最初の一秒を過ぎると、宇宙の温度が下がって、粒子には陽子を中性子に変えるのに十分なエネルギーがなくなる。その時点で中性子の数は変化しなくなり、陽子と中性子の比は六：一になる。

次にしなければならないのは、核融合が開始できるほど宇宙が冷えるのを二分間待つことだ。しかしその二分間では別の要素も作用し始める。中性子は不安定で、寿命は平均約一五分しかなく、それ以降は陽子一個、電子一個、反ニュートリノ一個に崩壊する点だ。その結果、二分待つあいだに中性子のかなりの割合が陽子に崩壊するため、核融合がスタートするときには、陽子と中性子の比は七：一になっている。

その後の一分間ほどで、核融合によって中性子がほぼすべてヘリウム4になる。そしてすでに説明したように、ヘリウム4は中性子二個と陽子二個からなる。そのため、中性子二個に対して陽子が一四個あるという比率で核融合が始まったら、生成したヘリウム原子核一個につき陽子（水素の原子核）が一二個余ることになる。ヘリウムの質量は水素の四倍なので、質量で表すと、ヘリウムと水素の比は四：一二になる。いい換えれば、ビッグバン理論からは、全原子の質量の二五パーセントをヘリウムが占め、残りの七五パーセントが核融合していない水素として残ることが予測される。これは、現在の宇宙で観測されている元素存在度そのものだ。

ここまで暗算をさせて申し訳なかったが、そこから最終的に伝えたいことは十分に明確になっていると思いたい。それは、ビッグバン理論からは、天文学者たちが宇宙を調べたときにわかる水素とヘリウムの量が見事に予測できるということだ。ホイル自身も、若手研究者のロジャー・テイラーとの共著で一九六四年に発表した論文で、同じ結論にいたった。しかし、テイラーはこれをビッグバンの明らかな証拠だと受けとめたのに対して、独断的な性格の持ち主であるホイルは定常宇宙論を手放そうとせず、観測されていない暗い星があるという説にあくまでもこだわった。

一九六〇年代半ばには、宇宙の歴史をめぐる大論争にはほぼ決着がついていた。とどめの一撃となったのが、一九六五年に、アメリカの電波天文学者アーノ・ペンジアスとロバート・ウィルソンが、空全体がマイクロ波の波長でかすかに輝いていることを発見したことだ。ペンジアスとウィルソンは、ニュージャージー州のベル研究所にある大きなホーン型アンテナを使って、天の川銀河にある天体からの電波の観測を準備していた。しかし、観測装置の調整作業中、どうしても取り除くことができない低レベルのマイクロ波ノイズに悩まされていた。そのノイズがあると精密な天文観測が不可能だということに気がついたペンジアスたちは、一年近くかけてそのノイズがどこからきているのかを突き止めようとした。

二人は、発生源の可能性があるものを片っ端からチェックして、除外していった。宇宙のマイクロ波発生源だけでなく、ロウアー湾を隔ててわずか数キロメートル先にあるニューヨークから紛れ込んだラジオの電波のような、地上の発生源も調べた。実のところ、アンテナをどこに向けても、ノイズは一定の強さでしぶとく届き続けた。二人は悩みに悩み、巨大なホーン型アンテナを何度もチェックした。その一環として、アンテナに巣を作っていた鳩のつがいを追い払い、鳩が残していった「白い誘電性物質」をきれいに取り除いた話は有名だ。そこまでしてようやく、自分たちの発見の重要性に気がついた。かすかなマイクロ波シグナルは、鳩のフンのせいではなく、宇宙創成の残光だったのだ。

ほとんどの人には忘れられていたが、それより前の一九四八年にアルファーとハーマンは、宇宙初期のビッグバンの火の玉を満たしていたものすごい光が今でも宇宙に残っているはずだと予測していた。スタートの瞬間から約三八万年後には、宇宙は十分に冷えたので、負の電荷を持つ電子と正の電荷を持つ原子核が結合して、電気的に中性の原子が初めて形成されたはずだ。この宇宙史上で重要な瞬間より前、光子は始原的な火の玉の中にある荷電粒子とぶつかってしまうので、空間を遠くまで進めなかった。しかし、最初の中性原子が形成されると、宇宙は燃えさかるプラズマから、水素とヘリウムの透明なガスに変化した。そうすると急に、光子は邪魔されずに空間を進めるようになった。

そのときの光は以来ずっと、宇宙を進み続けている。この光は進むにつれて、宇宙の膨張によって徐々に引き延ばされ、最初は温度が約三〇〇〇度で、波長の短い可視光だったのが、絶対温度二・七度しかない弱いマイクロ波シグナルになった。ペンジアスとウィルソンが偶然発見したのは、生まれたばかりの高温の宇宙から届いたかすかな光だったのだ。それが空全体から届くように見えたのは、ビッグバンがあらゆるところで起こったからだ。または、宇宙のあらゆる場所がかつて太古の火の玉の内側にあったからだともいえる。

このシグナルは現在では「宇宙マイクロ波背景放射」と呼ばれている。これが決め手となって、宇宙論学者たちは私たちの宇宙が本当に一度の爆発（バン）から始まったと納得した。私にはこれ以上に重要な科学的発見が思い浮かばない。かつて天の川銀河が宇宙全体だと信じていた私たちは、たった数十年のうちに、自分たちが見上げているのはそれよりはるかに広大な膨張し続ける宇宙であり、その起源をたどれば、一三八億年前に起こった信じられないほど激しいたった一度の出来事にいたることを知るようになったのである。ペンジアスとウィルソンが、宇宙マイクロ波背景放射の発見を実現させた大変な研究を評価されて、ノーベル物理学賞を受賞したのは当然のことだ。そうした彼らの研究からは、細心の注意を払った実験がかなり重要な発見に結びつきうることが本当によくわかる。SF作家のアイザック・アシモフはかつて、「科学の世界で耳にする、新発見の前触れのひと言で一番わくわくするのは、『エウレカ！（わかった！）』ではなくて、『それはおかしいな……』だ」と書いているが、まさにそのとおりなのだ。[51]

一方で、ガモフとアルファー、ハーマンは、かなり苦々しい思いを抱いていた。自分たちがかつて宇宙マイクロ波背景放射を予測していたことが、ほとんど見過ごされていたからだ。ペンジアスとウィルソンが発見したマイクロ波シグナルの重要性に気づいていたのは、プリンストン大学の物理学者ロバート・ディッケとジム・ピーブルズだったが、ディッケたちは論文を発表するときに、ガモフとアルファー、ハーマンが二〇年近く前にほぼ同じことを予測していたことにまったく気づいていなかった。実をいうと、ジョージ・ガモフとフレッド・ホイルは、元素や星、そして宇宙そのものの起源についての理解を深めるのにあれほど大きな貢献をしたにもかかわらず、どちらもノーベル賞を受賞していない。もしかしたらガモフの場合は、何事も真面目に考えようとしなかったことや、酒に酔って恥ずかしい振る舞いをしがちだったことあたりが、ノーベル賞の授与が見送られた原因だったかもしれない。一方でホイルの場合は、ひどく無礼な態度をとったり、晩年になると常軌を逸した科学的見解を述べるようになったことで、多くの研究者仲間が離れていった。ホイルは、インフルエンザの大流行は宇宙から降り注ぐ微生物のせいだとか、鳥に似た恐竜である始祖鳥の化石は捏造だといったことをいっていたのである。

しかしノーベル賞があろうとなかろうと、ガモフとホイルがともに、元素の起源を理解するための基礎を築いたのは確かだ。そして皮肉な話だが、二人の説はどちらも正しくもあり、誤りでもあった。元素というのは、ホイルが強く望んでいたように、すべてが星の内部で作られたのではないが、ガモフが提案したビッグバンの燃えさかる嵐の中だけで作られたわけでもなかった。元素はその両方で作られたのだ。ビッグバンが私たちの宇宙を生み出し、その過程で宇宙に水素とヘリウムをばらまいた。[*4] そこからやがて初代星が生まれた。すると今度はこの初代星が核融合によって、アップルパイに含まれる炭素から地球中心核の熱源になっているウランまで、他のあらゆる元素を作り出した。私たちと身の回りにあるあらゆるものは、こうしたものすごい出来事の結果だ。私たちはビッグバンと星々の両方の子どもなのである。

私たちの宇宙クッキングの物語はここで一つの節目を迎える。冒頭で紹介した例のばかげたアップルパイ実験でぶくぶくと出てきた元素の起源がやっとわかったのだ。炭素は、太陽に似た星が寿命を迎えたときにその内部で作られた。酸素は恐ろしい超新星によって宇宙全体に吹き飛ばされた。そしてそうした星はというと、突き詰めればビッグバンの名残である水素とヘリウムから形成された。しかし、アップルパイの材料の中で一つだけ、起源についてまだ説明していなかったものがある。それはなによりもシンプルで、他のあらゆるものを作るための原材料、水素だ。

ある意味では、私たちは水素の起源をすでに知っている。最初の水素原子はビッグバンから三八万年後に、陽子と電子が初めて結合したときに生成されたのだ。水素の起源はまだわからないと私がいうときに、本当にいいたいのは、その陽子と電子がどこからきたのかわからない、ということだ。この疑問の答えを見つけるために、私たちはとうとう元素の世界を離れて、素晴らしい粒子の世界を詳しく調べるとともに、宇宙史のまさに最初の一秒へとさらに深く掘り進んでいかなければならない。

＊4　他に周期表で三番目の元素リチウムも少量ばらまかれた。

8章

陽子のレシピ

私が大型ハドロン衝突型加速器（ＬＨＣ）からのデータを初めて見たのは、二〇一〇年四月のことだった。そのどんよりとした金曜の朝、私は現在のキャヴェンディッシュ研究所の奥深いところにある部屋で、自分の机に向かっていた。新しいキャヴェンディッシュ研究所の建物は面白みのないコンクリートの塊で、この有名な研究所がぎしぎしいう古い中心部の建物では手狭になったため、一九七〇年代にケンブリッジの町外れにある吹きさらしの野原に移転したときに建てられたものだ。

窓のない部屋を、私は他の大学院生二人と一緒に使っていた。一人は陰気なイタリア人で、水と湯が別になったイギリスの水道の蛇口は時代遅れだといつも嘆いていて、ほとんど口癖のように「どうして混栓にしないんだ？」といっていた。「顔を洗うと、凍えそうになるか、火傷するか、どっちかだ。人間の暮らしには向いてないよ」。もう一人は皮肉っぽい学生で、最終学年を迎えて学位論文を執筆中だった。彼女のグラックユーモアを聞くたび、私とイタリア人学生は、この先にどんな大変なことがさらに待ち受けているのかと不安になった。

私はその年の冬中ＣＥＲＮに滞在し、ＬＨＣでの初の高エネルギー衝突実験に向けた準備をして、ケンブリッジに戻ってきたばかりだった。最後の数週間を、いつコントロールルームに呼び出されて、解決方法がわからない問題をどうにかしろといわれるかとヒヤヒヤしながら過ごしてきたというのに、コライダー（衝突型加速器）の側に遅れが生じたせいで、結局はＬＨＣｂ検出器の内側で初の陽子衝突実験が実施されるのとちょうど同じ頃にジュネーブを離れることになった。実験がおこなわれたというニュースが届くやいなや、指導教官からもデータを見たかという電子メールが届いた。

衝突データを精査して、対象としている特定の粒子を探すために使われるプログラムは、すでに書き終えて準備が整っていた。それはおおざっぱにいえば、スタートボタンを押して待つだけの簡単な仕事だった。三月三〇日の初衝突以来、データは着実に蓄積されつつあった。亜原子世界に関する新しい情報の蓄えは、まだ少なかったが急速に増加しつつあり、衝突実験のたびにさらに情報が追加されていった。

現在、膨大なＬＨＣｂデータセットにそのプログラムを適用する作業には数週間かかるが、初期段階だった当時は記録されている衝突の数が少なかったので、プログラムが走り始めてから一時間ちょっとで、私の手元には結果がきた。データファイルを開き、うまくいっているかどうかがわかる重要なグラフを調べようと急いだ。

震える手で質量分析のファイルをダブルクリックすると、そこにあったのは、低レベルの背景ノイズよりも高くそびえるグラフの急上昇だった。私たちが探している粒子の明白な兆候だ。興奮が一気に押し寄せたあの感覚を今でも覚えている。その日まで、私はコンピューターシミュレーションしか扱ったことがなかったが、目の前のディスプレイには一目瞭然、探していた粒子が本当に現実世界に存在するという証拠があった。それだけではない。私が目にしていたものを生み出したのは、これまでに試みられてきた中で最も野心的な科学プロジェクトと、一つの町ほどのサイズがあり、設計と建設に数十年の時間がかかった粒子加速器、七〇〇人以上の科学者が参加した国際共同研究によって組み立てられたとてつもなく複雑な検出装置、データの保存や処理、全世界への配布をになう、世界規模のデータセンター網、そしてそういうもの全部のおしまいにある、私が書いた短いプログラムだったのだ。奇跡的に、どうにかすべてがうまくいったのだ。

私は、指導教官であり、ＬＨＣｂケンブリッジチームの責任者であるヴァレリー・ギブソン宛てに興奮したメールを急いで書き、その決定的なグラフを添付した。グラフの急上昇は、Ｄ中間子（陽子の約二倍の重さがある風変わりな粒子）が私たちの検出器の中心部で起こった衝突で生成されたことをはっきりと示していた。Ｄ中間子は一九七〇年代に発見されていて、それが観測されること自体は決して画期的なことではない。ただ私たちはこれで、少なくとも現時点で有力な素粒子物理学理論からみれば、間違った挙動をするＤ中間子の証拠が見つかることを期待した詳しい研究をいくつも始められるようになったのだ。

Ｄ中間子は寿命が五〇〇〇億分の一秒ほどしかないので、外の世界には存在せず、ＬＨＣでの衝突によって二個の陽子の大きな運動エネルギーが新しい物質に変換されるときに生成される。衝突点からはこの粒子と一緒に、他にも本当にたくさんの粒子が花火の火の粉のように飛び出してくる。何百種類もある粒子の中には、陽子や中性子、電子のようなおなじみのものもあるが、パイ中間子やＫ中間子、ラムダ粒子、デルタ粒子、イータ中間子、ロー中間子、シグマ粒子、ジェイプサイ中間子、ファイ中間子、ウプシロン中間子、グザイ粒子、オメガ粒子のような、奇妙でエキゾチックな名前の粒子もある。粒子の衝突ではたいてい、ギリシャ文字のスープが入った缶の中にダイナマイトを投げ込んだみたいになる。

こういった粒子はいったいどんなもので、どこからきたのだろうか？　この疑問への答えは、私たちが取り組んでいるアップルパイの究極のレシピ探しに深く関連している。実は、私たちを作っている陽子と中性子は、一九三〇年代以降に実験を通して徐々に登場し始めた、似たところのある粒子が集まったもっと大きなグループのメンバーにすぎないのだ。そういった粒子の登場は少なくとも初めは歓迎されず、しばらくは大混乱の原因になっていた。しかしさらに基本的な構造の存在をにおわせるようなパターンがゆっくりだが着実に現れてきた。下に隠れているものを発見できれば、物質の性質をこれまでよりはるかに深く理解するための道を開き、宇宙を構成している陽子の究極の起源を突き止めることにつながるだろう。

誰が注文したんだ?

キャヴェンディッシュ研究所の私の部屋を出て、角を曲がった先の廊下には、木製キャビネットがずらりと並んでいる。そこには、あなたがおじいちゃんの物置にある古道具みたいだと思ってもしかたないようなものがぎっしりと詰め込まれている。実は、素粒子物理学の殿堂なんてものがあるとしたら、それがまさにそうだ。J・J・トムソンが電子の発見に使った陰極線管や、チャドウィックが中性子を発見したときに使われたぼろぼろの真鍮製の管、そして一番端には、初めて原子核を粉々に破壊した粒子加速器の一部である大型のガラス球といった、歴史的な骨董品が並んでいる。がらくたみたいな実験道具のあいだで見落としてしまいやすいのが、真鍮とガラスでできた奇妙な装置で、それは見た目は地味だが、実は素粒子物理学を大きく変えたものだった。世界初の霧箱だ。

英語では「cloud (雲) chamber」ということからも推測できるように、霧箱はもともとは実験室内で人工の雲を作るために設計されたものだ。そのきっかけになったのは、発明者であるスコットランドの物理学者チャールズ・ウィルソンが、スコットランドのハイランド地方にあるベン・ネヴィス山で気象観測をしているときに、ドラマチックな大気の効果に心を奪われたことだった。空中に漂うちりの粒に水蒸気が付着して雲ができると考えたウィルソンは、この説を確かめるために、小さな箱に水蒸気を満たし、ちりなどはできるだけ少なくなるようにした装置を作った。そして箱の中に種の役目を果たすちりの粒子がなければ、雲は形成できないだろうと予測した。しかし、この箱を詳しく調べてみると、あらゆる方向にのびる繊細な水滴の列がかすかに見えたので驚いた。それは何機もの小型ジェット旅客機が残した飛行機雲のようだった(ただし、これは一八九五年の話なので、ウィルソンはそんな比喩を思いつかなかっただろう)。

ウィルソンはまったくの偶然から、亜原子粒子を一個ずつ目に見えるようにする世界初の装置を発明していたのだ。その飛行機の航跡はどれも、一個の荷電粒子が霧箱内を高速で通過して、その途中で気体分子から電子をたたき出したため、その粒子が通った後に正や負の電荷を持つイオンが点々と残ったことによるものだった。そうしたイオンが水蒸気内にある水分子を引き寄せて成長し、最終的に目に見えるほど大きな水滴の列ができたのだ。

霧箱は本当に素晴らしい発明だった。物理学者たちは、隠された原子やそれより小さな粒子の世界をのぞく窓を手に入れたことで、ほかでは観察できない粒子の挙動を観察できるようになったばかりか、写真に撮ることまで可能になったのだ。アーネスト・ラザフォードが「科学の歴史上最も独創的で素晴らしい装置」[52]と評した霧箱は、二〇世紀前半には素粒子物理学にとって重要なツールとなり、ノーベル賞を受賞する発見を三つ生み出している。

アメリカ人の物理学者カール・アンダーソンは、間違いなく霧箱写真の名人だった。一九三〇年代のほとんどを、霧箱を使って宇宙線（宇宙から雨のように降ってくる粒子）の飛跡写真を撮ることに費やした。一九三二年にアンダーソンは、それまで発見されていなかった反粒子の飛跡写真を撮影して、物理学界を揺るがした。この反粒子は、電子と性質がそっくりだが正電荷を持つ「陽電子」だ。

陽電子はまったく予想外に発見されたわけではなく、イギリスの理論物理学者ポール・ディラックが三年前にその存在を予測していた［訳注：この予測については九章で詳述する］。しかし一九三六年にアンダーソンと共同研究者のセス・ネッダーマイヤーは、それまでの常識をひっくり返すような別の粒子を発見することになる。その一年前にアンダーソンたちは、もっとよい宇宙線の写真を撮るには、その発生源にもっと近づく必要があると判断して、研究室のあるカリフォルニア工科大学近くの中古車展示場で買ったトラックに霧箱を積んで、コロラドロッキーに向かった。ピンク色の花崗岩でできた、標高四三〇〇メートルのパイクスピークの頂上に霧箱を設置し、夜は山の中腹にある小屋で眠った。数カ月にわたり、高い山の上で昼も夜も撮影を続けた後、アンダーソンたちはパサデナに戻って写真を現像して、結果を分析した。霧箱内に発生したみごとな飛跡の写真には、粒子が強力な磁場を受けて優美なカーブを描いた後が何十本もあったが、その中にそれまで見たことのないような粒子が見つかった。

アンダーソンたちは、この新しい粒子が非常に軽い電子でもなければ、比較的大きな陽子でもないことを確信した。実際に、おおまかな測定によって、この粒子の質量が電子の約二〇〇倍、陽子の約一〇分の一で、二種類の粒子の中間にあることがわかった。この中間的な質量から、アンダーソンとネッダーマイヤーはこの粒子を「メソトロン」(mesotron) と名付けた。ギリシャ語で「中間」を表す「メソス (mesos)」と、電子 (electron) を組み合わせたのだ。しかし現在では、この粒子はミュー粒子 (ミューオン) と呼ばれている。

ミュー粒子は、原子を構成する粒子ではないように見えた。宇宙線の中にしか見つからないようだったからだ。ではミュー粒子はなんのために存在しているのだろうか? ミュー粒子は、少なくとも最初の頃は、日本人理論物理学者の湯川秀樹が存在を予言した粒子とよく一致するように思えた。湯川は陽子と中性子を原子核内で結合させておく力について研究していた。陽子はどれも正電荷を持つので、原子核のような狭い空間に押し込められると、互いにとてつもなく強い反発力をおよぼす。原子核が一つにまとまっていられるためには、その構成粒子のあいだにはるかに強い引力が作用していて、電気的反発力を上回っていなければならなかった。この「強い核力」と呼ばれる力で不思議なのは、二個の陽子や中性子が互いに触れ合いそうな距離になるまでなんの影響もおよぼさないように思えることだった。距離が一メートルの一兆分の一のさらに一〇〇〇分の一ほどよりも大きくなると、この力は完全に消えてしまうのだ。

　強い核力が作用する範囲が奇妙なほど狭いことをどう説明すればよいのだろうか？　湯川は素晴らしいアイデアを思いついた。新しい「重量子」（湯川はそう呼んだ）という種類の粒子の交換によって、陽子と中性子のあいだに強い核力が伝わっているとしたのだ。この提案された粒子は重いことが重要だった。この粒子は質量が大きいため、きわめて短い距離しか進めず、[*1] 強い核力の作用範囲を厳しく制限することになるのだ。陽子や中性子、原子核が互いに反発しあう様子の測定から、湯川は自分が提案した粒子の質量を一〇〇ＭｅＶと計算した。比較のためにいうと、電子の質量は〇・五ＭｅＶ、陽子の質量は九三八ＭｅＶだ。

　初めは、アンダーソンとネッダーマイヤーは湯川の重量子をとらえていたのだと考えられた。その粒子の質量が、湯川の予測とほぼ正確に一致しているように見えたからだ。物理学界は沸きに沸いた。ついに、強い核力の謎めいた性質に手が届きそうになったのだ。しかし、すぐに疑わしいところが増えてきた。その一つは、アンダーソンたちが発見した粒子が厚い金属板内を進める距離は、湯川の重量子で予想される距離よりもはるかに長いらしいという点だ。重量子は原子核と相互作用しやすいため、ずっと短い距離で止められてしまう。さらに、アンダーソンとネッダーマイヤーの粒子が崩壊するまでの寿命は、湯川の予言よりもはるかに長かった。

　この混乱が収まったのは一〇年以上たってからだった。一九四七年に、ブリストル大学のセシル・パウエルの研究チームは、写真乾板に宇宙線をあてることを基本的な手順とした、まったく異なる手法を使って、新しい荷電粒子を発見した。この粒子をパウエルたちは「パイ中間子」（pi meson）と呼んだが、現在では「パイオン」（pion）と省略するのがふつうだ〔訳注：日本語ではどちらの名称も使われている〕。湯川が予測した、強い核力の運び屋の粒子がついに見つかったのだ。実際には、パイ中間子には電荷が正のものと負のもの、そして数年後に見つかった電気的に中性なものの三種類がある。この直後、湯川によるパイ中間子の大胆な予言とパウエルによる実験での発見に対してノーベル賞が贈られた。

この発見から、物質の構成についての全体像が以前よりも詳しくわかってきた。電子は陽子と中性子からなる原子核の周りを回っており、その陽子と中性子は、三種類のパイ中間子が慌ただしく交換されることによって、原子核の檻(おり)の中に一緒に閉じ込められている。そうすると、私たちのアップルパイもある程度はパイ中間子からできていることになるわけで、そう考えるとかなり楽しい気分になる。一方で、決まり悪そうに一人でぶらついているのは、アンダーソンとネッダーマイヤーが発見したミュー粒子だ。これは電子をもっと重く、もっと不安定にしたものに見えたが、見る限りなんの役にも立っていないようだった。物理学者のイジドール・ラビが、ミュー粒子の引き起こした混乱をさして、「誰がそれを注文したんだ？」[53]という的を射たいい方をしたのはよく知られている。まるでミュー粒子が頼んでもいないのに配達されてきたピザみたいだ。

パイ中間子の登場を皮切りに、新たな粒子が次々と発見された。同じ年、マンチェスター大学のジョージ・ロチェスターとクリフォード・バトラーは霧箱実験で二つに枝分かれした奇妙な飛跡を見つけた。それは、電子の約一〇〇〇倍の質量がある新粒子の崩壊でできたようだった。この粒子は、その崩壊で生じる独特なV字型の飛跡から「V粒子」と名付けられたが、現在では「K中間子（ケーオン）」と呼ばれて

＊1　そうなる理由は、量子力学に登場するハイゼンベルクの不確定性原理に関係があるが、これはここでの話の趣旨から少し外れるので、後で説明しよう。

いる。ほどなくして、物理学者は粒子が急増して余りにも多くなったことに悩まされるようになった。新しい粒子は、陽子や中性子より軽いものもあれば、重いものもあった。

そういった新しい粒子はなんのためにあるのか、誰にもまったく見当がつかなかった。あまりの混乱ぶりに、ある物理学者は「昔は新しい粒子を発見したらノーベル賞をもらえたものだが[54]、今は一万ドルの罰金を取るべきだ」なんていう気の利いたことをいったりした。物理学は、ほんの少しの材料がいくつかのシンプルな統一原理によって支配されているエレガントな分野から、やっかいなほどバラエティに富んだ種が、どこまでも拡大し続ける粒子動物園のスペースを争う、動物学を思わせる分野に変わってしまう危険にさらされているかに思えた。物理学者はふだんから、細かいデータや日付、名称みたいな陳腐なものをいちいち記憶できないないことを名誉の印と思っていて、そんな状況に恐怖を感じた。有名なのは、エンリコ・フェルミが「こういう粒子の名前を全部覚えられるくらいなら[55]、植物学者になっていたよ」と不満をもらしたという話だ。

混乱の中で、物理学者たちはそうした粒子になんらかの秩序を見出そうと必死になった。やがていくつかヒントが見えてきた。最初に、明らかな例外であるミュー粒子以外の粒子にはすべて、強い核力による引力が強く働いていることがわかった。そうした粒子を強い核力が働かない粒子（電子やミュー粒子、光子のような粒子）と区別するために、この強く相互作用をする（強い核力が働く）粒子のファミリー（種類）は「ハドロン」と命名された。ハドロンはさらに大きく分けて、質量が電子と陽子の中間なら「中間子」、陽子よりも重ければ「バリオン」と呼ばれる。

ハドロンを量子数（粒子を区別する基本的な数）にしたがって分類してみると、さらに多くのヒントが見つかった。そうした量子数のひとつがすでに何度も登場している電荷である。陽子は＋１の電荷を持つが、ロチェスターとバトラーが発見したK中間子の電荷は0だ。別のとても重要な量子数が粒子の角運動量（スピン）で、運動量が直線運動をする粒子が持つ勢いだとすれば、角運動量というのは粒子の回転運動によって生じる勢いだといえる。量子力学的なスピンは1/2きざみになっていて、0、1/2、1、3/2、2、5/2という値しか取れない。加速器実験で次々と登場した粒子動物園の仲間たちのスピンを明らかにすることに、莫大な労力が注ぎ込まれた。初めのうちは、中間子はすべてスピンが0で、バリオンはスピンが1/2のように見えたが、ほどなくスピン1の中間子や、スピン3/2のバリオンも発見された。

一九五〇年代になると、物理学者は粒子が宇宙から霧箱に届くのを待っていられなくなった。そこから大型加速器が大きな役割を持つ時代が始まった。大型加速器なら、陽子や電子を適切なターゲットにぶつけて、その過程で運動エネルギーを新しい粒子に変換するという方法で、奇妙な粒子を好きなように作り出せる。一九五三年、コスモトロンというという巨大な円形粒子加速器が、ニューヨーク州ロングアイランドのブルックヘブン国立研究所に完成した。コスモトロンは初めて一〇億ボルトの壁を越えた加速器で、いくつも並べた強力な磁石で陽子ビームの軌道を曲げて加速器のリングを周回させる。陽子はリングを一周するたびに繰り返し加速されることで、非常に高いエネルギーに達し、宇宙線でしか見つかっていなかったあらゆる種類の粒子を作れるようになる。

このコスモトロン実験の成果からは、一部の粒子が持つさらに別の性質が見えてきた。粒子動物園の仲間たちの中には、崩壊までの寿命が理論物理学者の単純な予測よりはるかに長いものがあり、さらにそうした粒子が必ずペアで生成されていることがわかったのだ。一九五三年に理論物理学者の西島和彦とマレー・ゲルマンは、こうした粒子が異常に長い時間生き続けるのは、新たな量子論的性質を持つからだという説をそれぞれ独立して提案した。そうした性質は、粒子が奇妙（ストレンジ）な挙動をすることを踏まえて、シンプルに「ストレンジネス」と命名され、現在でもそう呼ばれている。コスモトロンは陽子を非常に高いエネルギーまで加速するので、それ以前に宇宙線から見つかっていたストレンジネスを持つ粒子（ストレンジ粒子）すべてを再現でき、さらに未知の新しいストレンジ中間子も生成できた。

コスモトロンにとって追い風になったのは、滝のように連続的に起こる粒子の崩壊をこれまでになく詳細に記録できる、泡箱という新型検出器が登場したことだった。泡箱は霧箱の流れをくむ検出器だが、内部には気体ではなく過冷却状態の液体（通常は液体水素やフロン、プロパンなど）を満たしてあった。液体を沸点よりわずかに低い温度に保っておいてから、泡箱内に粒子ビームを打ち込むと、液体の圧力が急激に下がり、電荷を持つ粒子が通った経路沿いに液体が気化して小さな泡がいくつもできる。それと同時に泡箱内に向けてフラッシュをたき、きれいに並んだ泡の列を光らせる。そうすれば、泡箱の端にある丸窓越しに泡の列をカメラで撮影できた。

記録破りのエネルギーとピカピカの新しい泡箱という素晴らしい組み合わせのおかげで、コスモトロンは競争相手となる他の加速器を出し抜くことができたが、その成功をきっかけに粒子加速器の建造競争が始まった。すぐにさらに大きくて強力な加速器が世界各地に建造され、その多くにはワクワクするほど未来的な名称がついていた。サンフランシスコから湾を挟んだ対岸にあるバークレーは、一九三〇年代初頭に世界初の円形粒子加速器が発明された場所だが、ここに建造されたベバトロンという加速器はコスモトロンの記録を破って、六・二ギガ電子ボルト（GeV）[*2]というビームエネルギーを達成し、さらに一九五五年には反陽子を発見した。一方でソ連も資本主義者の奴らに負けじとばかりに、すぐにモスクワ近郊のドゥブナにシンクロファソトロンという素晴らしい名前の加速器を独自に建造した。そのピークエネルギーは一〇GeVで、アメリカの加速器はその後塵を拝することになった。ヨーロッパは、一九五九年にC

ERNで二八GeVの陽子シンクロトロンを作動させて一時は首位に立ったものの、一九六一年には、アメリカのブルックヘブン国立研究所に建造された交互勾配シンクロトロン（AGS）にその座を奪われた。より高いエネルギーを目指す競争は大量の新粒子をもたらした。そして巨大加速器施設は素粒子物理学の新興都市に姿を変え、原子より小さな欠片からピカピカの新しい粒子を見つけ出すという野心を抱えた研究者たちが殺到した。粒子動物園は急速に成長し続けたが、それとともに初めはなんのつながりもない欠片に思えていたもののあいだに少しずつ関連性が見えてきて、陰に隠れていた秩序が現れてきた。とはいえ、大きな塊がいくつかまだ行方不明だったし、見つかっている欠片の関連性も実験データが持つ乱雑さに覆われてぼんやりとしていた。そうした霧を透かし見て、その向こうにある宝石のような対称性を見つけるには、とんでもなく目先の利く明晰な頭脳が必要だった。さいわいにも、そうした頭脳はマレー・ゲルマンという姿をとって登場した。

粒子動物園からの脱出

マレー・ゲルマンはオーストリア・ハンガリー帝国から移住してきたユダヤ人の両親のもと、一九三〇年代と一九四〇年代のマンハッタンで育った。三歳のときに兄のベンからクラッカーの箱で読み方を教わった。[56] 鳥や動物の観察や、植物学、昆虫採集が好きになったのもベンの影響だった。子どものころ、マレ

＊2　一ギガ電子ボルト（一〇億電子ボルト）は、一個の電子が一〇億ボルトの電圧で加速された後に持つ運動エネルギーにあたる。

ーとベンはニューヨーク市をすみずみまで歩き回って、面白い動物や植物が見つかりそうな、わずかに残る手つかずの自然の断片を探した。目にするさまざまな生き物すべてが種に分類されていて、進化系統樹の上で互いにつながっていることに、秩序を好む性格のマレーはとてもわくわくした。

一九六〇年に、すでに世界で最も尊敬される理論物理学者の一人になっていたゲルマンは、やがて粒子動物園の謎を解くことになるアイデアをひらめいた。ゲルマンはまず、動物学者がさまざまな種を科や属に分類するように、既知のハドロンをスピン0の中間子とスピン1/2のバリオンという独自の大きなグループに分けて、そのグループに含まれる個々のメンバー間の関係性をさらに深く探った。陽子と中性子はうまくペアになるようだった。質量がほぼ同じだが、電荷は異なっており、どちらもスピンが1/2なので間違いなくバリオンに分類される。次にパイ中間子だが、これには電荷がプラスとマイナス、中性のものがあり、さらに二つの奇妙なK中間子にはそれぞれプラスとマイナスがあって、どちらもスピンが0だった。

そんなふうに粒子分類ゲームをしながら、ゲルマンは、表面のすぐ下に深い対称性が潜んでいると確信するようになった。見えているパターンを説明できる構造を探すうち、ゲルマンは「群論」という、最近まであまり顧みられてこなかった分野に目を向けた。

群論は多くのことに応用でき、その一つとして、対称性を説明するためにも使われている。簡単にいうと、系に対してなにかをおこなってもその系が変化しない場合、対称性が存在することになる。例としてごくふつうの立方体を考えよう。立方体には高度な対称性があるので、回転させてもその前後で見た目が変わらないようにする方法はたくさんある。そうした回転は「群」というものを作る。群は簡単にいえば、見た目を変えずに立方体を回転させる方法の集まりだ。

ハドロンについて頭を悩ますうちに、ゲルマンはSU（3）という抽象度の高い群の痕跡を見つけたと考えた。残念ながらSU（3）には、数学を使わずにイメージしやすく説明する方法はないのだが、重要なのは、SU（3）群の対称性を使えば、ハドロンをスピンや電荷、ストレンジネスに応じて格子上に配置し、それをつなぐことで、頂点に粒子が一個、中心に粒子が二個ある六角形を作れることにゲルマンが気づいたという点だ。

ハドロンをそうやって整理することで、ドミトリ・メンデレーエフが一世紀前に元素についてしたのと同じことを、ゲルマンはハドロンでおこなった。メンデレーエフが自分の作った周期表の空欄から新たな元素の存在を予言したように、ゲルマンは新しいハドロンの存在を予言することができたのだ。SU（3）群の対称性からは、スピン0の中間子が八個、スピン1/2のバリオンが八個存在しなければならなかった。それまで発見されていたスピン0の中間子は七個だった。

ゲルマンは一九六一年にこの説を発表したときに、インペリアル・カレッジ・ロンドンのユヴァル・ネーマンという別の物理学者が、ほぼ同時期に同じアイデアを思いついていたことを知った。しかしネーマンはどちらかというと無名で、つい最近イスラエル軍を辞めて物理学の世界に足を踏み入れたばかりだった。一方のゲルマンはすでに高い評価を得ていて、そのうえコミュニケーション能力も優れていたので、ゲルマンの考えた説のほうがはるかに多くの人に届くことになった。

頭がよいだけでなく物知りで、そのうえそれをはばかることなくひけらかすタイプだったゲルマンは、自分の理論につける名前を見つけようと古い仏教の教えを調べた。そして、それをたどる人は死と再生の無限の輪廻から解放されて涅槃に向かえるという道にちなんで、「八道説」と命名した。ゲルマンの論文発表からわずか数カ月後に、未発見だった八番目の中間子がバークレーの研究チームによって発見され、「エータ中間子」と命名されると、物理学者たちは、ゲルマンが「ハドロンの涅槃」への道を見つけたのかもしれないと考えるようになった。

しかし本当に決め手となったのは、もっと重い新粒子がいくつも発見されたことだった。ゲルマンの八道説は、スピン0の中間子とスピン1/2のバリオンが八個ずつ存在すると予言しただけでなく、スピン3/2のバリオンが一〇個存在することを要求していた。スピン3/2の粒子を電荷とストレンジネスにしたがって同じ格子上に並べると、ピラミッド形になった。ゲルマンとネーマンがそれぞれ自説を発表した時点では、そうした粒子は四個しか見つかっていなかった。ストレンジネスが0のいわゆるデルタ粒子で、ピラミッドの底辺をなすと考えられた。そして一九六二年七月には、CERN主催の大規模な学会に物理学者たちが集まり、そこで粒子ハンターたちが、ストレンジネスが−1のシグマスター粒子三個と、ストレンジネスが−2のグザイスター粒子二個という、新たなバリオンが存在する確かな証拠を発表した。

聴衆の中にいたゲルマンとネーマンはすぐさま、この五個の新粒子がピラミッドの次の二層になるはずだと気づいた。粒子の発見が発表されたあと、ゲルマンはさっと立ち上がると、最後の未発見粒子である一〇番目の粒子の存在を予言した。この粒子は、ピラミッドの頂上のキャップストーンにあたるもので、ストレンジネスは−3であり、ゲルマンはこれをギリシャ文字の最後の文字にちなんで「オメガ」と名付けた。ネーマンも発言すべく手を上げていたが、講堂のずっと後ろに座っていたので、自分が提案しようとしていた、まさにその予言をゲルマンが口にするのを浮かぬ顔で見つめるしかなかった。

その後ゲルマンは、ブルックヘブン国立研究所の若手実験物理学者のニコラス・サミオスとジャック・レイトナーと一緒の昼食の席で、ナプキンをふいにつかむと、そこに図を描きながら、オメガ粒子から生じそうな崩壊生成物を探すことによってオメガ粒子を見つける方法を説明した。サミオスとレイトナーはそのナプキンをブルックヘブン研究所に持ち帰り、研究所の所長にそれを見せながら、世界で最も高性能の粒子加速器であるAGSの実験時間を割り振ってほしいと掛け合った。AGSと泡箱を使った実験を使える状態に持って行くのに一年以上かけたすえに、サミオスたちのチームはクリスマス直前にデータの収集を開始して、新年になっても夜昼なく無我夢中で実験を続けた。無数の粒子の飛跡が縦横に走っている泡箱写真を数万枚も撮影した結果、サミオスは、複数の奇妙な粒子が写った一枚の写真を見つけた。そうした粒子の飛跡をたどると、すべて同じ一点から始まっていた。オメガ粒子の動かぬ証拠だ。

オメガ粒子の発見は、八道説をめぐる議論に決着をつけた。一九六四年になると、亜原子粒子世界についての私たちの理解にふたたび大きな革命が起こっているという感覚がはっきりとあった。ようやく粒子動物園の動物たちを飼い慣らせるようになったのだ。

しかし、それはいったいどういう意味があったのだろうか？　すでに見てきたように、メンデレーエフの周期表にあるパターンは、分割不能と思われていた原子には実は内部構造があって、そうした内部構造が根本的にそれぞれの元素に特有の性質を決めていることを示す最初の手がかりになった。八道説も同じようなことを暗示しているのだろうか？　ハドロンは、元素を構成する陽子や中性子を含めて、どれもさらに小さなものから作られているのだろうか？

必ずしもそうとは考えられなかった。ハドロンの存在をめぐる、当時最も支持されていた説明では、内部構造のない素粒子と、もっと小さな要素から作られている複合粒子があるという分け方をやめていた代わりに、アメリカの理論物理学者ジェフリー・チューは、他の粒子よりも基本的な存在と考えられる粒子はないという立場を取っていて、これを自ら「核民主主義」と名付けていた。チューによれば、どのハドロンも他のハドロンが混ざり合ったものなのだ。

このとんでもなく直感に反した説は「ブートストラップ模型」と呼ばれるようになった。そう呼ばれるのは、この説では、ハドロンは事実上ハドロンだけから生まれることになっていて、それがまるで「自分のブーツのつまみ革（ブートストラップ）を引っ張って自分を持ち上げる」つまり「自力で困難を乗り越える」というナンセンスな慣用句のようだからだ。ブートストラップ模型を支持する理論物理学者たちが大いに期待していたのは、ハドロン集団一つだけでその集団自身を作り出せることだった。そうすれば、外部からのインプットなしでそうした既知のハドロンすべてを説明できる、とてつもなく無駄のない理論になるからだ。八道説はおそらく、ブートストラップ模型がもたらすより深遠な真理の産物であり、多くの人はそうした真理が近いうちに明らかになるのを願っていた。

しかし、ブートストラップ模型が話のすべてではなかった。ゲルマンは数年にわたって、ハドロンに見つけた対称性は、ハドロンがもっと小さな要素で構成されているとすれば説明できるというアイデアを考え続けていた。そのアイデアをとことん考えなかったのは、一つにはそのアイデアが審美眼的に優れたブートストラップ模型と矛盾するからだったが、他の緊急性の高い問題を解決するのに忙しかったからでもあった。さらに、そういったさらに小さな要素は、それがなんであれ、電子の電荷の1/2や2/3といった分数の電荷を持つ必要があったが、それまでのところ自然界に見られる粒子の電荷はすべて整数だった。

一九六三年三月にゲルマンは、ニューヨークのコロンビア大学の研究者との昼食の席で、ロバート・サーバーという物理学者と話をした。サーバーもハドロンよりさらに小さな構成単位についてずっと考えていた。その席で、サーバーからそのアイデアについてどう思うか聞かれたとき、ゲルマンはあまり真剣に考えなかったが、その日の夜になってその会話を思い出して考えてみた。もし分数の電荷を持つ粒子が永遠にハドロンの中に閉じ込められていて、外界に逃げ出してこられないとしたらどうだろうか？　もしそうなら、大切にされている核民主主義の原則を維持できるので、ブートストラップ模型はいぜんとして有効だ。

覚えやすい名称を作り出す才があったゲルマンは、この検出できない小さな粒子を「qworks」（クォーク）と命名した。ルイス・キャロル風の一種のナンセンスな単語だ。しかし数カ月後、理解不能なことで有名なジェームズ・ジョイスの小説『フィネガンズ・ウェイク』を読んでいるときに、ジョイスのちんぷんかんぷんな言葉の中にある「マーク大将のために三唱せよ、くっくっクォーク（quarks）！」（『フィネガンズ・ウェイク』、柳瀬尚紀訳、河出書房新社より引用）という一節に目をとめた。ゲルマンはこれが、自分の考えたハドロンの構成単位に文学的な伝統を与える完璧なチャンスになることにすぐ気がついた。そしてさらに重要だったのは、そういう理解しにくい作品にちなんだ名前をつければ、自分が博識で賢いという印象を研究者仲間にますます強く与える結果になるということだった。そういったわけで、「qwork」は「quark」になった。

ゲルマンの考えでは、ハドロンに見られる対称性はクォークが三種類あれば説明できた。この三種類をゲルマンは「アップクォーク」「ダウンクォーク」そして「ストレンジクォーク」と名付けた。アップクォークの電荷は＋2/3、ダウンクォークとストレンジクォークの電荷はどちらも−1/3だった。この三種類の粒子（とそれぞれの反粒子）を組み合わせれば、既知のハドロンすべての性質を説明できる。パイ中間子やK中間子などの中間子は、クォーク一個と反クォーク一個の組からなる。一方バリオンはクォーク三個の組だった。私たちの目的を考えると、一番重要なのは、陽子がアップクォーク二個とダウンクォーク一個、中性子がダウンクォーク二個とアップクォーク一個からできているということだ。

一方、数千キロメートル離れたジュネーブ近郊のＣＥＲＮでは、ロシア生まれの若いポスドクで、ゲルマンのカリフォルニア工科大学の博士課程学生だったジョージ・ツワイクが、ゲルマンとまさに同じ方針で考えを進めていた。そして同様に電荷がそれぞれ＋2/3と－1/3、－1/3の三種類の構成単位が存在していれば八道説の対称性を説明できるということに、ゲルマンとは完全に独立して気づき、それを「エース」と命名した。

しかし、この二つの考え方はハドロンの対称性を説明するという点においては同じだったが、その実際の意味についてては、ツワイクとゲルマンはまったく異なる解釈をしていた。ゲルマンは、クォークを物理的な実体ではなく、数学上の便利な道具だと考えたがった。ゲルマンの考えとしては、ハドロンを作っている本当に基本的な材料は、ハドロンがしたがっているように思える数学的対称性だった。クォークは、そうした基本的な対称性を把握するための便利な手段にすぎず、現実世界では決して観察できないものだとされた。

一方でツワイクは、クォーク（エース）は陽子や中性子、電子と同じように現実に存在すると考えていた。若手物理学者のツワイクにとっては気の毒な話だが、そうした考え方は、奇妙だがエレガントなブートストラップ模型が大流行していた当時は、ひどく野暮ったいものだった。ハドロンがもっと小さな粒子からできていると主張するのは、愚かで、ともすれば子どもっぽいことに思えた。ゲルマン自身もツワイクが提案したエースのことを、「コンクリートブロック模型[57]」とからかうように呼んでいる。結果的に、ゲルマンが自分のクォーク論文を立派な論文雑誌で難なく発表できたのに対して、ツワイクの論文は、論文雑誌の査読者から批判の集中砲火を浴び、ＣＥＲＮのプレプリントという目立たない形で発表された以外には、日の目を見ることがなかった。プレプリントというのは、一流論文雑誌に掲載されるのではなく、研究機関が独自に発行する論文のことだ。

しかし、一部の理論家はクォーク説を鼻であしらうきらいがあったものの、多くの実験物理学者は、現実世界の新たな階層を発見するチャンスを見逃すのはあまりに惜しいと考えた。見逃していた可能性のある分数の電荷を持つ粒子を探して、物理学者たちは何万枚もの古い泡箱写真をじっくり調べ始めた。CERNやブルックヘブン国立研究所では、ハドロンの中からたたき出されたクォークが見つかることを期待して、新たな粒子ビーム実験の準備が急いで進められた。宇宙線にこだわり続けてきた研究者たちまで仲間に加わって、空から降り注ぐ粒子のシャワーの中にクォークを探した。

しかしクォークはどこにも見つからなかった。一九六六年までに、二〇の実験でクォーク探しがおこなわれたが、空振りに終わっていた。その年、ゲルマン自身もロンドン王立協会での講演で、「クォークが実在しない可能性を直視しなければならない」[58]とはっきり口にしている。

助け船は思わぬところからやってきた。カリフォルニア州北部にあるスタンフォード大学では、世界最大で、最も高価な粒子加速器の建設が最終段階を迎えていた。スタンフォード大学構内の起伏のある緑地を抜け、州間道路二八〇号線の真下を通って、三・二キロメートルにわたって真っ直ぐにのびるスタンフォード線形加速器は、実質的に巨大な粒子砲といってよく、電子を二〇ギガ電子ボルトというとんでもないエネルギーまで加速することができた。そして規模の大きさや一億ドルという費用から「モンスター」の異名があった。計画から設計、建設、そしてもちろん連邦議会でプロジェクトを無事承認してもらうことも含めて、完成までには一〇年以上かかった。

ほとんどの物理学者が、CERNやブルックヘブン国立研究所の高エネルギー陽子加速器での刺激的な新発見に関心を向けていた時代に、このスタンフォード線形加速器はやや毛色の変わったモンスターだった。円形加速器が、陽子ビームをリング内に周回させ、一周するごとに加速させる仕組みだったのとは違って、スタンフォード線形加速器は電子を長さ三・二キロメートルのひたすら真っ直ぐなチューブ[*3]内に発射して、電子がチューブの反対の端にあるターゲットにまともに衝突するまで延々と加速させるようになっていた。この衝突の結果は巨大な分光計で記録されて、散乱した電子のエネルギーや方向を測定した。

実質的に、モンスターは陽子を拡大して、そのサイズや形を比類ないほど詳細に調べるための巨大な顕微鏡だった。電子ビームのエネルギーが高いほど、より短い距離を探ることができ、より細部まで見ることができる。エネルギーが高いほど短い距離を調べられる理由は、量子力学で見られる波動と粒子の二重性という現象にある。具体的にいうと、適切な実験方法をとれば、電子のような粒子が波のように振る舞うのが観測されるということだ。電子の（実際にはどんな粒子でも）波長はその運動量に反比例する。つまり、電子が高速で運動するほど、その波長は短くなる。

スタンフォード線形加速器は、一九六六年に始動した時点で、電子を光速の九九・九九九九九九七パーセントまで加速し、その波長は約6×10^{-17}（一メートルの一兆分の一のさらに一〇万分の六）だった。それまでの実験で、陽子と中性子の直径は約1×10^{-15}メートルだとわかっていたので、原理上は、スタンフォード線形加速器のビームを使えば、原子の最も基本的な構成単位とされていた陽子や中性子よりもはるかに小さな物体を解像することが可能だった。

六〇年代半ばの理論物理学者たちの考えでは、陽子は内部構造がなく、ぼんやりとしたとらえどころのないものとされていた。そのためスタンフォード線形加速器のチームは、陽子に超高エネルギー電子ビームを照射する実験でも、電子の大半がほとんど遮られずに、陽子をすごい勢いで通り過ぎると予測した。この話から、なにか思い出さないだろうか。

二〇世紀初頭、原子も同じように、とらえどころのないプディング状の物体と考えられていた。そのため、アルファ粒子が金原子で跳ね返されたのを見て、アーネスト・ラザフォードはひどく驚いたのだった。この有名な実験結果は原子についての理解を完全に変え、元気溢れるニュージーランド人ラザフォードは最終的に、原子の中心には小さな核があると結論するにいたった。

この話と気味が悪いくらい似たことが、スタンフォード大学で起ころうとしていた。実際、そこにある巨大な加速器は、一九〇八年にはまったく想像できない規模ではあったが、実験自体はラザフォードの金箔実験を大がかりにしたものだといえた。原子核発見から六〇年たっても、物理学者たちは相変わらず、ターゲットに粒子をぶつけて跳ね返りかたを調べるという、ラザフォードが実践していた実験方法を使っていたわけだ。

スタンフォード大学には、リチャード・テイラーというラザフォードに重なる恐ろしい人物までいた。強烈な存在感の持ち主で、その朗々とした怒声が廊下に響き渡るのがよく聞こえていた。一九六六年に電子散乱実験の第一ラウンドが終わった後、テイラーはスタンフォード大学とマサチューセッツ工科大学（MIT）の共同研究チームの責任者になり、陽子のさらに奥深くを調べる実験に着手した。テイラーたちは一九六七年、なにかおかしなことが起こっていることを示す最初の手がかりを発見した。電子は陽子を通過するときに、予想をはるかに上回るエネルギーを失っているようだったのだ。

当初この効果はノイズとして片づけられていたが、一九六八年始めには、テイラーのチームは自分たちが見ているのは実際に起こっている現象だと確信していた。ラザフォードのアルファ粒子と同じように、電子の散乱角度は、陽子を電荷を持つ拡散した球体と考えた場合の予想よりはるかに大きかった。説明は

＊3　当時は世界で最も真っ直ぐな物体だといわれていた。

一つしかないように思えた。電子は陽子の内部にある、想像できないくらい小さな物体に跳ね返されているのだ。

誰も予想しなかったことだが、この巨大加速器は、物質の最も基本的な構成単位である陽子の中をのぞき込み、現実の新たな層を垣間見ていたのだ。ブートストラップ模型のようなとっぴな考えの人気ぶりをよそに、試練に耐えてきた、古くからの原子論的な物質観がまたもや勝利を収めたように思えた。陽子や中性子、そして粒子動物園にいるすべてのハドロンは、実はさらに小さな粒子からできているようだった。

しかしスタンフォード大学とＭＩＴのチームは、本当にクォークを見たのだと納得してもらうために必死で努力しなければならなかった。ブートストラップ模型の影響力がとてつもなく大きかったので、その電子散乱実験の結果は当初、ほとんど関心を集めなかった。「モンスター」が本当に陽子の構成単位を見たのだということを世間に納得させるには、メッセージを伝えることにかけては最もカリスマ的な物理学者である、リチャード・ファインマンの熱心な擁護はもちろん、数年にわたる実験と理論両面の研究が必要だった。

クォークの証拠が確実になったのは、一九七三年に、ガーガメルというＣＥＲＮの巨大な泡箱が、陽子の内部にある点状の物体によってニュートリノがはじき飛ばされる現象を確認してからだった。ガーガメルとスタンフォード線形加速器の結果を比較してみると、陽子の中にそうした粒子が三つ見つかった。さらにそうした粒子は、ゲルマンとツワイクの予測どおり、分数の電荷を持っているようだった。クォークは、考え出したゲルマン自身がその実在性について懐疑的だったにもかかわらず、ついに、物理学者たちが初めて存在を信じられる実在する物体になった。

いや、信じられそう、だろうか。まだ一つ大きな疑問が残っていた。誰も実際にクォークを見ていなかったのだ。クォークが存在する証拠はすべて、ハドロンで粒子が跳ね返されるという実験結果から得られたものだった。加速器がどれだけ強力でも、ハドロン内部の独房に寂しく囚われている一個のクォークを脱獄させることはできていなかった。クォークはハドロンの内部に厳重に閉じ込められているようだった。

その理由は、実をいうと、ハドロン内部でクォークを結びつけている力と関係がある。この力（単に「強い力」と呼ばれる）は、これまで見つかった中で最も強い引力だ。原子核内で陽子と中性子を結びつける強い核力は、このはるかに強力な力の残響のようなものだ。強い力による結合を断ち切って、陽子や中性子の内部からクォークを解放するには、最も高温の星よりもはるかに高い数兆度という温度が必要だ。

そんな高温が宇宙に存在したのはビッグバンの一〇〇万分の一秒後までだ。私たちを作っている陽子と中性子が生まれたのは、宇宙時間の最初の数マイクロ秒だった。物質の究極の起源にたどり着くには、この数兆度の宇宙での物理学を探る方法を見つける必要があるだろう。信じられないことに、そうした超高温が現在、地球上で日常的に再現されている。それも、賑やかなニューヨークの中心部から数十キロメートルしか離れていない場所で。

数兆度のスープ

アメリカというのは、自国のことを、規則に縛られない自由を導く光のような存在であり、政府は余計な手出しをするな、地対空ミサイルを個人で所有してはいけないといってくる連邦政府は何様なんだ、とかいう声が聞こえる土地だと誇りにしている国だが、そのわりには驚くほどいろいろと口を出してくることがある。ブルックヘブン国立研究所への訪問に先立って、私は何ページもあるオンライン申請書の記入を求められ、その後も研究所の（いつだって親切な）事務職員とのあいだで、私の訪問目的についてのかなり長いやり取りがあった。大切な点として私がいわれたのは、アメリカ入国時に入国審査で正しいスタンプを押してもらえるように細心の注意を払うことだった。間違ったスタンプだと、研究所への立ち入りが認められないのだ。それで、アメリカに入国するときには、どこか困惑した表情の二人の入管職員相手に、私が彼らの国で具体的になにをしようとしているかについて要領の得ない会話をするはめになった。その会話のあいだ中、自分は政府の研究所を何カ所か訪問して、何人かの科学者とまったく差し障りのない、スパイ活動にあたらない形で話をしたいだけだと説明しながら、「核」という言葉を使わないようにひどく苦労した。これとは対照的に、昔はＣＥＲＮの敷地に入ろうと思ったら、興味がなさそうな顔の守衛に向かって、大型スーパーのテスコの会員証を振り回してみせるだけでよかった。[14]

　そんなわけで、少し不安になりながら、木々のあいだを抜けてブルックヘブン国立研究所に入って行く道路に置かれている守衛所に出向き、かすれているのが心配な入国スタンプが押してあるパスポートを見せた。机に向かっている女性は疑わしげにスタンプに目をやった。「インクが切れかけていたみたいで」。私は弱々しい笑顔を見せながらいった。軽く舌打ちして、コンピューターをちょっと叩くと、彼女の表情が明るくなったのでほっとした。パスポートを返してくれながら、彼女は「ブルックヘブンにようこそ」といった。

　ブルックヘブン国立研究所は、素粒子物理学では長くて輝かしい歴史がある。一九四七年にアメリカ陸軍訓練キャンプだった場所に設立されたこの研究所には、最初の重要な実験施設として研究用原子炉が設置された。その後一九五三年に、一〇億電子ボルトの壁を初めて破った加速器コスモトロンが建造され、粒子動物園の探究をリードした。一九六〇年には完成したＡＧＳは一〇年近く、世界最高エネルギーの加速器として君臨した。

ＡＧＳがあげたたくさんの成果の一つに、素粒子物理学者たちを大興奮させた一九七四年の大発見がある。素粒子物理学分野でいうところの「一一月革命」の始まりは、ブルックヘブン国立研究所のサミュエル・ティンのチームが、実験データのエネルギーが三・一ギガ電子ボルトあたりのところに、はっきりした新しいピークを発見したことだった。このエネルギーは陽子質量の三倍強に相当する。一方、四〇〇〇キロメートル離れたカリフォルニアでは、スタンフォード線形加速器で実験をするバートン・リクターのグループが、同じピークを驚愕して見つめていた。どちらのグループもその発見を一一月一一日に発表した。このピークは、「チャームクォーク」という、まったく新しい、未知の種類のクォークから作られているハドロンの証拠だとわかった。このチャームクォークは、陽子や中性子の内部に見つかっている、正電荷を持つアップクォークとよく似ていたが、それよりも重かった。[*5]

ＡＧＳの発見は、クォークの存在に関して残されていた疑念をすべて消し去り、現在の形の素粒子物理学の土台を築く大きな力になった。この由緒ある加速器は現在も、さらに大型で強力な粒子加速器である相対論的重イオン衝突型加速器（ＲＨＩＣ）の粒子入射器として稼働中だ。私が見にきたのは、このＲＨＩＣだった。

ＲＨＩＣで科学者たちが計画していることを理解するには、陽子や中性子を構成するクォークの物理学をもう少し深く掘り下げる必要がある。クォークが実在することが認められつつあったのと同時期にあた

＊4　あなたがＣＥＲＮに侵入しようとするといけないのでいっておくと、今はそれより多少厳しくなっている。

＊5　現在では、クォークは合計六個知られている。＋2/3の電荷を持つアップクォーク、チャームクォーク、トップクォークと、－1/3の電荷を持つダウンクォーク、ストレンジクォーク、ボトムクォークだ。

る一九七〇年代初期に、物理学者たちはクォークをハドロン内部に閉じ込めている、謎の多い強い力を理解しようとしていた。

一九七三年には、八道説でゲルマンとネーマンがハドロンの分類に使ったのとまったく同じSU（3）群から、候補となる理論が登場していた。ただし今回は、対称性が記述するのは強い力そのものだった。

陽子と電子が、それぞれの電荷が反対であるために電磁力を通じて引力をおよぼしあうように、クォークも、電荷に相当する強い力のチャージ（チャージ）を持っているため、互いに引き合っている。しかし電荷が一種類しかなく、正と負のどちらかの値を取るのに対して、SU（3）対称性により、強い力には三種類のチャージがあり、それぞれに正と負のチャージがあることになる。ゲルマンは、覚えやすい名前を選ぶ並外れた才能をここでも発揮して、この三種類のチャージを「色」と呼んだ。といっても、私のセーターの色みたいな、現実の色だとは思わないように（気になった人のためにお知らせすると、私のセーターはオレンジ色だ）。クォークの色は、そのクォークに強い力がどう作用するかを決めるチャージを表す言葉にすぎない。もともとゲルマンは愛国心を見せて、三種類の「色」を星条旗で使われている赤と白、青と呼ぼうと提案したが、現在ではふつう、もっと当たり障りのない赤と緑、青が選ばれている。

クォークが赤と緑、青のいずれかの色を持つとすれば、反クォークは反赤と反緑、反青のいずれかを持つ。そして電荷と同じように、同じ色は反発し、反対の色は引き合う。そのため、二個の赤のクォークがあれば互いに反発するのに対して、緑のクォークと反緑の反クォークは一緒になろうとするだろう。強い力が電磁気力より複雑である理由の一つは、三つの異なる色はさらに互いに引き合うので、赤のアップクォークと緑のアップクォーク、青のダウンクォークが互いに引き合って、陽子を作っていることだ。ハドロン（クォークからできている粒子）は全体ではつねに色がない。中間子ではある色とその反対の色がペアになっているし、バリオンでは三つの色すべてが混ざり合っているからだ。こうした色の作用があることから、この理論にはとても格好のよい名前がついている。量子色力学（QCD）だ。

QCDは、クォークには三つの色があることに加えて、強い力は「グルーオン」という粒子によって伝えられていることを規定している。グルーオン（gluon）という名は、クォークをのり付けする（glue）ところからきている。グルーオンは一見、電磁気力を運ぶ粒子である光子にかなり似ている。光子と同じように、グルーオンは質量がゼロでスピンが1だ。しかしSU（3）対称性の独自の条件にしたがうと、光子は一種類しかないのに対して、グルーオンは八種類あることになる。そして、これが重要な点だが、光子は電荷を持たないが、グルーオンには色があるのだ。この最後の事実がまさに、現在にいたるまで、単独飛行をするクォークを誰も見たことがない理由の説明になっている。

その理由を説明しよう。光子は、陽子や電子のような電荷を持つ粒子としか直接の相互作用をしない。光子は電気的に中性なので、二個の光子をお互いに向けて発射したら、（ほぼ）必ず、軽い握手すらせずに高速ですれ違うだろう。夜間の船みたいに互いに通り過ぎるのだ。

グルーオンでは事情が違っている。それぞれのグルーオンは色と反色の組み合わせを持っている。そしてグルーオンは色を持つ粒子に引きつけられるので、グルーオン同士で相互作用をする。そのため、二個のクォークのあいだに作用する強い力は、たとえば陽子と電子のあいだに作用する電磁気力とはまったく違うことになる。

裸のクォークを誰も見たことがない理由を理解できるようになるまでもうすぐなので、あと少しだけ我慢して付き合ってほしい。水素原子の中のように、電子と陽子のあいだに少し距離がある状態を考えよう。電子と陽子のあいだに作用する電磁気力を概念的に表す一つの方法が、陽子と電子がともにあらゆる方向に光子を放っていると想像することだ。[*6] たとえるなら、一九八〇年代風のディスコで今もときどき見かける、よくあるミラーボールのような感じだ。陽子と電子は近くにあるので、電子が放出した大量の光子は陽子に引きつけられ、吸収される。もちろんその反対も起こる。陽子と電子という二個の荷電粒子のあいだの引力を生み出しているのは、こうした光子の交換なのだ。

次にこの電子と陽子をつかんで、引き離そうとすると考えよう。電子と陽子の距離が広がるほど、放射された光子のうち相手の粒子に吸収される数は少なくなり、電子と陽子のあいだの引力はどんどん弱くなる。最初は、引力に逆らって一生懸命引っ張らなければならないが、二個の粒子を離すにつれてどんどん引っ張りやすくなり、最終的には手元にあるのは自由電子と自由陽子になる。

では今度は、これと同じ状況を二個のクォークで考えてみよう。二個のクォークはそれぞれ、光子の代わりにグルーオンをあらゆる方向に放出している。別のクォークに向けて放出されたグルーオンは、そのクォークに引かれて吸収され、陽子と電子の場合と同じように引力を生み出す。しかしここで、グルーオンが色を持つことの影響が出てくる。グルーオンの交換によって、二個のクォーク間の領域で色が過剰になる。グルーオンが二個のクォークのあいだを行き来する様子は、両端にクォークがついた赤や緑、青のチューブとして考えることができる。このさまざまな色のチューブは近くにある他のグルーオンを引きつけ、クォーク間に引き込むので、チューブはますます密度が高くなり、カラフルになる。最終的には、チューブにたくさんの色が存在するので、両方のクォークが放出したグルーオンすべてがそこに引き込まれる。その結果、二個のクォークのあいだには強力でさまざまな色を持つ結合ができる。

それでは、この二個のクォークを引き離してみることにしよう。クォークをつかんで、引っ張り始める。それはものすごく大変な作業だが、クォークは徐々にゆっくりと離れていく。しかし、すべてのグルーオンがまだクォーク間のチューブ内に集まっているので、私たちが立ち向かっている力は少しも弱まらない。その代わりに、グルーオンのチューブは輪ゴムみたいに伸びる。そして輪ゴムと同じように、伸ばせば伸ばすほど、チューブの張力として蓄積されるエネルギーが多くなる。そして（ここからが面白いところだ）グルーオンチューブの張力に蓄えられたエネルギーの量が、新たに登場するクォークと反クォークのペアの質量と等しくなった時点で、チューブは勢いよく切れる。ただし、結果として二個の自由なクォークができるのではない。伸ばしていたグルーオンチューブに蓄積されていたエネルギーから生成される、新しいクォークと反クォークはそれぞれがチューブの切れた端につながっている。最終的にできたのは二組のクォークで、どちらの組も前と同じようにしっかりと結合している。

これこそが、裸のクォークが見つかっていない理由だ。マジシャンが袖からハンカチーフを取り出すみたいに、クォークをハドロンから引っ張り出そうとしても、出てくるのはどこまでもつながるハドロンの鎖で、強く引っ張るほどその鎖は長くなる。LHCで陽子同士を衝突させると、クォークが飛び出してくる代わりに、何十個ものハドロンを含んだ強力なジェットが噴き出してくる。そのハドロンはすべて、元のクォークの組を引き離した衝突のエネルギーによって生成されたものだ。

こういった話から、ハドロンに永遠に閉じ込められているのがクォークの運命のように思えた。しかし

＊6　この部分にはもう少し細かい話がある。この例で粒子が放つ光子は、電球から出ているような、現実の観測可能な光子ではない。この光子は「仮想」粒子と呼ばれているものだ。仮想粒子は完全に検出不能であり、力が粒子間をどう伝わるかを考えるための補助でしかない。正直にいえば、私は仮想粒子という概念をとりたてて便利だと思わない。それよりも「量子場」（この後すぐ出てくる）という物理的実体を使った説明のほうがずっとましだが、仮想粒子はこの例を説明するときには実際に便利だ。

一九七三年に、理論物理学者のデイヴィッド・グロスとフランク・ウィルチェック、デイヴィッド・ポリツァーが、強い力の性質について驚くような発見をした。ハドロンをさらに高いエネルギーで衝突させると、万力のように離さない強い力が弱くなり始めることを、計算によって明らかにしたのだ。これは、エネルギーが十分に高ければ、強い力がとても弱くなるので、事実上ハドロンが融解して、自由なクォークとグルーオンの超高温ガスになることを意味している。

この「クォーク・グルーオンプラズマ」と呼ばれる超高温ガスは、物質がとてつもなく高温かつ高密度の状態で、そこではクォークとグルーオンがついに個々のハドロンの範囲外を自由に飛び回っている。クォーク・グルーオンプラズマを作り出すのに必要な温度と密度は、一九七〇年代の実験室で達成されていたレベルをはるかに上回るものだった。実際、クォーク・グルーオンプラズマを作り出せるほど極端な条件が存在したのは、宇宙の歴史でも一度きり、ビッグバンの一〇〇万分の一秒（一マイクロ秒）後までのとても重要な時間帯だけだ。

そのときの宇宙はあまりに高温で、高密度だったため、ハドロンは形成できなかった。空間全体がこの煮えくり返るクォークとグルーオンで満たされていた。しかし、宇宙は膨張するにつれて冷えていき、約一マイクロ秒後には温度が十分に下がって、クォークとグルーオンが融合して最初の陽子と中性子を作れるほどになった。つまり、物理学者たちが物質の究極の起源を理解したいのなら、実験室でクォーク・グルーオンプラズマを研究する手段を見つける必要があるということだ。

RHICは、ロングアイランドの柔らかい砂地を横切る狭いトンネルの中に設置された、円周四キロメートルのコライダーだ。その原理は他の加速器と同じで、二本の粒子ビームをほぼ六角形のリングに沿って、一本は時計回りに、もう一本は反時計回りに発射し、強力な電磁石でコースから外れないようにする。

粒子はリングを一周するごとに、高電圧の電場を通過することで加速を受け、徐々にエネルギーを高めていく。粒子が目標のエネルギーに到達したら、磁石を使って二本のビームの経路を調整し、大型検出器の内部でビームを正面衝突させる。この場合の検出器の役割は、衝突から飛び出してくる亜原子レベルの破片を記録することだ。

RHICが他のコライダーと違うのは、ビームとして発射されているものだ。その名前（相対論的重イオン衝突型加速器）という名前が示すように、RHICの第一目標は、アルミニウムや銅、ウラン、そしてなにより魅力的な金（きん）といった重元素のイオン[*7]を衝突させることだ。特にウランや金の原子核には、陽子と中性子が何百個も含まれているので、衝突するとてつもなく高密度になり、クォーク・グルーオンプラズマを作り出せるほど高い密度になる可能性がある。

私がブルックヘブン国立研究所にきたのは、STAR実験[*8]のリーダー（「スポークスピープル」と呼ばれている）であるヘレン・ケインズとシュウ・チャンブーの二人に会うためだった。STAR実験は、RHICでの粒子衝突を調べることを目的とした二基の大型検出装置の一つを使用する。ブルックヘブン国立研究所は、深い森に囲まれた広さ二一平方キロメートルのキャンパスにオフィス棟と実験棟がいくつも集まっており、私たちはそのキャンパスの入口近くにある大きな受付棟でコーヒーを飲みながら話をした。

その日最初の大事なカフェイン注入をしようという研究所スタッフが騒がしくする中に座って、ケインズとシュウは私に、宇宙で最も極端な物質の状態を研究してきた二〇年ほどのあれこれについて話してく

＊7　この場合のイオンは、電子をいくつか剝ぎ取られて、全体として正の電気を持つ原子のことだ。
＊8　略語が好きな人のために説明すると、STARはSolenoidal Tracker at RHIC（RHICソレノイド追跡装置）の略だ。

れた。ケインズはバーミンガム大学で博士課程学生として研究をスタートし、その後一九九六年に、最初の研究職につくために大西洋を渡ってきた。一九九〇年代後半にクォーク・グルーオンプラズマに関心を持った人にとって、ここはどこよりもいい場所だった。RHICは最初の衝突実験をわずか数年後に控えていて、若手研究者だったケインズはアメリカに着くなり、STARプロジェクトに最初の段階から参加した。将来ケインズと共同でスポークスパーソンを務めることになるシュウは、当時イェール大学の博士課程学生で、もともとは母国の中国で物理学を学んでいた。RHICでのデータ収集が始まると、若手物理学者であった彼らは、クォーク・グルーオンプラズマ探索を先導する絶好の立場に立つことになる。

しかし実験がスタートする前に、RHICプロジェクトの物理学者たちは、ハワイ在住のウォルター・L・ワグナーという人物のせいで、予想外のメディアの注目にさらされるという事態に対応しなければならなくなった。ワグナーは、RHICでの高エネルギー衝突実験が地球を破壊することになるのではと心配し、親切にも考えうる人類滅亡シナリオの一覧を作っていた。それはたとえば、RHICによって作り出された小さなブラックホールが地球を飲み込むとか、新しい形の「ストレンジ物質」が合成されて、地球をきちんとした形のない塊に変えるといったシナリオだ。最も刺激的なのは、異なる物理法則が作用している泡宇宙が作られて、それが光速で膨張し、地球だけでなく宇宙全体を破壊するという予想だった。

理論物理学者のフランク・ウィルチェックはすぐさまワグナーの懸念の誤りを指摘したが、それがかえってメディアの関心を煽(あお)ったらしく、最終的にブルックヘブン国立研究所は、自分たちの新しいコライダーが人類を滅亡に導く可能性はない理由を詳しく説明する、長い報告書を作成せざるをえなくなった。[*9] この報告書以降、事態は落ち着いたが、それでもワグナーがニューヨークとサンフランシスコの裁判所に、衝突実験開始を阻止しようと訴訟を起こすのは止められなかった。さいわい、ブルックヘブン国立研究所で二〇〇〇年六月一二日に最初の金原子核衝突実験がおこなわれても、世界は回り続けた。

データ収集が始まったばかりの時期に、一部の理論物理学者はＳＴＡＲやその当時稼働していた他の三基の検出器の測定結果から、クォーク・グルーオンプラズマがすでにＲＨＩＣで生成されていると主張したがった。しかしケインズとシュウや、ＳＴＡＲプロジェクトの実験物理学者たちははるかに慎重な姿勢を見せた。

クォーク・グルーオンプラズマを生成したかどうかを知るうえでの問題は、その性質を直接測定できないというところにあった。ＲＨＩＣで二個の金原子核を衝突させる場合、生成される超高温のクォーク・グルーオンプラズマはほんの短時間しか存在しない。一秒の一兆分の一のさらに一〇兆分の一秒後には、この小さな火の玉は膨張して温度が下がる。するとプラズマは何千個ものハドロンに変わって、光速に近い爆発的な速度で検出器を駆け抜けて行く。

ＳＴＡＲで見えるのはこうしたハドロンだけで、その性質を調べることでしか、クォーク・グルーオンプラズマが形成されたかどうかは推測できない。しかし時間がたつにつれて、ＲＨＩＣの物理学者たちはまぎれもない証拠を目にするようになった。まず、毎回の衝突で検出された数千個のハドロンが、ヌーの群れがアフリカの平原を移動するみたいに、衝突点から集団で飛び出してきていることがわかった。このことは、そのハドロンがすべて、一つのまとまった物質の塊から生じていることを強く示している。さら

＊9　ＲＨＩＣが世界を破壊しそうにない大きな理由は、ＲＨＩＣでの衝突実験よりもはるかに高いエネルギーを持つ宇宙線が地球や月などの天体に何十億年にもわたって衝突し続けていることだ。世界を破壊するようなブラックホールやストレンジ物質、泡宇宙などを作ることが可能なのだとしたら、そういうことはすでに起こっていて、私たちは存在していないだろう。

に、それぞれの衝突で生成されるジェットの数が予想よりはるかに少なかった。これはクォークの速度が、濃度の高いクォークとグルーオンのスープの中を通過してくるあいだに遅くなり、クォークの運動エネルギーからハドロンのジェットへの変換が妨げられていることを示しているように思えた。

ＲＨＩＣの物理学者たちが確信を持てるようになるのに五年かかったが、二〇〇五年には、自分たちが成功したと世界に向けて発表できる段階を迎えた。ＲＨＩＣは、ビッグバン以降、この宇宙に一度も存在したことのない物質の状態を作り出したのだ。彼らの推定では、生成されたクォーク・グルーオンプラズマは、温度が太陽中心部の一三万倍にあたる約二兆度であり、密度は一立方センチメートルあたり約一〇億トンだった。

特に驚くべき点は、その物質としての状態がＲＨＩＣの物理学者たちの予想と違っていたことだ。それは自由なクォークとグルーオンの気体だと思われていたが、実際には液体のように振る舞っていた。それもただの液体ではなく、完全流体に近かった。この奇妙な物質は、内部に抵抗力やねばつきがまったくない状態で流れているようだったのだ（もっと専門的にいうと、粘性がほぼゼロということだ）。誕生から数ミリ秒後までの宇宙は、火の玉状態でなく、数兆度のスープで満たされていたことになる。

コーヒーを飲み終えると、シュウとはそこで別れ、ケインズが私をＳＴＡＲ検出器本体の見学につれて行ってくれた。道すがら、ケインズの同僚でＳＴＡＲ実験のテクニカルコーディネーターであるルアン・リージュエンと落ち合った。シュウと同じように、ルアンも中国出身で、大学院生時代の二〇〇二年にブルックヘブン国立研究所に初めてやってきた。それ以来、この実験のあらゆる面に深くかかわってきたルアンだが、特に手が汚れるような現場作業が好きだった。ルアンがこの検出器に喜びと誇りを感じているのがよくわかった。「機械部分を直接触ってみないと、全体がどんなふうに動いているのかを感じ取れるようにならないんです」。

ＳＴＡＲ検出器を格納している巨大な実験棟はキャンパスの反対端にあったので、ケインズの車に乗せてもらって、トムソン・ロードやラザフォード・ドライブといみじくも名付けられた道を通って短いドライブをした。実験棟で最初に立ち寄ったのはコントロールルームだ。そこは地下壕みたいな暗い部屋で、検出器の動作状況をモニターするための古びたリアプロジェクション型コンピュータースクリーンが何十台も並んでいた。ＬＨＣのピカピカの近代的な環境と比べると、その場全体に明らかに使い込まれた雰囲気があった。三〇年目を迎えようとしている実験としては、たぶん驚くことではないだろう。

私たちはコントロールルームを出て、巨大な格納庫の中に入って行った。格納庫の一方の端は、どっしりとしたコンクリートブロックでできた頑丈な遮蔽壁がある。驚いたのは、虹彩スキャンでのセキュリティチェックや、したがうべき放射線取り扱い手順がなかったことで（ＲＨＩＣが作動していないかぎり、放射能レベルは安全な基準値内にある）、それに気づくよりも前に、いつのまにかＳＴＡＲ検出器の巨体の下に立っていた。

重さ一二〇〇トン、高さはビル三階分あるＳＴＡＲ検出器に初めて向き合うと、かなりの感動がある。円筒形の検出器の大部分を占める巨大な電磁石は、衝突点から飛んできた粒子の向きを曲げて、その粒子の運動量を測定できるようにするために使われる。電磁石の内部には、精巧なＳＴＡＲ追跡システムがあって、これがクォーク・グルーオンプラズマの小さな塊のそれぞれが膨張して冷えるときに放出される、何千個もの荷電粒子の軌道を再現する。私が見学した日には、ＳＴＡＲ検出器は開けてあり、私がその内部を見られるようになっていた。内部にはＬＥＤライトがいくつも瞬いていて、ＳＦ映画から出てきたように見えた。

高い足場の上に立って、光を放つ検出器の中心部をのぞき込みながら、ケインズとルアンは私に、ＲＨＩＣとＳＴＡＲ検出器で次におこなう実験の計画を説明してくれた。クォーク・グルーオンプラズマを日常的に作り出し、調べられるようになった今、ＳＴＡＲチームは宇宙史において重要なある瞬間に迫りつつある。それは私たちの話にも大切な瞬間だ。ビッグバンが起こってから約一マイクロ秒後、宇宙の温度が十分に低くなり、クォーク・グルーオンプラズマが最初の陽子と中性子に変化するようになった。この変化を物理学者は「相転移」と呼んでいるが、それは液体が凍って固体（氷）になるのとだいたい同じだ。次の実験では、ＲＨＩＣを使って衝突のエネルギーを連続的に調整する計画になっている。それは、クォーク・グルーオンプラズマの温度を変化させることにあたるといってよい。衝突するイオンのエネルギーが高いほど、プラズマの温度は高くなるからだ。

衝突エネルギーをゆっくりと変えていくことで、クォーク・グルーオンプラズマが「凍って」ハドロンになる転換点を正確に特定したいとケインズたちは考えている。このプロセスが起こる仕組み、つまり実質的にはビッグバンで陽子と中性子が料理される仕組みを解明できれば、最初の元素がどのようにしてできたかということの理解に大きな影響をおよぼすだろう。

二〇世紀後半に素粒子物理学分野で世界をリードしてきたＲＨＩＣは、現在ではアメリカに唯一残るコライダーになっている。一時期は、ＳＴＡＲ検出器や、そのよき競争相手で同じＲＨＩＣに設置されているＰＨＥＮＩＸ検出器[*10]による研究プログラムへの資金提供が継続するかどうかが、かなり不安視された。二〇〇〇年代、ＲＨＩＣはクォーク・グルーオンプラズマ研究では代わるもののない存在だったが、二〇一〇年には、ＣＥＲＮの大型ハドロン衝突型加速器（ＬＨＣ）がクォーク・グルーオンプラズマに特化したＬＨＣ独自の重イオン実験装置のＡＬＩＣＥ検出器[*11]とともにこの分野に加わった。二〇一二年、ＬＨＣ

がもたらすはるかに高いエネルギーによって、ＡＬＩＣＥはＲＨＩＣが持つ最高温度記録を破ることになった。ＬＨＣによる鉛イオン衝突実験では、五兆五〇〇〇億度以上のクォーク・グルーオンプラズマが生成されている。

しかしＲＨＩＣは、サイズやエネルギーではＬＨＣに劣るかもしれないが、このヨーロッパのライバルにはできない技をまだいくつか持っている。特にＲＨＩＣは衝突エネルギーをＬＨＣより低い値まで下げられるので、自由なクォークやグルーオンが融合してハドロンになる臨界点を探すことのできる唯一のコライダーだといえる。少なくとも短期的には、アメリカ最後の加速器の資金確保をめぐる状況はかなり明るそうだ。うまくいけば、ケインズやシュウ、ルアンや研究仲間たちは近いうちに、陽子の究極のレシピに手が届くようになるだろう。

＊10　ＰＨＥＮＩＸがなんの略か気になるだろうか？　どうやら、Pioneering High Energy Nuclear Interaction eXperiment（先駆的高エネルギー核相互作用実験）の略らしい。

＊11　ＡＬＩＣＥは、A Large Ion Collider Experiment（大型イオン衝突型加速器実験）のこと。素粒子物理学実験装置の略称がちゃんと意味をなしている珍しい例だ。

9章

そもそも粒子とは？

私たちのアップルパイの材料リストは短くなった。それも相当に。リストには最初、酸素や炭素、水素、ナトリウム、窒素、リン、カルシウム、塩素、鉄など、戸棚がいっぱいになるほどの材料があったが、今残っているのは電子とアップクォーク、ダウンクォークの三つしかない。これがちょっとずるいい方なのは、そういう物質粒子を結びつけて原子を作るには電磁気力や強い力も必要だからだ。そういうわけで、材料リストにはそうした力を伝える粒子である光子とグルーオンも追加しよう。とはいえ、この材料さえあればアップルパイも含めて文字どおりなんでも作れることを考えれば、素晴らしく経済的なリストだといえる。

クォークや電子は粒子だが、私がここまでで、この「粒子」という言葉をかなり気軽に使ってきたのは確かだ。そしてみなさんは、ビー玉によく似た、小さな球体を思い描きながら読んできたことだろう。物質の構造の奥深くへと掘り進んできたときに、そういう種類のイメージはかなり役に立った。いろいろな意味で粒子は実際に、互いに結合して原子核や原子を作る小さな固いボールのように振る舞っている。大型ハドロン衝突型加速器（ＬＨＣ）での衝突で飛び出してくる物体は、私たちの検出器の中を非常に小さな（ミクロスコピック*1）弾丸のように通過していく。コライダーの衝突を説明する図で、それぞれの粒子の飛行経路を描くときには、粒子がその単語のイメージどおりの、きちんとした形のある小さな塊だと仮定している(とはいえ、最近ではそんな図は一般向けの広報にしか使わない。粒子の数は多すぎて、すべてを目で見て調べることはできない)。

このように、物質は小さな塊からなるという考え方には長い伝統がある。それはジョン・ドルトンの原子説までたどれるし、誰かにいいところを見せたいなら、はるか昔の古代ギリシャ時代までさかのぼって、物質は分割不可能な固い粒子のようなものでできていると初めて主張した、デモクリトスやレウキッポスのような哲学者たちの名前をあげてもいい。しかし現代の粒子の概念は、ドルトンや古代の原子論者たちが想像したものとはまったく異なっている。「粒子」というのはいまや氷山のような存在だといえる。その日常的な意味は水面から上に出ている一部分にすぎず、水面下には、数十年にわたる実験と理論研究によって積み重ねられてきた、いろいろな性質や概念、そして半分しか理解できていない現象が隠れているのだ。素粒子物理学者でさえ、「粒子」という言葉の完全な意味をぼんやりとしか意識していないことが多い。私個人も実際に、いつもの仕事のときには粒子がビー玉のようだと考えている。たいていはそういうイメージで問題ない。しかしそれは間違ったイメージだ。

　そうした単純化しすぎた粒子像では、見落とされてしまうものがある。それは、現代の素粒子物理学を通して知ることのできるこの世界の究極の構成単位に見られる、真の複雑さや美しさ、そしてまったくの奇妙さだ。そうした深いイメージは、粒子について本当に真剣に考えるようになって初めて現れてくるものだ。そうやって考える過程で、粒子が自然界の基本的な構成要素ではないことに気づく。そしてその代わりに、私たちが日常生活で経験するどんなものよりもはるかに奇妙で、具体的な形に欠けた、一連の新しい実体の存在が浮かびあがってくる。こうした実体は、世界で最も聡明な理論物理学者でもまだ部分的にしか理解できていないが、どうやら私たちの宇宙の真の材料のようだ。

＊1　これも誤用されている用語だ。「ミクロ」というのは一〇〇万分の一メートル（10^{-6}メートル）の大きさを表す。しかし陽子は10^{-15}メートルほどなので、本当なら「フェムトスコピック」というべきだ。

生成と消滅

数年前、私はロンドン科学博物館で開かれた小規模な展覧会の仕事で、「宇宙を探検しよう」という賑やかな展示室の一角にある、二つの大きな陳列ケースを担当した。展示室を駆け抜けていく大勢の子どもたちは、まるで反射材つきベストを着た興奮しやすいガチョウの群れみたいだった。彼らは、物理学関係の資料の中にあった、ひもで緩くくくられた紙束にはほとんど気をとめなかった。ポール・ディラックの博士論文の実物だ。不揃いな手書き文字が魅力的な大文字ばかりのタイトルには、ただ「量子力学」とだけあった。博士論文にしてはパンチの効いたタイトルだ。[*2]

ポール・ディラックは二〇世紀で最も優れた理論物理学者の一人であり、おそらくはアルベルト・アインシュタインに次ぐ存在だろう。ディラックの驚くべき能力がうかがえるのが、ドイツの理論物理学者ヴェルナー・ハイゼンベルクが量子力学の基盤となる理論を初めて明らかにした論文を読んでから三カ月たらずのうちに、ハイゼンベルクの考えをよりエレガントな数学の言葉でとらえ直し、拡張した、改訂版の量子力学を生み出したことだ。それも若干二三歳で。こういう人物を見ると、自分が今までやってきたことがちっぽけに思えてくる。

ディラックは、物理学界きっての変わり者でもあって、あなたが今までたくさんの物理学者に会ったことがあるのなら、ディラックがその誰にも負けないくらい変わっていることはわかるだろう。ディラックは人付き合いが下手で、想像力が極端に欠如していた。あまりに無口なので、同僚たちは冗談で、一時間に一単語をしゃべることを「一ディラック」と数えていた。彼はまるで他の惑星からやってきた異星人みたいに、人間が余暇にするいろいろな楽しみを理解できずに苦労した。なかでも詩は理解できず、わかりきったことをわかりにくいうのが詩だといっていた。そしてまったくお手上げだったのがダンスだ。研究者仲間が語ったディラックのたくさんのエピソードの一つに、日本での学会に向かう船上で、ハイゼンベルクになぜダンスが好きなのかとたずねたという話がある。ハイゼンベルクが、素敵な女の子とダンスするのは楽しいからだと答えると、ディラックは数分間考えこんだ後に、「ハイゼンベルク、その女の子が素敵だって、きみはどうして前もってわかるんだい？[59]」といったという。

一般的な人間の行動はまるで理解できなかったディラックだったが、自然界で最も小さい材料の挙動を理解することにかけては、ほとんど誰にも負けなかった。彼は研究者としての最初の数年間で、現代素粒子物理学全体の基礎を築くことになった。ディラックの最初のステップは、光子が生まれるときになにが起こるかを理解することだった。

光子はつねに作られ、破壊されている。あなたが電気のスイッチをオンにしたり、何気なくスマートフォンをタップしたりするたびに、無数の光子が作られる。そうした光子はその後、あなたの目や部屋の壁などの進路上の物体に衝突すると、ほぼすぐに破壊される。同じように、原子の周りを回っている電子が高いエネルギー準位から低いエネルギー準位へと移ると、光子が作られて、二つの準位差に相当するエネルギーを運び去る。問題は、光子が作られるときには、実際になにが起こっているのかだ。

この疑問に答えるには、量子力学以前の光についての理解、つまり一九世紀に誕生した電磁場の概念に基づく考え方まで戻る必要がある。場の概念が生まれたのは主に、何年もかけて電磁気現象を直接研究し

＊2　比較としてあげると、私の博士論文のタイトルは「LHCb実験での$B_s^0 \to K^+K^-$ライフタイムの測定」だ。どちらのインパクトが強いかはわかるだろう。

たイギリスの科学者マイケル・ファラデーのおかげだ。ファラデーはロンドンの王立研究所の地下実験室で、磁石やコイル、ダイナモを使った実験をした。その過程で、自分が扱っている電磁気力は、目には見えないが間違いなく存在する物理的実体によって伝達されていると確信するようになった。その物理的実体が電場と磁場だった。

形式ばったいい方をすれば、場というのは、「空間のあらゆる点において一つの数値を持つ数学的対象」という、かなり抽象的な概念になる。しかし場は、単なる数学的な抽象概念ではない。棒磁石を二個手に持って、それぞれのN極を近づけようとすれば、強力な反発力を感じるだろう。磁石を少し動かすと、その反発力の強さと方向が変化する。それはまるで、反発力がある目に見えない物体の縁を手探りするような感じだ。二個の磁石のあいだをどれだけじっと見ても空っぽの空間が見えるだけだが、そこになにかあることは感じられる。その感じているものが磁場だ。そしていったんそれを感じたら、それが実在することを否定するのは不可能だ。

ファラデーは磁場を可視化することもできると気づいた。磁石の上に蠟紙（ろうがみ）を置き、その上に鉄粉を振りかけることで、ふだんは目に見えない磁場の影響を描き出す、美しい図を描いたのである。ロンドンのアルベマール・ストリートにある王立研究所に行って、ていねいに頼めば、ファラデーが書いた素晴らしい磁場の図を今でも見ることができる。貧しい鍛冶屋の見習いの家に生まれたファラデーは正式な数学教育を受けていなかったので、代わりに力線を使って、電場や磁場を視覚的に表す説得力のある図を描いた。ファラデーのスケッチには、磁石のN極から流れ出てS極に流れ込む磁力線や、正電荷から負電荷に流れる電気力線が描かれている。たぶんあなたも学校でそんな図を描かされたはずだ。私はもちろん描かされた。ファラデーは磁力線や電気力線を実在する物理的実体だと想像していた。磁石や電荷を動かせば磁力線や電気力線も動くし、振動もするだろうと考えていた。それは、ロープの一方の端を急に振ると、波がロープを伝わって行くのと同じことだ。

電磁気現象に対するファラデーの直観的な理解を数学の言葉にいい換えたのが、スコットランドの物理学者ジェームズ・クラーク・マクスウェルだった。その過程でマクスウェルは、電場と磁場が結びついた波が、空間を踊るように進んで行く様子を表す方程式を発見する。驚いたことに、マクスウェルがこの波の速度を計算してみると、光の速さと厳密に同じであることがわかった。マクスウェルの理論は、光が電磁場という一つの場を進む波であることを示しているようだった。

ディラックが若手科学者として研究をおこなうようになった一九二〇年代後半までには、マクスウェルの光の電磁理論は非常に大きな成功を収めていて、特に無線通信やラジオ放送の基礎として大きな役割を果たしていた。しかし、マクスウェルとファラデーの電磁場は連続的な物体だったので、光を個々の光子の流れとして扱う量子力学とどうやって折り合いをつけるかが難しかった。課題だったのは、光に対する二とおりの説明をうまく両立させることだった。

ディラックが画期的な成果をあげたのは、一九二六年秋に六カ月にわたって、コペンハーゲンにあるニールス・ボーアの理論物理学研究所に滞在していたときだった。この滞在は、ディラックが博士論文で大きな成果をあげた直後だった。ボーアは、活発な議論が歓迎される開放的でリラックスした雰囲気を作り上げていたものの、ディラックは一人で研究するほうが好きで、昼間は図書室にこもり、日が暮れると町中を一人で延々と散歩していた。議論の場に参加するときには、黙って議論に耳を傾けていて、質問をされてもイエスかノーで素っ気なく答えるばかりだった。ボーアも含めた他の研究者たちは、この風変わりなイギリス人のことをどう考えればよいのかわからずにいた。

ディラックが、光子を作るというやっかいな問題についてじっくり考え始めたのは、おそらくこの研究所の図書室で一人きりで過ごした日々の中でだろう。量子力学革命のまさに中心というべき場所で研究する物理学者だったのだから、ディラックは光量子をスタート地点として、たくさんの小さな光子から電磁場を構築しようとしたはずだ。そうあなたは予測するかもしれない。たとえるなら、それは海が個々の水分子が大量に集まってできていると考えるようなものだ。しかし、ディラックのアプローチは違っていた。光子ではなく、電磁場が基本的な要素だというのがディラックの考えだった。つまり、電磁場から光子が作られているのであって、その反対ではないということだ。ディラックにいわせれば、光子というのは、つねに存在する電磁場に一時的に生じた、個々の小さな波でしかなかったのである。

ディラックは、「量子場」というまったく新しい物理的実体を発明していたのだった。それは、ファラデーの電磁場とアインシュタインの光子の奇妙な混合物だ。量子電磁場はいろいろな意味で、ファラデーが考えた量子的ではないふつうの電磁場にかなり似ている。どちらも目に見えないが、あらゆる空間を満たしていて、電気力や磁気力を伝えることができる。そして正しい方法で動かせば、光という形で場を進んで行く波を送り続けることができる。しかし、ディラックの量子場とそれ以前の古典的な電磁場には決定的な違いがある。古典的な電磁場では、どんなサイズの波でも作ることができるが、量子場理論〔訳注：「場の量子論」ともいう〕では、作ることができる波の基本的な最小単位がある。それこそが、私たちが「光子」と呼ぶものだ。

この話をもう少しちゃんと理解したいなら、友達同士の二人がいると想像して、名前は仮にアリスとボブとしよう。[*3] アリスとボブは、数メートル離れて立っていると想像しよう。二人は、バンジーコード（伸縮性のあるロープ）の端をそれぞれつかみ、しっかりと引っ張っている。この比喩では、現実には三次元である電磁場の代わりに一次元のバンジーコードを使っているが、それは話を必要以上に複雑にしないためだ。この状況で、アリスがバンジーコードの端を決まった頻度（たとえば一秒間に三回とか）で上下に揺さぶり始める。一方のボブはつかんでいる端を動かさない。アリスが手を動かすと、波がバンジーコードを伝わって進んで行き、やがて反対端のボブのところまで到達する。この場合、使っているのはごくふつうの昔からあるバンジーコードなので、アリスは手を上下に動かす回数を好きなように決められる。高さ五センチメートルの小さな波を作ってもいいし、手を大きく振って、自分の身長くらいある波を作ってもいい。もちろん、そのあいだのどんな大きさの波を作ってもかまわない。これは、古典的な電磁場で光の波が作られる状況にかなりよく似ている。アリスの手を、電子のような荷電粒子に変えればいいだけだ。

　しかし今度は、アリスとボブに量子バンジーコードを与えたとしよう（念のためいうと、そんなものは存在しないが、あるということにする）。今度のバンジーコードは量子場理論の法則にしたがうので、アリスは奇妙なことに気づく。好きな高さの波を作れなくなっているのだ。手をやはり一秒間に三回のペースで上下に五センチメートル動かしても、不思議なことにバンジーコードは静止したままだ。どんなに頑張っても、高さ五センチメートルの波は作れないし、実際のところ六センチメートルの波も作れない。七センチメートルも八センチメートルもだめだ。ところが、アリスが手を上下に一〇センチメートル動かすと、急に波がぱっとバンジーコードを伝わっていくので、反対側でぼんやりしていたボブは驚くだろう。この量子バンジーコードでは、波に基本となる最小振幅があるようだ。電磁場ではこの最小の波を光子（フォトン）と呼ん

＊3　アリスとボブは、数々の物理学の比喩で使われてきた人気者だ。一九七八年に発表されたロナルド・リベスト、アディ・シャミア、レオナルド・エーデルマンの暗号についての論文に、架空の人物として初めて登場した。

でいるので、このバンジーコードを使った比喩では、最小単位の波は「バンジーオン」あたりになるだろうか。

同じことが量子電磁場にもあてはまる。光が一定の周波数を持つ場合に、電磁場に加えられるエネルギーは、とびとびの大きさを持つ小さな塊でなければならない。電磁場の中を光子か〇個とか、一個、二個、あるいは一〇〇〇兆個もさざ波のように動き回っていてもいいが、光子一個の数分の一というのはだめだ。光子の数は整数でなければならない。もっと科学的ないい方をすれば、電磁場は「量子化」されているのだ。

ディラックは、光子の生成と消滅の過程をもっと抽象的な言葉でいい表す「生成演算子」と「消滅演算子」という数学概念を発明した。その名からわかるように、生成演算子は電磁場に一個の光子を送り込み、消滅演算子は一個の光子を取り去る。ディラックはこうした数学の言葉を使うことで、ある条件下で原子が光子を吸収したり、放出したりする可能性を計算することができた。そこから得られた答えは、アインシュタインが一〇年前にしていた、もっと即興的な計算と完全に一致するものだった。

ディラックの量子場理論は非常に優れていた。彼はアインシュタインの一枚上手を行っていただけでなく、波動と粒子の二重性をめぐる悩ましい問題をすべて解決したと考えてもいた[*1]。光子はあるときは波であり、あるときは粒子であると考える必要はもはやなく、量子電磁場という一つの統合された実体に生じる振動だと解釈すればよいのだ。

しかし、ディラックの理論ですべてが説明されるわけではなかった。光子を電磁場に生じるさざ波と考えることはできるかもしれないが、物質粒子はどうなのだろうか。電子や陽子はもっと異なるものに思えた。確かに、光子と同じように波動と粒子の二重性を示すが、誰でもわかるように、電子や陽子を生成したり消滅させたりするのは不可能だ。行き当たりばったりにぱっと現れたり消えたりする光子とは違って、電子と陽子は永久に存在するように思えた。

物質粒子の誕生と消滅を理解するには、二〇世紀初頭に登場した、別の素晴らしい革命的理論を導入する必要がある。特殊相対性理論だ。量子力学が原子と粒子を支配する法則をひっくり返したように、特殊相対性理論は時間と空間の意味を定義し直し、それによって面白いほど直感に反する答えを導き出した。その中心にあるのは、あなたがどんな速度で移動していても物理法則は（そして重要な点として光速は）つねに不変であるという、アインシュタインが提示した原則だ。この原則を成り立たせるためには、誰もが合意する時間と空間の普遍的な定義というものを自ら手放さなければならない。そして代わりに（ここでは複雑すぎて深く説明できない理由で）時間と空間は相対的なものになる。さらに、物体間の距離の数値や、二つの出来事のあいだの時間は、それを観測している私たちがお互いにどのくらいの速度で移動しているかによって違ってくるのだ。

一九二〇年代中頃に考えられていた量子力学モデルは、特殊相対性理論とのあいだに矛盾があった。つまり、二人の人間（観測者）が異なる速度で移動している場合には、それぞれにとっての量子力学法則が一致しないことになるのだ。このことから見て、量子力学がよくいっても不完全であるのは明らかだったが、量子力学と特殊相対性理論の融合は簡単な話ではなかった。

一九二六年の夏のあいだに、二つの理論をうまく融合させる、ある方程式を発見したと考えていた物理学者が六人ほどいた。そのクライン・ゴルドン方程式（発見者のうち、オスカル・クラインとヴァルター・

＊4　実際には解決されていなかった。現在でも、この問題だけを考えている研究者が集まった一つの研究分野がある。

ゴルドンの二人にちなむ）は、光速に近い速度で進む電子の量子的挙動を、特殊相対性理論の原則と矛盾しない形で説明しているように見える。たとえば、電子の質量エネルギーを方程式の項として導入することで、特殊相対性理論から導かれる最も有名な結論（$E=mc^2$の式で表される質量とエネルギーの等価性）を取り入れている。

ニールス・ボーアは、電子の相対論的方程式を得るという問題は解決したと個人的に考えていた。しかしディラックは納得していなかった。それは一つには、元々の量子力学に出てくる波動関数は、特定の位置で粒子が見つかる確率として解釈できたが、クライン・ゴルドン方程式の波動関数ではそうした解釈が難しかったからだ。ディラックには、もっとうまい方法を考えられる自信があった。

一九二七年にディラックは、中世ドイツの雰囲気が漂う美しい街ゲッティンゲンに数カ月間滞在し、マックス・ボルン、ヴェルナー・ハイゼンベルク、パスクアル・ヨルダンという、量子力学の世界の有力者三人に囲まれて過ごした後、秋にケンブリッジに戻ると、決意を胸に秘めて問題に取り組んだ。もはやただの博士課程学生ではなく、ケンブリッジ大学のカレッジの一つであるセント・ジョンズ・カレッジのフェローという地位を得ていたディラックは、ケム川の岸辺に広がるカレッジの風光明媚な敷地内に、かなり質素ながらも快適な部屋をいくつか持つようになっていた。そして相変わらず一人で研究をしていた。早朝から日の入りまで、小さな机でノートに何ページにもわたって数式を走り書きし、休むのは日曜日だけだった。その休みには三つ揃いのスーツを着たまま、ケンブリッジシャーの田園地方を延々と散歩したり、たまに木に登ったりした。

ディラックは、アインシュタインが相対性理論を導いたときのように、電子についての相対論的方程式をなんらかの奥深い普遍的原理から導き出せる可能性は低いと考えていた。その代わりに、物理学ではよくおこなわれる、経験に基づいた推測を重ねるという方法をとらなければならなかった。しかし、その方程式が備えているべきだとディラックが考えている、指針となる特徴がいくつかあった。まず、その方程式は特殊相対性理論と矛盾しないものでなければならなかった。つまり、観察者の移動速度にかかわらず、その方程式は不変であり、かつ電子の質量エネルギーを含んでいる必要があった。二つ目として、光速よりずっと遅い速度では、この方程式は平凡な量子力学と同じに見えるはずだった。最後に、電子の波動関数が確率の観点からわかりやすく解釈できるようにするために、この方程式は空間と時間が「一次」で表されている必要があるとディラックは確信していた。別のいい方をすると、クライン・ゴルドン方程式のように時間と空間を二乗する（二次）のではなく、そのままの形で含むということだ。

何カ月もかけて、いくつものよさそうな方程式を推測して、検証し、捨て去るという作業を重ねたすえ、ディラックはついに、見込みのありそうな候補を一つ見つけた。この方程式は、相対性理論と量子力学の両方と一致するだけでなく、これまで謎とされてきた、電子がスピンしているかのように振る舞うという性質をおのずと説明するものだった。[*5] ディラックはこの方程式を解いて二つの解を見つけた。一つは上向きのスピンを持つ電子を記述する解、もう一つは下向きのスピンを持つ電子を記述する解だ。ディラックによる量子力学と特殊相対性理論の融合から、電子のスピンがまるで奇跡のように現れたのである。電子のスピンがそれ以前の実験で発見されていなかったら、ディラックの方程式はそれを予言したことになっていただろう。

---

*5　電子を含めてすべての物質粒子は、大きさが1/2のスピンを持つ。このスピンは「上向き」（＋1/2のスピン）と「下向き」（－1/2のスピン）のどちらかの向きになる。

ディラックは有頂天になった。理論物理学の歴史に残るような素晴らしい偉業を成し遂げたばかりでなく、またとなく美しい方程式を発見したのだ。数学的な美しさという概念を定義するのは少し難しい。ただし多くの数学者は数学的な美しさを目にすればすぐに気づくもので、それはあなたが帆船が持つなめらかですっきりとしたラインに美しさを見出すのとどこか似ている。ディラックの方程式には鋭さを感じさせる単純さがあった。いくつかの扱いの難しい問題を同時に解決するとともに、本質的ではない付属品を最小限にとどめていて、まるでひどくからみ合った藪を切り開く鋭利な刃物のようだった。この方程式には、やがて一部の理論物理学者が「必然性の感覚」と呼ぶようになるものがあった。それは、この方程式がとてもシンプルでエレガントであり、なおかつとても強力なので、他の形はあり得ないという感覚だ。ここで、ポピュラーサイエンスの本としては重大な過ちを犯すことになるが、私がこうやってあれこれと説明している方程式そのものを示すことにしよう。

$$(i\gamma^{\mu}\partial_{\mu} - m)\psi = 0$$

なんと見事な式だろう。たとえあなたが数式を見てめまいを起こしたとしても、この方程式の無駄のなさには感動してくれたらいいのだが。[*6] この方程式には三つの要素しかない。最初の項である$i\gamma^{\mu}\partial_{\mu}$は、時間と空間の中で電子がどのように変化するかを説明している。次のmは質量で、最後のψは電子の波動関数（電子が特定の場所や状態で見つかる確率を表す数学的対象）だ。これほどシンプルな式なのに、過去と未来におけるあらゆる電子を記述している。

ディラックはこの歴史的な発見について一カ月あまり秘密にしていた。そしてときおり、実験から得られる現実と突き合わせたときに、自分の美しい方程式が崩壊してしまうことを想像しては、ひどいパニックを起こしていた。この方程式が水素原子のエネルギー準位を正しく予測できることを確かめる必要があるということを、ディラックもわかってはいたが、結果を恐れてその確認作業をずっと先延ばしにしていた。しかし、ようやく勇気を出してその計算をしてみると、ディラックの方程式は正しい答えを出すだけでなく、実際には通常の量子力学よりもはるかに厳密に実験データに一致することがわかった。

一九二八年初頭にディラックがこの方程式をついに世に送り出すと、物理学の世界は大興奮に包まれた。ヨーロッパ大陸各地の理論物理学の研究拠点にいるライバルたちは、驚きと失望の入り交じった反応を見せた。同じ問題をずっと研究していたパスクアル・ヨルダンは、すっかり意気消沈してしまった。一方でハイゼンベルクはディラックのことを、とても頭がいいので彼と張り合おうとしても意味がないと評した。

しかしディラックは内心、不安にさいなまれていた。自分の方程式がひどく間違っているのではないかと考えていたのだ。実はディラックが発見した方程式の解は二個ではなく、四個だった。最初の二個はまったく問題なしで、すでに確かめられている上向きと下向きという電子のスピン状態を記述するものだった。しかし後の二つは、ひどく気がかりなものを表しているようだった。それは「負エネルギー」を持つ電子だ（負の電荷と間違えないように）。

負エネルギー電子という概念は、筋が通らないという点ではマイナスの数のアヒルが浮かんでいる池といい勝負だ。当初、ディラックはこの二つの解をなかったことにしてしまいたくなったが、すぐにそんな

＊6　公平のためにいうと、ディラックが最初に書きとめた式はもう少し威圧的な感じの形をしていた。ここにある式はそれよりも記号などの表記がコンパクトになっているが、物理学的な内容や式の構造は同じだ。

に簡単には無視できないことに気づいた。もしそうした負のエネルギー状態が存在するなら、通常の正のエネルギーを持つ電子は、ビリヤードの球がポケットに転がり落ちるように、負のエネルギー状態に落ちるはずだ。

問題は、電子が負のエネルギー状態になるのを見た人がいないことだった。美しい方程式を守ろうと心に決めたディラックは、かなり大胆な解決法を提案した。電子が負のエネルギー状態になるところを誰も見たことがない理由は、負のエネルギー状態がすでにいっぱいになっているからだ、というのだ。そのため、電子が正のエネルギー状態から負のエネルギー状態にジャンプしようとしても、目指す先はすでに別の電子によってふさがれている。ビリヤードでいうなら、ポケットには前に落とした球がたくさんあって、球を落とそうとしても落とせないようなものだ。

理論的には、これは宇宙全体が無限に広がる負エネルギー電子の海で満たされていることを意味する。ここから浮かび上がるのは、なぜ私たちがそんな負エネルギー電子に気づかないのか、というわかりきった疑問だ。確かに、無数の電子をかき分けながら人生を送っていたら気づかないわけがないだろう。必ずしもそうではないとディラックは考えた。そうした負エネルギー電子が空間全体に完全に均等に分布していさえすれば、そうした電子は背景の中に見えなくなってしまうというのだ。

この電子の海という解決法もディラックの悩みの種を取り除いてはくれなかった。たとえば、そういった負エネルギー電子の一つに光子が衝突して、その電子を正のエネルギー状態へとはじき飛ばしたらどうなるだろうか？　電子がその喫水線の下から出てきた途端、私たちはその電子がどこからともなく現れるのを目にすることになる。一方で、海の側には電子の形をした空孔が残るので、それまで海の存在を隠していた完全に均等な分布が台なしになってしまう。しかしディラックは、この孔のことを、負の電荷を持つ負エネルギー電子が集まった無限の海にあいたものと考える代わりに、正エネルギーを持つ電子のように振る舞っていることに気づいた。ただしその電子は正の電荷を持っているのだ。

ここに問題があった。この時点までにおこなわれていたどんな実験でも、正の電荷を持つ電子などというものは見つかっていなかったことだ。それまで見つかっていた電子はすべて、負の電荷を持つものだった。当初ディラックは、そうした正の電荷を持つ空孔が実は陽子なのだということを示そうとした。しかし、その空孔は電子と同じ質量を持つと予想されたが、陽子は電子のほぼ二〇〇〇倍の質量があった。さらに悪いのは、陽子が本当に負エネルギーの海に空いた孔だったら、電子はそこに落ち込んでいくはずだった。そうなると電子と陽子がともに消滅するので、宇宙の原子すべてがたちまち破壊されることになってしまう。

こういった問題があったし、仲間の研究者の多くがこの説を聞いて憂鬱になっていたものの、自らの方程式の美しさと正しさによせるディラックの確信は揺るがなかった。一九三一年になると、負のエネルギー状態を取り除こうという努力もすべて失敗に終わっていて、ディラックは彼にとって最も大胆な予測をする用意ができた。それは、自然界には正の電荷を持つ電子が本当に存在するはずだ、という予測だ。

その先の展開は、今考えても鳥肌ものだ。一年後、ケンブリッジから数千キロメートル離れたカリフォルニアで、上空から降り注ぐ宇宙線の研究をしていたアメリカの若手物理学者カール・アンダーソンが撮影した霧箱写真に、一個の正の電荷を持つ電子が現れた。アンダーソンがその発見を論文で発表した直後、キャヴェンディッシュ研究所の物理学者であるパトリック・ブラケットとジュセッペ・オキャリーニがもっと多くの正電荷を持つ電子を見つけた。今回は、霧箱内で宇宙線が原子に衝突したときに、負の電荷を持つふつうの電子とともに不意に現れたのだった。その頃のキャヴェンディッシュ研究所は、あの鳴り響く声の持ち主のアーネスト・ラザフォードがまだ所長を務めていた。この研究所にもちょくちょく顔を出していたディラックはすぐに、ブラケットと一緒にその霧箱写真をじっくりとながめてから、計算をして、結果を自分の方程式に照らし合わせた。観測されていた正の電荷を持つ電子が、ディラックが存在を予測していた粒子とまったく同じものだとわかるのに、そう時間はかからなかった。

ディラックが成し遂げたのはまさに奇跡だった。ひたすら思考の力だけで、自然界で一度も目撃されたことがない形の物質の存在を浮かび上がらせたのである。量子力学と特殊相対性理論を一つにまとめて、あとは自らの勘に頼るというやり方で、ディラックは反物質世界への扉を開いた。反物質は、目に見える宇宙を作り上げているふつうの物質の鏡像にあたる物質だ。現在では、あらゆる物質粒子には性質はまったく同じだが電荷が異なる、反対バージョンの粒子があることがわかっている。ディラックが予言した正の電荷を持つ電子は、今では陽電子（または反電子）と呼ばれている。一方、陽子には負の電荷を持つ反陽子があり、さらに反中性子や反ミュー粒子、反クォーク、反ニュートリノもある。ディラックがそんな現実離れしたものを、ひたすら懸命に考えるだけで予言できたことは、間違いなく科学の歴史上最も素晴らしい偉業の一つに位置づけられるべきだ。

さらに反物質の発見は、物質は永遠であるという考え方を打ち壊した。新しい粒子－反粒子のペアを作るのに十分なエネルギーで粒子同士を衝突させれば、物質粒子が作り出される可能性があることがわかったのだ。そしてその反対のことが起こる可能性もある。ある粒子が運悪くその反粒子に出くわしたら、二つの粒子は対消滅を起こして、一瞬の放射とともに忘却の彼方へと消え去ってしまう。

いうまでもなく、このことからはある疑問が浮かび上がってくる。つねに物質と反物質がともに生成されたり、破壊されたりしているなら、宇宙が物質だけでできているのはどうしてなのだろうか？　後で見るように、このかなりやっかいな難問はふたたび登場して私たちに噛みついてくることになる。ディラックの理論の中で、時の試練を耐え抜けなかった部分が一つある。反粒子は負エネルギーの海に空いた穴だという説だ。数年のうちに物理学者たちは、電子と陽電子を、光子と同じように量子場の振動と考えることで、ディラックの海を完全に捨て去る方法を見つけたのである。場と粒子の境界、つまり光と物質の境界がとうとう消え去ったのだった。

今日、私たち物理学者はすべての粒子についてこんなふうに考えている。ここまでの道のりで私たちが出会ってきたすべての粒子について、対応する量子場がある。光子は電磁場に生じる小さなさざ波だし、電子と陽電子は同じように、「電子場」と呼ばれるものに生じるさざ波、アップクォークはアップクォーク場の小さなさざ波、といった具合だ。LHCで二個の陽子が衝突するとき、そうした陽子は自然界に存在する量子場を鐘のように鳴り響かせ、さざ波を次々と外側へと送り出して、私たちの検出器を通過させる。そのさざ波の一つひとつが異なる音色となって、量子力学の交響曲を奏でている。私たちはこのさざ波を粒子として解釈しているが、自分たちが見ていると思っているものは、実は量子場の一時的な振動なのだ。

実際には、粒子などというものは存在しないとさえいえる。私たちが知るかぎり、宇宙の真の構成単位は量子場なのだ。それは見ることも、味わうことも、触れることもできない透明な流体のようなものだが、それでもいたるところに存在していて、人間の存在を支えている最小の原子の奥深くから、宇宙の最果てにまで広がっている。元素でも、原子でも、電子でも、クォークでもなく、量子場こそが物質の本当の材料だ。私たち人間は、とらえどころのない量子場をぱしゃぱしゃとかき回しながら、歩き、話し、考えている、消えない小さな振動の集まりだといえる。

もちろん、実際にはそんなに単純な話ではない。電子が電子場を伝わるさざ波だと考えることができるならいい話だが、それは話の半分でしかない。電子ほどシンプルな物体でさえとてつもなく複雑な存在で、電子場だけではなく、自然界に存在するあらゆる量子場をあれこれ混ぜ合わせたものを伝わるさざ波なのだ。このせいで量子場理論はひどく難しくなるが、それと同時に、量子力学と特殊相対性理論のどちらかだけではまったく不可能だった形で自然を探索する機会も開ける。特に、電子を非常に詳しく調べる実験を通して、電子そのものと、これまで見たことのない量子場の両方についての知識が得られる可能性がある。実はそうした実験の一つが、騒々しいロンドンの通りの下で今まさにおこなわれている。

電子が着ているドレス

ロンドン中心部にあるインペリアル・カレッジの狭苦しい地下実験室には、大型ハドロン衝突型加速器（LHC）と同じことを一〇〇〇分の一の費用でできる実験装置が押し込まれている。ロンドン市内を行き交う自動車の轟音や、サウスケンジントンにいくつもある博物館に押し寄せるたくさんの観光客や児童が絶え間なく踏みならす足音のわずか数メートル下で、少数の物理学者からなるチームが進めているのは、これまで試みられてきた中で最も精密な素粒子測定実験の一つだ。

彼らが目指しているのは、電子の形を測定することだ。素粒子がある形を取りうるというのは奇妙な考え方に思えるかもしれない。つい先ほど、粒子は量子場に生じる、さまざまに形を変えるさざ波だといったばかりだということを考えれば、なおさらそんな気がするが、しばらくはその考えを脇に置いておこう。本当に驚くのは、インペリアル・カレッジのチームは、電子の形をとんでもなく精密に測定することで、これまで見たことのない量子場の手がかりを探すことができるということだ。そしてそこから、ＬＨＣの能力でも生成するには足りないほどの大きな質量を持つ粒子の証拠を見つけ出せる可能性がある。

　しかし一体どうしたら、ちっぽけな電子の形を測定することで、とんでもなく大きな質量を持つ粒子について知ることができるのだろうか？　そこで重要なのが、粒子は実際には量子場に生じるさざ波にすぎないという、電子の性質に大きな影響を与える事実だ。インペリアル・カレッジの物理学者チームが計画していることをきちんと理解するには、電子というものの本質について真剣に考える必要がある。そしてひねくれた考え方かもしれないが、その手始めとして一番よいのは、量子場理論からは、空っぽの空間、つまり物理学者が「真空」と呼ぶものについてなにがわかるかを考えることだ。

　空間中のある狭い領域を選んで、そこから原子や粒子をすべて吸い出し、あてもなくただよう光子やニュートリノも最後の一個まで取り除くとしよう。そこにはなにが残るだろうか？　粒子がなにもないのであれば、おそらく答えは「なにもない」だろう。実は、量子場理論からわかるのは、この狭い「空っぽの」空間はまだ驚くほど混み合った場所だということだ。そこには量子場がぎっしり詰まっているのだ。粒子はなにも残っていないかもしれないが、粒子がさざ波として存在していた場は、いつもそこにある。素粒子物理学の標準モデルでは、場は数十種類あるとされていて（厳密な数は、どういう数え方をするかによって変わってくるが、話を進める都合上、ここでは二五種類としておこう）、電子場やニュートロン場、クォーク場、電磁場、グルーオン場の他にもまだたくさんある。こうした場のすべてがあらゆる場所に存在していて、真空中も例外ではない。空っぽの空間は、実は空っぽとはほど遠いのだ。

　次に、電子場に十分なエネルギーを投げ入れて、小さな量子化されたさざ波、つまり一個の電子を作ることを考えよう。この電子は電荷を持つので、真空中に存在しているすべての量子場に直接的な影響を与える。この電子の影響として起こる最も明らかなことは、電子が持つ電荷が、電子周辺の領域で電磁場の形をゆがめることだ。この電磁場は電子に近いほど強くなり、電子から遠くなると弱くなって、最終的には（ほぼ）ゼロまで減少する。理論的には、この電磁場のゆがみはエネルギーを持つので、一個の電子を考える場合には、電子場のさざ波に加えて、その電子が電磁場に作り出すゆがみも実際に考慮すべきだ。

しかしここで終わりではない。電磁場は電磁気力を伝えるものなので、電荷を持つ他のあらゆる量子場と「連結」している。これは、電子が電磁場に作り出すゆがみが、他の非常にたくさんの場にさらに多くのゆがみを生じさせるということであり、そうしたゆがみが生じる場には電荷を持つクォーク場も含まれる。クォークには「色」と呼ばれる性質があることから、クォークはグルーオン場（強い力の場）と相互作用をすることになる。そのため、クォーク場のゆがみはさらにグルーオン場のゆがみを引き起こす。一方で、電磁場のゆがみが元の電子場をさらにゆがめるという逆反応もある。このようにして、影響は延々と続いていく。この結論としていえるのは、電子はただの電子場のさざ波ではないということだ。電子は、電子場のさざ波と、これまでに発見されているあらゆる量子場のゆがみを合わせたものなのだ。裸の電子（電子場に生じる純粋なさざ波）といわれるものは、自然界に存在するあらゆる量子場を使って織り上げた、凝ったデザインのドレスで着飾っているのだ。

量子場が電子を（そしてついでにいえば他のあらゆる粒子を）ドレスアップさせているせいで、量子場における単純なプロセスの計算すらひどく難しくなっているが、一方で私たちが見たこともない量子場の影響を探る絶好の機会も与えてくれている。この後の章で見ていくが、量子場の数はすでに発見されている二五あまりよりも多いと考えるだけの理由はたくさんある。よい例が暗黒物質だ。この謎めいた物質は、私やあなた、そして宇宙にあるあらゆる恒星や惑星の材料である通常物質の約五倍の量があるはずだということが、天文学者や宇宙論研究者によって確かめられている。一般的には、暗黒物質はある種の粒子だと仮定されていて、その場合、真空には別の量子場、つまり暗黒物質粒子がさざ波として生じている量子場も含まれているはずだ。

ＬＨＣでは暗黒物質粒子を探すのに、二個の陽子を非常に激しく衝突させて、その衝突のエネルギーが暗黒物質場に振動を生じさせるのに十分な大きさになることを期待するという、力ずくの方法をとっている。運がよければ、そして暗黒物質場を揺さぶるのに必要なエネルギー（つまり暗黒物質粒子の質量）がＬＨＣで実現できる範囲にあれば、衝突の中から暗黒物質粒子が飛び出してきた証拠を検出できるはずだ。しかし、暗黒物質粒子の質量がＬＨＣの最大エネルギーを上回っていれば、暗黒物質場に振動を与えることができず、暗黒物質は謎のままだろう。

しかし別の方法もある。役に立つのは、量子場が素粒子をどのようにドレスアップしているか、ということだ。暗黒物質の量子場が存在して、なおかつ標準モデルの他の量子場の少なくとも一つと相互作用していれば、理論的には、電子が身につける凝った量子場ドレスにも部分的にかかわっているはずだ。このドレスの布地を、別の量子場の糸で織られたものだと考えるなら、電子のドレスに使われている糸の何本かは暗黒物質量子場から作られているだろう。実験で測定するのは裸の電子と、それが身につけているドレスなので、電子を素晴らしく精密に測定すれば、その量子力学ドレスに織り込まれた新しい量子場の微妙な影響を検出できるかもしれない。

これこそ、インペリアル・カレッジの研究チームが目指していることだ。私が彼らの研究についての記事を初めて読んだのは、二〇一一年にＬＨＣが初めての実験をおこなった直後のことだった。第一印象としては、彼らのいっていることは不可能に思えた。ロンドン中心部にある小さな研究室と、数十億ドルではなく数百万ドル規模の予算でもって、世界最大の実験装置で何千人もの物理学者が今まさに探しているのと同じ量子場の存在を確かめようというのだ。私はそれ以来、彼らの実験室を訪問して、サウスケンジントンの通りの下に確かに潜んでいる、その奇跡のような実験装置を一目見る口実が欲しいとずっと思ってきた。

すがすがしく晴れた二月のある朝、私はインペリアル・カレッジのブラケット研究所に着いた。その一九六〇年代の建物は、ビクトリア様式の壮麗な建物が立ち並ぶ界隈に何気なくどんどん建てられていて、道路を挟んだ真向かいにはロイヤル・アルバート・ホールがあった。私はロビーで、イザベル・ラベイとシド・ライトにあった。二人は、この実験に人生の何年かを捧げてきた若いポスドク研究者だ。ラベイは博士課程学生のときに、ここにある地下実験室で実験装置の改良に取り組んでいた。その後、ドイツのミュンヘン近くのマックス・プランク研究所に職を得て、インペリアル・カレッジを離れており、この日は昔のチームに会うために戻ってきていた。一方のライトは、比較的最近チームに加わっていて、ラベイがいなくなった後にたくさんの現場仕事を担当していた。二人は、どう考えても好きでしている自分たちの仕事について話をする機会ができて喜んでいるようで、その仕事を心から愛しているのは明らかだった。私は、ＬＨＣの研究に参加した物理学者として、やりがいのある素晴らしい実験をずっと見学したかったのだと説明した。するとラベイは、「あなたはショックを受けると思いますよ」と笑った。

音がよく響く階段を二つ下り、短い廊下に沿っていった先で、二人は実験室に迎え入れてくれた。そこは本当に小さな部屋で、それほど大きくない私のロンドンのアパートにあるリビングルームとそんなに変わらない広さだった。ラベイは、イギリスの素粒子物理学や天文学の大型プロジェクトに研究助成をおこなっている政府機関の人を案内したとき、彼らが実験装置の小ささにひどく驚いていたという話をしてくれた。「その人たちが、『これをもうちょっと大きくできたら、研究費を出せるかもしれない』と考えているのがわかりましたよ」。

実験装置をきちんと見るためには、私たちは部屋の壁と、精密な測定を邪魔する不要な磁場から実験装置を保護する分厚いシールドのあいだを、一人ずつ動き回らなければならなかった。右手には、実験データを読み取ったり、実験の状況をモニタリングするのに使われるオシロスコープや、いろいろな電気機器がずらりと並んでいた。左手には大きなテーブルがあり、その上にはどぎつい緑色のレーザー光で輝く光学部品がたくさん置かれていた。そして中央には実験装置の本体部分があった。こんなことをいってラベイとライトが気を悪くしなければいいのだが、それは専門家ではない私の目には、大きな金属製のゴミ箱のように見えた。

それは確かに、そびえ立つようなLHCの実験装置とはまるで違っていた。私がかつてLHCを案内したあるジャーナリストは、LHCの実験装置を、一九九〇年代のSF映画「スターゲイト」に登場する異星人の世界への巨大な入口のようだといっていた。LHCがスターゲイトなら、ラベイとライトの実験は映画「バック・トゥ・ザ・フューチャー」で「ドク」ことブラウン博士がデロリアンを改造して作ったタイムマシンのようで、見かけは少しおんぼろかもしれないが、とても性能がよかった。

ラベイとライトは果敢にも、この実験の仕組みを一とおり説明してくれた。私の原子物理学と分子物理学の知識がちょっと錆びついているのは認めよう。電子の形を測定するのに使われている、レーザーや、磁場や電場からなる複雑なシステムをなんとか理解しようとしながら、私は自分がのろまのように感じていた。

最初に理解しておきたいのは、電子の形という言葉の意味だ。厳密にいえば、この実験で測定するのは

「電気双極子モーメント」（ＥＤＭ）というもので、これは電子の電荷が空間にどのように広がっているかを表している。ＥＤＭがゼロなら、電荷は完全に対称な球状に分布している。一方、ＥＤＭがゼロ以外の場合は、電子が葉巻形をしていて、葉巻の一方の端がマイナス寄り、反対の端がプラス寄りに帯電していることを意味する。電子のＥＤＭは、その近辺の真空中に存在する量子場がなんであれ、それにきわめて敏感であることがわかっており、ＥＤＭの値の測定が興味深いのはそのためだ。すでに存在が知られている量子場だけを使ってやや本格的な計算をしてみると、電子のＥＤＭは、10^{-38} e cmという驚くほど小さな値になる。（e cmというのはＥＤＭの単位で、eは電子の電荷、cmはセンチメートルだが、細かいことは気にしなくていい。一番重要なのは10^{-38}が本当に小さな値だということだ）。これはとても小さな値なので、すでに存在が知られているもの以外に新しい量子場がなければ、現時点で思い浮かぶどんな実験でも、電子は完全な球体に見えるはずだ。

しかし、暗黒物質やその他の謎の説明を試みるためによく用いられる理論では、電子をドレスアップする新たな量子場を導入していることが多い。そうなると電子ははるかに葉巻に近い形になり、電子双極子モーメントは一兆倍以上に増加する。それだけ大きな値になれば、インペリアル・カレッジの実験の検出範囲に入ってくるので、研究チームは新しい量子場の兆候を発見できる可能性がある。それも、一周二七キロメートルのコライダーを使わずにだ。

しかし、新しい量子場の効果でかなり大きくなったとはいえ、電子のＥＤＭはまだいいようもなく小さく、測定するにはそれに応じた独創的な実験方法が必要になる。インペリアル・カレッジの研究チームが採用したのは、電子を直接測定するのではなく、フッ化イッテルビウムを使う方法だ。フッ化イッテルビウムは、希少金属のイッテルビウムと常温では気体のフッ素からなる分子で、慎重な検討のすえにこの分子が選ばれたのは、電子のＥＤＭへの感度が高いためだ。具体的にいうと、フッ化イッテルビウム分子の一番外側にある電子は二つの異なるエネルギー準位に存在できる。その一つでは電子のスピンが上向き、もう一つでは下向きになる。重要な点は、こうしたスピンが上向きと下向きのエネルギー準位の位置が、電子のＥＤＭによって反対方向に移動することだ。どういうことかというと、電子のＥＤＭが大きい場合には、一方のエネルギー準位は高いほうへ移動し、もう一方のエネルギー準位は低いほうに移動する。そのため、この二つのエネルギー差が測定できれば、電子のＥＤＭを間接的に測定できることになる。こうした性質によって、フッ化イッテルビウムは虫眼鏡の役割を果たすことになる。この虫眼鏡のおかげで、電子のＥＤＭの検出感度は、原子や分子の外の世界を飛び回る電子を使って測定しようとする場合に比べて一〇〇万倍も高くなるのだ。

とはいえ、フッ化イッテルビウム分子を使った測定にはデメリットもある。この分子はとても不安定なので、実験装置の中でつねに生成しなければならないこともその一つだ。実験室内に立っているとき、ライトにいわれて、ドッドッドッドッドッという音が絶えずしていることに気づいた。それはレーザーがイッテルビウムのターゲットを一秒に二五回照射している音で、それによって固体金属であるイッテルビウムが少しだけ蒸発して、パッと吹き出している。それがフッ素ガスと反応すると、フッ化イッテルビウム分子の小さな雲ができる。次に、レーザーと電波、マイクロ波を組み合わせた巧みなシステムによって、この分子は上向きスピンと下向きスピンのエネルギー準位が混ざり合った状態になる。そして内部に電荷をかけてある金属の円筒形装置（さっき私がゴミ箱みたいだといったものだ）の中を上向きに通過する。

上向きスピンと下向きスピンが混ざり合った分子では、電場によってエネルギー準位が反対方向に移動する。そしてその移動の大きさは電子のＥＤＭの大きさによって決まる。ＥＤＭが大きいほど、エネルギー準位の移動も大きくなるのだ。フッ化イッテルビウム分子は、円筒形装置の上部で電場から出ると、レーザーを使って測定され、その測定結果からラベイやライト、そして研究チームは、エネルギー準位の移動の大きさを調べられる。そして数カ月にわたって注意深いデータ収集を重ねたうえで、電子のＥＤＭ値を求める。

　少なくともそういう考えではある。現実には、この測定はとてつもなくやっかいだ。装置はとても敏感で、あらゆる種類の外的影響に左右されかねない。とりわけ面倒なのが不要な磁場の問題だ。あるとき、実験装置に起こった問題の原因が、二つ上の階で別の研究チームが使っていた強力な磁石だと判明した。ラベイたちの上司で、ＥＤＭ実験を立ち上げたエド・ハインズ教授が強い口調で抗議すると、その研究チームはすぐに磁石をもっと上の階に移動させることに応じた。さらにライトによれば、ロンドン地下鉄が走っているときには、それよりずっとひどい磁気干渉が起こることに気づいたという。[*7]

　エド・ハインズ教授が率いるインペリアル・カレッジの研究チームは、二〇一一年に最初の測定結果を発表した。それによると、電子は非常に丸く、その精度は10^{-27} e cmだという。これがどれだけ完全な球に近いかをイメージするために、電子が太陽系の大きさまで膨らんだと考えると、完全な球からのずれは人間の髪の毛一本の太さしかないことになる。

　電子が驚くほど丸いとわかったことで、当時私やＬＨＣの仲間たちがせっせと探していたいくつもの新しい量子場の存在が否定されたのは、（少なくとも素粒子物理学者にとっては）残念なことだった。それでも、この測定自体はまさに離れ業だった。ＥＤＭの測定結果として世界で最も精密だっただけでなく、その測定に原子ではなく分子を使ったのが初めてだったからだ。その当時、他のどの実験でも単体の原子を使っていた。インペリアル・カレッジのライバルチームの多くは、質量が比較的重い分子を使って精密な測定をするのは時間の無駄だと考えていた。しかし最近ではほぼすべてのライバルチームが、分子がＥＤＭを高倍率で拡大できることを評価して、インペリアル・カレッジチームが切り拓いた道を進んでいる。

実際に、アメリカのハーバード大学とイェール大学の共同チームが実施しているＡＣＭＥ実験は、その後インペリアル・カレッジを追い抜いていて、ＥＤＭの値をさらに一〇〇分の一にしている。さらにそのすぐ後には、コロラドを拠点とする別のチームが迫っている。インペリアル・カレッジのチームはライバルに追いつくために、現在は新たな秘密兵器となる改良型の実験装置を開発中だ。近くにある、はるかに広々とした実験室で、私はその装置を少しだけ見せてもらった。「こっちは、あなたがＣＥＲＮで見慣れていた装置にもう少し似ていますよ」。実験室に入るときにライトはそう断言した。私たちの前にあったのはまばゆいステンレス鋼のチューブで、コライダーとそんなに違わなかった。この装置は最終的には、実験室全体にわたる長さまでのばされることになっている。チューブが長ければ、分子は電場の中でより長い時間を過ごすことになり、エネルギー準位の移動が大きくなって、実験の精度も大きく向上する。この新しい装置がデータ収集を始めれば、それで探索するのは実質的に、ＬＨＣが直接生成できるレベルを大きく上回る質量を持つ粒子に対応した量子場になる。それによって、自然の基本的な材料をさらに発見する素晴らしい機会が得られるはずだ。

私たちは間違いなく、あの最初のアップルパイ実験からずいぶん遠くまでやってきた。あの実験では、形があって、味を見たり触れたりできるものを扱っていた。たとえばぎざぎざした黒い炭の塊や、油っぽ

＊7　どうやら、地下鉄ピカデリー線が最大の原因のようだ。

い液体、巻きひげのようにたちのぼる、ひどいにおいの蒸気などだ。今私たちに残されている材料には、形があるとはとてもいえない。目に見えず、空気のようで、どこにでも存在する量子場である。この世界の見かけ上の確実性は実は幻影であり、手品師のトリックだ。古代の人々が考えたような、分割不可能な原子は存在しない。デモクリトスは、その古めかしいあごひげと知恵を備えていたのに、この点では間違っていた。自然というのは、その奥深くの根本の部分では、ばらばらではなく連続したものになっているのだ。私はここまでで、自然の基本的な材料のことをいうのに「構成単位（ビルディングブロック）」という表現を使ってきたが、実のところ、そんなものはない。物質の見かけ上の「まとまり（ブロック）」は、十分注意してみれば溶けて消えてしまう。粒子は粒子でなく、量子場に生じる一時的な乱れであり、想像力を酷使するが、宇宙を一立方センチメートル分切り取れば、かならずそこを満たしている実体である。アップルパイも、人間も、星も、あらゆる物体がそうした膨大な数の振動の寄せ集めであり、それが一つになって動けば、確実性とか、永続性とかいう幻想を作り出すようになる。そのうえ、電子場は一つだけ、アップクォーク場は一つだけ、ダウンクォーク場も一つだけなので、親愛なる読者のみなさん、あなたと私は互いにつながっている。私たちを形作る原子の一つひとつは、同じ宇宙の海のさざ波だ。私たちはお互いと、そして万物と一体なのだ。*8

この章の冒頭では、アップルパイの材料は電子とアップクォーク、ダウンクォークだといった。量子場理論によれば、この三種類の量子はそれぞれに対応する量子場の振動ということになる。しかし、つい先ほど見てきたように、それですらひどく単純化しすぎている。一個の電子は、電子場に生じる一つのさざ波というだけでなく、これまでに発見されているあらゆる量子場のゆがみを混ぜ合わせたものなのだ。同じことは、原子核中の陽子や中性子を構成しているアップクォークとダウンクォークにもあてはまる。そうなると、私たちのアップルパイの材料を十分に理解しようと思ったら、自然界に存在する量子場について、最後の一つまで知ることが必要になる。たとえその量子場に対応する粒子がひどく不安定だったり、相互作用が弱かったりするせいで、結合して原子を作れないとしても、やはり知っておかねばならない。

既知の量子場を現時点で最もうまく説明するのは、素粒子物理学の標準モデルだ。これは、人間の思考による偉大な業績の一つにつけるには、あまりにも退屈な名前だ。標準モデルのスターの多くはすでに登場している。電子、クォーク、ニュートリノ、グルーオンなどだ。しかしこの全体像を描き出す重要な部分で、数年前に見つかったばかりのものがある。それは私たちのアップルパイの最後の材料であり、新たな問題とチャンスが入ったパンドラの箱を開け放つものだ。

＊8　ニール・ドグラース・タイソンみたいないい方になる危険を冒していえば、たとえばエボラウイルスだとか、犬の糞だとか、ピアーズ・モーガンみたいな不愉快なものともやはり一体だということになる。

10章

最後の材料

私がジュネーブ郊外にある欧州原子核研究機構（ＣＥＲＮ）を初めて訪れたのは、二〇〇七年七月のある晴れた午後のことだった。私は若々しい二一歳の学部学生で、物理学への強くて純粋な興味を抱いていた。そして今思えば浅はかなのだが、髪を肩まで伸ばしていた。その夏の数週間、私はヨーロッパ中から集まった一〇〇人以上の学生とともにサマースクールに参加し、素粒子物理学の最先端に立つ人生というものを味わうことになった。

私が想像していたＣＥＲＮは、ＳＦ小説のページから出てきたようなまばゆいばかりの未来的な場所で、そこでは独創的な科学者が地下の巨大な装置を使って現実世界の本質を探っているイメージだった。だから、ＣＥＲＮのゲートまで行ってみたら、そこが本格的な改修が必要な、一九六〇年代に建てられた薄汚れた大学キャンパスのような場所だったときにはびっくりした。そこにはみすぼらしいオフィス棟と、壁のペンキが剥がれ、波形のトタン屋根が錆びたぼろぼろの倉庫が無秩序に立ち並んでいた。

ＣＥＲＮを初めて訪れた人の多くは、同じようなカルチャーショックを感じている。それはいわゆる「パリ症候群」を少し軽くしたようなものだ。パリ症候群というのは、「光の都」パリを訪れた人の一部が、実際にはそこが本や映画で見たおとぎ話の世界ではなく、はるかに汚くて、うるさくて、粗雑な場所だと知ったときに陥る精神状態だ。そして、パリ症候群には妄想やめまい、幻覚といった深刻な症状があるらしいが、ＣＥＲＮ症候群が私に残したのは、漠然とした失望感だけだった。

ＳＦみたいな最先端の雰囲気はなかったが、私がそこを訪れたのは最もエキサイティングな時期の一つだった。世界最大のマシンであるＬＨＣが、三〇年におよぶ計画と資金調達、建設作業のすえに、あと数カ月で初稼働というところまできていたのだ。私はその夏、ＣＭＳ実験に加わることになっていた。これはＬＨＣに四基ある大聖堂並みに大きい検出器の一つで、新しい素粒子探索の一環として、ＬＨＣで発生させる粒子衝突現象をくまなく調べるための装置だった。

私の具体的な仕事は、ＣＭＳのサブシステムの一つでおこなうデータ収集の準備を手伝うことだった。実際の仕事では、オフィスで大量のコンピュータープログラムを前に困り果てることになった。私はそんな仕事をする準備ができていなかった。大学では学生にプログラミングを教えようと誰も考えなかったのだ。[*1] さらに悪いことに、私を指導してくれるはずの人が最初の二週間は不在だった。そのことが、奇妙で憂鬱な世界で迷子になったという気分に輪をかけた。

そして二週間後、すべてが一変した。ある日の午後、私は何人かの仲間の学生と一緒に、マイクロバスで全周二七キロメートルあるＬＨＣリングの反対側につれて行ってもらい、ＣＭＳ実験サイトを見学した。車を降りると、そこはフランスののどかな農地の中にあるフェンスで囲まれた区域で、その真ん中に格納庫のような大きな建物があった。その建物の中にあるものを見て、私は息をのんだ。ＣＭＳ検出器を分割した大きなユニットがいくつか目の前にそびえていた。その一つずつが三階建ての建物に相当する高さがあり、縦坑に下ろす準備が整った状態で並べてあった。コンクリート製の巨大な縦坑は格納庫の突き当たりにあって、地中へ一〇〇メートルにわたり垂直に落ち込み、その下にある実験空洞につながっていた。

ついに、私がずっと待っていたＳＦ的な魔法が目の前に広がっていた。なかでも一番魅力的だったのは、地下へ通じる縦坑から最も遠いところに置いてある巨大な物体だ。これは、最後に地下に下ろして、所定の位置に取り付ければＣＭＳが完成するという部品で、エンドキャップと呼ばれている。あいにく、エン

＊1　公平のためにいえば、ボールが斜面を転がり落ちる様子を観察して、重力の強さを測定する方法ならきちんと習った。これは実際に、物理学者になったときに役立つ素晴らしい訓練だった（ただし一七世紀には）。

ドキャップの外観を想像するのに役立つようなわかりやすい比喩はないが（それほど現実離れしているのだ）、もし可能なら、一二角形のディスクが幅の狭い縁を下にして、バランスを取って立っているのを想像してみてほしい。高さと幅はともに一五メートルあって、二階建てバスを三台積み重ねたくらいだった。赤色の表面に明るい青色のケーブルが縦横に走っている。大きな黒と銀の円筒がディスクの中央から外側に突き出している様子は、巨大なエイリアンのタイヤのホイールキャップのようだった。

並べられて地下に運ばれるのを待っている、そういった巨大なCMS検出器の部品を見ると、この大事業全体がはるかに現実味のあるものに思えてきた。その下に立っていると、この実験を実現させるために積み重ねられてきた、数十年にわたる仕事の意味が実感できるようになる。どんな小さなパーツでも、世界中の実験室で研究や設計、製造、テストといった作業を入念におこなってから、CERNに輸送されてきた。さらに到着後も、最終的な取付作業の前にもう一度テストがあった。

しかし、一番の見どころはその先にあった。数分間かけて格納庫の中を歩き回り、巨大な検出器のユニットを口をぽかんと開けたまま見つめた後で、私たちはエレベーターに乗り、実験空洞本体に降りていった。空洞の床から一〇メートルの高さにある金属製足場に立つと、実験装置全体をほぼ隅々まで見ることができた。CMSというのはコンパクト・ミューオン・ソレノイド（Compact Muon Solenoid）の略だが、私は前から、この装置に「コンパクト」という言葉を使うのはかなり妙だと思っている。検出器は巨大な樽を横倒しにしたような形をしていて、高さが一五メートル、長さは二二メートルあり、重さは一万二五〇〇トンもあった。全体ではエッフェル塔を二つ建てられるだけの鉄が使われている。[*2]

この巨大な樽の中心で陽子同士の衝突が起こり、そこから送り出された粒子は、タマネギのような同心円状に何層も設置されたサブ検出器を通過する。そうしたサブ検出器はそれぞれ、粒子の運動量やエネルギー、方向など異なる情報をもたらす。私が参加していたプロジェクトは、そうした層の一つである「電磁カロリメーター（ＥＣＡＬ）」でのデータ収集の準備をすることだった。

ＥＣＡＬはＣＭＳの目玉の一つで、七万五〇〇〇個以上の透明なタングステン酸鉛ブロックを並べて、きらめく透明な円筒形にした装置だ。このタングステン酸鉛結晶は鉛とタングステン、酸素の化合物で、見た目はガラスのようだが、重さは鉛のブロック並みにある。電子や光子がこうしたタングステン酸鉛ブロックにぶつかると、急激に光を放出する。この光はＣＭＳの片方の端に貼り付けたセンサーで記録され、光子や電子のエネルギーが測定できる。

ＥＣＡＬの建造には計り知れない困難があった。この結晶は一つずつ、内側を白金で覆った特別設計のるつぼを使い、二日がかりでゆっくり成長させなければならなかった。そして必要な数がとても多かったので、旧ソ連の軍事工場をこの目的のために再稼働させ、さらに中国に二つ目の工場を確保して、一〇年にわたり、明けても暮れても結晶を作り出さねばならなかった。さらにこの中国の工場は、るつぼの内側を覆うのに必要な量の白金を入手できなかったので、ＣＭＳの運営チームはチューリッヒのＵＢＳ銀行の地下金庫に行き、結晶の製造が終わったらすぐに返還するという約束で一〇〇〇万ドル相当の白金を借りてこなければならなかった。

あなたは、ＣＭＳ検出器の構成要素一つを作るのにどうしてそこまでするのかと思うかもしれない。それは、ＥＣＡＬはＣＭＳ実験で絶対的に重要な役割を果たしているからだ。光子と電子のエネルギーを測

＊2　推測だが、「コンパクト」というのは相対的な表現だろう。ＣＭＳのライバルの検出器で、リングの反対側にあるＡＴＬＡＳ検出器は、高さや幅、長さがほぼ二倍ある。

定するのがＥＣＡＬの仕事で、その測定はとてつもなく正確である必要があった。どうしてかって？　それは結局のところ、素粒子物理学の標準モデルの部品としては最後まで見つかっていない、ある粒子を見つけるという、ＬＨＣそのものの存在理由に行き着く。その粒子の存在が確かめられれば、自然界の二つの力の起源と、素粒子が質量を持つ理由がようやく明らかになる。実のところ、その粒子は自然法則を理解するうえでとても重要なので、「神の粒子」というかなり大げさな（そして的確とはいえない）別名もある。そう、私がいっているのはもちろん、ヒッグス粒子のことだ。

一九九〇年代にＣＭＳ実験を計画していた物理学者たちは、ヒッグス粒子の兆候を見つける最善の方法の一つが、一個のヒッグス粒子が二個の高エネルギー光子へ崩壊する現象を利用することだと気づいた。コライダーで新しい粒子が発見される場合はたいていそうだが、ヒッグス粒子を直接検出しようとしてもとても無理だ。ＬＨＣでの衝突でヒッグス粒子が生成されたとしても、あっというまに別の粒子に崩壊してしまい、寿命があまりに短くて検出器のセンサー部分まで到達できない。代わりに検出されるのは、ヒッグス粒子の崩壊で生まれる粒子ばかりだ。そこで物理学者たちは、ヒッグス粒子の崩壊によって生成された可能性のある粒子を探して、大量のデータを処理しなければならないのだが、二個の光子への崩壊が最も探しやすいのだ。これはもちろん、相対的に探しやすいという意味だ。

ＣＭＳの建造には困難はあるものの、タングステン酸鉛結晶を使った電磁カロリメーターなら、ヒッグス粒子が二個の光子に崩壊する様子をはっきりととらえられる可能性が最も高いことを物理学者たちは理解していた。私が格納庫の中に立っていた二〇〇七年七月の時点では、このとてつもなく大規模な建造プロジェクトはほぼ終わりを迎えていた。それから数カ月たらずで、ＣＭＳの巨大な部品の最後の一個が格納庫の天井に設置された大型クレーンでつり上げられ、慎重に地下に下ろされて設置されることになっていた。

このCMSの中で私に割り当てられた小さな役割は、結晶ブロックの後側に貼り付けたセンサーが検出した光の量を、エネルギーの測定値に変換するプログラムを書くことだった。CMSを見学するまではその作業のことをかなり退屈だと思っていたが、見学の後は、こんな超人的な取り組みにたとえ少しでも貢献できるのはとても幸運なことだと気づいた。

その暑い夏の数カ月間、そこには明らかに正反対の雰囲気が漂っていた。私たち学生はちょっとしたプロジェクトを頑張ってこなし、学生の財布で楽しめるナイトライフがジュネーブにはそれほどないことを確かめ、翌朝は目をしょぼしょぼさせながら講義に出たりしていた。同じ頃、何千人もの物理学者やエンジニア、コンピューター科学者たちは、人類史上で最も大規模な実験の初稼働に向けた準備作業に強い決意を持って取り組んでいた。

この巨大な装置が最初の主要なターゲットとするヒッグス粒子は、ほぼ半世紀前に初めて予言された粒子であり、物質の組成についての近代的な理論の要となるものだった。私たちのアップルパイのレシピにまだ加えていない、最後の既知の材料でもある。ヒッグス粒子がそれほど重要である理由を、そしてその探索に何十年もの研究と何十億ドルという費用が費やされた理由を理解するには、量子場の奇妙な世界をさらに深く掘り進む必要があるだろう。ここで健康上の注意が一つある。以下の説明には、かなり頭が混乱するような内容が含まれている。ただ、みなさんが頑張って読んでくれるなら、現代科学で最も奥深く、最も美しい理論をいくつか、できるだけわかりやすく紹介しよう。

隠れた対称性、統一理論、そしてボース粒子の誕生

ヒッグス粒子がものすごく重要なのはなぜなのか？　それを理解するには基礎に立ち戻って、物質の構造について考えてみる必要がある。あらゆるものは原子からできており、原子は、正の電荷を持つ小さな原子核と、その周りを回る負の電荷を持つ電子で構成されている。原子核の内部を詳しく調べると、陽子と中性子が見つかる。さらに詳しく見ていくと、陽子と中性子はアップクォークとダウンクォークでできていることがわかる。したがって、すべての物質は電子、アップクォーク、ダウンクォークという三つの素粒子だけでできている。ここまでは聞き覚えのある話だ。

もちろん、物質はその部品の単なる足し合わせではない。原子の構造は、その構成単位と同じくらい、それを一つにまとめる力に左右される。そうした力はここまでですでに二種類登場した。電子を原子核に結びつけている電磁気力と、陽子と中性子の内部でクォーク同士を結びつけている強い力だ。このどちらの力も、量子場（電磁場とグルーオン場）によって伝えられ、そうした量子場の一つに決まった量のエネルギーを投入すれば、量子化されたさざ波（つまり粒子）が作られる。それが光子とグルーオンだ。

しかし、私たちがまだ詳しく考えていない三つ目の力がある。基本的な力の中ではおそらく最も奇妙な、弱い力というものだ。弱い力が既知の力の中で独特なのは、ある種類の素粒子を別の種類へ変換させられる唯一の力だからである。弱い力がそうした働きを持つことの最初の証拠になったのが、一八九六年のアンリ・ベクレルによる放射能の発見だった。その数年後にアーネスト・ラザフォードは、放射線の一種であるベータ崩壊では不安定な原子核から電子が放出されることを指摘した。このことでかなりの混乱がしばらく続いた。電子が原子核から出てくるなら、電子は最初から原子核の中に存在していたはずだという

説が出され、それが不合理な話ではなかったためだ。しかし一九三〇年代になって、この説が間違っていることがわかった。原子核の中に電子はない。実際には、ベータ崩壊のあいだに一個の中性子がそれぞれ一個の陽子と電子、反ニュートリノに変身しているのであり、そうした変身には、弱い力という新しい基本的な力が関与していることがわかったのだ。[*3]

しかし一九三〇年代には、弱い力の本質はまったくわかっていなかった。物理学界のスーパースターであるイタリア系アメリカ人のエンリコ・フェルミは、ベータ崩壊では、中性子が陽子と電子、反ニュートリノに直接崩壊し、崩壊を助ける余計な力の場は必要ないとする見事な理論を発表していた。しかし、フェルミの理論は近似的な説明でしかないことが明らかになった。エネルギーを高くしていきながら、この理論から得られる値を計算すると、最終的にこの理論は破綻して、一〇〇パーセントよりも大きな確率という意味のない答えがでてしまう。

明らかに、もっと基本的な理論が必要とされていた。そして一九五〇年代には、完璧な候補になりそうな理論を見つけていた。量子場理論だ。最初に成功を収めた量子場理論は、電磁気力を記述するものだった。「量子電磁気学」（ＱＥＤ）と呼ばれるこの理論は、ハンス・ベーテやフリーマン・ダイソン、リチャード・ファインマン、ジュリアン・シュウィンガー、朝永振一郎といったそうそうたる物理学者たちによって、長い年月をかけて作り上げられた。ＱＥＤは、これまで構築された中で最も精密な科学理論であり、荷電粒子が電磁場とどのように相互作用するかを素晴らしく精度よく説明している。ＱＥＤの予測が実験

＊3　現在では、中性子と陽子はクォークから構成されていることがわかっている（中性子の場合はアップクォーク一個とダウンクォーク二個、陽子はアップクォーク二個とダウンクォーク一個）ので、素粒子のレベルで起こっているのは、ダウンクォーク一個からアップクォーク一個、電子一個、反ニュートリノ一個への変化だといえる。

結果と一〇〇億分の一を上回るような精度で一致するケースもある。

このとてつもなく成功した理論の中心をなしているのが、「局所ゲージ対称性」という本当に美しい法則だ。ジュリアン・シュウィンガーが初めて導入したこの原則は、完全に魔法のようなことをいっている。基本的な力が生じるのは、自然の法則にひそむ対称性のためだというのだ。

それはなかなか大変な主張であり、少しばかり詳しい説明が必要だ。まずは一歩下がって、物理学で対称性が果たすもっと広い役割を考えてみよう。物質的世界を形作るうえで対称性がいかに重要かを初めて真に理解した人物が、ドイツの優れた数学者エミー・ネーターだ。ネーターから物理学への最高の贈り物が、宇宙にある特定の対称性があるならば、それに対応する量がつねに保存されているはずだということを示した、「ネーターの定理」だった。対称性があるというのはどういう意味だろうか？　すでに見てきたように、物理的対象でも宇宙全体でもいいが、ある系になにかをしてもそれが変化しない場合、対称性があるという。たとえば正方形を九〇度、一八〇度、二七〇度、三六〇度と回転させても、それは回転させる前とまったく同じに見えるので、正方形には回転対称性がある。

自然法則そのものにも同じことがあてはまる。あなたは恒星間宇宙船に乗っている科学者で、地球や太陽の重力の影響がまったく届かない深宇宙を進んでいるとしよう。あなたはこんな質問を考えることができる。私の宇宙船が向かっている方向は、この宇宙船の上でしようと考える実験の結果に影響を与えるだろうか？　この質問への答えが「影響を与えない」であれば、自然法則は空間中での回転のもとで対称性があるということができる。別のいい方をすれば、あなたがどの方向に向かっていようとも、宇宙にとっては関係ないのだ。[*4]

ネーターの定理を踏まえれば、この回転対称性は保存される量（決して大きくも小さくもならない量）が存在することを示している。これは具体的には角運動量、つまりある系が持つ回転運動の勢いを表す量だ。[*5] 角運動量が常に保存されることは、これまでに数え切れないほどの実験によって確かめられてきた。角運動量は増加も減少もせず、系の構成要素のあいだで再分配されることしかできない。つまり、真空空間で形が変化しない物体をスピンさせると、その物体はなにかが近づいてきてぶつかったりしないかぎり、いつまでもまったく同じ速度でスピンし続けるということだ。地球が確実に自転し続けているのはそのためである。夜の後には必ず昼がくるのは、自然法則の回転対称性があるからなのだ。

同じ対称性の原則を使えば、エネルギーと運動量がつねに保存される理由も説明できる。エネルギーが保存されるのは、自然法則が時間とともに変化しないからだ。一方で運動量が保存されるのは、自然法則がどの場所でも同じためである。しかし対称性はもっと驚くようなものをもたらす。対称性は自然界の基本的な力の原因になっているらしいのだ。

今説明した保存則とつながりのある対称性は、「大域的対称性」と呼ばれている。これは変換をおこなったときに、時間と空間の中のあらゆる点が変化しないということだ。大域的な変換というのは、たとえば宇宙全体を九〇度回転させたり、宇宙全体を一メートル右に移動させたりすることに相当する。そうした後でも宇宙が同じであるように見えるなら、宇宙には大域的対称性があることになる。

一方で、基本的な力とつながりのある対称性は「局所的対称性」と呼ばれる。これは変換をおこなった

＊4　もちろん、あなたが地球みたいな巨大な天体の近くにいれば、これは正しくない。地球の重力があると、空間中である方向が優先されるようになるので、回転対称性が破られることになる。

＊5　非量子力学的にいえば、角運動量は物体の大きさと形、質量と、回転の速度によって決まる。亜原子粒子もスピンという形で角運動量を持ちうる。

ときに、結果が時間や場所によって異なることを意味する。素粒子物理学で働いている種類の局所的な変換を目で見てわかるようにするのはかなり難しいので、たとえを使った説明から始めよう。

平らで手入れの行き届いたグラウンドで、二つのチームがサッカーの試合をしているとしよう。あなたには神のような力があって、グラウンド全体の高度を一メートルでも一キロメートルでも、好きなだけ上昇させられると想像する。グラウンドをあまりにも空高く上昇させてしまうと選手たちは呼吸が苦しくなってしまうが、それ以外では、グラウンドを高く持ち上げても試合そのものにはなんの影響も与えないはずだ。結果として、サッカーはグラウンドの高度の大域的な変化のもとでは対称性があるということができる。

今度は、グラウンド全体を同じように持ち上げるのではなく、一方のチームは上り坂で、もう一方のチームは下り坂でプレーすることになるよう、グラウンドをなんとかしてある角度だけ傾けるようにしよう。高度の変化はグラウンド内の位置によって異なるので、これは局所的な変換にあたる。明らかに、こうした変換は試合に大きな影響を与える。私が想像するところでは（ただし友人にいわせれば、私はサッカーのことはまるでわかっていないのだが）坂の下のゴールに到達するほうが、坂の上のゴールに到達するよりもはるかに簡単なので、片方のチームがかなり有利になる。いい換えれば、この局所的変換は対称性をもたらさない。

しかしここで無理をして、なんとか試合を公平に進めたいと考えるとしたらどうだろうか？　一つの方法は、先ほどの神のような力でつねに坂の上に向かって風を吹かせることだ。そうすれば、坂の下に向かってプレーしているチームはゴールに到達するのが難しくなり、反対に坂の上に向かってプレーしているチームは簡単になる。別のいい方をすれば、力を導入することで対称性を取り戻したのだ。

驚くのは、このたとえがQEDで電磁気力が生じる様子とそれほどかけ離れた話ではないことだ。違っているのは、サッカーの試合の代わりに、電子や他の荷電粒子の挙動を支配するルールを考えていることくらいである。この前の数章で考えてきたように、電子というのは電子場に生じる波、あるいは振動にあたる。海の波と同じように、この波は時間とともに変化する。空間中のある一点を見ていると、ある時点では電子場の振動が大きくなり、別の時点では小さくなるというように、波の上下動に合わせて特徴的なサイクルをたどる。このサイクル内での位置を、波の「位相」と呼ぶ。この位相は、電子場の上下動の中で中心からどのくらい離れているかを表す、小さな時計のようなものだと考えることができる。

想像上のサッカーグラウンドの高さと同じように、この電子場の位相の場合にも、変換をしたときにどんなことが起こるかを考えてみることができる。まず、大域的な変換をおこなって、電子の内部時計を空間と時間のあらゆる点で同じだけ（たとえば半回転）ずらすとしよう。ネーターの定理によれば、この大域的な変換は電子場の挙動になんの影響もおよぼさないので、保存される量が一つ存在することになる。そして驚くことに、その保存される量というのが他でもない電荷なのだ。別のいい方をするなら、大域的対称性によって電荷は保存されるのである。

では本当にすごい話に進もう。次に電子場に、時間と場所によって異なる位相のずれを導入する。これは、電子場の位相を示す小さな時計がたくさんあり、時間と空間の一点に一個ずつ割り振られていると考えてもいい。局所的変換というのは、ここでは時計の針を四分の一周進め、あちらでは半周戻すということだ。この場合、電子場の挙動に影響することなしに、異なる時間と場所で異なる位相のずれを導入できるようにしたければ、新しい量子場を導入する以外に選択肢がないことがわかる。そしてなによりすごいのが、この新しい量子場には電磁場の性質そのものがあることだ。つまり電磁場は、傾いたサッカーグラウンドに吹いた風のように、電子場の時間と場所によって不均一に生じている位相のずれの効果を修正するのだ。

ここで、この見識の素晴らしさをしっかり理解するために、ちょっと立ち止まってみたい。QEDによれば、あなたの冷蔵庫の扉にマグネットがくっついているのも、電流がケーブルを流れるのも、原子があのような構造をしているのも、究極的には自然界の法則に深い対称性があるからなのだ。学部学生時代にこの事実を初めて学んだとき、私は畏敬の念を抱いた。それから何年もたった今でも魔法のように感じるところがある。

QEDでは、電磁場を生じさせる位相変換の集合はU（1）群という数学的対象として表されている。この群の詳しい意味はここではあまり重要ではないが、大切なのは、局所的なU（1）位相変換をおこなったときに自然法則が変化しないとするなら、電磁場が存在するはずだという点である。さらによいことに、U（1）の数学的構造によって、電磁気の規則や、その規則に依存する、湖面での太陽光の反射からとんでもない力を持つ雷雲にいたるまでのあらゆる現象が決まる。そのことが、光子の質量がゼロでなければならないことも意味しているのも重要な点だ。これを先ほどのサッカーのたとえにあてはめれば、オフサイドのルールだとか、ボールのサイズの指定といったことも含めて、サッカーのルールブック全体を自動的に生成するような、深い対称性の法則を発見するようなものだ。

こうした対称性の考え方を理解したことで、スタート地点に戻ろう。ヒッグス粒子と弱い力の問題だ。QEDが発見されるとすぐ、物理学者たちは当然のこととして、同じ対称性の法則に基づいた、弱い力や強い力を記述する他の量子場理論が見つかるかどうかを調べようとした。そうした種類の理論は、一九五四年にヤン・チェンニンとロバート・ミルズによって発見されたが、どれも致命的な問題があると考えられた。彼らの理論では質量のない新たな粒子の存在が予言されたのだ。そうした粒子は、質量がないという点では光子（電磁場の粒子）と同じだが、電荷を持つ点が異なっていた。問題は、そんな粒子が存在するなら、おそらくそこら中を跳び回っているので、ずっと前に発見されているはずだという点だった。そのためほとんどの物理学者は、電磁気と同じ対称性の法則に基づいた、このいわゆるヤン＝ミルズ理論は成功の見込みなしと考えた。

強い力の場合にはすでに見てきたように、そうした質量のない粒子は確かに存在し、グルーオンと呼ばれている。ただしグルーオンは強い力がとてつもなく強力なせいで、陽子と中性子の中に容赦なく閉じ込められているため、一九五四年まで発見されなかった。

しかし弱い力については、質量のない粒子が見つからない問題を同じ理由で片付けることはできない。弱い力の量子場理論について最も有望な候補とされている対称群はＳＵ（２）と呼ばれており、そこからは三つの新しい力の場が予言されていて、それぞれに対応する質量のない粒子として、W^{+}、W^{-}、Z^{0}というボース粒子（ボソン）が考えられる。

ボース粒子とはなにかと疑問に思った人のために、ちょっと横道にそれよう。粒子はそのスピンによって二つのカテゴリーに分けられる。すでに説明したように、量子力学のスピンは1/2を単位としており、半整数のスピン（1/2、3/2、5/2の数列のスピン）を持つ粒子はフェルミ粒子（フェルミオン）と呼ばれている。電子やクォークなどの物質粒子はすべて、スピンが1/2のフェルミ粒子だ。一方でボース粒子は、０、１、２…といった整数のスピンを持っている。光子やグルーオン、W粒子やZ粒子のような力を伝える粒子はすべてスピンが１のボース粒子だ。

このＳＵ（２）群の理論にはたくさんの魅力的な特徴がある。たとえば、ベータ崩壊で実際にどんなこ

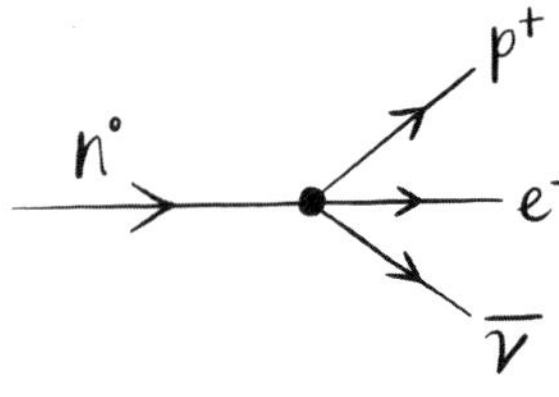

フェルミの理論：中性子(n^0)は陽子(p^+)と電子(e^-)、反ニュートリノ($\bar{\nu}$)に直接変化する。

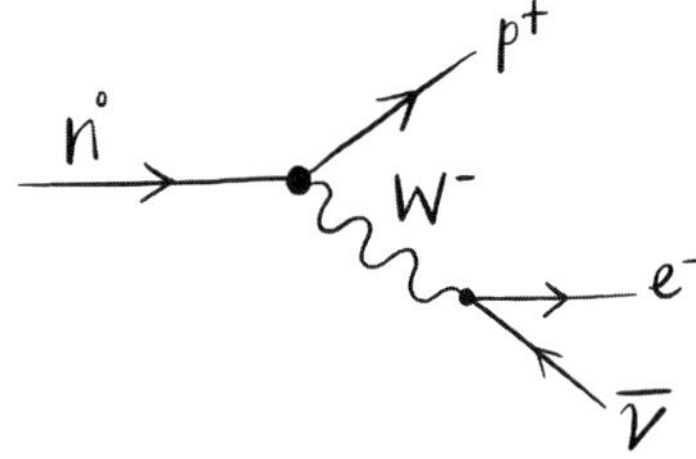

SU(2)群理論：中性子(n^0)が陽子(p^+)とW^-粒子になり、そのW^-粒子が電子(e^-)と反ニュートリノ($\bar{\nu}$)になる。

とが起こっているかを説明できる。フェルミ理論のように、中性子から直接、陽子と電子、反ニュートリノへと一気に崩壊すると考えるのではなく、中性子はW^-粒子一個を放出して陽子に崩壊し、それが次に電子と反ニュートリノに変換されると考えるのだ（上の図を参照）。

しかしこの理論には大きな問題が一つある。W^+粒子やW^-粒子、Z^0粒子は質量がゼロだと予測されるので、たとえば粒子二個の衝突のようなとても簡単な方法で生成されるはずだ。そのため、光子からなる光と同じように、私たちは現実世界中を飛び回るボース粒子を目にしていなければならないことになる。実際には誰もW粒子やZ粒子を見たことがないのだから、この理論は間違いだといわざるをえない。さらに問題なのは、粒子に質量がないなら、弱い力は強くなってしまうことだ。

電磁場や弱い力の場のような力の場では、場に付随する粒子の質量をその場を使うための料金だと考えることができる。いってみれば、橋を渡るために支払う通行料のようなものだ。光子は質量がゼロなので、電磁場を通行するための費用はゼロになる。これは二つのことを意味する。まず、荷電粒子が二個ある場合、粒子はどれだけ離れていても電磁場を通して互いに力をおよぼす。もちろん、距離が遠くなるほど力は弱くなるが、それでも力は働いている。そのため、物理学用語では電磁力を「長距離力」と呼ぶ。そして電磁場の通行料がゼロであることが意味することの二つ目は、電磁気力が比較的強い力だということだ。

もし、弱い力の粒子も質量ゼロなら、弱い力にも電磁力と同じことがいえるだろう。つまり、強い長距離力であるということだ。しかしその名が示すとおり、弱い力は弱く、きわめて短距離でしか作用しない。その作用がはっきりとわかるのは原子核よりも小さな範囲であり、そのため私たちは日常生活で弱い力に気づかない。

弱い力を弱くする一つの方法は、W粒子とZボソンにとても大きな質量を与えることだ。つまり、弱い力の場に高い料金を設定するのである。これは、橋の通行料として一メートルあたり一〇〇〇ドルを徴収するようなもので、そうなるとかなりの金持ちのドライバー（つまり非常に多くのエネルギーを持っている人）しか橋をわたれなくなり、移動距離もとても短くなりがちになる。結果として、大きな質量があれば弱い力が弱い短距離力になる。同時に、W粒子やZ粒子が一九五〇年代や一九六〇年代に知られていなかった理由もすっきりと説明できる。質量がかなり大きいので、当時の実験ではそうした粒子は重すぎて生成できなかったと考えればいいのだ。

しかし、この解決策には重大な問題があった。W粒子やZ粒子に質量を与えたことで、そもそも弱い力の形を決めるのに用いられた、あの美しいSU（2）対称性が破れてしまったのだ。さらに悪いことに、この理論は確率の計算で答えが無限大になってしまうという問題にも悩まされるようになり、実質的に役に立たなくなってしまった。

理論物理学者たちは、QEDの構築段階の一九三〇年代と一九四〇年代に同じような無限大の問題にぶつかっていた。しかしそうした問題は最終的に解決し、QEDは合理的な答えを与えられる理論になった。このときに使われた「くりこみ」という手法は、QEDの成功にきわめて重要であり、シュウィンガーとファインマン、朝永はその研究で一九六五年にノーベル物理学賞を受賞している。しかしくりこみは、質量が大きな粒子を仮定した弱い力の場合にはうまくいかないようだった。弱い力の量子場への道は完全に閉ざされているかに思えた。

　解決法が見つかるまでに一〇年かかったが、その解決法が現実世界の十分に機能する理論と統合されるまでにはさらに時間が必要だった。その発見をめぐる物語は長くて複雑であり、多くのスター物理学者を擁した集団的な取り組みだった。ジュリアン・シュウィンガーと南部陽一郎、ジェフリー・ゴールドストーン、フィリップ・アンダーソンが基礎を築いた。ロベール・ブルーとフランソワ・アングレール、ピーター・ヒッグス、ゲラルド・グラルニク、カール・ハーゲン、トム・キッブルは解決法の候補を思いついた。アブドゥス・サラム、シェルドン・グラショー、スティーブン・ワインバーグがこの解決法を弱い力に適用した。そしてヘーラルト・トホーフトとマルティヌス・フェルトマンが、得られた理論に無限大が含まれないことを証明したのである。この理論の背景となる複雑な物語は、それだけで一冊の本になるくらいなので、[*6]ここでは物理学の部分だけに注目しよう。最終的に得られた理論はまるで、多くの人々によって長年かけて建てられた、美しくそびえる大聖堂のようだった。それこそ素粒子物理学の標準モデルの中心となるものだ。

　物理学者たちはパラドックスに直面していた。弱い力の粒子が大きな質量を持っていなければならないことはわかっていた。そうでなければ、弱い力は電磁気力のように、強くて長距離で作用する力になってしまうが、実際はそうではないからだ。しかし、粒子が質量を持つとなると無限大の結果を持つとともに、そもそも弱い力の形を決めた、宝石のように美しい対称性を破る理論になってしまう。

　しかし、対称性が破られず、隠されているだけだとしたらどうだろうか？　別のいい方をするなら、弱い力の粒子は基本的には質量がないが、よそから質量を得ているとしたらどうだろうか？　ここで登場するのがヒッグス場だ。

ヒッグス場はこれまでに登場した量子場とは異なる、新しい種類の量子場だ。今まで見てきた量子場はすべて、電子のようにスピンが1/2の粒子に対応する物質場か、光子のようなスピンが1の粒子に対応する力場のいずれかである。一方、このヒッグス場には、スピン0でなければならないという、独自の性質があった。

ヒッグス場は他の重要な点でも独特だった。それは、あらゆる場所でゼロでない値を取る必要があることだ。これは、たとえば電磁場とはかなり違っている。本当になにもない空間に行って、そこからすべての光子を取り除き、電磁場にさざ波がまったく立たないようにすると、量子の不確定性による小さな変動を除けば、電磁場の値はほとんどゼロになる。しかしヒッグス場からすべての粒子を取り除いても、場の値はゼロではない大きな値になる。つまり実質的に、宇宙全体が均一なヒッグス場のスープで満たされているというわけだ。

重要な発見は、そうしたヒッグス場のスープが弱い力の粒子に質量を与えうるということだ。そのなりゆきはこんな感じになる。はるか昔、宇宙の歴史が始まった直後、ヒッグス場の値はゼロだった。そのためW^+粒子とW^-粒子、Z^0粒子という三つの弱い力の粒子はすべて質量がゼロであり、対称性が宇宙を支配していた。しかし一兆分の一秒ほど経過すると、ヒッグス場が「オン」になり、質量がゼロからある固定値

＊6　誰がなにをしたのか、そして誰が称賛に値する（または値しない）かについてもっと知りたければ、フランク・クローズの著書“The Infinity Puzzle”（無限大のパズル）、邦訳は『ヒッグス粒子を追え』（ダイヤモンド社）を強くおすすめする。

に変化した。宇宙がヒッグス場のスープで満たされ、弱い力の粒子が急に質量を持つようになった。こうなると、時間の始まりに存在していた完全な対称性は姿を隠し、私たちが現在弱い力と考えているものは、強い長距離の力から弱い短距離の力へと変化した。

アップルパイの材料になる電子やクォークのような物質粒子は、それ以前は宇宙を高速で飛び回っていた。しかしこのときから急に、この濃いヒッグス場スープをかき分けて進むようになった。そうした粒子も、ヒッグス場との相互作用によって、動きの速い質量ゼロの粒子から動きの遅い質量のある粒子へと同じように姿を変えた。参考までに、不十分ながらたとえてみると、ヒッグス場はねばねばした物質のようなもので、電子やクォークなどの粒子にくっついてその速度を遅くするとともに、質量という性質をしみ込ませる。一方で、光子やグルーオンのような粒子が質量を持たないままなのは、ヒッグス場と直接的な相互作用をしないからだ。

つまりヒッグス場は、弱い力の粒子に質量を与える役割をになうだけでなく、物質の素粒子にも質量を与えるのだ。[*7] このことから、ヒッグス粒子は私たちのアップルパイの、さらにいえば私たちの宇宙の絶対に不可欠な材料だといえる。ヒッグス場がなければ、私たちの知る形の世界は存在できなかった。電子などの粒子は質量を持たないので、光速で飛び回るばかりで、結合して原子を作ることはなかっただろう。同時に、私たちが親しんでいる自然界の力はまったく違った形になっていただろう。このヒッグス場のない宇宙が厳密にどんなふうに見えるかはいい表しにくいが、私たちの住めるような場所ではないのは確かだ。

このメカニズムの基本的な考え方は、一九六四年に三つのグループが独立して発表した。論文が発表された順番では、最初がブリュッセルのロベール・ブルーとフランソワ・アングレールのグループ、次がエジンバラのピーター・ヒッグス、そして最後がロンドンのゲラルド・グラルニクとカール・ハーゲン、トム・キッブルという順番だった。あなたはこれを見て、この理論にヒッグスの名前しかついていないのはどうしてだろうと思うかもしれない。それは基本的には不幸な歴史の気まぐれのせいだ。いつも控えめなヒッグス自身は、この説に貢献した多くの理論物理学者の功績だとしてABEGHHK'tHメカニズムと呼んでいた。[*8] 残念ながら、この疑問を表立って話題にしたりすると、面倒な話をわざわざ蒸し返そうとしていると思われがちなのだが。

ヒッグスが他のメンバーと違っていた点が一つある。論文の最初の原稿が論文雑誌に受理されなかったとき、ヒッグスは自分の説が実験的な面でどんな結果をもたらすかという点を書き加えることで、論文の内容を強化することにした。宇宙全体に広がる新しいエネルギー場を発明するのはよいとしても、そんなものが存在することをどうやって確かめるのだろうか？　ヒッグスは、他のすべての量子場と同じように、この新しい量子場にもさざ波を作り出すことが可能であり、それは実験で新しい粒子として観測されると予測していた。量子場理論を学んだ人にとっては、ヒッグス場には粒子がともなうことはかなり明白だったが、ヒッグス以外には誰もそのことを明示的に触れようと考えていなかった。そんなわけで、ヒッグスの名前がその粒子に永遠に結びづけられ、有名なヒッグス粒子が生まれたのである。

この六人が大枠を作り上げたのは、新しい量子場を用いて、粒子に質量を与える基本的な原理だった。

＊7　これには一つ重要な条件がある。ヒッグス場は電子やクォークなどの物質の素粒子にのみ質量を与えることだ。一方で、陽子や中性子の質量の大半は、その構成粒子であるクォークではなく、クォークを結びつけているグルーオン場に蓄積されたエネルギーに由来する。つまり、原子の質量の大半は、実際にはヒッグス場ではなく強い力に由来することになる。

＊8　アンダーソン、ブルー、アングレール、グラルニク、ハーゲン、ヒッグス、キッブル、トホーフトを表す。

しかしそれはまだ、弱い力を説明するのに十分適したものではなかった。一九六八年、シェルドン・グラショーとアブドゥス・サラム、スティーブン・ワインバーグはこの枠組みを使って、現実世界と十分につじつまの合う理論を作り上げた。そうする中で、質量を与えるメカニズムをうまく機能させるには、この理論に電磁気力も含めるのが唯一の方法であることを明らかにした。これが、二〇世紀で最も影響の大きな発見の一つにつながった。電磁気力と弱い力は、通常の世界ではまったく異なる力に思えるのだが、実際には「電弱力」という一つの統一的な力を別の面から見ているだけなのである。現在の私たちにはこれが二つの別々の力として見えている理由はただ一つ、宇宙初期にW粒子とZ粒子にはヒッグス場から質量が与えられたが、光子は質量ゼロのままだったからだ。

この本当に見事な発見は、物理学における理論の統一としては、ファラデーとマクスウェルの電気と磁気の統一以来となるきわめて偉大なものだった。ファラデーらは、電気と磁気は一つのものであり、同じ現象であって、電磁場という一つの統一場を異なる面から見ていることを明らかにした。そして今度は、深い対称性の原理を応用することで電磁場（電磁気力）と弱い力が統一されたのである。その結果として生まれた電弱理論が予言した、W^+粒子とW^-粒子、Z^0粒子という、質量を持つ三つの新粒子は、一九八三年にCERNのスーパー陽子シンクロトロンというコライダーによって、見事に発見されている。ついに弱い力の理解にたどり着き、電弱理論は現代における素粒子物理学の標準モデルの中心になった。

しかし、まだ見つかっていないパズルのピースが一つあった。ヒッグス粒子そのものだ。ヒッグス粒子がなければ、一九六〇年代と一九七〇年代に建てられた美しい理論の大聖堂は、その礎石を失うことになる。弱い力の強さを説明し、それを電磁気力と統一するとともに、宇宙のあらゆる原子を構成する粒子に質量を与えたのは、ほかならぬヒッグス粒子だ。そうした理由があるからこそ、ヒッグス粒子の発見がそれほど重要とされ、一九七〇年代後半に、先見の明があったＣＥＲＮの物理学者たちが、これまで試みられてきた中で最も大胆な科学実験の計画を練り始めたのである。

ビッグバン装置

二〇一〇年三月三〇日火曜日、もうすぐ昼食という時間帯のことだ。疑うことを知らない二個の陽子は、今まさに歴史を作ろうとしているところだ。彼らの一日の始まりはいつもと同じで、ジュネーブ中心部から数キロメートル離れたところにある、特徴に乏しいＣＥＲＮの地上施設に置かれた水素ガス容器の中で満足そうに跳ね回っていた。その日は、絶対に忘れられない日になろうとしていた。なにしろ、この二個の陽子はどちらも、一三八億年前にビッグバンの激しい熱の中で生まれてから、人間の基準で見れば想像できないくらい長くて変化に富んだ一生を送ってきたのだから。

彼らが見てきたものはすごかった。宇宙創成の焼けつくような光と、初代星が生まれる前の果てしない暗闇を目にした。青色超巨星のまぶしい大気の中でダンスをし、超新星の衝撃波に乗って宇宙をサーフィンした。二個の陽子のうちの一個は、ポール・マッカートニーの左手の中指の先にある皮膚細胞でしばらく過ごしたことさえあった。ただしビートルズ時代ではなく、その後のウイングス時代だったが。

しかし、陽子たちの知らないうちに、その長い一生は残酷にも早く終わらされようとしていた。まさにその水素ガス容器に送り込まれるという不運がなかったら、彼らはずっと生きのびて、人類の絶滅や、太陽の死、そしてもしかしたら宇宙の終わりにふたたび訪れる、果てしない暗闇を目にしたかもしれない。残念ながら、その容器は地球上で最も強力なコライダーの陽子源用として選ばれていた。陽子たちは、科学の理想の犠牲になろうとしているのだ。

なんの前触れもなく、二個の陽子はガス容器からあっさりと吸い出され、バルブを通って隣の金属製の箱に送り込まれる。そこで電気的エネルギーの激しい衝撃で、二個の陽子は水素原子から不意に剝ぎ取られる。道連れだった電子に別れを告げた陽子たちは、気づけば丸裸になっていて、真空パイプの中を猛スピードで突き進んでいた。その真空パイプが通っているのは、陽子の最期へと容赦なく続く、何台も連なった加速器の一台目の中心部だ。陽子たちは、三〇メートルほどの短い旅を終えて、リニア・アクセラレーター2という想像力に欠けた名前の加速器から出るときには、すでに光速の三分の一で飛行している。二個の陽子のどちらも、これまで数十億年のあいだにこんなスピードで移動したことはなかったが、それでも光速の三分の一というのはそれほど心配するようなものでもない。彼らの仲間の多くは、宇宙線として、はるかに高速で地球に降り注いでいたからだ。

しかし陽子たちは、だんだん大きくなるいくつもの円形加速器を通過するうちに、不安になってくる。加速器を回るたびに、強力な電場が陽子たちにエネルギーを与える。一方でどんどん強くなる磁場は陽子たちをその軌道にさらにしっかりと縛り付ける。やがて陽子たちは、一周七キロメートルある巨大なリング、スーパー陽子シンクロトロン（ＳＰＳ）をぐるぐると回っていることに気づく。それぞれの陽子は今や、水素ガス容器で一緒に過ごしていた数十億個の陽子としっかりまとまった群れを作って飛行しながら、それまで以上に恐ろしい速度へと徐々に加速されている。ＳＰＳによって光速の九九・九九九八パーセントという上限速度に到達したときには、陽子たちはこの試練がもうすぐ終わることを期待した。

そうはならなかった。突然の磁場による衝撃で陽子たちはＳＰＳからはじき出されて、輸送ラインに送り込まれた。その先にあるのは大きなリングで、実をいえばなによりも大きな円形加速器である、大型ハドロン衝突型加速器（ＬＨＣ）だった。不吉なことに、私たちが追いかけてきた二個の陽子は、今では一周二七キロメートルのリングを反対方向に動いている。これがよいことのはずがない。より大型のＬＨＣのカーブはゆるやかなので、その磁石が引っ張る力は今までほど強くなく、陽子たちはつかのまほっとする。悲しいかな、それは長くは続かなかった。

午前一一時四〇分、二つのビームがしっかりと反対方向に周回する状態になったところで、ＬＨＣは陽子を未知の領域に導き始めた。リングを周回するたびに、陽子は短い金属空洞を通過して、そこで二〇〇万ボルトという強力な電場によって何度も激しい加速を受けて、光速に一段と近づくのだ。同時に、コライダーの主要部分を占めている一〇〇〇個以上の超伝導磁石がさらに強い磁場を生成して、これまでよりずっと強い力で陽子をリングの中央に向かって引き寄せ始めた。

陽子たちは一時間、この電磁場の拷問を耐えた。幸運にも、速度がとてつもなく速いと相対論的効果によって時計の進み方が遅くなるおかげで、この一時間は陽子たちからみれば一秒ほどでしかない。午後〇時三八分、一周二七キロメートルのリングを約四〇〇〇万回周回してきた陽子たちは、光子の九九・九九九九九六パーセントというめまいがするような最終速度に到達する。

それぞれの陽子は、なににも負けない威力を持つ弾丸へと変化している。そのエネルギーは三・五ＴｅＶで、これは陽子自体の静止質量が持つエネルギーの約三七〇〇倍だ。リングを一周九〇ミリ秒という速度で周回しながら、陽子の最期を記録するためにじっと待ち構えている四基の巨大検出器（ＡＴＬＡＳ、ＡＬＩＣＥ、ＣＭＳ、ＬＨＣｂ）の中心部を何度も通過する。この時点では、反対方向に周回する二本のビームは離れた状態のままで、検出器を通過するたびに数ミリ以内まで近づいたが、まだ出会うことはなかった。

わずか一〇数分後の午後〇時五六分、四基の検出器の両側に設置されている磁石が二本の反対方向のビームを少しずつ近づけ始め、陽子たちは自分たちが周回する軌道が少しずつ移動しているのに気づいた。周回するごとに、ビーム間の距離は狭くなり、最終的には猫のヒゲ一本未満になった。

午後〇時五八分。宇宙の始まり以来最も高速で飛行するようになっている私たちの二個の陽子は、最後にもう一度すれ違うと、二七キロメートルの距離から衝突に向けた最終アプローチに入った。わずか二二・五マイクロ秒後、二個の陽子の距離は半分になる。さらに二二・五マイクロ秒後、陽子たちは一つの検出器内の空洞に両側から進入する。唯一の救いは、相手が近づいてきているのが見えないことだ。陽子たちには目がついていないし、あったとしても、ＬＨＣの内部は真っ暗だ。

二つの強力なビームが四基の検出器すべての内部で交差して、私たちのかわいそうな陽子は、ビッグバン以来なかったような激しさで正面衝突をする。そして、科学がこれまでに作り出した高エネルギー衝突の世界記録が破られた。

衝撃によって、陽子たちは完全に消滅し、そのはらわたはクォークとグルーオンの花火としてまき散らされる。同時にそのとてつもないエネルギーは、量子場を次々と伝わるさざ波を送り出し、電子やミュー粒子、光子、グルーオン、クォークなど、さまざまな粒子を衝突の力から新たに生み出す。私たちの二つの陽子が死んで、新たな粒子が生まれたのだ。陽子たちの死によって、エネルギーから新たな物質が作り出された。$E=mc^2$という方程式そのものだ。

一〇〇メートル上の地上では、ＬＨＣリングのあちこちにあるコントロールルームのスクリーンに最初の衝突を示す画像がぱっと表示されると、エンジニアや物理学者が歓声を上げげた。これまでに考え出された中で最も野心的な科学実験が、構想と計画、建設、試験、挫折、そして復活という三〇年以上の道のりをへて、ついにスタートしたのだ。その成功は、CERNコントロールセンターにいるLHC担当のエンジニアたちにとってはいっそううれしいことだった。彼らの多くは、二〇〇八年九月のLHC稼働直後、このコライダーが文字どおり自爆してしまった後、一年かけて、地下の一周二七キロメートルのトンネル内で休むことなくコライダーの修理にあたってきた。CERNのあちこちでシャンパンの栓が抜かれるなかで、その日のLHC運用担当者だった二人のエンジニアの一人であるミルコ・ポイエルは、日誌にただこう記した。「一ビームあたり三・五TeVで初衝突!」。

この二〇一〇年三月三〇日火曜日は、CERNのあらゆる人にとって記念すべき日だった。LHCの物理学プログラムが始まった日であり、同時にそのプログラムを通して、宇宙について考えうる最も深遠な疑問のいくつかに答えを探す試みが始まった日だからだ。私はまだ、そうした最初の数週間の様子を鮮明に思い出せる。その時期に感じたのは、LHCb検出器の中を粒子が飛んで行く様子を示したイベントディスプレイという図が初めて作成されたのを見たときの興奮や、この実験の小さな一部分がつねにスムーズに動くようにするという仕事にともなう責任とプレッシャー、本物の粒子が自分たちの検出器の中で作られていたことを示す、最初のデータを見たときのゾクゾクする気持ちだ。

時間がたち、CERNコントロールセンターでLHCを動かしているエンジニアたちが、自分たちが建造したあり得ないほど複雑なマシンの運転方法を身につけていくにつれて、四基のLHC検出器それぞれで記録される衝突の頻度はどんどん増えていった。高エネルギー衝突の世界新記録を樹立した後は、エンジニアたちの仕事は、衝突回数を増やす方法を突き止めて、四基の検出器が一日に記録できるデータをどんどん増やせるようにすることになった。

私がかかわっていたＬＨＣｂは、「ボトムクォーク」と呼ばれる粒子の研究を主な目的として設計された専用検出器だ。ボトムクォークは、陽子や中性子を構成している通常のダウンクォークの仲間にあたる重い素粒子だ。その性質を詳しく測定すれば、標準モデルと、存在すると考えられる未発見の新しい量子場の両方について多くのことがわかる。しかし、ヒッグス粒子の探索はＬＨＣｂの設計目的になかった。

ヒッグス粒子を狙っていたのは、ＬＨＣでは特に大きいＡＴＬＡＳとＣＭＳの二台の検出器だった。

この二基の巨大検出器は「汎用」検出器だ。つまり、可能なかぎり多くの種類の粒子を探索できるように設計されているということだ。ＡＴＬＡＳとＣＭＳはリング中心を挟んで向かい合うように設置されている。ＡＴＬＡＳはＣＥＲＮのメインキャンパスのすぐ隣にあるので、レストランのような便利な施設がすべて近くにある。一方、ＣＭＳはそこから一〇キロメートル弱離れたフランスの田園地帯の真ん中にある。そこには絵のように美しい風景が広がっているが、ＣＥＲＮ本部にふらりと戻って昼食を食べたいというときには、ちょっと不便にちがいない。

この二つの検出器はそれぞれ、世界中の三〇〇〇人以上の物理学者とエンジニア、コンピューター科学者からなるチームによって支えられていて、それぞれのメンバーが、原子より小さな世界の新たな性質を見つけ出すという究極のゴールを目指して、ささやかな貢献をし、ときにはそれほどささやかでない貢献もしていた。その中で上級レベルの物理学者たちは、初期の計画段階からかかわっている人も多く、現在ではチームの中で、戦略を設定するとか、自信過剰になりがちな三〇〇〇人のメンバーの合意を形成するという大変な仕事を進めるといった、管理職的な役割をになうようになっている。次に、実験装置やソフトウェアを設計と構築を担当した、ハードウェアとソフトウェアの専門家がいる。実験装置を稼働させ、整備するためにも、将来的な改良を計画し、実行するためにも、こうした人たちの存在は不可欠だ。そして他でもない物理学者の一群がいる。その多くは若い博士課程学生かポスドク研究者で、絶え間なく届く大量のデータを解析し、新粒子の兆候を探し出すのが彼らの仕事だ。

こうした実験は、国の枠組みを超えた途方もないチームワークがあって初めて可能だ。その一方でヒッグス粒子の探索は最終的には、少数の若手研究者たちの手にゆだねられ、彼らが五〇年にわたる探索を劇的な結末に導き、それによって「粒子にはどうして質量があるのか？」という疑問に答えをもたらした。そうした数少ない恵まれた人々の一人が、マット・ケンジーだ。マットは、私のケンブリッジ大学での元同僚であり、ＬＨＣの稼働初期にはインペリアル・カレッジ・ロンドンの博士課程学生で、ＣＭＳでの仕事を始めたばかりだった。

マットがＣＥＲＮに初めてやってきたのは二〇一一年春で、当時ＬＨＣは衝突実験を始めてから二年目を迎えていた。マットは、物理学の道に進んだばかりの頃には、理論物理学者になって、重力の量子論の発見みたいなちょっとした成果を出せたらという野心を抱いていた。しかし修士課程で一年やってみて、理論物理学者の生活は自分向きではないことに気づいて、結局は土壇場で実験素粒子物理学分野の博士課程に応募した。実はあまりにもぎりぎりだったので応募の締切日を過ぎていたのだが、インペリアル・カレッジ・ロンドンの博士課程では、合格していた学生の一人が辞退していたため、運良く定員に一つ空きがあった。大慌てで準備した面接を終えた後、マットは気づけばすぐに博士課程を始めていた。そしてあっという間に、ヒッグス粒子探索に取り組むためにＣＥＲＮに行くことになった。

三〇〇〇人いるＣＭＳ関係者のうち、ヒッグス粒子探索に多少なりともかかわっている人は数百人いたが、実際には、日常的な作業のほとんどは数十人の研究者からなる比較的小さなグループによって進められた。マット自身が認めているが、物理学において最も長く続いていた疑問の一つを解決することになるデータを解析するという、素晴しい機会に恵まれた少数精鋭の一人になれたのは、彼にとって思いもよらない幸運だった。「こんな大スクープの中に飛び込めたのは、本当にまぐれあたりだよ」。マットは私にそう話した。

ＡＴＬＡＳチームやＣＭＳチームの物理学者たちは、ヒッグス粒子がＬＨＣでの衝突で生成される場合には、わずか10^{-22}秒後という、生成とほぼ同時のタイミングで崩壊することを知っていた。これではあまりに時間が短すぎて、ヒッグス粒子は検出器のセンサー部分まで到達できない。つまり、ヒッグス粒子の証拠を見つける唯一の方法は、その崩壊で生じた粒子が検出器を高速で通り抜けるところをとらえることしかない。それは、車にダイナマイトを満載して、爆破で生じたさまざまな部品が飛び散る様子を写真で撮ることで、車のメーカーとモデルを突き止めようとするのにちょっと似ている。

しかし車なら、ばらばらになったときに生じる基本的な破片は同じだが、ヒッグス粒子には何とおりもの崩壊過程があり、その崩壊過程によって粒子の見つけやすさに差が出てくる。たとえば、ボトムクォークと反ボトムクォークへの崩壊は、頻度が圧倒的に多く、ヒッグス粒子全体の半分以上がこのタイプの崩壊をする。しかしそれでもこの崩壊で生じる粒子を見つけるのが非常に難しいのは、ＬＨＣでの粒子衝突そのもので大量のボトムクォークが生成されるせいだ。なにかを見つけるのが難しいことを「干し草の山から一本の針を探す」といい表すが、ヒッグス粒子がボトムクォークと反ボトムクォークのペアに崩壊する現象を探すのはむしろ、「見た目がとても似ているたくさんの針の中から一本の針を探す」ようなものだ。

ありがたいことに、ヒッグス粒子を探すにはこの崩壊過程を使うよりずっとよい方法がいくつかある。その中で最も見込みのある崩壊過程は、一個のヒッグス粒子が二個の高エネルギー光子か二個のＺ粒子に変化するものだ。この崩壊を観測するのが簡単なわけではないが、それは少なくとも、干し草の山から一本の針を探すことに近い（または畑にあるたくさんの干し草の山から一本の針を探すことかもしれないが）。

マットがＣＥＲＮに到着してすぐに担当したのは、ヒッグス粒子一個が光子二個に崩壊する反応の兆候を探すコンピュータープログラムの作成だった。彼が覚えているのは、書いたプログラムをＣＭＳのワーキンググループの一つに初めて提出したときに、マサチューセッツ工科大学（ＭＩＴ）のポスドク研究者からひどく敵意をこめてこき下ろされて、少しばかりショックを受けたことだ。後からわかったのだが、ＭＩＴの研究者たちとインペリアル・カレッジ・ロンドンの研究者たちのあいだにはライバル意識らしきものがあった。どちらのグループも、ヒッグス粒子探索の主導権を握ろうと張り合っていて、マットは知らないうちにこの争いに巻き込まれていたのである。「あれはちょっとした洗礼だったね」とマットはいった。「これはなかなか大変な環境だなと思いながら、会議から出てきたよ」。

当時の緊張感は大変なものだった。マットがいたのは、インペリアル・カレッジ・ロンドンとカリフォルニア大学サンディエゴ校、ＣＥＲＮ、イタリアからきた物理学者たちのチームだった。ＣＭＳではこのチームとＭＩＴチームが、ヒッグス粒子が二個の光子に崩壊する反応を探して競争していた。その他に、ヒッグス粒子が二個のＺ粒子に崩壊する反応を対象としているチームもいくつかあった。そしていうまでもなく、ＣＭＳの巨大なライバルであるＡＴＬＡＳでは、三〇〇〇人の研究者が同じゴールを目指して進んでいた。マットは、他の博士課程学生二人、ポスドク研究者二人と結束の固いチームとして作業をしていた。彼らは少なくとも週に二回、朝食か昼食をとりながら、最新の成果についてよく話し合っていた。そのときに使っていたＣＥＲＮのレストラン１は、ＣＥＲＮの社会生活の中心地になっている賑やかなカフェテリアだ。マットたちは勤務時間後もかなり長く残業することが多かったし、特にヒッグス粒子探しの進捗状況を発表するタイミングでは、徹夜で働いたことも一度か二度あった。

ところで、ヒッグス粒子は実際にはどうやって探すのだろうか？　それはすべて、ＬＨＣでの陽子の衝突から始まる。仮にヒッグス場が存在しているとしよう。さらに、ＬＨＣでの陽子衝突のエネルギーは、ヒッグス場を揺るがして、新しい粒子であるヒッグス粒子を作り出すのに十分だと仮定する。その場合に最初に問題になるのは、一回の衝突でヒッグス粒子が生成される確率がきわめて低いことだ。量子力学が持つ確率論的性質のせいで、二個の陽子が衝突する場合、どんな粒子が生成されるかを前もって知ることはできない。衝突は、とてもたくさんの面があるサイコロを転がすようなもので、それぞれの面が異なる結果に対応している。

ほとんどの場合、衝突ではクォークやグルーオン、光子、あるいはＷ粒子やＺ粒子といった既知の粒子しか生成されない。ヒッグス粒子が生成される確率はとてつもなく低く、五億回に一回しかない。そのため、それなりの数を観測できるようにＬＨＣは衝突回数を非常に多くする必要がある。実際に、ＬＨＣはＡＴＬＡＳとＣＭＳの内部で毎秒一〇億回程度の衝突を起こすことができる。それを二四時間態勢で一日も休むことなく、数回のメンテナンスと再始動の準備期間を挟みながら、年に約九カ月続けることを目指している。二〇一二年末の時点では、このとてつもない衝突頻度のおかげでＬＨＣでの衝突回数は六〇〇〇兆回に達した。

これだけな莫大な数の衝突が起こると、それに対応して大量のデータが生成されることになる。その膨大さは、地球上に存在するありとあらゆるハードドライブを数日で一杯にできるほどだ。こうした大量に流れ込むデジタルデータに対処する唯一の方法は、衝突を記録する前にその大半を捨ててしまうことだ。この処理は、「トリガー」と呼ばれる非常に高速のプログラムでおこなう。トリガーは、それぞれの衝突をリアルタイムで（二五ナノ秒ごとに）チェックして、なにか興味深いことが起こっているように見えるか、

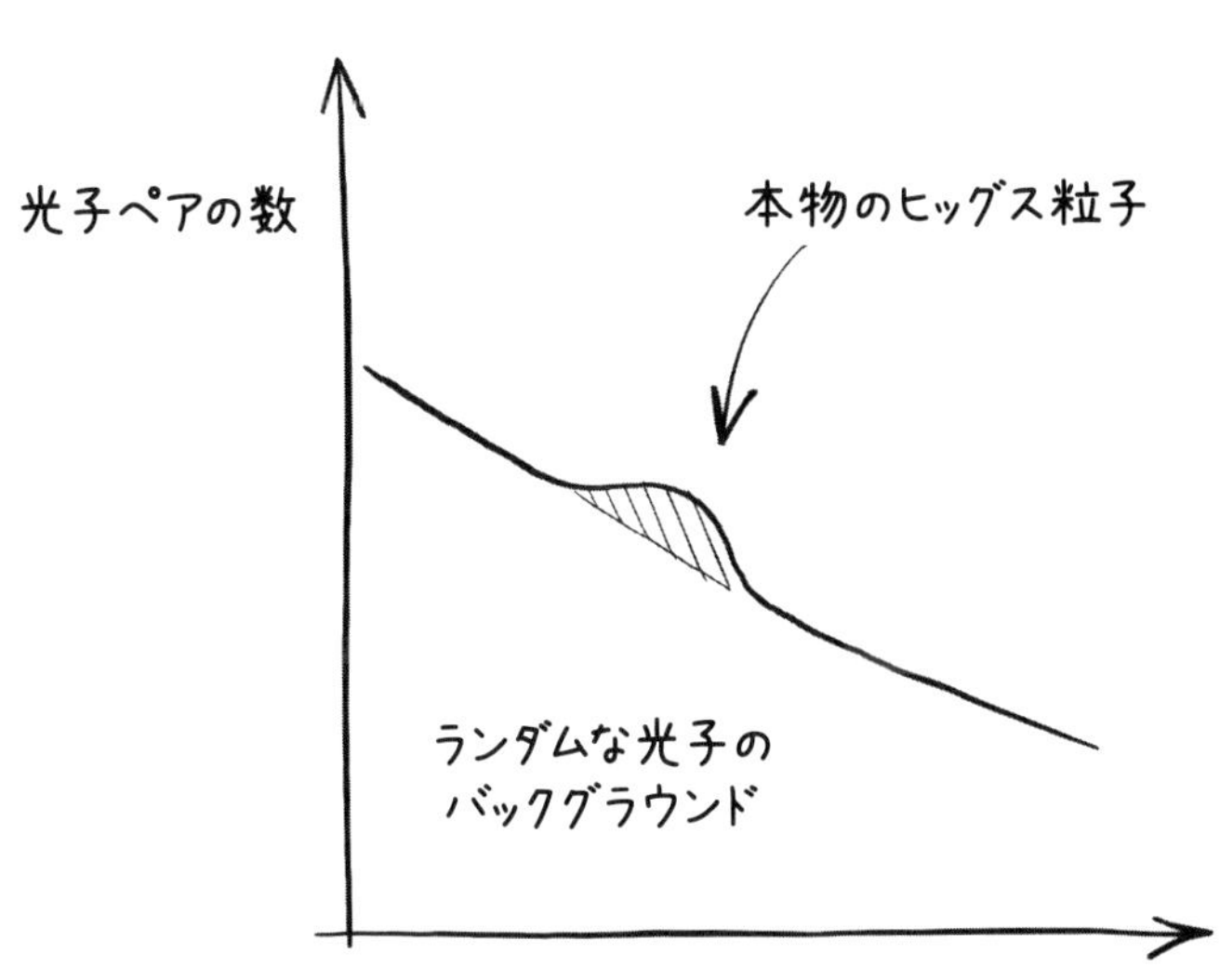

それとも昔からあって見たことのある、クォークやグルーオンみたいなありふれた粒子にすぎないのかを判断する。まれに興味深そうなものが見えたら、そのデータが記録され、マットのようなデータ解析担当者が探索を始められるようになる。

いったんデータが記録されれば、二個の光子に崩壊したヒッグス粒子を探す方法は実際のところ、少なくとも原理上はかなり単純だ。CMSとATLASのチームはオーダーメードのプログラムを使って巨大なデータセットをふるいにかけ、二個の高エネルギー光子を含む衝突を探す。しかしここで難しいのは、陽子二個が衝突したときに光子が生成する方法が他にも非常に多くあり、そのほとんどにはヒッグス粒子がまったく関係していないということだ。マットのチームは、このようなヒッグス粒子由来ではないランダムな光子も含んだバックグラウンドから、本物のヒッグス粒子をふるい分ける方法を見つける必要があった。それは流れの速い小川の中で砂金を探すようなものだった。

データをふるい分けした後でも、本物のヒッグス粒子よりバックグラウンドの光子のほうがはるかに多かったが、ここで最後にちょっとしたこつがある。二個の光子のエネルギーを足し合わせた値から、元の粒子の質量が直接わかるのだ。ランダムなバックグラウンド光子の場合、その質量の合計は事実上どんな値にもなりうるので、その値をグラフにすると、幅広い質量範囲にわたるグラフになる。しかし、ヒッグス粒子由来の光子の場合、足し合わせると必ず同じ質量、つまりヒッグス粒子の質量になるので、グラフ上では同じ値に集まって、起伏のないバックグラウンドの上に小さなこぶを作る。このこぶが十分な大きさであれば、それは実験で生成された新しい粒子の決定的証拠になる。

二〇一一年のクリスマス直前、ATLASとCMSがなにか見つけたらしいという噂がCERNの廊下のあちこちでささやかれ始めた。一年にわたる懸命なデータ収集と解析を終えて、一二月一三日に、歴史上最も捕まえにくい粒子であるヒッグス粒子の探索の最新情報を科学界に伝えるための特別セミナーが企画されたのだ。発表を聞くためにCERN本部の大ホールに席を取ろうと、何百人もの人々が列を作ったので、マットは自分のオフィスからウェブ中継で成り行きを見守らざるをえなかった。その発表内容は思わせぶりではあったが、決定的なものではなかった。

ATLASとCMSの両方の実験で、質量が一二五GeVのところに小さなこぶが確認されていた（比較としてあげると、陽子の質量は約一GeV、Z粒子の質量は九〇GeVだ）〔訳注：ここで質量とエネルギーは同じ意味として扱われる〕。ただし、そのこぶは小さすぎて、それが統計的変動ではないといい切ることができなかった。とはいえ、こぶは小さいかもしれないが、二つの独立した実験が新たな粒子の手がかりを同じ質量で見つけたことは、素粒子物理学界に興奮を巻き起こした。

二〇一二年の春にデータ収集が再開されると、なにもかもが突然重大な局面を迎えた。ＣＭＳとＡＴＬＡＳがどちらもヒッグス粒子にあと少しのところまで迫っていることに気づいて、マットとチームの仲間たちは、ライバルに遅れないようにさらに懸命に作業をしなければならなかった。解析作業では、秘密を確実に守るとともに、意識的であれ無意識であれ、自分たちでデータの取り扱い方を都合よく調整することで、結果にバイアスが入り込んでしまう危険を避けるため、ブラインド解析という方法がとられた。この方法では、解析中は最終データを見られないようにしておいて、すべてがプロジェクトによって承認されてようやく、データをオープンにするドラマチックな最後の瞬間がくる。そこでやっと結果が明らかにされ、自分たちがヒッグス粒子を見つけていたかどうかがわかるというわけだ。

二〇一二年六月末の時点で、ＡＴＬＡＳとＣＭＳは二〇一一年の全データと同じ量のデータをすでに記録していて、また解析結果を確認するときがきた。データをオープンにする日の朝、マットと少人数のチームメンバーは、賑やかなレストラン１でラップトップの周りに集まった。へとへとになるまで働く日が数週間続いていた後で、目をしょぼつかせながら、マットたちはついに重要なグラフをのぞき込んだ。スクリーン上には、二〇一一年のデータで見たのと同じ位置にこぶがあった。

素粒子物理学の世界にやってきて日が浅かったマットが、自分たちが見たものの重要性を十分に理解したのは、その日の午後遅く、ＣＭＳプロジェクト全体に向けて結果を発表したときだった。数百人の物理学者がセミナールームにぎゅう詰めになって、ＭＩＴチームのエネルギーあふれる博士課程学生のヤン・ミンミンが、ヒッグス粒子から二個の光子への崩壊の実験結果を発表するのを聞いた。ヤンは、まずは二〇一一年の分、次に二〇一二年の分というように、実験結果を順々にゆっくりと発表することで聴衆を焦らした。そして統合した結果を示す最後のスライドにきたとき、ヤンは究極の美辞麗句を口にした。「どうかこの瞬間を一生覚えていてください」。クリックすると、プロジェクタースクリーンの上のグラフには、一二五GeVの位置にはっきりしたピークがあった。数分後に、ヒッグス粒子が二個のZ粒子に崩壊する反応を探していたチームが、まったく同じ位置にピークが見られることを明らかにすると、「そりゃもう大騒ぎになった」とマットは振り返った。

翌日、マットはCMSのスポークスパーソンであるジョセフ・インカンデラから、他の五〇人ほどの物理学者と一緒に、プレス発表のための準備を手伝ってくれないかというメールを受けた。メディア発表は、二〇一二年七月四日に予定されていた（この日はアメリカ独立記念日(インディペンデンス・デイ)なので、CERNではふざけてヒッグスディペンデンス・デイと呼ばれるようになった）。インカンデラは、CMSの結果を世界に向けて明らかにするというとてつもない責任を、ATLASを代表して結果を発表することになっていたファビオラ・ジャノッティとともに背負っていた。五〇人の物理学者たちはそのセミナールームに数日間閉じこもって、結果を発表するのに一番よい方法を議論し、プレゼンテーションを磨きあげて最終版を作った。

そういう出来事の一方で、マットは毎週末、重い病気を患っていた父親に会うためにイギリスとのあいだを飛行機で行き来していた。マットは両親に、CERNでなにが見つかったのかを一生懸命説明した。両親はそれがすごいことだというのはわかってくれたものの、このヒッグス粒子というのが一体なんのことだかよくわかっていないとマットは感じた。「両親の反応は、『それは素晴らしいね』という感じでした。そのときはもっと重大な心配ごとがあったわけですから」。

そういった事情で、マットは発表のときにCERNにいられないだろうと思ったので、大ホールに予約席を取ってくれるという申し出を辞退してしまった。しかし結果的には、その大切な日にCERNに戻ってきていて、他のCMSヒッグスチームのメンバー数人と一緒になんとかホールに潜り込むことができた。

ホールは熱狂的な雰囲気に満ちていて、ある物理学者にいわせればまるでサッカーの試合のようだった。今考えると、その物理学者がサッカーの試合を見に行ったことがあるのかどうかはわからないが、素粒子物理学の基準で見れば、かなり活気に満ちていたのは確かだった。大ホールの外には席を取るために前夜からキャンプをして待つ人たちが現れ、結局は数百人には入場を断らなければならなかった。一方、私はロンドンにいて、国会議事堂近くで開催された大規模なウェブ中継イベントに出席していた。そこには科学好きの人たちや、ジャーナリスト、政府関係者がいて、プレゼンテーションが始まるのを待っていた。

セミナーの「キックオフ」の数分前、CERNのロルフ・ホイヤー事務局長がピーター・ヒッグスとフランソワ・アングレールとともにホールに入ってきた。ヒッグスとアングレールが半世紀近く前におこなった最初の研究が、これほど見事な発見の数々につながっていた。そのときマットは、自分がなにか大きなことにかかわっていると感じたという。

最初にCMSのプレゼンテーションがあって、ジョセフ・インカンデラは、CMSチームが二週間ほど前に見たのと同じピークを示した。ATLASが同じものを見ていたかどうか、その発表を誰もがかたずをのんで待っていた。ファビオラ・ジャノッティが、CMSとまったく同じ質量にこぶのあるグラフを見せると、部屋中が大歓声に包まれた。

集まっていた物理学者たちは大声を上げ、共同で成し遂げた素晴らしい成果に喝采を送った。いまや八十代のピーター・ヒッグスは涙を拭っていたらしい。後にヒッグスは、一九六四年に若かった自分が最初に予言したこの粒子が、生きているうちに発見されるとは思っていなかったといった。CERNの事務局長がセミナーの最後でまとめの言葉をいったときに、マットは自分がなににかかわっていたのか、ようやくちゃんと理解した。「わかりやすいいい方をしましょう。私たちはそれをつかんだということですね」。

彼らはヒッグス粒子を見つけていたのだ。

警告――この先の科学は建設中につき未完成

ヒッグス粒子の発見は、私たちが進めてきたアップルパイの究極のレシピ探しの転換点だといえる。素粒子物理学の標準モデルは、私たちの宇宙の基本的な材料と、その挙動を支配する法則をびっくりするほど見事に説明してきた理論だ。ヒッグス粒子はこの標準モデルを完成させた。しかし、その成功にもかかわらず、標準モデルはある重要な詳細を説明できない。つまり、アップルパイに含まれる物質がどこからきたのか、ということは標準モデルからはわからない。話の続きがあるはずなのだ。

ＬＨＣでのヒッグス粒子の発見は私たちに、ビッグバンから一兆分の一秒後の宇宙で起こっていた物理現象について教えてくれる。今では、だいたいこの時期にヒッグス場のスイッチがオンになり、素粒子に重力を与えるとともに、現在知られている形の宇宙の基本的な材料が準備されたことを示す、かなり確実な証拠がある。しかし、一兆分の一秒より前になにが起こっていたかは、まだ不確実なままでよくわかっていない。

アップルパイの中にある粒子はどうやって発生したのか？　宇宙が今ある量子場を持っているのはどうしてなのか？　私たちがまだ見落としている材料があるのだろうか？　宇宙はどうやって始まったのだろうか？　こうした疑問に答えるためには、私たちはこれから、その最初の一兆分の一秒をさらにさかのぼっていかなくてはならない。私たちや、宇宙のあらゆるものを作っている物質が出現したのは、その短いが重要な時期なのだ。現代物理学や宇宙論が抱えている重要な問題のほぼすべてが、宇宙が突然出現した直後のその瞬間になにが起こったかにかかっているのである。

そういうわけで、ここで私は、踏みならされた道の先にある、なにがあるかわからない土地へとあなたを連れ出すツアーガイドみたいに、免責事項を提示しておく必要がある。ここから先は、進めば進むほど足元の状態がよくわからなくなる。足を踏み入れようとしているのは憶測の世界で、そこではなにが問題かさえはっきりしないことがある。その答えとなればいうまでもない。しかしここはまさに、カール・セーガンが私たちに突きつけた挑戦の先にある場所だ。宇宙を発明するときがきたのである。

11章

万物のレシピ

ビッグバンから一〇〇万分の一秒たった頃には、すべてがほぼ終わっていた。

最初の一〇〇万分の一秒のあいだ、宇宙は信じられないほど高温だったので、粒子と反粒子がたえず生成と崩壊を繰り返した。クォークと反クォーク、電子と陽電子が急に現れては消えた。煮えたつプラズマの中から粒子・反粒子ペアとして現れるが、結局は一瞬の後に対消滅するのである。

一方で宇宙は急激に膨張し、温度が下がってきていた。一〇〇万分の一秒ほどたつと、プラズマには新たな陽子や反陽子を作り出せるほどの熱がなくなり、そこから大惨事（アポカリプス）が始まった。粒子と反粒子は大規模な対消滅で破壊し合い、途方もない放射の中で宇宙のほぼすべての物質が消し去られた。この大変動は本当なら、すべての物質と反物質に終焉をもたらし、後には広大で暗い空っぽの空間が残って、果てしない無の中を数少ない孤独な光子がただようだけになるはずだった。

しかしどういうわけか、一〇〇億個に一個程度の割合で粒子が生き残った。どうしてそうなったのかはわからない。ともかく、銀河や星、惑星、人間、そしてアップルパイといった物質的な宇宙が存在するのは、ひとえに物質と反物質のあいだにこの一〇〇億分の一の不均衡があったおかげなのだ。

素粒子物理学の標準モデルは、私たちの世界を作り上げている素粒子の挙動の説明には成功しているものの、物質的宇宙は存在するはずがないと予言しているのだ。提唱者自身が存在しないことを予言する理論というのはかなり深刻な問題を抱えていることになり、このことはまだ未発見のものがあるはずだと物理学者が確信する理由の一つになっている。

この問題は、標準モデルが初めて組み上げられた時期よりもずっと前の一九二八年に、若きポール・ディラックが彼の有名な方程式から陽電子の存在が導かれることに気がついたときまでさかのぼる。そのときすでにディラックは、反粒子が存在するなら、必ず通常の粒子と一緒に生成されるはずだと気づいていた。つまり、電子を作ったら陽電子も作らなければならないということだ。それ以降に実施されたあらゆる実験がディラックの説の正しさを証明してきた。大型ハドロン衝突型加速器（ＬＨＣ）がエネルギーから物質を作り出すのは確かだが、衝突で生成される粒子をすべて集めれば、必ず同じ数の反粒子が見つかる。粒子の生成や破壊は、反粒子に対しても同じことをしなければ不可能らしい。

こうした物質と反物質のバランスが完璧にとれた状態からは空っぽの宇宙ができたはずだが、実際に私たちはこうして存在している。これは現代物理学の最大の謎の一つであり、それを説明しようとすればたいてい、未発見の新しい量子場が必要になる。

それでも、新たな素粒子物理学の理論を持ち出さずに、この問題を回避する方法を考え出すことは可能だ。もし、粒子が完全に対消滅するのではなく、始原的なプラズマがかき混ぜられることで、物質が多い領域と反物質が多い領域がランダムにできあがるとしたらどうだろうか？　この状態から現代まで時間を早送りしてみると、宇宙の膨張によってこれらの領域は膨らんで、宇宙の広大な範囲を占めるようになり、物質のガスやダスト、星や銀河がある範囲と、反物質のガス、反物質のダスト、反物質の星、反物質の銀河がある範囲が存在しているだろう。地球から見ると、遠方の反物質銀河は物質銀河とまったく違いがないので、もしかしたら夜空の銀河の一部は反物質で作られているかもしれない。

これはよくできた考えだ。問題は、宇宙の一部の領域が本当に反物質でできていたら、物質でできている領域に接している境界面が必ずあるはずだということだ。銀河間にある広大で空っぽの空間にも少量の水素とヘリウムのガスが存在しているので、そうした境界があれば必ず、ガスと反物質ガスの対消滅が起こり、その証拠となるガンマ線が観測されるだろう。そんな対消滅からのシグナルは夜空のどこにも見えないので、観測可能な宇宙全体は物質だけからできていると考えられる。

そうなると私たちに残された唯一の説明は、宇宙誕生直後のどこかの時点で、物質が反物質よりもわずかに多く生成できるようにするなにかが起こったということだ。一〇〇億個の反陽子に対して一〇〇億一個の陽子が存在するようなわずかな不均衡があるだけで、十分な量の物質が大規模な対消滅を生きのびて、私たちが現在目にしているあらゆるものを作り出すことが可能になる。しかしこれほど小さな不均衡を作り出すのでさえ、その方法を見つけるのは信じられないほど難しいことがわかっている。

その方法を見つけようとした最初の研究者の一人がロシアの理論物理学者アンドレイ・サハロフで、物質が初期宇宙で作られるために満たされるべき三つの条件を考え出した。この条件はサハロフの条件と呼ばれている。

1　反クォークよりも多くのクォークを作り出せるようなプロセスが存在したければならない。

2　物質と反物質の対称性が破れていなければならない。

3　この物質生成プロセスが起こったときには、宇宙は熱平衡から外れていなければならない。

条件1は、おそらく一番理解しやすいだろう。反物質より物質を多く生成したかったら、それが可能なプロセスが必要なのは明らかだ。しかしこれだけでは十分ではない。たとえそんなプロセスが存在しても、物質と反物質の対称性があれば、物質よりも反物質を多く作るような鏡写しのプロセスが存在してしまう。したがって条件2が必要になる。この条件では、物質と反物質の対称性が破れて、物質生成プロセスが反物質生成プロセスより速く進めるようになる。

最後に条件3がある。物質生成プロセスが進んでいるときには、宇宙は熱平衡から外れた状態になっている必要がある。定義として、熱平衡状態にある系は変化しない。その一般的な理由は、すべてのプロセスでは前進と後退が同時に起こっているからだ。したがって私たちは、バランスが失われて、物質生成プロセスの前進が後退よりも速く起こることが可能だった時代を、宇宙の歴史の中で見つける必要がある。サハロフの条件の三条件すべてを同時に満たすようなレシピを見つけることは、過去数十年の理論物理学と実験物理学で最大のミッションの一つとなってきた。いくつか推測的な説がでてきているが、ここでは一般的に特に有望な候補と考えられている二つの説について考えよう。どちらが正しいかはまだわからないものの、世界中の物理学者が万物のレシピがいつかわかるかもしれないと考えて、パズルのピースを組み合わせる作業に懸命に取り組んでいる。

鏡の世界

あなたが鏡を見るとき、そこに映る姿はほぼ間違いなく、あなたの友人や同僚、そして恋人が知っている、そしておそらくは愛している姿とは微妙に違っている。鼻が少し左に曲がっていたり、笑い顔がちょっとゆがんでいたりするかもしれない。もちろんそれが魅力なのだから、気にしなくていい。ハリウッド俳優やスーパーモデルでも、顔立ちは決して完全な左右対称ではない。私たちはみな、少なくとも多少はゆがんでいる。

不完全な人間とは違って、物理法則は完全な対称性に恵まれていると長年考えられていた。宇宙を鏡に映したら元の宇宙と鏡像の宇宙の見分けはつかないし、あらゆるプロセスは以前と同じように進むとされていた〔訳注：これを鏡像対称性という〕。自然には左利きとか右利きとかの偏りがあるはずだという説はナンセンスと考えられた。こうした対称性があることは基本的な前提とされていたので、それについて誰もきちんと考えたことがなかった。その状況を変えたのが、中国系アメリカ人物理学者ウー・チェンシュ

右利きの電子

スピン

e^-

進行方向

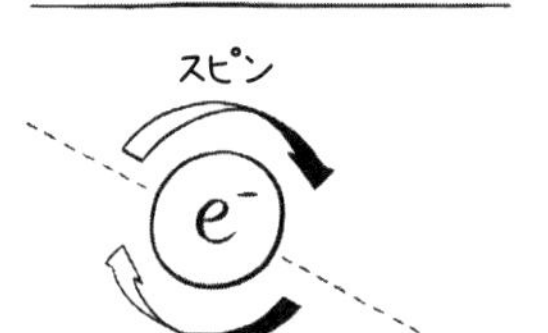

ン（呉健雄）がおこなった素晴らしい実験だ。

ウーがアメリカ国立標準局で実施した有名な実験では、まさに地を揺るがすような結果が出た。弱い力がゆがんでいるらしいことがわかったのだ。もっと正確ないい方をすれば、弱い力は右利きの粒子よりも左利きの粒子を好むようだった。

粒子に左利きと右利きがあるというのは奇妙に思えるかもしれないが、突き詰めて考えれば、粒子が回転しているように振る舞うという事実に行き着く。この回転は、スピンという量子力学的性質として表されている。あなたが両手を突き出して、親指を立て、残りの指を曲げると、左手の曲げた指は左利きの回転を表し、右手の曲げた指は右利きの回転を表す。同じように、粒子の進行方向に対する回転方向によって、その粒子が右利きか左利きかが決まる。

ウーが実験で発見したのは、放射性元素であるコバルト60の原子から放射される電子は、右利きよりも左利きのほうが多い傾向があることだった。これは本当に衝撃的な結果だった。高名な量子物理学者のウォルフガング・パウリは、ウーの実験について聞くと、「それはまったくのナンセンスだ！」[60]と叫んだという。しかし、それはナンセンスではなかった[*1]。弱い力は本当に鏡像対称性を破っていて、これを物理学者たちは「パリティの破れ」と呼んでいる。

パリティの破れが起こる究極の理由は、弱い力と左利きの粒子の相互作用が、右利きの粒子との相互作用よりも強いためだ。別のいい方をすれば、弱い力は左利きの粒子のほうが「好き」なのだ。実のところ、対象とする粒子に質量がなければ、弱い力は左利きの粒子のみと相互作用する。このことは電磁気力や強い力にはあてはまらず、どちらの力にも左利きと右利きの好みはない。

鏡像対称性が破れるという事態に直面した物理学者たちは、チャージ対称性という別の対称性を組み合わせれば、秩序を取り戻せるかもしれないと提案した。宇宙を鏡に映し、同時にすべてのチャージの符号を反転させて、正が負に、負が正になるようにすると、この新たな鏡像の宇宙は元の宇宙と同じに見えるはずだ。ここできわめて大事なのは、チャージをすっかり逆にすると粒子が変換される、つまり電子や陽子はその反粒子になることだ。つまりそうした宇宙では、左利き粒子は右利き反粒子になる。いい方を変えれば、反物質でできた鏡像宇宙ができるのである。

このチャージ対称性（C）とパリティ対称性（P）を組み合わせたCP対称性が厳密に成り立っていれば、弱い力は右利きの粒子よりも左利きの粒子を好むのと同じように、左利きの反粒子よりも右利きの反粒子を好むはずである。これが実際に正しいことは後の実験でも確かめられた。ウーが反コバルト60[*2]を入手して、飛び出してくる陽電子を観察する実験をおこなえていたなら、左利きよりも右利きの陽電子が多く見つかっていただろう。

CP対称性は粒子の世界に秩序を回復してくれそうだった。しかしそれによって問題も出てきた。CP

＊1　ウーは実験を細部まで行き届いた方法でおこなっていた。しかし、彼女の発見に対するノーベル賞はウー自身には授与されず、代わりに、弱い力が鏡像対称性を破っていることを最初に示唆した二人の理論物理学者のものになった。私はそうなったのはとても恥ずべきことだと思っている。

＊2　そんな大きな反原子はまだ誰も生成に成功していない。これまでで一番重い反物質原子は反ヘリウムで、二〇一一年にブルックヘブン国立研究所のＲＨＩＣでの衝突実験で検出されている。

対称性が厳密に成り立つなら、ビッグバンのあいだに反物質より物質を多く作ることは不可能であり、私たちは存在しないことになってしまうのだ。

一度は破れた対称性を復活させたCP対称性だったが、私たちにとってはありがたいことに、ブルックヘブン国立研究所で一九六四年におこなわれた実験がそれをばらばらに打ち砕いた。この実験でジェームズ・クローニンとヴァル・フィッチを中心とする少人数チームは、ブルックヘブン国立研究所で最も強力な粒子加速器を使って、「中性K中間子」という粒子のビームを調べた。この奇妙な粒子には二種類ある。ストレンジクォークと反ダウンクォークからなるものと、その反粒子で、反ストレンジクォークとダウンクォークからなるものだ。この実験結果を解析してみたクローニンとフィッチは、こうした粒子が神聖なCP対称性の法則を破る形で崩壊していることを発見してひどく驚いた。

ウーによるパリティの破れの発見が物理学に小さな揺れを起こしたとしたら、CP対称性の破れが引き起こしたのは大地震だった。クローニンとフィッチの発見はあまりに驚くものだったので、多くの理論物理学者が彼らの発見になんとか説明をつけて、なかったことにしようとしたが、やがて、確かな実験的証拠によってその正しさが疑う余地なく証明された。CP対称性は、自然界の厳密な対称性ではなかったのだ。宇宙を鏡に映して、すべての粒子のチャージを反転させると、鏡像としてできる反宇宙は私たちの住んでいる宇宙とはわずかに違って見えるだろう。自然の鏡はゆがんでいるのだ。

CP対称性の破れによって、少なくとも、反物質より多くの物質を生成するためのレシピを想像することは可能になるが、それだけでは足りない。一つには、私たちの身の回りの世界に物質が圧倒的に多く存在していることを説明するには、自然界におけるCP対称性の破れは十分ではないことがあげられる。このやっかいな問題については、すぐ後で考えよう。しかしもっと重要なのは、CP対称性が破れても、三つあるサハロフの条件のうち一つしか満たしていないことだ。私たちはまだ、実際に反粒子よりも多くの粒子を作るプロセスを実現する方法を見つける必要があるが、そうしたプロセスが現実世界で起こっているのは一度も観察されたことがない。ただ、そのプロセスは少なくとも想像はされていた。そして驚くべきことに、すでに知られているもの以外に新しい粒子や力を必要とはしていない。残念ながら、必要とされているのはとてもとても難しい数学だ。

スファレロンの登場

「これが突然ひらめいたときのことを覚えてますよ。オックスフォード大学数学研究所から歩いて帰るときでした。そこの研究所には（一九）八三年に三カ月滞在していたんです。バンベリーロードを通ってアパートに戻る途中で、どのあたりだったかもほぼ正確に思い出せますが、そこで突然、気づいたんです。わあ！わかったぞ！とね」。

私は湿気の多い一〇月のある朝、ケンブリッジ大学の応用数学・理論物理学学科でニコラス・マントンと会った。私たちは、午前のコーヒーブレイクを楽しむ数十人の理論物理学者たちに囲まれ、彼らの亡き同僚、スティーブン・ホーキングのブロンズの胸像に見守られながらおしゃべりをした。ケーキとビスケットがたっぷりと出されているのをうらやむようにながめていると（キャヴェンディッシュ研究所では、私たちはそういうものを自分で持ってこなければならないので）、マントンはそんな私に気づいて、こんなに気前がよいのはホーキングのおかげなんだといった。ホーキングは、学科の一一時のコーヒーブレイクを永遠にごちそうするために、遺産の一部を残していたのだ。それは、自分のことを同僚に懐かしく思い出してもらえるようにする絶対確実な方法だ。

わたしがそこにいたのは、マントンが約四〇年前の若手研究者時代に標準モデルの方程式に隠れているのを発見した、ある奇妙なものについて理解するためだった。きっかけになったのは理論研究の中でマントンが抱いたちょっとした好奇心だったが、それが反粒子よりも粒子を多く生成するための数少ない有効な方法の一つにつながった。この奇妙なものには「スファレロン」という名があって、宇宙のあらゆるものが存在する理由になっている可能性があった。

「まあ、『このうまい解は電弱理論ではどうなるだろう？』ってそこそこじっくり考えていたんです。そのベースにあったのは誰か他の人の研究です。誰かが不安定な解を見つけて、私は『このアイデアは重要では？　それを私の興味があることに応用できるかな？』と考えていました。そしてそのとき突然にひらめきました。私には見えたんです」。

マントンが見たものは、量子場理論を本格的に学んだことがない人に説明するのはほぼ不可能だが、それでもマントンは自分のオフィスに戻ると、私にその理論のロジックを一とおり根気よく教えてくれた。アイデアの核となる部分の説明を果敢にも試みるうちに、黒板は交差する球や円、ヒッグス場を表す記号、粒子のエネルギーレベルを示す塔のような図で一杯になった。その説明はとても明確で、順序だったものだったので、マントンが話をしているあいだは、私は本当にわかった気になっていたが、彼のオフィスを出た途端、薄っぺらい理解がまるで夢の記憶のように消えていくのを感じた。

スファレロンは、電磁気力や弱い力、ヒッグス場を説明するあの電弱理論が持つ特徴だ。マントンがオックスフォードを歩いていた一九八三年当時、W粒子とZ粒子はCERNで発見されたばかりで、それによって電弱理論にしっかりした実験的基礎が初めてできたところだった。マントンはずっと電弱方程式についてじっくり考えていて、特にその方程式をある方法で解くと、多くの場が集団的に動く不安定な配置を取ることについて検討していた。このようないくつかの場の集団的な動きはきわめて不安定なので、マントンはそれをギリシャ語で「転びそうな」を意味する「スファレロス（*sphaleros*）」から、「スファレロン」と命名した。

スファレロンについてまずいうべきなのは、それが粒子ではないことだ。電子やヒッグス粒子のような粒子は、平均値を中心にして前後に揺れる一つの量子場であり、たとえるなら一本のギターの弦が奏でる一つの音色だ。一方でスファレロンはもっととらえがたいものだ。やはり量子場からできているが、一つの量子場からなるのではなく、Wボソン場やZボソン場、ヒッグス場などのごちゃごちゃした混合物で、そうした場のすべてが一つとして動いている。いうならば量子場のオーケストラがメロディーをユニゾンで演奏しているような感じだ。

そうしたWボソン場やZボソン場、ヒッグス場の集団的な運動で生み出されるものには、驚くべきことができる。反粒子を粒子に変換したり、その反対のことをしたりできるのだ。スファレロンは物質生成装置としての機能を果たすことができる。反物質を少し与えさえすれば物質の粒子が湧き出てくる。

この素晴らしい機能があることで、スファレロンは、標準モデルの枠組みの中で粒子と反粒子の完璧なバランスを壊すことのできる唯一の存在になっており、物質の起源を理解するうえでこのうえなく重要な役割をになっている。ほかのあらゆる説では、物質のレシピを見つけるために新たな奇妙な粒子を導入することになるが、スファレロンは、同じことを昔ながらのWボソン場やZボソン場、ヒッグス場だけでおこなえるのが魅力だ。「他にあれこれ余計なものを追加しなくていいんですよ」とマントンは説明する。

問題は、そんな奇妙なものが本当に自然界に存在するのか、存在するならどのようなものなのか、ということだった。スファレロンは確かに粒子ではないが、粒子にかなり似ているだろう。空間内で特定の位置を取り、質量やサイズがある。さらに、標準モデルの方程式を使って計算すれば、スファレロンの大きさや重さの見当がつけられる。その計算からは信じられないような答えが出てくる。

　スファレロンの直径は約10^{-17}メートル（一メートルの一兆分の一のさらに一〇万分の一）で、体積は陽子の一〇〇万分の一だ。一方、このとてつもなく小さな物体の質量は非常に大きく、九ＴｅＶもある。これは陽子のほぼ一万倍で、これまでに観測されている最も重い粒子よりもはるかに質量が大きい。

　サイズがとてつもなく小さく、質量がとてつもなく大きいことで、スファレロンの密度は陽子の一〇〇億倍にもなる。これは、ティースプーン一杯分のスファレロンの質量が、月の質量の二倍にもなる計算だ。こんな信じられないほど高い密度は、ＬＨＣでの最も激しい粒子衝突でも作り出せないと考えられている。もっといえば、スファレロンを生成するには、ただ粒子を高エネルギーで衝突させればいいわけではない。そのエネルギーを、正しい組み合わせの複数の量子場に正しい順番で注入する必要がある。ＬＨＣでスファレロンを作ろうとするのは、オーケストラに向かってテニスボールの集中砲火を浴びせて、ベートーベンの交響曲第九番が聞こえてくるのを期待するのにちょっと似ている。Ｗボソン場とＺボソン場、ヒッグス場がすべて一体となって音を奏でる必要があり、それが粒子衝突の中でたまたま起こる確率は本当に小さい。

　しかし宇宙の歴史の中には、そうした極端な特定の条件が存在していた時期があった。ビッグバン後の最初の一兆分の一秒だ。その時期には、宇宙を満たしていたプラズマは非常に密度が高く、スファレロンを大量に作るのに十分な密度があった。さらにこの原始プラズマは海流のように集団的に流れていたと考えられるため、Ｗボソン場とＺボソン場、ヒッグス場すべてが一体となって適切に振る舞う確率は、コライダーの場合よりもはるかに高かった。

初期宇宙にスファレロンがあれば、反物質よりも物質を多く生成させるためのほとんど類を見ないメカニズムができる。実際に、物質生成のレシピとして現在提案されている説の中で、特に有望なものはどれもなんらかの形でスファレロンを使っている。問題は、こういったものが自然界にあるかどうかをどうやって確かめるのかということだ。

一つには、スファレロンは電弱理論の必然的な結果であるように見えるし、Wボソン場とZボソン場、ヒッグス場がすべて予測のとおりに発見されていることを考えれば、スファレロンも存在するはずだと理論家はかなり自信を持って考えている。さらに、コライダーでの検出の見通しについても、当初は悲観的な見方がされていたが、最近の理論研究からはそのチャンスがあるかもしれないことが示されている。

計算によれば、ＬＨＣでの衝突に生じるランダムな変動によって、スファレロンがごくまれに生成される可能性がある。生成されたスファレロンは、すぐに一〇種類の物質粒子に崩壊して飛び散り、かなり独特な痕跡を残す。ＡＴＬＡＳやＣＭＳを使えば、他の亜原子レベルの破片のあいだからその痕跡を見つけ出せる可能性が十分にあるのだ。

さらに可能性が高そうなのが重い原子核同士の衝突である。たとえば、ブルックヘブン国立研究所でクォーク・グルーオンプラズマ研究のためにおこなわれている、金原子核同士の衝突実験などだ。数百個の陽子と中性子がかかわる、そうしたとてつもなく大きな原子核の衝突では、非常に短い距離にきわめて強い磁場が生じる。この磁場の強い引力は、Ｗボソン場とＺボソン場、ヒッグス場すべてをスファレロンがちょうど生成されるように揺らすのに十分だろう。まだ誰も目にしたことはないが、もしかしたら、本当にもしかしたらだが、標準モデルで最も奇妙なものが私たちの前に姿を現すかもしれない。そのときには、初期宇宙での物質生成に重要な三つの材料がまた一つ見つかったことになる。

クォークのレシピ

今のところ、話はかなり順調に進んでいる。標準モデルは、ビッグバンで反物質よりも物質を多く作るのに必要なサハロフの三条件のうち二つを満たしているようだ。スファレロンのおかげで、粒子と反粒子の変換をおこなう方法はある。一方で実験から、弱い力がクォークと反クォークの対称性を破っていることも確かめられている。今必要なのは、宇宙が平衡状態から外れて、物質を多く作ることができた時期だ。

驚くことに、ヒッグス粒子の発見からは、そうした平衡状態から外れるという出来事がビッグバンの一兆分の一秒後あたりで起こっていたことが暗示される。一兆分の一秒後というのは、ヒッグス場のスイッチがオンになり、素粒子に質量を与え、宇宙の基本材料を見る影もなく変化させた時期だ。この重大な出来事が、宇宙のあらゆるものが存在する理由である可能性は十分に高い。

ヒッグス場がオンになる前は、自然界の素粒子は今とはまったく異なる姿をしていた。やがて物質を構成することになるクォークと電子は、質量を持たず、光速で跳び回り、一つの統一的な力として存在していた電弱力を介して互いに相互作用していた。しかし一兆分の一秒ほどたつと、急激に膨張しつつあった宇宙の温度が臨界値（約一〇〇ＧｅＶ）を下回ったため、ヒッグス場が宇宙全体で一定の値をとるようになる。それによってクォークと電子は質量を持つようになり、電弱力は電磁気力と弱い力の二つの力に分かれた。

この現象は「電弱相転移」と呼ばれている。そして私たちの物語にとって重要なのは、この現象が、サハロフの条件で残されていた、宇宙が平衡状態から外れる時期があるという第三の条件を満たしていることだ。ＣＰ対称性（物質と反物質の対称性）が弱い力によって破られているという実験上の発見と、反物質を物質に（あるいはその反対に）変換させられるスファレロンが存在するという理論的な予測を合わせて考えれば、この電弱相転移が起こったときに、自然の天秤が物質の側に傾き、ついに物質宇宙を発生させた可能性がある。

この電弱相転移はどのようにして起こったのだろうか？　考えてみると、「相転移」という言葉からわかるように、このとき宇宙は急激な状態の変化を起こしている。いってみれば、水蒸気が冷えて液体になるとか、水が凍って氷になるというような、もっと身近な相転移と同じことだ。電弱相転移のあいだに起こる物質生成は、相転移がどのように起こるかに完全に左右される。具体的にいえば、相転移がなめらかで一様に起こるのか、それとも突然、不均一に起こるのかということだ。

なめらかで一様な相転移は、物質生成には役に立たない。スファレロンによる粒子から反粒子への変換と、反粒子から粒子への変換は同じペースで進んだので、物質と反物質の完全なバランスが保存されただろう。しかし電弱相転移が不均一に起こったのなら、反物質より物質が多く生成されることは可能になる。

このプロセスがちょっとばかり複雑なのはどうすることもできないが、ここで話題にしているのはあらゆるもののレシピだ。少しずつ説明していこう。

宇宙が冷えていってヒッグス場がオンになるとき、一部の場所は他の場所より先にオンになる。そのため宇宙を満たしている超高温のプラズマに泡ができる。その泡の中ではヒッグス場はオンになっていて、クォークと電子は質量を獲得しており、弱い力と電磁気力は分かれて存在している。一方で泡の外ではヒッグス場はまだオフのままで、粒子は質量を持たず、一つの統一的な電弱力がまだ存在している。

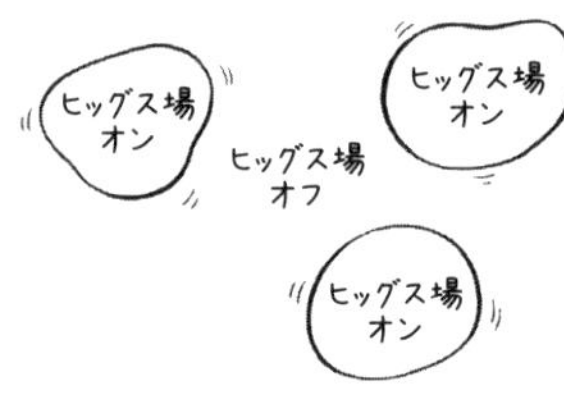

1. ヒッグス場がオンになり始めて、泡ができる。

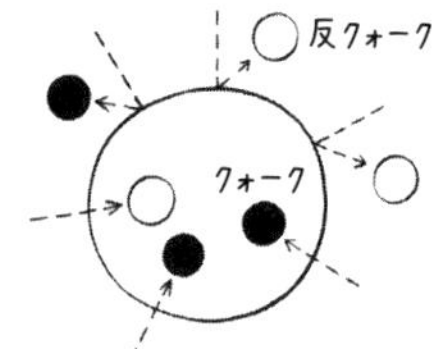

2. CP対称性の破れがあるため、泡の表面ではクォークより反クォークが多く弾きとばされ、泡の外では反クォークが過剰になる。

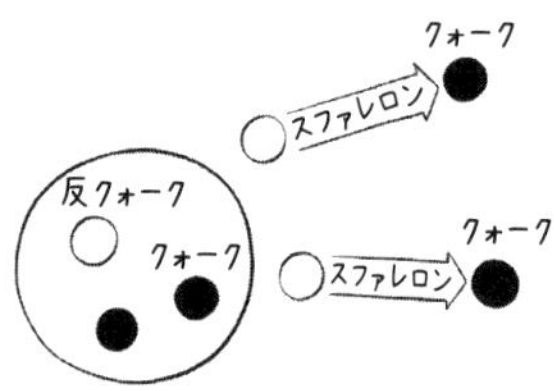

3. 泡の外のスファレロンは反クォークをクォークに変換する。

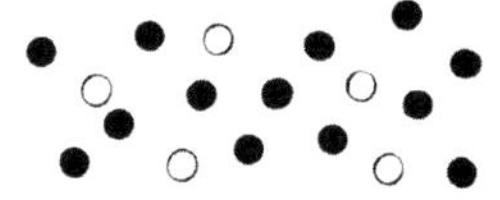

4. 泡が膨張して合体し、反クォークよりクォークが多い状態になる。

こうした泡は、水蒸気の雲が凝結してできる水滴のようなものだと考えることができる。水滴の表面で光が反射するように、クォークと反クオークは泡の表面で反射する。外部のプラズマの中を光速で飛び回っているクォークと反クォークの一部は泡と衝突し、表面を通過して中に入るか、跳ね返されて周囲のプラズマに戻るかする。

弱い力はCP対称性を破っている（粒子と反粒子では相互作用がわずかに異なる）ので、反クォークが泡の表面で跳ね返される可能性はクォークよりも少し高く、一方で表面を通過して泡の中に入る可能性はクォークのほうが高くなる。結果として、泡の外では反クォークが多くなり、中ではクォークが多くなる。全体ではまだクォークと反クォークの数は等しいが、その分布は不均一になっている。

スファレロンが主役級の働きをするのはここだ。スファレロンは、ヒッグス場がすでにオンになっている泡の中には存在できないが、泡の外ではヒッグス場がオフのままなので常に生成されている。スファレロンが泡の外にあるが内側にないという事実は重要だ。泡の外では、スファレロンが過剰な反クォークを飲み込んでクォークに変換する。一方で泡の中の過剰なクォークはスファレロンが届かず安全なので、クォークのままでいられる。その結果、宇宙の歴史上初めて（まだきわめて短い歴史なのは確かだが）反クォークよりクォークが多くなったのである。

こういったことが続く一方で、泡はどんどん大きくなっていき、新たに作られたクォークを飲み込んで、それがスファレロンによって反クォークに戻されるのを防ぐ。相転移が始まって少しすると泡が互いに衝突し始め、合体してより大きな領域になり、最終的に宇宙全体が新しい「ヒッグス場がオン」の状態で満たされる。そうなるとスファレロンはすべて消滅し、粒子の変換がそれ以上起こらなくなって、クォークと反クォークのバランスが崩れた状態が永遠に固定されることになる。この小さい不均衡があれば、一〇〇万分の一秒（一マイクロ秒）ほど後に起こる大規模な対消滅のあいだに、反物質より物質が優勢になるには十分で、結果として、私たちの身の回りのあらゆるものを作れる量の物質が残る。

このかなり奇跡的なプロセスを「電弱バリオン数生成」[*3]というのだが、これは「ヒッグス場がオンのときにクォークを生成する」ということを短く、かつ気取ったいい方をしたものだ。「電弱バリオン数生成」にはとても素晴らしいところが一つある。実験で検証可能だということだ。これは科学理論にとっては高いハードルには思えないかもしれないが、ビッグバンに近づくにつれて、私たちが遭遇する理論の多くは莫大なエネルギーが関係しているせいで検証がほとんど不可能になる。一方で、電弱相転移は宇宙の温度が約一〇〇ＧｅＶのときに起こる。この温度は、陽子同士が一万四〇〇〇ＧｅＶで衝突可能なＬＨＣの衝

＊3　「バリオン」というのは三つのクォークから構成される粒子のことで、陽子や中性子もバリオンに含まれる。

突エネルギーの範囲内に十分おさまっている。ということは、ＬＨＣでは、関連する粒子や現象を再現して、初期宇宙では本当に電弱相転移によって物質が生成されていたのかどうかを検証できるはずだ。

しかしこのアイデアは、標準モデルで用意されている材料だけを使うなら、すぐにいくつかの問題に直面してしまう。一番大きな障害物は、これまでに観測されている物質と反物質の非対称性があまりに小さすぎて、このプロセスが機能しないように思えることだ。それが実質的に意味しているのは、クォークと反クォークがヒッグス場の泡の表面ではね返る確率が近すぎて、泡内部に過剰なクォークが十分に蓄積しないということだ。

別の深刻な問題は、電弱相転移そのものに関係がある。ヒッグス粒子の質量はもうわかっているので、理論家はそれをモデルに代入して、相転移がどのように起こっていたかを計算することができる。そこからわかるのは、電弱相転移は不均一に起こって泡状になるのではなく、空間全体で均一に起こってなめらかな状態になるので、クォークを反クォークと隔てる泡が存在せず、プロセス全体が不可能になるということだ。

それでもまったく見込みがないわけではない。今までに見つかっているもの以外に、新しい量子場がありさえすれば、どちらの問題も解決できる。そうした量子場は、クォークと反クォークの間のＣＰ対称性を破っていなければならない。さらに、ビッグバンのあいだにヒッグス場がオンになったときに泡が形成できるように、ヒッグス場の挙動を変化させる必要がある。ありがたいことに、そうした量子場は実験で検出できるはずだ。

新たな量子場を探すのに格好の場所がＬＨＣだ。そんな量子場が存在するなら、ＬＨＣはその量子場を振動させるほど激しい粒子衝突を起こして、その量子場に対応する粒子を生成させるので、それを巨大検出器のＡＴＬＡＳとＣＭＳで見つけることができる。一方でＬＨＣｂ検出器では一〇年ほど前から、さまざまな種類の奇妙なクォークを調べることで、物質と反物質の非対称性の新たな兆候を探している。ＬＨＣｂの「ｂ」は「ビューティー」（beauty）のｂで、これは陽子と中性子の内部にあるダウンクォークによく似ているが、それよりも重い「ビューティークォーク」（ボトムクォーク）〔訳注：この名称については12章で説明する〕にちなんでいる。ＬＨＣｂの主なゴールの一つは、ＬＨＣで生成される莫大な数のボトムクォークを調べて、ボトムクォークと反ボトムクォークの崩壊のしかたに違いがあるかどうかを調べることだ。

残念ながら、今のところＡＴＬＡＳとＣＭＳでは、衝突によって新粒子が生成された兆候は見つかっていない。ただ、今後一〇年間でＬＨＣの衝突頻度が増えれば、そうした粒子が現れるかもしれない。ＬＨＣｂでは、ボトムクォークが物質と反物質の対称性を破っている証拠が数多く見つかっており、さらに最近ではその対称性の破れに一枚加わっているチャームクォーク（アップクォークによく似た重い粒子）もとらえている。しかし残念なことに、物質と反物質の非対称性の大きさはまだ、宇宙で物質が圧倒的に多い理由を説明するのに必要なレベルをはるかに下回っている。

ＬＨＣで得られる結果が、電弱バリオン数生成の支持者にとってはあまり明るい材料ではないとするなら、ＬＨＣとはまったく異なる、はるかに低予算の実験の結果を考えてみると、状況はさらに悲観的に見える。意外にも、電弱バリオン数生成に対する最も強力な反対論の根拠になっているのが電子の形状についての実験だ。少し前に紹介した、インペリアル・カレッジ・ロンドンの地下で実施されている、見るからに地味な例の実験もその一つである。

対称性を破る量子場がほかにも存在するなら、それは電子の周りに集まって押しつぶし、電子を完全な球体ではなく葉巻に似た形状にするはずだ。しかし世界で特に精密な電子形状の測定実験はどれも、電子がかぎりなく球体に近いことを明らかにしていることから、そうした新たな量子場の存在については厳しい状況になってきている。

そういうわけで、この物質生成レシピにかぎっていえば見通しはあまり明るくない。もっとも、ＬＨＣの衝突実験や、近い将来に計画されているさらに精密な電子形状測定実験で、新たな量子場が現れる余地は残っている。そう考えればまだゲームオーバーとはいえないものの、理論物理学者のあいだでは、宇宙に物質が存在する理由を別の場所で見つけようという動きが強まってきている。最も人気のある代替案には、これまで発見された中で最も捕まえにくい粒子が関係している。ニュートリノだ。

幽霊が作った物質

日本の中部地方にある池ノ山の地下深くに、世界でも例を見ないような壮大な人工空間がある。地下一〇〇〇メートルの亜鉛鉱山跡に設置されているのは、五万トンの純水が入った巨大な円形タンクで、その大きさは自由の女神像をすっぽり収められるほどだ。タンク内部の壁や床、天井は一万個以上の金色に輝く球で覆われている。この球は、ニュートリノが到来したまぎれもない証拠である、暗い水中でちかちかと発せられるかすかな光を監視するセンサーだ。この世界最大のニュートリノ観測所スーパーカミオカンデでは、物質の起源についての重要な手がかりがすでに得られている可能性がある。

二〇二〇年四月、スーパーカミオカンデを運用する一五〇人強の国際チームは、ニュートリノもまた、物質と反物質の関係を示すＣＰ対称性を破っている可能性があるという最初の兆候を報告した。これがさらに精密な測定で確認されれば、とても重要な結果だといえる。今のところ、クォークが唯一、弱い力による相互作用を通してCP対称性を破っていることが確認されている。ニュートリノもそうなら、ビッグバン直後の物質生成プロセスの候補がもう一つ見つかることになる。

スーパーカミオカンデの結果がそれほど重要である理由を理解するには、まずニュートリノについてわかっていることをおさらいする必要がある。ニュートリノは宇宙で最も豊富に存在する物質粒子だが、私たちがその存在にほとんど気づかないのは、電荷を持たず、通常の原子とは弱い力を通してしか相互作用しないという性質があるからだ。その結果、ニュートリノは惑星や恒星などの固体を、まるでそういうものが存在しないかのように通過できる（イタリアの山地はいうまでもない）。科学ライターたちはそうした性質を表すのに、「幽霊のような」とか「見つけにくい」という表現を二、三回使ってしまうと、不気味さを表す別の形容詞を探して必死で類義語辞典を引くはめになる。[*4]

こうした亡霊じみた（という形容詞はどうだろう）ニュートリノは三種類あり、この種類の違いを「フレーバー」という。それぞれのフレーバーのニュートリノは電荷を持つ粒子と対になっていて、電子ニュートリノ、ミューニュートリノ、タウニュートリノと呼ばれる。電子ニュートリノビームを十分なエネルギーで原子にあてると、少数の電子が放出される。同じことをミューニュートリノやタウニュートリノですると、負の電荷を持つミュー粒子とタウ粒子（タウオン）ができる。これらは電子とよく似ていて、それより重い粒子だ。三種類のニュートリノと電子、ミュー粒子、タウ粒子という六つの素粒子は、「レプトン」と呼ばれるグループを作っている。

＊4　お察しのとおり、私も引いた。

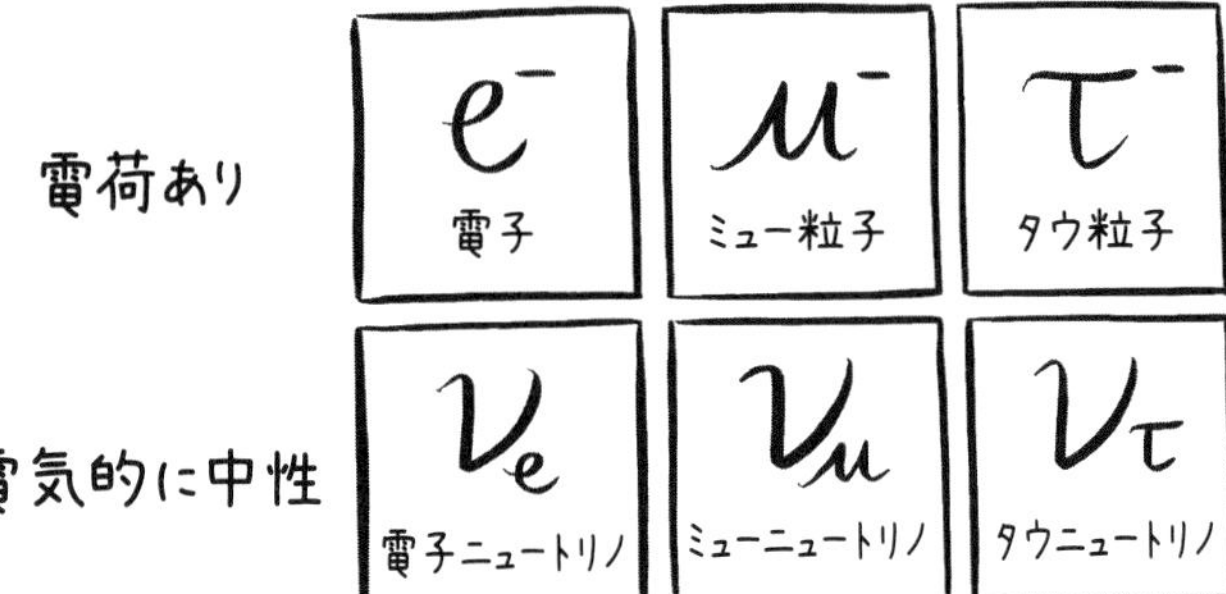

ニュートリノについては、かつては質量が完全にゼロだと信じられていたが、二〇年以上前、スーパーカミオカンデによる大きな発見があったことで状況が変わった。一九九八年にスーパーカミオカンデの科学者たちは、ミューニュートリノが地球を通過するあいだにタウニュートリノに変化している証拠を見つけたと発表したのである。この現象は「ニュートリノ振動」と呼ばれていて、三種類のニュートリノすべてで起こりうる。電子ニュートリノだけ（あるいはミューニュートリノ、タウニュートリノだけ）のビームを作って、数キロメートル離れた検出器に打ち込むと、飛行中にそのニュートリノの一部が他の二種類のニュートリノに形を変えていることがわかる。

このスーパーカミオカンデによる発見はそれだけでも興味深いものだが、本当に重要なのは、ニュートリノがこんな量子力学世界のジキルとハイドの役をうまく演じられるのは、質量を持つ場合に限られることだ。それ以前の実験では、ニュートリノの質量はたとえあったとしてもきわめて小さいということ以外に直接的な証拠は見つかっておらず、そのためニュートリノには質量がまったくないと仮定されていたのは無理もないことだった。実際には、ニュートリノには質量がある。ただし、とても小さいので測定することができなかったのだ。いえるのは、ニュートリノには〇・五電子ボルト未満の質量があるはずだということだけだ。これは電子の一〇〇万分の一よりもさらに小さい。問題は、ニュートリノの質量が他の物質粒子の数百万分の一しかないのはなぜかだ。

この疑問への答えで最も支持を集めているのが「シーソー機構」である。これは、名称からもある程度わかるように、さらに三種類の非常に重いニュートリノが存在すると考えることで、通常のニュートリノの軽さの釣り合いを取ろうというものだ。こんな様子を想像してみてほしい。理論上のシーソーの片側には、ラグビー選手でも特に体が大きいプロップの選手たちが座っている。一方で、高く上がったシーソーの反対側には、バレリーナみたいな通常の軽いニュートリノが取り残されている。

あなたがこのあたりで理解できずに困っているといけないので念のためにいうと、私がここで、シーソーに関係するよくわからない視覚的な比喩以外に、ニュートリノの質量がそれほど小さい理由をきちんと説明していないのではないかと思っているなら、そのとおりだ。あいにく、その理由を全部説明すると難しい数学がたくさん出てきてしまう。しかし重要な点は、こうした重量級ニュートリノが存在するなら（そして誤解の余地がないようにいうと、今のところそれが存在する証拠はゼロだ）、ビッグバンでの物質生成の原因になっていた可能性があるということだ。

通常のニュートリノが信じられないほど軽い理由を説明するには、そうした重いニュートリノはとんでもなく巨大な粒子でなければならない。具体的には、陽子の一〇億倍から一〇〇〇兆倍（10^9 GeVから10^{15} GeV）の質量を持つということだ。これは今までに見つかっているどんな粒子よりもはるかに重く、

LHCで到達できるエネルギーの少なくとも一〇万倍に相当する。ただし、そうした重いニュートリノは質量がとても大きいので、現代のコライダーで生成することは不可能だが、すでに説明したとおり、きわめて初期の宇宙は温度が想像を絶するほど高かったので、その当時の超高温環境であれば生成されていた可能性がある。

宇宙の物質と反物質の不均衡の原因となっていた可能性があるのが、こうした重いニュートリノだ。宇宙が膨張して温度が下がると、重いニュートリノをそれ以上作るのに十分なエネルギーがなくなり、重いニュートリノはヒッグス粒子と通常のレプトン(つまり、三種類の軽いニュートリノと電子、ミュー粒子、タウ粒子)に崩壊し始めた。

こうした重いニュートリノがCP対称性を破っている場合、レプトンよりも反レプトンへより多く崩壊して、粒子よりも反粒子のほうが多い宇宙を作り出すことはありうる。それはあまりよい状況には思えないだろう。私たちが求めているのは、反粒子よりも粒子が多い宇宙であって、その反対ではないのだから。ここで登場して窮地から救ってくれるのが、われらが旧友スファレロンだ。

スファレロンは反粒子を粒子に変換できると説明したのを覚えているだろうか? 宇宙の歴史が少し進んだ段階で(といってもまだ最初の一兆分の一秒以内の話だ)スファレロンが過剰な反レプトンをすべて、クォークや電子などの通常の物質粒子に変換していたのだろう。それによって、現在の世界に存在するあらゆるものを作り出すことになる基本材料が生まれたのである。

あなたがこの物質のレシピのことを、憶測に憶測を重ねたものだと思ったとしてもしかたない。こうした重いニュートリノが存在するとしたら、現在思いつくどんな粒子加速器を使ってもまったく手が届かない。そうなると、この説をどうやったら検証できるのだろうか?

ここでスーパーカミオカンデが登場する。このレシピで重要なことの一つは、重いニュートリノは、ビッグバンの直後に崩壊したときに物質と反物質の対称性を破ったことだ。重いニュートリノを捕まえられないと考えると、その対称性の破れを直接検証するすべはない。しかし通常のニュートリノが物質と反物質の対称性を破っていることを確かめられれば、それと性質がよく似た重いニュートリノでの対称性の破れの可能性を示す重要な手がかりになるだろう。

T2K（Tokai to Kamioka）実験のスタート地点になっている東海村は、巨大なニュートリノ観測所のスーパーカミオカンデから東に二九五キロメートルの太平洋岸にある。そこにある強力な粒子加速器でグラファイトのターゲットに陽子をぶつけて、粒子のシャワーを作り出す。生成した粒子の一部がニュートリノに崩壊して、地球を直接突き抜けてスーパーカミオカンデに向かう。ニュートリノはその幽霊のような性質のおかげで、二九五キロメートルの厚みがある岩盤にもまったく邪魔されることはなく、途中で吸収されるのはごく一部だ。

重要なのは、T2K実験ではミューニュートリノのビームと、その反粒子である反ミューニュートリノのビームを生成できることだ。スーパーカミオカンデに向かって地中を進む途中で、ニュートリノは他のフレーバーに変身し始め、到着するころにはある割合が電子ニュートリノに変換している。この電子ニュートリノのごく一部が、スーパーカミオカンデの巨大なタンク内にある水分子に衝突して電子を放出し、その電子が水中を高速で動くときに閃光を発する。T2K実験では、生成された電子の数を数えることで、ミューニュートリノが電子ニュートリノに変化する確率を測定できる。さらに反ミューニュートリノビームに切り替えれば、反ミューニュートリノが反電子ニュートリノに変化する確率も測定できる。

ニュートリノが物質と反物質の対称性を守っているなら、T2K実験の測定結果では、ミューニュートリノが電子ミューニュートリノになる確率と、反ミューニュートリノが反電子ニュートリノになる確率が等しくなるはずだ。しかし二〇二〇年四月にT２Kチームは、フレーバーの変換が起こる確率はニュートリノのほうが反ニュートリノよりも高いことを示す、説得力のある証拠を見つけたと発表した。さらにそれぞれの観測数から、ニュートリノはただ物質と反物質の対称性をわずかに破っているのではなく、最大限の大きさで破っていることが示された。

この結果は本当に素晴らしいものだ。ニュートリノが実際に物質と反物質の対称性を破っているなら、重いニュートリノも宇宙の始まりで同じことをして、通常の物質を作り出すための種をまいていた可能性がある。それでも、この結果は対称性が絶対確実に破れているといえるほど正確なものではない。今後おこなわれるT２Kのアップグレードや、日本やアメリカでの新たなニュートリノ実験によって、今後何年かのあいだに理解が進むはずだ。

しかし、たとえT２K実験の結果が確認されても、重いニュートリノがビッグバン中の物質生成の原因となったことを示す暗示的な証拠が得られただけだ。重いニュートリノそのものには永遠に手が届かない可能性がきわめて高い。ここで、ビッグバンに近づくにつれてもどかしさが増していく、ある問題にぶつかる。素粒子物理学者が高いエネルギーを達成することをどれだけ熱っぽく夢見ようとも、時間の始まりに存在していたエネルギーはそれよりはるかに高い。そのため、そうしたエネルギーがかかわる理論は、実験的な観察というしっかりとした地面に緩くしかつながれていない。この点についていえば、前に説明した、ヒッグス場がオンになるときに物質が生成されるというレシピは優れている。そのレシピは現在実施中の、または近い未来に計画されている実験で実際に検証できるだからだ。それに対して、仮に重いニュートリノがビッグバン中の物質生成の原因になっていたとしても、決して正確には確かめられないだろう。

しかし、悲観しすぎることはない。科学の歴史から学べることがあるとしたら、それは特に画期的な発見の多くが、既存の法則や仮定に完全に反する予想外の実験結果から始まっていたということだ。自然が鏡像対称性を破っていることなど、ウーの実験でそれが証明される前にはほとんど誰も予想していなかった。クォークが物質と反物質の対称性を破っている可能性があるという事実も、まさに青天の霹靂だった。そしてそうした予想外の結果をもたらす可能性がある実験が、現在ＣＥＲＮで進行中だ。その実験はまさにＳＦの世界であり、そこでは少人数の科学者チームが、宇宙で最も不安定な物質を作りだし、保存し、研究している。

反物質工場

ある暑い晩夏の朝、私は無秩序に広がったＣＥＲＮキャンパスの奥深くにある、大きいこと以外には特徴のない、金属製の大型倉庫のような建物で人を待っていた。前から思っているのだが、ＣＥＲＮの建物に番号を振った人にはユーモアのセンスがあったのだろう。というのは、ＣＥＲＮの建物は、五〇〇エーカーある研究所の敷地全体にほぼランダムに散らばっているように思えるからだ。そのせいで、ＣＥＲＮで知らない建物を探すのは面白い挑戦になることがある。さいわい、３９３号棟を探すのは心配していたよりずっと簡単だった。波打ち板の壁に巨大な青い看板が取り付けてあって、はっきりと「ANTIMATTER FACTORY（反物質工場）」とあったおかげだ。

結果的に、私はＡＬＰＨＡ実験のスポークスパーソンのジェフェリー・ハングストと会う約束の時間よりも、一五分早く着いてしまった。それで検査ゲートの横でぶらぶらしながら、できるだけ無害な人間に見えるようにつとめた。なにしろ、ハリウッド映画が素粒子物理学について教えてくれたことがあるとしたら、悪人たちは反物質を手に入れるためならどんなことでもしかねない、ということなのだから。

ハングストは約束の時間ぴったりに、私のほうへ大股で歩いてきた。背が高く、身のこなしがしなやかで、黒いTシャツとサングラスを身につけ、白髪交じりの短い無精ヒゲがあるハングストは、物理学者というよりロックミュージシャンみたいだった。物理学者だという証拠は、首からぶら下げたCERNのロゴ入りストラップくらいだった。私はすぐに知ることになるのだが、ALPHA実験はかなりロックンロール的な実験だ。反物質工場の中に入ると、私たちは騒音の壁にぶつかった。ブンブンいう機械類、リズミカルな甲高い音を立てるコンプレッサー、頭上高くにある天井をブリッジクレーンが移動するときに一時的に鳴るサイレンの音。ペンシルベニア州の鉄鋼業が盛んな地域の小さな街で育ったハングストは、真面目に勉強して大学に入らなかったら、地元の製鋼所で働くことになるといわれていた。だから、彼が毎日工場で働いているのは、奇妙な運命の気まぐれだといえる。ただし、かなり違う種類の工場だが。

この反物質工場で、ハングストはALPHA実験のメンバー五〇人とともに、最も単純な反物質原子である反水素を製造し、研究している。これはかなりの偉業だ。私たちの近傍宇宙には手軽な反物質資源がないので、ALPHA実験では正の電荷を持つ陽電子と、負の電荷を持つ反陽子を注意深く混合して、反水素原子をゼロから作る必要がある。そして反水素を作ってからも、それを研究できるくらい長い時間保持するのは至難の技だ。だいたい、通常の物質と接触したらすぐに対消滅してしまうものを、どんな容器に入れればよいのだろうか？　私がALPHAのことをうっかり「検出器」といったら、ハングストは軽べつするように私を一瞥した。「ALPHAは検出器ではあ、り、ま、せ、ん、よ。検出というのは私たちにとってツールにすぎない。肝心なのは、中性の反原子を閉じ込めておく方法を会得することです。それは本当に大変ですよ。生成した時点で閉じ込めるような形で、私たちは反水素を作っています。そのノウハウを持っているのは世界でもうちの実験だけです。だから、あなたに検出器といわれると、本当にいらいらするんです」。

陽電子や反陽子なら、閉じ込めておくのは比較的簡単だ。どちらも電荷があるので、電場と磁場を注意深く配置すれば真空容器の中央に安全に浮かべておける。しかし、いったんその二つが結合して中性の反水素になると、まったく話が違ってくる。反水素原子は全体として電荷がゼロなので、制御するのがはるかに大変なのだ。ＡＬＰＨＡ実験はその問題を世界で初めて解決した。二〇一〇年末、ＡＬＰＨＡチームは三八個の反水素原子を約六分の一秒間保持することに成功した。現在では一〇〇〇個の反水素原子をほとんど無期限で保存できる。

ハングスト自身もいっているが、彼が二〇年ほど前にＣＥＲＮでの仕事を始めた頃だったら、こうしたことはＳＦの話に思えただろう。実際、それは文字どおりそうなった。二〇〇八年にハングストは、ダン・ブラウンのスリラー小説『天使と悪魔』を原作とする映画を撮影中のロン・ハワード監督とトム・ハンクスに、ＡＬＰＨＡ実験を案内している。この原作小説の筋書きは、極悪組織がバチカンの爆破をたくらんで、ＣＥＲＮから反物質入りの容器を盗み出す話を軸としている。現実には、ＡＬＰＨＡがこれまでに捕捉してきた反水素を全部集めたとしても、街一つどころか、ハエ一匹を吹き飛ばすにも足りない程度だ。[*5]

もちろん、ＡＬＰＨＡは反物質爆弾ビジネスに手を染めているわけではない。本当の目標は、反水素原子のスペクトルの性質をこの上なく正確に測定することだ。通常の水素と同じように、反水素では陽電子が反陽子の周りを決まった量子エネルギー準位を取って回っており、光子を吸収したり、放出したりすれば別の軌道にジャンプする。ハングストと五〇人のALPHAチームメンバーは、その光子の周波数を測定して、通常の水素の周波数スペクトルと比較することで、物質と反物質の対称性の破れを検証している。その実験からは、もしかしたら、本当にもしかしたらだが、宇宙での物質生成プロセスの手がかりが得られるかもしれない。

通常の水素と反水素のあいだの対称性は「チャージ・パリティ・時間（CPT）対称性」と呼ばれている。CP対称性についてはすでに見てきた。それは粒子を反転して反粒子にしてから（逆も同様）、宇宙を鏡に映して左が右に、右が左になるようにすることだ。クォークの崩壊をめぐって、自然がCP対称性を破っていることはわかっているので、ニュートリノ振動でも破っている可能性がある。しかし、時間を反転させたとき（T）の対称性（実質的に粒子が進む方向を反転させることになる）を組み込むと、自然法則は根本的に変化しないと考えられている。これは別のいい方をすれば、時間が逆向きに進んでいる鏡写しの反物質宇宙は、私たちの住む宇宙とまったく同じに見えるということだ。

CPT対称性は量子場理論にとって必須なので、大半の理論家は、それは破れないはずであり、ハングストたちが成功する見込みはないと考えている。しかし、パリティ対称性やCP対称性の破れが実験で示される以前は、それが破れるとはほとんど誰も予想していなかった。CPT対称性も破れていることがわかれば、それは本当に画期的な発見であり、量子場理論を根底から揺さぶるだろう。ハングストは次のようにいう。「理論屋たちは『いいか、CPTだぞ、ちくしょう、CPTは正しいんだ』という調子だけど、対称性というのは、間違いとわかるまではいつだって正しいものなんです。CPTは不変だという主張は、量子場理論が最終的な結論だということを前提としていますが、それはひどい思い上がりです。私たちがわかっていないことはたくさんあります。CPTは一つの法則であるという見方を私が認めようとしないのは、そういう見方が間違っていたことは何度となくあったからです。実験屋としては、そんなことには耳をふさいで、できるだけよい実験をする必要があると考えています」。

とはいえ、理論面への潜在的な影響を無視しても、ハングストは明らかに、その挑戦自体を愛するがゆえにこの実験に夢中になっている。「私にとっては、これはやらずにいられないことです」とハングストはいう。「反物質原子を作って保持することが私の生きているあいだに実現したんですよ。信じられないことですよ。この実験が始まったときにどんな風だったかというと、私たちは寄せ集めのチームで、私たちがいつか反水素を作るとは誰も信じていなかった。反水素を作れてもそれを閉じ込められるとは誰も思わなかったし、そういうことが全部できても十分な量でできるとは誰も思わなかった。今では、私は反水素のスペクトル線を一日一本測定できます。私たちにとっては日常的なことです」。

ＡＬＰＨＡチームのやっていることは、そのまぎれもないクールさで相当な数の有名人の注目を集めてきた。ハングストは、実験を見学しに作業フロアに降りて行く途中で、これまでにＡＬＰＨＡ実験を見にきた有名人のサインで埋め尽くされたホワイトボードを誇らしげに指さした。ロン・ハワード監督のサイン入り写真と並んで、元ピンク・フロイドのロジャー・ウォーターズ、元クロスビーのデヴィッド・クロスビーとグラハム・ナッシュ、元ザ・ホワイト・ストライプスのジャック・ホワイト、さらにミューズ、スレイヤー、メタリカー、ピクシーズ、レッド・ホット・チリ・ペッパーズといったバンドのメンバーの

＊5　一九九九年のＮＡＳＡの試算によれば、反水素をたった一グラム（都市を吹き飛ばせるくらいの爆弾に必要なおよその量）作るのに、宇宙の年齢と同じくらいの時間がかかり、その費用は六二・五兆ドルほどになる。そうするくらいなら、イルミナティはバチカンを即金で買い取ってから、建設業者を大勢雇って街全体をばらばらに解体したほうがずっと効率的だ。

サインがあった。どう見ても、ロックミュージシャンにかなり偏っている。ハングスト自身も、CERNのハードロニック・ミュージック・フェスティバルに毎年参加しているバンドでギターを弾いていて（そう、そういうフェスティバルが本当にあって、なかなかのイベントだ）、フェスティバルに誰が出るかについてはかなりうるさい〔訳注：「ハードロニック（Hardronic）」は「ハドロン（Hadron）」と「ロック（Rock）」を合わせた造語〕。「呼びたいミュージシャンは？」。私が聞くと、ハングストは躊躇なく答えた。「ピンク・フロイドのデイヴィッド・ギルモアだね」。

さらにもう一つ階段を降りると、私たちは実験装置本体の横に立っていた。ケーブルや配管、電子機器の表示装置、点滅するライト、金属の骨組み、きらきらする断熱ホイルなどが、秩序などないように配置されている。その中央に輝くステンレス鋼の容器があった。反水素トラップ本体だ。

反水素を作るにはまず反陽子が必要になる。CERNの巨大な粒子加速器の一つで陽子をターゲットにぶつけ、粒子と反粒子のシャワーを生成させれば反陽子ができる。飛び出してきた反陽子は動きがあまりに速く、無秩序なので、そのままでは反水素を作るのに使えない。そのため、まず反陽子減速器という独特な装置を使って集めて、速度を遅くしてから、ALPHA実験に供給する。しかしその段階でも反陽子はまだエネルギーが高すぎるので、アルミニウムシートに打ち込んでから電子と混合することで、さらに「冷却する」必要がある。こうすることで、反陽子の温度は数十億度からわずか一〇〇ケルビン（摂氏マイナス一七三度）まで下がる。一方、実験装置の反対側で放射線源によって陽電子を生成する。この陽電子を、磁場の中でらせん運動をさせて温度を下げてから、反水素トラップに送り込む。

反水素トラップの中では、最初は電場をかけて反陽子と陽電子を離しておき、この電場をゆっくりと調節することで、反対の電荷を持つ粒子の雲二つを一つにする。反陽子と陽電子を混ぜると中性の反水素原子が形成されるが、これにはわずかな磁気があるおかげで、きわめて強力な磁場をかけてトラップの壁から離しておくことができる。このプロセスを八時間シフトで続けると、ＡＬＰＨＡチームは一度に最大一〇〇〇個の反水素原子を保存できる。これは、およそ二〇年にわたる入念な設計とイノベーション、そして大変な作業のすえに実現した素晴らしい成果だ。

反水素原子の雲を捕捉したら、最後のステップはそのスペクトルの測定だ。レーザー光をトラップの中に照射すると、その周波数がちょうどよければ、陽電子の一部が最も低いエネルギー準位からより高い準位へと移る。高い準位に移った陽電子は、別の光子によって原子の外に完全にはじき出されることがある。そうなると、結果的に生じた反陽子がトラップの壁に漂っていって、対消滅する。この対消滅で放出された粒子は検出できるので、対消滅の回数を数えれば、照射したレーザーが陽電子を別のエネルギー準位に量子跳躍させるのにちょうどよい周波数設定だったかどうかがわかるというわけだ。

ＡＬＰＨＡは、二〇一〇年に初めて反水素閉じ込めに成功した後、完全に組み立て直して、二〇一六年にはついに反水素での量子跳躍を初めて測定した。現在では、同じ測定を一日でおこなえるようになっていて、跳躍のエネルギーを一兆分の一ほどの精度で決定している。「現在それが可能であることがまだ信じられません」。ハングストは誇らしさを隠そうともしなかった。「自分たちでもとても驚いているんです」。今のところ、反水素のスペクトルは通常の水素と完全に一致しており、さらに驚くことに、ＡＬＰＨＡの測定精度は通常の水素の測定精度に急速に迫りつつある。「私たちはすぐに水素に近いところにいけるでしょう。水素は10^{15}分の一（一〇〇〇兆分の一）の精度で測定されています。私たちはわずか二年で、10^{12}分の一（一兆分の一）を達成しています。水素では二〇〇年かかったのに！」。

しかしＡＬＰＨＡは、さらに面白くなりそうな別の測定を計画している。最初の実験装置のすぐ脇で、ハングストは私に床から数メートルの高さがある金属の構造物を指し示した。その中にはＡＬＰＨＡ実験の装置がもう一つあった。ただしこちらは垂直に天井を向くよう、側面を下にして固定されていた。これはＡＬＰＨＡ－ｇ実験で、その目的は反物質が上方向に落下するかどうかを確かめることだと、ハングストは説明してくれた。

反物質の発見がほぼ一世紀前のことだと考えると、それがふつうの物質の重力による反発力を受けるかどうかがまだわかっていないのは驚きだ。この件についても、多くの理論家はそんなことはとてもあり得ないと考えているが、誰かが実際にそれを測定するまでは確かなことはいえない。ＡＬＰＨＡ－ｇ〔このｇは重力（gravity）を表す〕で計画しているのは、生成した反水素を放出し、それがどの方向に落下するかを調べることだ。

本当に反物質が物質から反発力を受けるということになれば、宇宙についての私たちの理解に大きな影響を与えるだろう。「世の中には、反重力が、反物質の非対称性や暗黒エネルギー、暗黒物質といったあらゆることを解決すると主張する、変わった一派がいるんです。本当にそうなら、私たちが見逃しているあらゆるものを説明できますよ」。ハングストは、私と一緒にタンクの上部を見上げながらそういった。実際に、反物質が物質から反発力を受けるなら、宇宙に反物質が存在しない理由を説明できる。それは、反物質がすべて宇宙の遠い領域に追いやられているからで、そうなるとビッグバンで反物質よりも物質を多く作るためのレシピは必要なくなる。「論文をマットレスの下に隠しつつ、この測定の結果を待っている人たちがたくさんいますよ」。

二〇一八年にハングストとチームメンバーは、ＣＥＲＮの加速器施設がその年末、ＬＨＣとその実験装置のアップグレード作業のために二年間のシャットダウン期間に入ってしまう前に、ＡＬＰＨＡ－ｇでデータ収集ができるようにと大急ぎで準備を進めていた。ＡＬＰＨＡチームは、実験装置のスイッチを入れることとさえできれば、反物質が上方向と下方向のどちらに落下するかはほぼすぐにわかると確信していた。「それまでで一番必死に仕事をしましたよ。五月から一一月まで、週に七日、一日一二時間から一五時間働いて、なんとかシャットダウンの前に測定しようとしました。私たちはなんとかその測定をやりたいと心から思っていました。あともう一カ月あったら、やれていたでしょうね」。

結局、ハングストたちは本当にあともう少しのところまで行きながらも間に合わなかった。そこで現在は、新旧両方のＡＬＰＨＡ実験を最高の状態で再スタートできるよう、懸命に作業中だ。彼らは実験を改善する方法をいつも探し続けている。「動いているなら直すな」とよくいうが、ハングストのモットーは「動いているなら直せ」だ。

一方で、ＡＬＰＨＡチームはこの分野を独占しているわけではない。反物質工場を他のいくつかの実験と共有していて、その中には反物質の重力効果の測定でＡＬＰＨＡと争っている二つの実験も含まれている。しかしハングストは、誰が一番乗りをするかについては少しも疑っていない。「私たちが勝つという自信がありますよ」。なんといっても、反水素を最初に閉じ込めたのは彼らだし、量子跳躍を最初に測定したのも彼らなのだ。負けるほうに賭けたい人はいないはずだ。

私は一人の実験物理学者として、ＡＬＰＨＡ実験の科学への取り組み方に本当に刺激を受けている。彼らは、並外れて難しい測定をおこなっているだけでなく、評価の高い理論家が真実に違いないといっている原理を検証しようとしているのだ。ハングストは、原理を検証するまでは、それが正しいと確信をもっていうことはできないという考え方を明確に取っている。量子場理論の第一人者だったリチャード・ファインマンの有名な言葉にあるように、「あなたの［理論］がどれだけ美しいかは重要ではないし、[61] あなたがどれだけ賢くても関係ない（中略）実験と一致しなければ、それは間違っている」ということなのだ。

ＡＬＰＨＡ実験は、最も純粋な姿の実験物理学だといえる。物質的世界をしっかりとつかみ、その最も基本的な原理を実験室で調べている。そこにあるのは、終わりなき正確さの追求であり、困難な問題を解決する喜びであり、一番になるという決意である。ハングストは間違いなく自分の仕事を愛している。明るい夏の日差しの下に戻って目をぱちぱちさせながら、ハングストは私にこういった。「こんな場所はほかにありませんよ。私に向いている仕事は世界中でこれだけです。この仕事をするか、路上でギターを弾くかですね。選択の余地はありませんでした。そのことを毎日考えています。へまするわけにはいかないんです」。

12章

見落としている材料

「この記録破りの衝突エネルギーによって、ＬＨＣ実験は広大な領域の探検に踏み出します。暗黒物質や新たな力、新たな次元、そしてヒッグス粒子の探索が始まるのです」。

ＡＴＬＡＳ実験のスポークスパーソンのファビオラ・ジャノッティはそんな言葉を述べて、ＬＨＣでの新しい粒子探索の口火を切った。二〇一〇年三月三〇日、高エネルギー陽子同士の衝突が初めて実現した日のことだ。その日、一万人強が集まるＣＥＲＮコミュニティーは楽観と期待でざわめいていた。一方、世界中の理論家たちは、その多くが研究人生のあいだずっと考え続けてきた問題の答えを待ちわびていた。本当に長く待ったすえに、これまで建造された中で最も素晴らしい科学装置がようやく始動したのである。それは、亜原子粒子の新たな世界を探検する一世代に一度の機会であり、その世界では間違いなく、あらゆる種類の奇妙でエキゾチックなものが発見されるのを待っていた。[62]

ヒッグス粒子がそうしたものの一つにすぎないことは、ジャノッティの言葉からもわかる。実際、多くの素粒子物理学者にとってヒッグス粒子は、その新しいマシンが狙っている獲物の中ではそれほど興奮しないものという位置づけだった。もしかしたら、大多数の素粒子物理学者がそう思っていたかもしれない。ヒッグス粒子は、素粒子物理学の中では古くて完成した物語に属するものだ。標準モデルの中で最後まで見つかっていないピースではあるが、この標準モデルは一九七〇年代末からほとんど変わっていない。世界トップクラスの理論素粒子物理学者のニーマ・アルカニ＝ハメドは、ヒッグス粒子がＬＨＣで見つかると確信していて、以前からヒッグス粒子の発見に給料一年分を賭けると公言していたほどだ。多くの実験家も、ヒッグス粒子を見つけるのはチェックリストの項目を一つ消すようなものであり、未知なる土地への真の旅がまだ始まっていなかった二〇世紀にやり残した仕事だと見なしていた。

標準モデルは、物質の構造や量子場、自然界の力、質量の起源などを説明するという成功を収めてきた。

とはいえ、それはよくいっても不完全であり、私たちがまだちらりとも見ていない、もっと深遠で本質的な理論のこだまのようなものだ。まず、多くの物理学者は、標準モデルはその場しのぎの不格好な理論で、醜いものだとすら考えている。力を例に取ってみよう。標準モデルには、電磁気力、弱い力、強い力という三つの力があるが、どうしてこの三つなのだろうか？　それはわかっていない。電磁気力と弱い力は統一されているが、強い力は一人でぶらついた状態のままになっている。高エネルギーではこうした力がすべて統一されるのだろうか？　これもやはりわからない。そしてたぶん一番重要なのは、重力が完全に仲間はずれになっていることだ。

物質粒子に目を向けると、もっとひどいことになる。私たちは電子とアップクォーク、ダウンクォークからできているが、この三つの粒子は電子ニュートリノとともに、四個の粒子からなるグループを作っている。このグループは物質の「第一世代」と呼ばれるが、そこにこの四つの粒子が存在する理由はわからない。私たちは、植物学者が野外で花を収集するみたいに、第一世代の粒子が存在するのを確認して、人の手で理論の中に入れただけだ。その数が一個だけではなく四個なのはなぜだろうか？　あるいは五個でも、一〇〇個でもいいのでは？　さらに自然は、この四個の粒子にそっくりだが、もっと重くて不安定な粒子を用意することにした。それが物質の第二世代で、そこにはミュー粒子、ミューニュートリノ、チャームクォーク、ストレンジクォークが含まれる。そして第三世代は、タウ粒子、タウニュートリノ、トップクォーク、ボトムクォークという、もっと重くて、もっと短命な粒子からなる。世代の数が三つであって、四つや一〇〇〇ではないのはなぜだろうか？　やはりそれもわかっていない。

標準モデルが初めて構築されて以来、そこに明らかに見られる恣意性のすべてを一つの統一的な原理で説明するような、もっと深遠で、もっとエレガントな理論の登場を多くの人々が切望してきた。数章前で

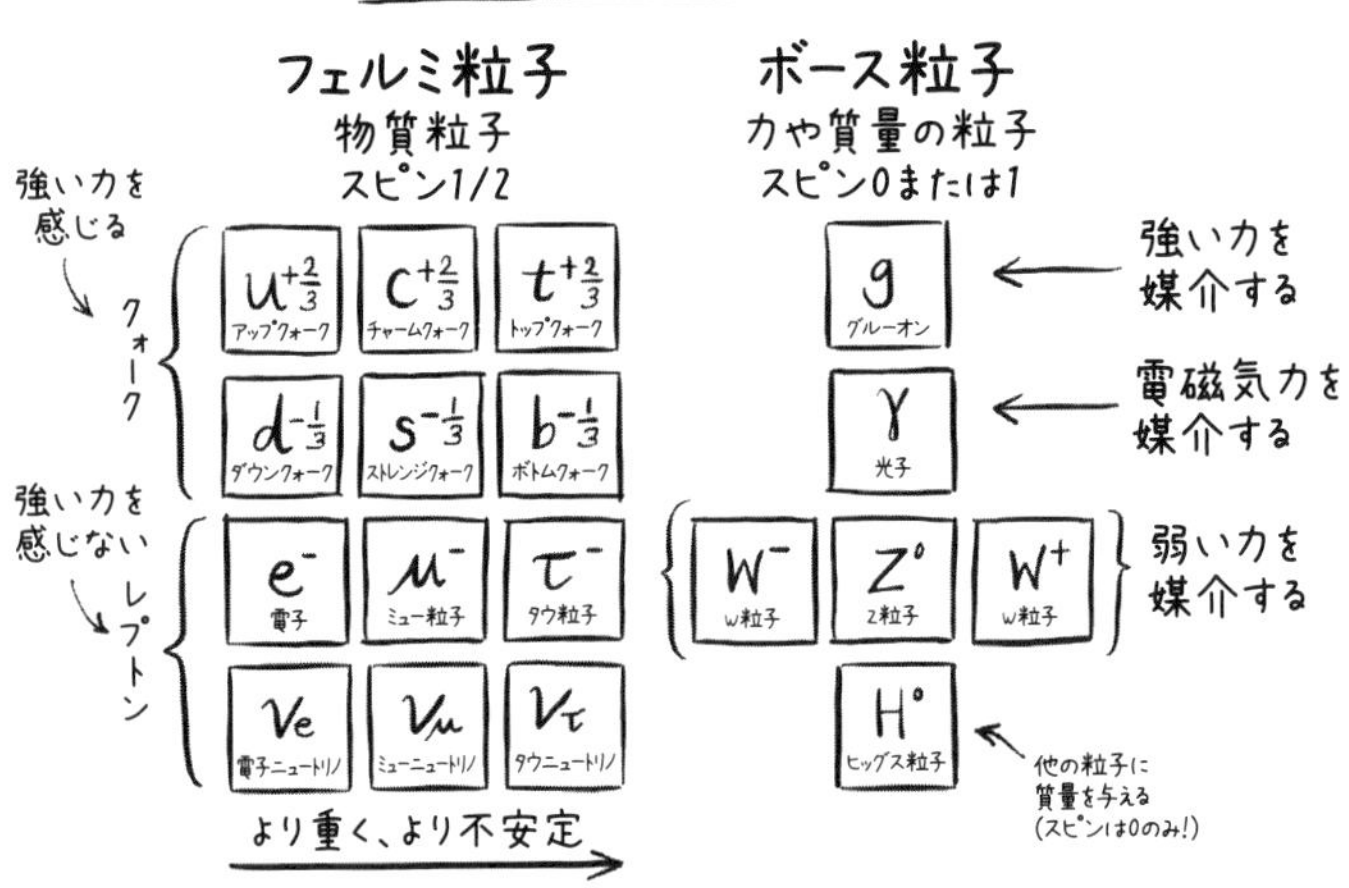

議論したように、力が生じるのは自然法則に対称性があるためのようだ。標準モデルは、もっと大規模で対称性が高い構造の一部にすぎないのかもしれない。いってみれば、標準モデルはどこかの中世の大聖堂の見事なステンドグラスの窓が割れてできた、ガラスのかけらだ。他の行方不明のかけらを見つけないかぎり、自然の基本法則が持つ美しさや雄大さがすっかりと明らかになることはないだろう。もちろん自然が、なにを美しいとするかという私たちの感覚に沿ったものとはかぎらない。もっと統一的な理論を見つけたいという願望は美学的なものにすぎない。たとえ過去には理論の統一性と単純さが強力な指針になってきたとしてもだ。しかし美学的な面を別として、私たちがなにか大きなものを見落としていると考えるのには、観測から得られた確かな理由がある。

ビッグバンの恐ろしい高温で物質が作られる仕組みを説明するには、新しい量子場が必要であることはすでに見てきたが、標準モデルの最大の問題の中には、素粒子物理学ではなく、天文学から出てくるものもある。二〇世紀中に、宇宙には目に見えるものよりはるかにたくさんのものが存在することが、天体観測の結果からおぼろげにわかってきた。一九三〇年代には、かみのけ座銀河団という一〇〇〇個以上の銀河の巨大な集まりでは、銀河が非常に速く動いているので、目に見える物質の重力だけでは弱すぎてこの銀河団を一つにまとめておけないことが、スイスの天文学者フリッツ・ツビッキーによって発見された。ツビッキーは、この銀河団にはなにか目に見えない物質が存在していると考え、それをドイツ語で「暗黒物質」を意味する「ドンケル・マテリエ」(dunkle Materie) と呼んだ。この物質があることで引力が強くなり、銀河団を一つにまとめているというのである。

その後四〇年近くにわたり、暗黒物質の存在には賛否両論があったが、決着をつけたのが、一九七〇年代にアメリカのヴェラ・ルービンがおこなった精度の高い一連の天体観測だった。ルービンは、銀河系に最も近い銀河であるアンドロメダ銀河も含めたいくつかの渦巻銀河では、その中での星の公転速度があまりに速いので、その銀河から逃げ出して、銀河間空間に飛び去ってしまうはずだということを示した。この場合にも、銀河の中にある物質の量では、星を軌道にとどめておくのに必要な重力を生み出せないように思えた。

ルービンの観測結果は初めは疑いの目を向けられたが、数年後には物質の量が足りないのは本当だということがはっきりした。一つの可能性として現在でもごく一部の物理学者が検討しているのが、ニュートンとアインシュタインの重力理論は間違っていて、遠い距離での重力は考えられていたより強いという説だ。しかしはるかに多くの支持を得ているのは、天の川銀河を含めた銀河のほとんどが目に見えない暗黒物質の広大な雲の中心に位置していて、その暗黒物質の引力が星を軌道にとどめているという説だ。この目に見えない物質が暗黒物質と呼ばれるのは、それは光を放出することも、吸収することも、反射することもないため、望遠鏡では完全に観測不可能だからである。それでも天文学者はその存在を、星や銀河、光が宇宙の中を進むときに暗黒物質の引力を受ける様子から推測できる。それは、幽霊屋敷でポルターガイストが家具をあちこちに動かすようなイメージだ。

現在では、暗黒物質の存在を示す確かな証拠がそろっており、天文学者はさまざまな種類の観測結果から、その影響が宇宙全体にどのように分布しているかを示せるようになっている。最も正確とされる試算では、宇宙に存在する暗黒物質の量は、あらゆる星や惑星、小さなダストも含めた、原子からなる目に見える物質すべてを合わせた量の五倍以上とされている。

それ以上に謎めいているのは、暗黒エネルギーというある種の反重力で、これは宇宙の膨張を加速させる原因とされている。合計すると、暗黒物質と暗黒エネルギーは宇宙の総エネルギー量の九五パーセントを占めていると考えられる。私たちや、夜空に見えるあらゆるものは、ほとんど見ることができない未知の探査されていない宇宙のごく一部分にすぎない。まるで暗い大海原にきらきら光る海面の泡だ。

標準モデルに含まれる粒子や量子場の中には、暗黒物質[*1]や暗黒エネルギーである可能性があるものはない。これは素粒子物理学者にとっては、大きな問題であると同時に、大きなチャンスでもある。素粒子物理学実験で暗黒エネルギーのことがわかる可能性はかなり低いが、暗黒物質のほうは、ＬＨＣでの粒子衝突実験か、暗黒物質粒子が通常物質に衝突するめったにない機会を狙っている、深い地下での実験によって見つかる可能性がある。そんな粒子を見つけられれば、星や銀河の動きを説明できるだけでなく、標準モデルの先にある、もっと大きくて、もっと対称性の高いなんらかの理論のヒントが得られるだろう。

暗黒物質を作る可能性というのは、確かにＬＨＣ建設にあたっての大きな動機ではあった。ただ、驚くかもしれないが、このコライダーで新しい現象を目にできると物理学者が期待した主な理由はそこではなかった。自然界の材料リストに新たな粒子を加えることをはるかに超える意味合いがある、別の謎があるのだ。それは、自然法則の基本的観念をゆるがす謎であり、私たちは自分たちが見ている宇宙を説明できないのではないかという疑念を抱かせるような謎だ。それはヒッグス場に関係する問題であり、原子や人間、アップルパイがそもそも存在しうるという奇妙な事実に絡んだ問題だ。

ハリケーンの中の凪のように

モンティ・パイソンの傑作コメディ映画「ライフ・オブ・ブライアン」の半ば頃に、映画のタイトルにもなっている主人公ナザレのブライアンが、ケントゥリオ（百人隊の指揮官）の軍勢から逃げるシーンがある。一世紀のエルサレムの通りをすばやく逃げながら、ブライアンは間違えて未完成のらせん階段を上ってしまい、金切り声を上げながら落下し、そのままはるか下の通りに落ちて死ぬはずが、そうはならなかった。お決まりのモンティ・パイソンらしい超現実主義的な展開で、地面に激突する直前に、エイリアンの宇宙船が別の宇宙船に追いかけられてそこを通り過ぎ、ブライアンはその宇宙船の屋根から船内に落ちたのだ。月の周りで派手な追いかけっこをした後に、ブライアンが乗った宇宙船は追っ手の攻撃をまともに受けて地球に真っ逆さまに落下し、ブライアンがちょっと前に落下した同じ建物の真下に墜落する。煙を上げる宇宙船の残骸からブライアンが無傷で出てくると、この奇妙な出来事の一部始終を目撃していた通行人がこう叫ぶ。「おお！　運がいいやつだな！」。

＊1　ニュートリノならぴったりだと思うかもしれないが、ニュートリノは軽すぎるし、跳び回る速度が速すぎるので、暗黒物質の観測データに合わない。

「運がいい」というのはちょっと控えめないい方だ。つまり、ブライアンが落下している瞬間にエイリアンの宇宙船がたまたま地球を通過し、さらに単に地球というだけではなく、エルサレムのその通りの真上の、まさにその空間を通り過ぎる確率はどのくらいだろうか？　この驚くほどの幸運と合わせて、宇宙船が撃墜されたときに、まったく同じ場所に墜落して、さらにブライアンがその衝撃で死なないという、とんでもなくありそうもないことが起こることも考えなければならない。そしてそれ以前に、地球にふらりとやってこられるくらい近い宇宙で知的生命体が進化する確率だとか、他でもないこの宇宙船にサンルーフがあって、それをパイロットがうっかり開けたままにしていたらしいという、なんとも説明しがたい事実も考慮しなければならない。

そう、「運がいい」なんてものではないのだ。しかし、私たちが標準モデルを額面どおり受け取るなら、原子が存在し、それゆえに星から人間にいたるまで、原子を材料とするあらゆるものが存在するのは、ひとえにこれと同じくらいばかばかしい偶然の出来事の積み重ねのおかげということになる。

こうした偶然の出来事はヒッグス場に関係している。ヒッグス場は広く行きわたっているエネルギー場で、素粒子に質量を与えている。すでに議論してきたように、ヒッグス場はビッグバンのおよそ一兆分の一秒後に宇宙全体でオンになり、あらゆる場所でゼロではない値を持つようになった。素粒子に質量を与え、私たちが知っている姿の宇宙の（したがってアップルパイの）材料を基本的に用意しているのは、この非ゼロの値だ。

ヒッグス粒子が発見されたことで、この量子場が存在することがわかった。またW粒子とZ粒子の質量から、ヒッグス場の値が約二四六GeVで安定していることが計算できる。重要なのはここからだ。ヒッグス場が持つこの特定の値が、素粒子の質量を決定しているのだ。もしよければ、ヒッグス場を巨大な宇宙のダイヤルと考えてみてもいい。家の室温を設定するのに使うようなダイヤルだ。その目盛をちょっと小さくすると、標準モデルの粒子の質量は軽くなり、大きくすると重くなる。問題は、ヒッグス場が結果的には怪しいほど完璧にちょうどよい値に落ち着いたのは、とてつもなく、信じられないくらい、ばかみたいに（これで知っている副詞は使い果たした）信じがたい話に思えることだ。

私たちの理論は、ヒッグス場が取る可能性のある値は二つしかないとしている。○GeVか、一○○○○○○○○○○○○○○○○○○GeVだ。その理由はすぐに説明するが、先に理解しておくべきことは、あなたが宇宙に存在したいのなら、この二つのシナリオのどちらも本当に不都合だということだ。ヒッグス場の値が○GeVなら（つまりヒッグス場がオフなら）、電子は質量を持っていないので、原子につつくことがない。そのため、私たちは存在しないことになるし、それ以外にも奇妙な影響がたくさんある。二つ目のシナリオで、ヒッグス場が最大レベルでオンになっていたら、素粒子の質量が非常に大きくなるので、形成された構造はすぐに崩壊してブラックホールになってしまう。この場合も、私たちはそんな宇宙で生きていくことはできない。

一方で二四六GeVというのは、粒子に有限だがばかばかしいほど大きくはない質量を与え、かすみのように漂う質量のない粒子だとか、大量のブラックホールなんてものの代わりに、興味深いものでいっぱいになった宇宙を作り出す、ちょうどいい大きさだ。しかし、その大きすぎも小さすぎもしない快適な値を実現するには、自然法則の中の偶然が信じられないほど重なっている必要がある。それはブライアンがエイリアンの宇宙船に命を救われるのに負けないくらい、起こりそうにないことだ。

結局のところ、この問題の原因は、ヒッグス場が空っぽの空間、つまり物理学者たちが「真空」と呼ぶものから影響を受けている状況にある。すでに見てきたとおり、実際には空っぽの空間なんてものはなく、そこには量子場が存在するのだ。量子場は、その中をばちゃばちゃと動き回る粒子がなくても、いつもそこにある。また、そうした量子場が電子などの粒子の性質に影響を与えうることも見てきた。たとえば量子場は、電子の周りに集まってその形を変えたりする。そして、真空中にある量子場は、ヒッグス場の強さにも影響を与えている。それもとても壊滅的な形でだ。

この壊滅的な影響のおおもとには、中に粒子がない量子場でも完全に静かなことはないという事実がある。静かな池の水面がきらきらと揺らめいているみたいに、量子場はいつも小さく振動しているのだ。そうした小さな振動の原因はハイゼンベルクの有名な不確定性原理だ。この原理は、ある場が厳密にゼロのエネルギーを持つといい切ることを許さないのだ。代わりに、空っぽの場はゼロの値の周りをつねに揺れ動いていなければならない。

理論的には、こうした量子的な振動にはエネルギーがある。どのくらいのエネルギーだろうか？　それは、奇妙に感じるかもしれないが、あなたがその量子場をどのくらい近くで見るかによる。不確定性原理のおかげで、あなたが量子場にズームインして、それを短距離から見るほど、そうした振動のサイズはどんどん大きくなる。これが意味するのは、あなたが無限に近いところまでズームインすれば、その振動は無限に大きくなって、真空に無限のエネルギーを与えるということだ。さいわい、無限にズームインできないことはわかっている。あるきわめて短い距離になると、重力が作用し始めるからだ。

この特別な距離はプランク長と呼ばれており、それはとても小さい。だいたい一メートルの一兆分の一の一兆分の一の、さらに一兆分の一六だ。あるいは、たくさんのゼロを並べるのが好きなら、〇・〇〇〇〇〇〇〇〇〇〇〇〇〇〇〇〇〇〇〇〇〇〇〇〇〇〇〇〇〇〇〇〇〇〇一六メートルと書いてもいい。比較を考えるなら、プランク長とクォーク一個の大きさの比は、クォーク一個と私やあなたの大きさの比とだいたい同じだ。つまり、とてもとてもとても小さいということだ。この距離が特別なのは、二個の粒子を互いのプランク長の範囲内に入れると、重力が二個の粒子を崩壊させて小さなブラックホールにするからだ。そうなると、プランク長より短い距離を考えても意味がないことになるので、この距離で私たちはズームインを止める。

それでも、プランク長は途方もなく小さいので、この距離で見る量子場の振動のエネルギーは非常に大きい。かなり素朴な計算からは、一つの量子場の振動に保存されているエネルギーは非常に大きいので、一立方センチメートルの空っぽに見える空間には、観測可能な宇宙にあるすべての星を何度も繰り返し吹き飛ばすのに十分なエネルギーがあるはずだと考えられている。[*2]

あなたがこの結論に衝撃を受けたとしても無理はない。どうしてそんなことがあり得る？　角砂糖一個分の空間それぞれが、この世の終わりみたいな量のエネルギーで煮えくり返っているなんて話は、とんでもなくばかげている気がする。実際、一部の物理学者はこの手のロジックの妥当性を疑っているが、私たちが量子場理論を受け入れるなら、この結果は避けられなさそうだ。ありがたいことに、この真空エネルギーは空間自体に閉じ込められていて、外に出てこられないので、私たちに害はない。しかし、たとえ私たちに害がなくても、ヒッグス場には大きな影響を与えているはずだ。

ヒッグス場は標準モデルが扱っている場の中でも独特な存在だ。すでに見てきたように、ゼロのスピンを持つ場はヒッグス場しかない。他の場は、スピン1/2の物質場か、スピン1の力の場のどちらかだ。こ

＊2　これは、基礎物理学の別の大きな問題と密接に関係している。それはいわゆる宇宙定数問題だ。こうした真空の振動が持つエネルギーは、空間を急速に膨張させるので、星も銀河も形成されないはずなのだ。こんな恐ろしい量の真空エネルギーが宇宙をズタズタに切りさいていない理由は、物理学における最大の謎に数えられている。

れは、ヒッグス場は他の場とは違ってそうした激しい真空場の振動の影響を受けていることを意味する。ハリケーンの中で空に浮かぶ凧のように。

　地球上でこれまでに起こった最も強いハリケーンの中で、凧から手を離すと考えてみよう。この凧はどうなるだろうか？　予想としては二とおり考えられる。風にとらえられて空高く運ばれるか、地面にたたきつけられて、そこに押しとどめられるかだ。もしこの凧が、たとえば地上一メートルの高さで安定して浮かんでいたらひどく驚くだろう。

　しかしこれこそまさに、私たちがヒッグス場で目撃している状況だ。ヒッグス場の値はこの凧と同じで、とてつもなく強力な真空エネルギーの変動に振り回されて、プランクエネルギー（一〇〇〇〇〇〇〇〇〇〇〇〇〇〇〇〇〇〇ＧｅＶ）の高さまで引きずられていくか、〇ＧｅＶの地面に打ち付けられるか、どちらかのはずだ。しかしこの宇宙のヒッグス場は、原子が、したがって私たちが知る姿の宇宙が存在するのに妥当な範囲である、ゼロよりわずかに上の二四六ＧｅＶに浮かんでいることがわかっている。

　この奇妙な状況には説明が必要になる。標準モデルの中で説明するには、これまでに発見されているあらゆる量子場（さらにまだ発見されていない量子場も）の激しい振動が、まったく信じられないような正確さでちょうど打ち消し合っていると考えるしかない。これは、ハリケーンの中で渦巻いてうなり声を上げる突風が、奇跡的に互いにバランスを取り合った結果、凧の周りの空気がほぼ完全な平穏状態になるといっているようなものだ。

　大まかにいうなら、異なる種類の量子場すべての振動が打ち消し合って、ヒッグス場を二四六ＧｅＶで安定させ続けるのに必要なレベルまで弱まる確率は、一兆×一兆×一〇〇万（10^{30}）回に一回だ。これほど大きな数にはほとんど意味がないが、なにかの文脈の中で考えてみるなら、これに比べれば、あなたが宝くじの一等を三週連続であてる確率のほうがずっと高いということになる。

そんなふうに、さまざまな量子場すべてが見事に共謀するなんてことは間違いなくあり得ない。そう考えると、原子が存在できるちょうどいい状態になるよう、偉大な宇宙の機械職人のような存在がこうした振動のバランスを注意深く取っているというような印象を受ける。別のいい方をすると、物理法則はまるで生命のために「ファインチューニング」（微調整）されているように見えるのだ。

あなたが物理学者なら、この話はうさんくさいと思うだろう。それは猛暑だった夏のあいだ中、ソファーの後ろに落ちていたオヒョウくらいのくささだ。このいわゆる「階層性問題」は過去数十年間、標準モデルの先にある物理学の探索の大きな動機になってきた。期待されているのは、ヒッグス場が最終的に完璧にちょうどよい値になる理由を説明できるような、新たな物理現象を発見することだ。それは新たな量子場かもしれないし、なにか他のものかもしれない。さっきの凧のたとえ話でいえば、これは凧を地面につなぐ鉄の棒を発見するのに似ている。あるいは、ハリケーンの強風が予測よりはるかに弱いことに気づくようなものかもしれない。

そうした新しい現象を見つけることは、過去も現在もＬＨＣの大きな目標の一つだ。実は、ヒッグス粒子の発見と合わせて、階層性問題の解決策を見つけることもＬＨＣ建設の主な理由だった。それはこのうえなく高くつく賭けだった。そしてこれはただのよくある科学的問題ではなく、物理学を研究する意味の核心を突くものだ。私たちがそれを解決できるかどうかは、はるかに深い問題と密接に結びついている。つまり、宇宙の性質には説明不可能なものがあるのかということだ。

こういったことの背後には物理学を何十年も悩ませてきた亡霊が潜んでいる。多くの人には嫌悪され、それ以外の人々には熱烈に支持されているこの亡霊は、マルチバース（多宇宙）理論という。これは、私たちの宇宙はたくさんの、あるいは無限個の宇宙の一つであり、物理法則は宇宙ごとに異なっているという説だ。この可能性を認めると、不可能に見えるヒッグス場の値は十分にあり得るどころか、必然的なものになる。他の宇宙が存在する可能性を計算に入れると、大多数の宇宙ではヒッグス場の値はゼロか、プランク長でのエネルギーになるので原子は存在できない。私たちがヒッグス場の値が約二四六ＧｅＶの宇宙に住んでいるのは、奇跡的なファインチューニングのおかげなどではなく、私たちが住むことのできる種類の宇宙はこれしかないからだ。

こうした考え方が正しいとしたら、私たちの宇宙が今あるような姿をしている理由を説明することは決してできない。ヒッグス場がその値を取ったのはまぐれなのだ。ブライアンがあの宇宙船の通り道に落っこちたみたいに。原子が存在できたのも、生命が最終的に進化できたのも、まぐれだ。こうした考え方のひどいところは、それが正しいのか、間違っているのかが決してわからないことだ。他の宇宙を検出する手だてがないのはほぼ間違いないだろう。他の宇宙は本質的に私たちの宇宙の外にあり、手が届かないのだから。

別のいい方をするなら、マルチバース理論が正しいなら、アップルパイをゼロから作る方法は決してわからないことになる。

ただし多くの物理学者が期待しているのは、なんらかの未知の効果がヒッグス場を壊滅的な状況から守って、安定化させているということだ。そうなっているなら、ヒッグス粒子自体と同じような質量を持つ、新たな粒子が存在すると考えるだけの根拠はある。そういったわけで、ＬＨＣのデータからヒッグス粒子が姿を現しつつあったのと同じ頃、他の何百人もの物理学者は、私たちがこんなとんでもなくあり得ない宇宙に住んでいる理由の説明になりそうな標準モデルの欠点を探して、ＬＨＣの衝突データをくまなく探していた。

未知の世界へ

毎週水曜日の朝、ある物理学者のグループがケンブリッジ大学キャヴェンディッシュ研究所二階にある窓のない会議室をいっぱいにする。コーヒーカップがあちこちに置かれ、霜がついた天窓からの光でぼんやり照らされた大きなテーブルの周りに座り、彼らが繰り広げる活発な議論には、奇妙な用語がちりばめられている。「スクォーク」、「ニュートラリーノ」、「重力子」「Zプライム」「マイクロブラックホール」といった用語がテーブルの周りを飛び交う。ときどき、誰かが急に立ち上がってホワイトボードにあれこれと走り書きをする。矢印と小さな波形からなる象形文字のようなものや、どうにか解読可能な数学記号の殴り書きとか。そうかと思うと、自分の席から意見を述べている人や、物思いにふけりながら見守っている人、ノートパソコンを叩いている人もいる。

この超対称性ワーキンググループは、私が二〇〇八年にキャヴェンディッシュ研究所にやってくる前からある集まりだ。素粒子物理学の世界は会議がひどく多いが、[*3]この会議がほかと違っているのは、LHCで研究する実験物理学者と、キャヴェンディッシュ研究所の理論物理学者、そして通りの先にある数学科の人々が集まっている点だ。一〇年以上のあいだ、彼らは奇妙な現象を探す新たな方法を追い求めて、L

＊3　会議をめぐってこんな都市伝説っぽいエピソードもある。ATLAS実験プロジェクトではかつて、会議の数を減らす方法を模索するグループを立ち上げたが、そのグループが定期会議を開くようになり、問題がひどくなっただけだった、という話だ。

ＨＣの最新の実験結果や、新しい理論的なアイデアを広く検討してきた。

この会議の常連の中に、ベンジャミン・アラナックとサラ・ウィリアムズがいる。アラナックは理論物理学の教授で、この一〇年間、実験家たちに有望な道筋を指し示す役目を果たすとともに、ＬＨＣの最新の実験結果が標準モデルを越える推論的理論にとってどんな意味があるのかを突き止めようとしてきた。一方、ウィリアムズは、ＡＴＬＡＳ実験で記録された数兆回の衝突の中になにか新しいものの兆候がないか探し続けてきた。

長いあいだ、そうした推論的理論の中で断然有望とされていたのが超対称性理論だった。これはとても魅力的なアイデアで、ベンは研究人生をこの理論を考えることに費やしてきたくらいだった。一方、サラや何百人もいるＡＴＬＡＳ実験の共同研究者たちは、この理論がもたらす影響を見つけたいと考えて、何十回もの測定をおこなってきた。

超対称性理論はほかに例のない理論であり、重大で基本的ないくつかの問題を一撃で解決できる。ビッグバンのあいだに物質が反物質よりも優位に立った仕組みや、暗黒物質の性質を説明できそうだし、自然界のすべての力が宇宙のまさに始まりの瞬間に一つになっていたことも示している。しかしその最大の魅力は、ヒッグス場を真空の猛威から守り、その強さが原子の存在できるちょうどよい値に設定されている理由をおのずと説明することだ。

名前が示すとおり、超対称性は自然界の構成単位に新たな対称性を課しており、それは物質と反物質の関係についての対称性とそれほど違わない。しかし、超対称性は粒子とその反粒子の関係ではなく、電子やクォーク、ニュートリノのようなフェルミ粒子（物質粒子）と、光子やグルーオン、ヒッグス粒子のようなボース粒子の関係を示している。

物質粒子がボース粒子と異なるのは、そのスピンだ。すべてのフェルミ粒子はスピンが1/2だが、ボース粒子はスピンが1だ。ただしヒッグス粒子は特別で、スピンが0である。超対称性によれば、標準モデルにおけるスピン1/2のフェルミ粒子それぞれについて、スピン0の「超対称性パートナー」があり、ボース粒子にはスピン1/2の超対称性パートナーがあるとする。こうした超対称性粒子は、標準モデルのパートナーと性質は同じで、スピンだけが異なる。

こうした超対称性粒子はどれも、とてもふざけた名前がついている。電子の超対称性パートナーは「スエレクトロン（スカラー電子とも）」という。一方、クォークのパートナーは「スクォーク」だ。ボース粒子の超対称性パートナーも似たり寄ったりで、光子（フォトン）のパートナーはフォティーノだし、他もグルイーノ、ウィーノ、ジーノ、ヒグシーノという感じだ。私が一番気に入らないのがストレンジ・スクォークで、これをはっきり声に出していうと、たいてい同僚の目にうっかりつばを吐きかけてしまうはめになる。これらの超対称性粒子を「スパーティクル（sparticle）」（日本語では「超対称性粒子」）と呼ぶ。私は内心、こんなふざけた名称を二度と使わずにすむように、超対称性が決して見つからなければいいのにと思っている。

そんなださい命名法を別とすれば、超対称性は多くの理論家から、基礎物理学においてこれまでに発見された中で最も美しくて説得力のある考え方だと見なされている。特にこの理論は、ヒッグス場を破滅から守るために理論家が見つけ出した数少ない方法の一つだ。すでに見てきたように、ヒッグス場は真空中につねに存在する量子場内の振動にとりわけ敏感だ。標準モデルに二五種類ほどある量子場のそれぞれが独自の振動をもたらしており、それぞれがハリケーン級の風のように、ヒッグス場の値をゼロの地面にたたきつけるか、プランクエネルギーの高さまで吹き上げるかしている。そうしたさまざまな量子場すべてがたがいにバランスを取ることを期待する根拠はなに一つない。ヒッグス場が二四六ＧｅＶの高さに安定して浮かんでいる理由がとても理解しがたいのはそのためだ。

超対称性はこの問題を解決する。超対称性理論では、標準モデルのあらゆる量子場について、対応する「超場」があると考える。これを計算してみると、ある超場の振動は、その超対称性パートナーである標準モデルの量子場の振動と大きさがほぼ厳密に等しく、振動の向きが反対だということがわかる。そのため、たとえば電子場がヒッグス場をある方向に動かすと、スカラー電子（電子の超対称性パートナー）の場がそれを反対方向に戻す。これはいってみれば、たがいに逆向きに吹いている風がほぼ完全に相殺し合って、量子力学的ハリケーンというべき状態を、晴れた穏やかな日に相当する状態に変えるようなものだ。

超対称性を考えるなら、もはやファインチューニングや、検証不可能なマルチバースに頼る必要はなくなる。これは自然な理論だ。つまり、この理論を過度にいじりまわさなくても、世界が現在の姿である理由を必然的に説明できる。さらによいのは、たくさんある超対称性パートナーの中で、最も軽い超対称性粒子が暗黒物質の理想的な候補になることだ。

しかし、明らかな難点が一つある。そういった超対称性粒子はどこにあるのか、ということだ。宇宙に完全な超対称性があるとしたら、超対称性粒子の性質は、スピンが異なる以外は質量も含めて標準モデルのパートナーとまったく同じはずであり、そうだとすれば、私たちは超対称性粒子をすでに発見していなければおかしい。この点を回避するには、超対称性は、体がローラー車で伸ばされたように見える遊園地の歪んだ鏡みたいに、不完全でなければならない。超対称性が破れていれば、超対称性粒子は通常の標準モデルの粒子より重くなることができ、従来のコライダーでは作ることができないほどになる。そうであれば、超対称性粒子がまだ見つかっていない説明にはなる。しかしそうなるとかなりまずいことにもなる。

超対称性粒子を重くすることで超対称性をより大きく破るほど、いやな量子的な振動を相殺する効果が弱まるのだ。この話の結論としては、超対称性がヒッグス場を守るのだとすれば、超対称性粒子はヒッグス粒子自体よりもずっと重いわけにはいかないということだ。そうすると、超対称性粒子はＬＨＣの視野にしっかりと入ってくる。

期待できる要素がこれだけあることを考えれば、超対称性が、理論家と実験家のどちらにとってもあらがえないほど魅力的な存在になっているのは当然だ。しかし、ヒッグス場を安定させるということでいえば、超対称性がすべてではない。超対称性では、強さが同じだが反対向きに吹く強風が量子世界のハリケーンを落ち着かせてヒッグス場を守るとしているが、別の有力なアプローチでは、ハリケーンはそもそも最初から存在しなかったとしている。

ヒッグス場にとって非常に危険な、途方もない真空の振動が存在するという説は、真空をこれまでになく短距離までズームインすると、振動がどんどん大きくなって見えるという事実からもたらされる。すでに見たように、このズームインのプロセスは、二個の粒子をその距離まで近づけると崩壊してブラックホールになる、プランク長という距離までずっと続いている。

プランク長が短いのは、究極的にいえば重力が非常に弱い力で、電磁気力の強さの一兆分の一の一兆分の一の、さらに一兆分の一しかないからだ。そのため、現在おこなえるどんな素粒子物理学実験でも、重力は他の三つの量子的な力に完全に圧倒されてしまっている。重力の強さが他の力にようやく匹敵し始めるのは、二個の粒子をかなり短い距離まで近づけてからであり、それは二個の粒子をきわめて大きなエネルギーで衝突させることを意味する。ＬＨＣには、約10^{-18}メートルのスケールまで近づけるのに十分なエネルギーはある。これはとんでもなく小さなスケールだが、それでも重力が強くなるプランク長の一〇万×一兆倍の大きさだ。

しかし、重力が実は想定よりも強かったらどうだろうか？　その場合、二個の粒子がブラックホールになるタイミングはもっと早くなるので、真空のズームインももっと早い段階で終えることになる。そしてズームインを早く終えれば、その時点での量子的な振動もはるかに小さいので、実質的にハリケーン級の風を穏やかな量子のそよ風に変えることになる。

それを実現する方法はというと（ここは我慢して話を聞いてほしい）追加の空間次元（余剰次元）を導入することだ。私たちが暮らしている三次元世界では、前後と上下、左右の三方向に動けるが、その余剰次元理論では動ける方向が増える。たとえば、四次元世界で動くのがどんな感じか想像してみてほしい。できないって？　私もだ。私たちの脳は三次元世界を動き回るように進化しているので、それより高い次元を視覚化することができないのだ（もし、数学者か物理学者が自分は四次元世界を思い浮かべられるというのを聞いたことがあったら、それはその人が嘘をついているか、酔っ払っているかだ）。しかし少なくとも数学的には、余剰次元は簡単に表すことができる。そうした理論では、私たちが余剰次元を知覚できない理由は、余剰次元がものすごく小さいためか、あるいは私たちを形作っている粒子が、紙の上に描かれた棒人間のように三次元世界に閉じ込められているためということになる。

一方で、重力はそういった高い次元に到達できる。ぼろぼろの水道管から水が漏れるみたいに、三次元世界の外に漏れ出すことができるのだ。この漏れがあるせいで、ふつうの三次元世界では重力は弱く見える。一方で、私たちがすべての次元を知覚できたら、重力は他の力と同じくらい強いことに気づくだろう。

これはＳＦっぽい想像の話に聞こえるかもしれないが、余剰次元理論のすごいところは、超対称性理論と同じように、新しい現象がＬＨＣに現れることを予言している点だ。そうした余剰次元が存在する場合、微小ブラックホールを作るのに必要なエネルギーはプランクエネルギーよりもはるかに低いので、それをＬＨＣでの衝突で生成することが可能になるのだ。

微小サイズのブラックホールを作るという考えが広まると、メディアが世界の終わりを大々的に報じるという、今やおなじみとなった騒ぎが起こった。特に騒ぎ立てたのがイギリスのタブロイド紙だ。二〇〇八年のＬＨＣ稼働直前、デイリー・メール紙が掲載した記事には、「私たちはみな次の水曜日に死ぬのか？」[63]という、いつもの冷静な見出しがついていた。アメリカではタイム誌が、そこまでは人騒がせではないが、それでもショッキングな「コライダーが引き起こす終末の恐怖」[64]という見出しの記事を掲載している。メディアが心配していたのは、小さいブラックホールが作られれば、地球の中心に沈み込んで、地球全体をゆっくりと飲み込んでしまうのではということだった。

結局、メディア報道のあまりの過熱ぶりに、ＣＥＲＮはさまざまな終末シナリオを分析する専門家委員会を設置した。この委員会は「ＬＨＣ衝突実験の安全性評価」という本当に見事な文書を作成した。たぶん、リスク評価報告書としてはこれまで作成された中で最も刺激的なもので、次のような文章だけでも読む価値があるだろう。「高エネルギー粒子衝突実験の懸念事項として考えうるのは、[65]そうした実験が小さな『泡』の生成を促し（中略）それが拡大して、地球だけでなく、宇宙全体を破壊する可能性があるということだ」。

面白い話だ。さいわい、委員会の結論では、宇宙が地球に向けて絶え間なく打ち込んでいる宇宙線のエネルギーは、ＬＨＣで達成可能なレベルをはるかに上回っているのだから、終末的な出来事が起こりうるのならすでに起こっていて、地球や他のあらゆる天体ははるか昔に破壊されているだろうとされた。少なくとも今までのところ世界はまだ存在しているようなので、委員会の結論は正しかったらしい。どっちにしても、世界が終わりを迎えたら、訴訟を起こす時間は誰にもないと思うのだが。

微小ブラックホールは脅威ではないと考えられる理由は、ブラックホールはホーキング放射によって蒸発するという、スティーブン・ホーキングの有名な予言ですべて説明できる。深宇宙に潜む恒星サイズの巨大なブラックホールなら、この蒸発のプロセスは驚くほどゆっくり進むが、ＬＨＣで作られる程度の小さなブラックホールはほぼ即座に分解して、粒子になって飛び散る。そうした粒子をＡＴＬＡＳやＣＭＳといった巨大検出器で見つけることができるのだ。

人間の存在が脅かされるという話はさておき、超対称性理論と余剰次元理論の一つはヒッグス場の強さを説明する方法として特に広く支持されている。ただし、これ以外の方法がないわけではない。例の爪を浮かべておく働きを最終的に果たすのがどの現象かにかかわらず、ヒッグス粒子に近いエネルギーを持つ新しいものが見つかることは、ほぼ間違いなく予想される。そういったわけで、二〇一〇年にＬＨＣが衝突実験を開始したときには、ヒッグス粒子とともに、宇宙の新たな材料の兆候がすぐに見つかるという強い期待があった。

ＬＨＣの稼働一年目は、基本的にはレース開始前のフォーメーションラップだった。この期間に、ＣＥＲＮのコントロールセンターでＬＨＣを運転しているエンジニアたちは、自分たちの新しいピカピカのマシンの操作方法を身につけた。冬期閉鎖が終わった二〇一一年春に衝突実験が再開すると、ＬＨＣはスターティンググブロックを蹴って走り出し、前年に記録したのと同じ量のデータを数日で蓄積した。こうしてレースが本格的に始まった。

二〇一一年のクリスマスが近づく頃には、すでにヒッグス粒子の明確な証拠がＡＴＬＡＳとＣＭＳのデータから出てきていた。ただし、超対称性粒子も同時に姿を見せると予想されていたのに、あらゆる探索が空振りに終わった。しかしＬＨＣはまだ稼働し始めたばかりで、まだあまり心配しすぎることもなかった。

二〇一二年七月まで時間を早送りしよう。ＣＥＲＮはヒッグス粒子の発見を世界に向けて喜びに沸きつつ発表し、世間の人々は少しのあいだ素粒子物理学に夢中になった。しかしＣＥＲＮのオフィスのあちこちでシャンペンボトルが開けられる中で、予想されていた他の新粒子がまったく出てこないことへの不安がすでに募りつつあった。私の研究仲間のサラ・ウィリアムズは、博士課程学生としてＣＥＲＮに新たにやってきていて、数週間集中的に仕事をして寝不足だった。そんな中でウィリアムズは、レプトンの超対称性パートナーであるスレプトン（で合っているはず）探索実験で、見えないようにしていたデータをオープンにした。ウィリアムズより上のポジションの研究者たちは、なにか新しいものが見つかるのではとかなり興奮していたが、データを見ると、そこには超対称性粒子の気配さえなかった。

実際のところ、超対称性や微小ブラックホールなどの奇妙な現象の探索はどれも成果をあげられずにいた。そして、おそらくそれ以上に悩ましい点は、新たに見つかったヒッグス粒子の質量だった。いくつもある超対称性理論の中でも特にシンプルな形の理論では一般的に、ヒッグス粒子の質量をＺ粒子に近い九〇ＧｅＶ程度と予測していた。しかしＡＴＬＡＳとＣＭＳで観測されたヒッグス粒子の質量は一二五ＧｅＶで、やっかいなほど重かった。この点は、理論側での多少の細工によって調整できたが、こうした実験結果は理論にきしみを生じさせ始めていた。

二〇一二年の年末近くに、私自身が参加しているＬＨＣｂ実験チームは、超対称性理論のファンにとっては悪い知らせをさらに発表した。私たちはビューティークォーク（ボトムクォーク）のきわめてまれな崩壊現象の証拠を見つけていて、この崩壊現象の発生頻度は、ある種の超対称性がある場合には大幅に増加すると予測されていた。しかし、観測された崩壊の発生頻度は標準モデルとほぼ完璧に一致していた。BBCがそのニュースをいち早く伝えたとき、動揺が広がった。その元になったのが、記事で引用されていた、私の同僚であるマンチェスター大学のクリストファー・パークスの発言だった。パークスは、新たな実験結果は超対称性を「病院に送った」[66]といい切ったのだ。私の上司で、ケンブリッジ大学のLHCbグループのリーダーであるヴァレリー・ギブソンもパークスに加勢して、この結果は「超対称性理論を研究する同僚たちをひどく混乱させています」[67]と発言した。なにしろ、実験物理学者は気取った理論家たちの間違いを証明するのがなによりも好きなのだ。一方でCERNでは、三〇年以上にわたって超対称性を研究してきた高名な理論家のジョン・エリスが、この結果は「実は（一部の）超対称性モデルでは予測されていました」[68]。私はこの結果に少しも気をもんだりしませんよ」といって、軽べつまじりの反撃をした。

一つの結果に対して、実績のある大勢の物理学教授たちがそれほど異なる解釈をするということがどうしてありうるのだろうか？　実は、超対称性理論を理解するときに重要なのは、それが一つの理論ではないことだ。超対称性は原理であり、そこから異なる理論を数多く構築し、それぞれに異なる予測をすることができる。そのため、超対称性理論の息の根を止めるのはひどく難しい。あなたのお気に入りの超対称性モデルがLHC実験で見つからなくても、パラメーターの一部を調整したり付属品をちょっと追加したりすれば、たいていの場合、それが見つかっていない理由を説明できるようになるからだ。しかし、そのモデルの欠点を正当化するために、あれこれいじり回したり、補ったりしていると、超対称性のそもそもの目的が失われてくる。考えてみれば、超対称性理論は標準モデルでのファインチューニングを避けるために発明されたのだから、超対称性理論そのものをファインチューニングするのは、そもそもの原則に背く行為ではないだろうか。

LHCの第一期運転で最終となる陽子衝突は、二〇一二年のクリスマス直前におこなわれた。素晴らしいマシンを建設し、稼働させてきたエンジニアたちは、過去三年間を当然ながら誇らしい気持ちで振り返っていた。その頃、物理学者たちは、LHCが明らかにした風景の意味を理解しようと必死になっていた。わくわくするような新たな探検の機会にあふれた豊かな景色を心から待ち望んでいたのに、LHCが明らかにしたのは荒れ地で、その真ん中には孤独なヒッグス粒子が立っていた。乾ききった砂漠にぽつんと立つ、なぜそこにあるのかわからない木だ。

物理学者の間では、「ナイトメア（悪夢）シナリオ」なるものがささやかれ始めた。これは、LHCは最終的に、ヒッグス粒子を発見しただけで、基礎物理学における重要な問題については他になんの手がかりももたらさないという可能性だ。一部の若手研究者は自分のキャリアプランを見直し始めた。CMSでヒッグス粒子発見にかかわっていたマット・ケンジーは、博士課程を終えたあと、CMSからLHCbに研究テーマを変えるという大胆な決断をした。ATLASやCMSで新たな粒子が見つかる可能性には、すでに行き詰まりの気配がすると考えたのだ。年配のリーダーたちは慎重になるようアドバイスした。まだ始まったばかりなのだから、と彼らは呼びかけた。私たちは超対称性が見つかるのを三〇年以上待ってきたのだから、もう少し待つ余裕はあるだろう。ケンブリッジ大学のベンジャミン・アラナックの言葉は、彼の周りにいる多くの理論家たちの気分をうまくいい表している。「超対称性はパーティーにちょっと遅れているけれど[69]、まだ行方不明だとは思っていないよ」。

期待は見えつつあった。LHCはある不具合のせいで、最初の数年間は最大エネルギーの半分程度での稼働を余儀なくされていたのだが、二年間の改修作業でこの不具合に対処した。その後、二〇一五年五月に再稼働すると、一三TeVという衝突エネルギーの新記録を達成した。ふたたび、探索のフロンティアが未探査の領域へと押し広げられていった。約束されていた豊かな土地にようやく手が届くかもしれなかった。

そして二〇一五年のクリスマス直前、思いがけない出来事があった。ATLASとCMSが、その年に記録された高エネルギーデータに見つかった、新しいこぶの証拠を明らかにしたのだ。それは、二〇一一年のクリスマス前に見つかっていたヒッグス粒子の手がかりに奇妙に似ていて、どちらの検出器でも新しい粒子が二個の光子に崩壊している証拠が見られた。ただしその新しい粒子はヒッグス粒子よりも六倍重く、質量が七五〇GeVもあった。

理論物理学者たちのあいだで五年以上にわたって高まりつつあった緊張感が一気に解き放たれたかのように、その新しいこぶを説明する推測的な提案が激流のように発表された。数週間で五〇〇件以上の論文がオンラインのプレプリントリポジトリ[*4]にアップロードされた。その中にはアラナックの共著論文もあった。多くの理論家が、この新たな発見は待ちに待った超対称性粒子の一つだと推測していた。これは新たな量子場の一群の前触れであって、すぐに本隊が行進してくるのが見えるだろう。

翌年の八月、物理学者たちはその年最大の素粒子物理学イベントである高エネルギー物理学国際会議のためにシカゴに集まった。ATLASとCMSはどちらも、その年に記録された追加データを使って、七五〇GeVのこぶに関する待望の最新状況を報告予定だった。しかしCMSチームは、その論文を講演前夜にオンラインにうっかり投稿するというフライングをした。その結果は、まるで腹に一発パンチをくらわせるような衝撃的なものだった。衝突データが蓄積されるにつれて、そのこぶは消えて無くなってしまったというのだ。それはデータに生じたランダムな変動にすぎなかったらしい。五〇〇件以上の論文がテーマにしていたのは、残酷な統計学的偶然だったのである。

一方で、ウィリアムズはATLASチームの一員として、二〇一五年のデータを使って微小ブラックホールの兆候を探す研究を進めていた。衝突エネルギーが高くなったので、今度こそ微小ブラックホールを作ることができるだろうという期待があったが、やはり現れなかった。

LHCとそこに設置されている巨大な検出器は、ふたたび三年にわたって見事に稼働し続け、質のよいデータを大量に生み出して、二〇一五年の第二期運転スタート時の予想をほぼすべて上回った。二年間の計画的運転停止を再度実施するため、二〇一八年一二月三日にまたスイッチをオフにするまでに、LHCでの衝突回数は一京回以上になっていたが、衝突で生じた亜原子サイズの破片の中からヒッグス粒子を越える新たな粒子の手がかりは見つかっていなかった。こうなると、ナイトメアシナリオが現実になりつつあるように思える。

基礎物理学は今、過去一〇〇年で経験したことのない危機に直面している。宇宙の重要な性質の中には、私たちが理解していないものがあることは間違いない。それは、ビッグバンで生まれた物質の起源や、暗黒物質の正体、そしてなによりも、生命に合わせて不気味なほどファインチューニングされているように見える宇宙に私たちが住んでいる理由だ。それなのに、私たちに答えをもたらすために作られた、人間の手による史上最大の構造物であるマシンは、不完全なはずだとわかっているいつもの標準モデルしか提示していない。これは実験上の失敗ではない。LHCは工学と技術が成し遂げた偉業だ。LHCはただ自然の姿を示しているだけだ。どうやら自然は私たちの考えた気の利いた理論には関心がないようなのだ。

＊4　これはarXiv.orgというオンラインリポジトリ（保管所）で、そこには査読（他の研究者による評価）を受けたり、科学雑誌に発表されたりする前の科学論文がアップロードされている。

多くの研究者はまだ、今後数年のうちに超対称性がＬＨＣで見つかり、マルチバースという疑似科学の危機から私たちを救ってくれるという期待を抱いている。しかしそれ以外の研究者は、もっと実りの多い方向に労力を注ごうとしている。超対称性理論は、少なくとも、ヒッグス場の強さや暗黒物質の性質、そして力の統一を一気に説明しようという特に壮大で野心的な形のものについていえば、失敗したように思える。予測されていた超対称性粒子は、ＬＨＣでの検出を逃れていることから考えると、その質量はとても大きいはずだ。そうなると、ヒッグス場をちょうどよい値から吹き飛ばし、宇宙を私たちが生きていけない場所にする強力な真空の振動が、超対称性粒子によって相殺されることはなくなる。そんな風向きを見たのか、ケンブリッジ大学の超対称性ワーキンググループは二〇一九年始めにこっそりと、現象学ワーキンググループに名前を変えている。

では今後はどうなっていくのだろうか？　これで行き止まりなのだろうか？　単に私たちの説明能力がおよばない宇宙の特徴があるということだろうか？　これはいい古された文句かもしれないが、あらゆるピンチはチャンスである。そして今回のピンチは特に大きい。ＬＨＣは私たちが期待していたような答えをまだ与えてくれていないかもしれないが、私たちになにかを告げてはいる。さしあたっての課題は、それがなにかを突き止めることである。今は、自分たちが前提としていることを見直し、古い問題を別の角度から見るときだ。そしてなによりも、崇高な理論や先入観を脇に押しやって、自然がいっていることに注意深く耳を傾けるべきときである。

実のところ、自然はすでに、予想外の方法で私たちに話しかけている可能性がある。過去数年で、ＬＨＣｂ実験では奇妙で思いがけないシグナルがいくつも検出されるようになってきていて、自然が標準モデルからずれているという兆候がようやく見えてきているのだ。確かなことをいうにはまだ早すぎるが、もしかしたら、本当にもしかしたらだが、宇宙というタマネギのさらに内側の層がもうすぐ見えるかもしれない。

アノマリーの時代

ＬＨＣｂはふだん、巨大検出器であるＡＴＬＡＳやＣＭＳと比べるとあまり注目されない。ＬＨＣｂはヒッグス粒子を発見しなかったし（公平のためにいうと、そもそもヒッグス粒子を探していなかった）、暗黒物質や微小ブラックホールみたいなかっこいい響きのものの探索もしていない。そして、ＡＴＬＡＳやＣＭＳはエイリアンが使う別次元への入口みたいに見えて、とても写真映えがするのに比べると、ＬＨＣｂの実験空洞に降りていって目に入るのは、まるで巨大でカラフルなトースト立てみたいな装置だ。

しかし、ＡＴＬＡＳやＣＭＳが推測的な新理論を次から次へと焼き尽くしているあいだに、ＬＨＣｂは、ＬＨＣで標準モデルを超えるなにかをついに見つけられると最も期待させる存在に浮上してきた。過去数年で、ＬＨＣｂのデータにはアノマリー（異常）が現れてきている。これは、まったく新しいものの存在をにおわすようなアノマリーだ。

ここでＡＴＬＡＳ、ＣＭＳ、そしてＬＨＣｂのアプローチの違いを理解するために、深いジャングルの端に二人のハンターが立っていると想像してみよう。木々が生い茂ったジャングルの何キロメートルも先のどこかに、ゾウが一頭いる。または二人は、地元のゾウ理論家からそのように説明されている。ハンターのうちの一人は、自信に満ちた様子でやぶの中にずんずんと踏み込んでいく。つる草やシダを切り開いて道を作り、獲物を探してジャングルの奥深くへ分け入っていく。しかしジャングルは広くて暗く、一歩進むごとにますます木々は深くなって蒸し暑くなっていく。最終的には彼は、ゾウを見かけることもないまま、それ以上先に進めなくなってしまう。

一方、もう一人の仲間のハンターは、短い距離しか歩き回っていない。樹冠からはまだ光の筋が差し込んでいて、先に進むのも少しばかり楽だった。彼女はゆっくりと着実に進み、林床を注意深く調べて、なにか変わったもの、たとえば足跡とか、折れた枝みたいなものがないか探す。しばらくして、彼女は柔らかい地面にわずかなくぼみがあるのに気づく。幅は木の幹くらいで、蹄と思われる四つの跡がある。少しして、くぼみがまた一つ、それからまた一つと見つかり、彼女をジャングルの奥へ、さらに奥へと導いていく。ゾウはその先にいる。彼女はゾウの足跡を追いかけているのだ。

ジャングルを切り開いて進んでいくハンターは、ATLASやCMSのようなものだ。この二つの巨大な汎用検出器は、量子世界のやぶの中に隠れている新しい粒子を探して、何兆回もの衝突データをくまなく探す。この手の直接探索は、きちんと決まったターゲットがあって、どのエネルギー範囲（ジャングルのどの部分）を探すべきかわかっている場合にはうまくいく可能性がある。たとえばヒッグス粒子はまさにこの方法で見つかっている。しかし、探している粒子が手の届かないところにあるなら（重すぎて粒子衝突で直接生成できない場合や、通常の粒子のあいだにとりわけ上手に隠れている場合）、直接探索では発見できない。

しかし別のアプローチがある。いわゆる間接探索だ。ハンターが足跡を見つけようと地面を注意深く調べるように、新しい量子場が通常の標準モデル粒子に与える影響を通して、その量子場の手がかりを検出することができる。このアプローチの長所は、その量子場に対応する粒子が重すぎて直接生成できなくても、新しい量子場の証拠を見つけられることだ。一方で短所としては、その影響を引き起こしているものがなんなのか、正確にはわからない可能性がある。それは、ハンターが足跡だけを見ても、どんな種類のゾウを追いかけいるのかはっきりとはわからないのに似ている。

おおまかにいえば、二つ目に説明した間接的なアプローチが、私たちがＬＨＣｂで取っているものだ。さまざまな目的に使われるＡＴＬＡＳやＣＭＳとは異なり、ＬＨＣｂは標準モデル粒子を高精度で調べるために特別に設計されており、それによってそうした粒子のおかしな挙動が見つかることを期待している。すでに説明したように、ＬＨＣｂの「ｂ」は「ビューティー」(beauty) を表す。これは陽子や中性子を作っている通常のダウンクォークと似ているが、それよりも重い粒子のことだ。この負の電荷を持つクォークは、「ビューティークォーク」ではなく「ボトムクォーク」と呼ばれることのほうが多い。最も重い二個のクォークを、「真実」を意味する「トゥルース」(truth) と、「美」を意味する「ビューティー」と名付けようという意見があったのだが、物理学界はそれより詩心に欠けた「トップ」と「ボトム」を選んだという経緯がある。ＬＨＣｂでは、私たちはボトム物理学者ではなく、ビューティー物理学者として知られているので、少なくとも私たちにとっては、それはボトムクォークではなくてビューティークォークだ。

ビューティー（ボトム）クォークが興味深いのは、新しい量子場の存在にとりわけ敏感だからだ。新しい量子場は、ビューティークォークが崩壊するまでの時間や、さまざまな粒子に崩壊する頻度を変えるといった影響を与えることがある。そういった影響を見つけるには、標準モデルではきわめてまれにしか起こらないと予測される、ビューティークォークの崩壊を調べるのが一番の方法なのだ。

たとえば、ビューティークォークがストレンジクォークとミュー粒子、反ミュー粒子に崩壊する反応を考えてみよう。標準モデルでは、この崩壊反応を起こす簡単な方法はなく、Ｗボソン場やＺボソン場、トップクォーク場を含むさまざまな量子場が複雑に混ざり合った状態を経由しなければならない。それはたとえるなら、ロンドンの地下鉄で、直接つなぐルートがなく、何度か乗り換えが必要な二つの駅のあいだを移動しようとするのに似ている。たいていの人は、そういう複雑なルートでの面倒な移動を避けるようとするので、結果的にこの二駅間を移動する乗客の数はかなり少なくなる。同じように、ビューティークォークの崩壊は、多くの異なる量子場がかかわっているせいでかなり起こりにくくなっている。

しかし、もっと直接的なルートがあったらどうだろうか？　先ほどのたとえでいえば、ふつうの地下鉄網を使わないルートだ。たとえば地上の鉄道があって、それに乗れば二駅間を乗り換えなしで、二〇分ちょっとで移動できるかもしれない。ビューティークォークの場合も、もっと直接的な崩壊方法をもたらすような新しい量子場が自然界の新しい力として存在すれば、同じことがいえるだろう。このことは、その新しい量子場の粒子が非常に重くて、LHCで生成できない場合にもいえる。たとえ粒子が量子場の中を動き回っていない場合にも、量子場はやはりそこにあるので、関連する粒子を実際に生成させなくても、多少のエネルギーが量子場に短時間存在する可能性はいぜんとしてあるのだ。[*5]

つまり、ビューティークォークがストレンジクォークとミュー粒子、反ミュー粒子に崩壊する頻度を数えて、それを標準モデルで予測される崩壊の頻度と比較すれば、見えない未発見の量子場が与えている影響を検出できる可能性があるということだ。しかしこうした崩壊はきわめてまれなので（この方法で崩壊するビューティークォークは一〇〇万個あたりわずか一個だ）、発見のチャンスをどうにか手にするにはものすごい数のビューティークォークを作る必要がある。

さいわい、LHCはビューティークォーク作りが得意だ。陽子はクォークがグルーオン場で結びついてできているので、陽子同士を衝突させるとたくさんのクォークが手に入ることが多い。LHCはLHCb内で、一年間に数十億個のビューティークォークと反ビューティークォークを生成する。そしてLHCb

の設計は、そうしたビューティークォークの研究に合わせて特別に磨きあげられたものになっている。

狙っているビューティークォークの崩壊は本当にめったに起こらないので、十分に精密な測定ができるほどの数の衝突がＬＨＣｂで収集されるまでにはしばらく時間がかかった。しかし、ビューティークォークが毎年十数億個ずつ生成されていくと、まれな崩壊がどんどん見つかるようになった。当初は、崩壊の測定結果はすべて標準モデルに完全に一致しているように見えたが、測定精度が向上するにつれて、わずかなずれの気配が現れてきた。

最初の大きな手がかりが現れたのは二〇一四年に、ＬＨＣｂチームが、ビューティークォークがストレンジクォークとミュー粒子、反ミュー粒子に崩壊する頻度と、それと同じだがミュー粒子が電子に置き換わっている崩壊の頻度を比較したときだ。標準モデルの力にとっては、電子と、それと似ているが質量が大きいミュー粒子とタウ粒子は完全に同じものだ。唯一の違いは、ミュー粒子が電子の二〇〇倍、タウ粒子は三五〇〇倍も重いことだけである。力がこれら三つのレプトンを同じに扱うことは「レプトン普遍性」と呼ばれており、標準モデルの厳格なルールになっている。レプトン普遍性からは、ビューティークォークがミュー粒子に崩壊する頻度と、電子に崩壊する頻度は同じになると予想される。

しかし、ＬＨＣｂチームが見つけたのは異なる結果だった。ミュー粒子への崩壊は、電子への崩壊の七五パーセントの頻度でしか起こっていないようだった。まるでビューティークォークが電子へ崩壊するほうを好んでいるみたいだった。それでも測定の不確実性がか

＊5　中性子が陽子に崩壊するときにもまったく同じことが起こる。この崩壊はＷボソン場を介して起こる。ただしＷ粒子の質量は中性子の八倍以上あり、あまりに重すぎて崩壊で直接生成されることはない。

なり大きく、約一〇パーセントもあったので、それが二〇一五年にATLASやCMSでみんなをだました例のこぶのようなランダムな変動である可能性も十分にあった。しかし数年後、異なるデータサンプルを使った別の測定から非常によく似た効果が見つかった。今回は、ミューオンへの崩壊は電子への崩壊の約六九パーセントの頻度しかなかったうえに、不確実性も前より小さかった。

理論家コミュニティーが注目し始めたのはこの時点だ。ATLASとCMSで見つかっていた新たな粒子の兆候が消えたところへ、LHCbのデータからなにか現れてきたらしいということになったのだ。タウ粒子がかかわっている別のビューティークォーク崩壊についてもさらに測定すると、やはり同じ効果が見られた。一方、ともに数千キロメートル離れたカリフォルニアのBaBar実験と、日本のBelle実験もそれ以前に、ビューティークォーク崩壊が神聖なルールであるレプトン普遍性を破っている兆候を見つけていた。これらの実験では、測定されたずれはいずれも、標準モデルがついに破綻したと断言できるほど大きくなかったが、アノマリーの検出数が増えるにつれて一貫性のある全体像が現れてきた。

二〇一九年の早春、私は理論家のベンジャミン・アラナックに、ケンブリッジ大学応用数学・理論物理学科にある彼のオフィスで会った。アラナックは超対称性理論の専門家として、さまざまなモデルを検討したり、同僚の実験家たちがLHCでの新たな超対称性粒子探索の方法を考え出す手助けをしたりすることに研究人生を費やしてきた。しかし、ATLASとCMSから否定的な結果がたくさん出てきたことを受けて、少なくとも当面はこの研究テーマから離れている。

「多少うんざりしているという人はたくさんいますよ。特に、超対称性を長いあいだ研究してきた私たちの中にはね。反応は本当にいろいろで、まだ順調に研究を進めている人もいるけれど、かなりの人がそれには飽き飽きしているんじゃないかな」。

アラナックにいわせれば、ビューティークォークの崩壊のアノマリーは面白いことが起こっている現場だ。「今の段階では一番期待できるものだし、わくわくする話なのは間違いない」。現在誰もが抱いている大きな疑問は、こうしたアノマリーが本物か、ということだ。なにしろ私たちは前に、統計学的偶然に運悪くだまされたことがあるのだ。アラナックは今回はその可能性はないと考えている。「統計的変動というにはあまりに数が多い。なにかが起こっているんです」。それよりも心配なのは、こうしたアノマリーがなんらかの影響への誤解から生じていることだ。クォークの挙動についての理論に問題があるのかもしれないし、実験でなにかを間違ったのかもしれない。結果を偏らせる可能性のある影響はすべて慎重に検討されているが、ＬＨＣｂのような巨大な検出器は一般に信じられないほど複雑であり、なにかを見落としている可能性はつねにある。

「あなたが賭け事をするタイプだったら、この話にはどんなふうに賭けますか」。私は聞いた。

アラナックはしばらく考えてから、窓の外に目をやった。「うーん、別の実験でそれを独立に確かめるのが一番じゃないかな」。

「そこをあえて賭けるとしたら」。

「それが本当の新しい物理学であることに、だいたいイーブンス〔訳注：二・〇倍のオッズ〕で賭けるかな。とても可能性が高いってことだよ。研究人生で見た中では一番だ」。

超対称性理論から遠ざかって以来、アラナックは別のアプローチで問題を解決することに取り組んできた。たくさんの問題を一気に解決するような一つのエレガントな原理に基づいたグランドセオリーを考える代わりに、アラナックは今、データの声に注意深く耳を傾けて、ボトムアップ方式で理解していこうとしている。では、こうしたアノマリーが本物だとしたら、それは本当にもしもの話だが、なにがそのアノマリーを引き起こしているのだろうか?

「基本的には二つの立場があります。一つはZプライムと呼ばれるもので、これは新しい力の場です。そしてもう一つはレプトクォークです」。これらは本質的に新しい量子場で、ビューティークォークの崩壊のしかたに干渉している。Zプライムは、弱い力を媒介するZ粒子によく似た力の場だ。ただしレプトン普遍性を破っていて、たとえば電子よりもミュー粒子をより強く引きつける。一方、レプトクォークはそれよりさらに奇妙な粒子だ。

標準モデルをめぐる大きな謎の一つは、そこに一二個の物質粒子(クォーク六個とレプトン六個)がある理由、そしてそれらが三つのコピー(世代)の形になっている理由だ。私たちのアップルパイの材料である電子とアップクォーク、ダウンクォークが第一世代である。そしてこれらの粒子のコピーになっているが、それより重くて不安定な粒子が第二世代と第三世代になっている。こうした物質粒子のパターンは、メンデレーエフが一九世紀に作り上げた元素周期表のパターンによく似ている。元素の場合には、周期表のパターンはもっと深いところにある構造を示していて、最終的にそれは原子の量子構造だということが明らかになった。標準モデルの物質粒子も同じようなものを暗示しているのだろうか?

レプトクォークは、レプトンとクォークの両方に同時に崩壊できる新しい粒子で、そうした一見関連がなさそうな異なる種類の物質粒子の橋渡し的役割をする。そんな粒子が存在するなら、宇宙を作り上げている物質粒子の究極の起源を明らかにするジグソーパズルの最初のピースになるだろう。

それはも゙の゙ずご゙い゙ことで、おそらく標準モデルができあがって以降、素粒子物理学において最大の発見になるだろう。アノマリーの数が増え始めたとき、アラナックは共同研究者とともに、すべてのアノマリーを同時に説明できるかどうか確かめるため、標準モデルに量子場を追加してみるところから、ボトムアップの取り組みを控えめに始めた。今では、こうした新たな量子場が、もっと大きくてよりエレガントな構造に合うかどうかを調べてみるという、より難しいプロジェクトに着手している。

LHCは超対称性の証拠を見つけていないが、アラナックは今も、なにかがヒッグス場のファインチューニングを説明する必要があると考えている。「それはテーブルの上に鉛筆を投げたら、削った端を下にしてまっすぐ立つようなものです。それが立ったままであるという事実は、私たちになにかを伝えています」。驚くことに、ビューティークォークのアノマリーを説明するためにアラナックたちが研究してきた理論の一つが、超対称性にはできなかった仕事、つまりヒッグス場を安定させて、宇宙が住むことのできない荒れ地へと崩壊するのを防げる可能性があるという。

両方の効果を説明しうるのは、ヒッグス粒子は素粒子ではなく、他の新しい基本的な量子場の足し合わせだとする考え方だ。ヒッグス場がハリケーンの中の凪のように、真空の振動に敏感だと考えられるのは、そのスピンが0だからだ。しかし、もしヒッグス場が、足し合わせれば0になるスピンを持つような他の量子場が組み合わさってできているのなら、やっかいな真空の振動に影響されることはなくなる。さらに、ヒッグス場を作り上げているその新しい量子場は、標準モデルの物質粒子に見られるパターンも説明するかもしれない。

私たちは今、宇宙の材料を理解するうえでの転換点に立ち、不安と危機、興奮とチャンスが隣り合った瞬間を迎えている。ビューティークォークのアノマリーが本物かどうかも、それらが強まっていくのか、それとも徐々に消えていくのかも、誰にもわからない。しかしどんなことが起こっても、自然は私たちに語りかけている。もちろん、私たちはみな、このアノマリーが本物であってほしいと思っている。もしそうなら、ついに現実の層をもう一枚剝がして、標準モデルの先にあるものの最初の兆候を見たことになるからだ。それは同時に、自然の基本的な構成単位が発見されて浮かれていた一九六〇年代や一九七〇年代よりもっとわくわくする、新しい探検の時代の始まりであり、そうなれば私のような実験物理学者にとっては最高の時代になるだろう。

しかしもし最悪の結果になって、アノマリーが溶けて消えてしまっても、やはり私たちはなにか意味深いことを学んでいるだろう。二〇三五年にLHCは稼働を終えることになっているが、そのときにまだヒッグス粒子以外になにも見つかっていなくて、ナイトメアシナリオが一番恐ろしい形で現実になったとしたら、それは危機ではあるが、基礎物理学への取り組み方を考え直すきっかけとして必要な危機なのかもしれない。量子場と真空、そしておそらく重力についても、私たちがそれらの性質について奥深くまで理解していないことがはっきりするだろう。私たちが宇宙の始まった瞬間、いうなればビッグバン（big bang）の「b」までさかのぼりたいなら、量子場、真空、重力の三つすべてを説明する全体像が必要になる。それが手に入ってようやく私たちは、カール・セーガンがいったように、宇宙を発明できるようになるのだ。

13章

宇宙を発明する

このあたりで現実にきちんと向き合おう。私たちがアップルパイをゼロから作る方法を理解するまでにはまだ先が長い。よさそうなアイデアはたくさんあるし、実験や観測によって私たちの知識は増え続けているものの、アップルパイに含まれる粒子が結局ビッグバンをどうやって生きのびたのかはまだわからないし、ヒッグス場が、原子の存在を可能にする恐ろしいほど特定の値にぴったり落ち着いた理由も説明できない。私たちは暗黒物質がなんなのかを知らない。暗黒物質の重力の影響がなかったら、通常物質が大量に集まって銀河や恒星、惑星を作れるまでになることもなかったはずだ。惑星や恒星はリンゴを育てるのに必要だ。

こういう謎は別にしても、私たちが標準モデルを越える他の量子場を見落としているのかどうかわからない。私たちの宇宙に存在する量子場がなぜそこにあるのか、あるいは私たちが知っている量子場がもっと基本的な材料からできているのかどうかといったことでさえ、私たちには説明できない。そして、自分たちが答えを持たないことを自覚している疑問の数はわずかしかない。そうした疑問は、アメリカのドナルド・ラムズフェルド元国防長官の言葉を借りるなら、「既知の未知」ということになる。一方で、「未知の未知」、つまり私たちの理解の届かないところにあって、考えようとしたことさえない疑問がたくさんあるのはまず間違いない。要するに、私たちがまだ知らないことは、とんでもなくたくさんあるのだ。

そういったわけで、私たちはまだアップルパイをゼロから作る方法を知らないが、たぶんそれ以上に大きな問題は、いつかその方法がわかるのか、ということだ。この本を通して私たちが見てきたのは、化学者や物理学者、天文学者、実験家や理論家、技術者や機械製作者、工学者やコンピューター科学者など、数多くの人々が何百年にもわたって力を合わせて、物質を最も基本的な成分へと少しずつ分解し、その起源を追いかけていき、宇宙の中や、死につつある星の中心、そして最終的にはビッグバンの一兆分の一秒後までたどり着いたということだ。私たちがこの物語についてこれだけ多く語れること自体が、人類最大の業績の一つといえる。わからないのは、この物語をどこまで続けていけるのか、そして宇宙が始まった様子の完全な説明がいつか本当に手に入るのかということだ。

この疑問をもう少し具体的なものにしたいので、まずアップルパイを「ゼロから」作るといえるようになるには、その究極のレシピはどんなものでなければならないかを考えてみよう。アップルパイに含まれる物質の究極的な起源を説明しようと思ったら、時間がゼロの時点、つまり宇宙が始まった瞬間になにが起きたかを説明できる理論が必要だ。あるいはカール・セーガンがいったように、私たちには宇宙を発明する理論が必要なのである。

現代の基礎物理学には、それを支える柱となる理論が二つある。原子のミクロ世界を記述する量子場理論と、大規模な宇宙を作り上げている重力の理論である一般相対性理論だ。どちらの理論も、それぞれの分野では華やかな成功を収めているものの（そして誤解のないようにいうと、どちらの理論も実験や観測との矛盾はない）、ビッグバンの瞬間に近づくにつれて明らかに立ちゆかなくなる。

その理由は、冷静に考えてみると実はかなりシンプルだ。量子場理論では重力を無視し、一般相対性理論では量子力学を無視しているからだ。このことは、通常どちらかの理論だけが説明に使われている場面ではほぼ例外なく、完全にうまくいく。一方では、重力は電磁気力の一兆分の一の一兆分の一のさらに一兆分の一と非常に小さいので、粒子レベルでの実験では、はるかに強力な三つの量子的力の影響と比べれば完全に無視できる。他方では、あなたが星や銀河、宇宙全体というスケールを相手にしている天体物理学者か宇宙論研究者だったら、（この後すぐに説明するとても重要なケースを除けば）原子より小さなスケールで生じるささいな量子的効果に煩わされる必要はない。

しかしビッグバンの瞬間には、宇宙全体が原子より小さかった。エネルギーも場も、空間も時間も、文字どおりあらゆるものが、原子よりはるかに小さい、極小の点に押し込められていた。こうした想像もつかない極端な条件のもとでは、重力と量子力学が宇宙を一緒に支配していたはずだ。この最初の瞬間を説明するためには、素粒子物理学と宇宙論、量子場理論、そして一般相対性理論が一つに合体して、統一的な量子重力理論にならなければならない。

量子重力理論を探す試みは一世紀近く前から続いており、それは理論物理学の聖杯とされている。何世代もの物理学者たちがこの問題に取り組んでおり、候補になりそうな理論もいくつか見つかっているもの の（弦理論、ループ量子重力理論、因果力学的単体分割、漸近的に安全な重力など）、その中に現実の世界を実際に説明しているものがあるかどうかはわかっていない。

それでもそんな理論を見つけられたら、私たちは少なくとも、宇宙が始まった瞬間を説明する言語を手にすることにはなるだろう。とはいえ、最も野心的な形の理論、つまり究極のレシピはこれよりもさらに踏み込んだものだ。それは量子重力理論として宇宙の誕生を説明するだけでなく、宇宙に現在あるような基本的な材料が存在している理由や、基本的な材料がそうした形である理由も説明する。たとえば、クォーク六個とレプトン六個があるのはなぜか、そうした粒子の質量や電荷が今ある値になっているのはなぜか、そして量子的な力が三つあって、それが現在のような強さになっているのはなぜか、ということだ。その理論はヒッグス場の強さを説明するし、暗黒物質とはなにか、物質はビッグバンでどのように作られたかを説明する。すなわち、それは物理学者がよく「万物の理論」と呼ぶものだ。

標準モデルを構築した人物の一人であるスティーブン・ワインバーグは、一九九二年の著書『究極理論への夢』で、こうした非常に野心的な究極理論について述べている。ワインバーグが思い描いていたのは、美しくて強力な原理に基づいていて、人の手でなにも加えてやらなくても、量子世界の見かけ上のどんな特徴でもすべて説明する理論だった。こうした理論は唯一無二で、エレガントだ。そして柔軟性がまったくないので、どこかを変えようとするとなにもかもが崩壊してしまう。それはある意味では必然的なものであり、それ以上の説明を必要としない最終的な説明だ。

それは本当に高いハードルだといえる。それでも、ワインバーグが『究極理論への夢』を書いた一九九〇年代初めには、一部の理論家のあいだにはそうした理論が登場しつつあるという意識があった。ワインバーグもこう書いている。「すでに今日の理論の中に、究極理論の輪郭を垣間見始めたとわれわれは思っている」[70]（『究極理論への夢』、S・ワインバーグ著、小尾信彌・加藤正昭訳、ダイヤモンド社）。

ワインバーグがいっているのは弦理論のことだ。この理論は過去四〇年間、量子重力理論を見つけるためのアプローチとしてはずば抜けて人気があり、ただ一つしかない万物の理論でもあるように思えた。

究極理論

ニュージャージー州プリンストンのはずれにある緑豊かな郊外の通りに、ある建物が建っている。道路から眺めると、きちんと手入れした小さな前庭がある、比較的質素な白い下目板張りの家に見える。ポーチへの階段にはペンキを塗った木製の看板が立てかけてあって、くたびれたような字でこれが「個人宅」だと警告している。どうやら観光客が興味津々で窓から中をのぞき込むのをやめさせるためのようだが、無駄に終わっている。

ここはアルベルト・アインシュタインが、一九三二年にナチスの迫害を逃れてドイツを離れたあと、亡くなるまでの二〇年間を過ごした家だ。かつてマーサー・ストリート一一二番地を訪れた人々は、年老いたもじゃもじゃ頭のアインシュタインが自分の書斎で、柔らかいセーターを着た楽な姿で、代数記号がびっしりと書き込まれた紙の山に囲まれているところをよく目にしたものだ。一九四〇年代末にここをときどき訪れていたジョージ・ガモフは、会話のあいだにそういう紙をちらりと見たことを回想している。アインシュタインは相変わらず聡明だったが、研究内容の話は決して持ち出そうとしなかったという。

　アインシュタインは、一般相対性理論の正しさが一九一九年の皆既日食中の観測で見事に確認されたことで、一躍世界的な名声を得ていた。一般相対性理論によって、時間、空間、重力といった概念を根底から考え直し、歴史上最も偉大な物理学者として広く認められていたアイザック・ニュートンがなした仕事を書き換えたのだ。アインシュタインの考えによれば、時間と空間は、出来事が起こった時間や場所を伝えるただの座標ではなく、曲げたり、伸ばしたり、圧縮したり、さらに振動させたりもできる現実的な織物ということになる。いわば弾力のあるトランポリンの表面のようなものだ。ニュートンは、重力がなにかを説明することはできず、地球がどうやって空っぽの宇宙空間の先にある月に手を伸ばして、引っ張っているのかという疑問に直面したときには、「私は仮説を立てない」と書いたことがよく知られている。アインシュタインはこの難問を解決した。重力は幻想だということを明らかにしたのだ。実際には、地球は先ほどのトランポリンの上に置かれたボウリングのボールのように、周囲の時空を曲げる。そして月はただ、最も近くにあるものに向かって直線を描いて進んで行くだけだ（厳密にいえば、直線ではなく測地線〔訳注：曲面上で最短距離になる曲線〕）。そして地球に近いところでは、直線は曲がっているのである。

　一般相対性理論はアインシュタインの傑作であり、それがもたらした結果はとても重大なもので、いまだに私たちは扱いに苦労しているほどだ。ほんの数例だけあげるなら、ブラックホールや重力波、そして宇宙論という分野全体が一般相対性理論の産物だ。しかしそうした意味合い以上に、一般相対性理論は並外れて美しく、仮定がとても簡潔で、広範囲に影響をおよぼしている。アインシュタイン自身が、この理論には「たぐいまれな美しさ」[71]があるといっている。アインシュタインは一般相対性理論の成功に勢いづいて、もっと素晴らしく、もっと美しい、いわゆる統一場理論がすぐそこで発見されるのを待っていると思うようになった。それは、アインシュタイン自身の重力理論と、彼の憧れであるジェームズ・クラーク・マクスウェルの電磁気理論を組み合わせる理論だった。

アインシュタインは書斎で一人きりで研究し、これまで以上に熱心に理想を追求した。時とともにその探求は、彼を科学界の主流から遠いところに運んでいった。アインシュタインはどんどん孤立していき、仲間の研究者の多くが骨折り損ではないかと考えるような研究に一人で取り組むようになった。アインシュタイン自身が、自分は「孤独な年老いた男」[72]になったと書いている。「靴下をはかないことでばかり知られていて、[*1]いろいろな場面で変人扱いされる、長老みたいなものだ。しかし自分の研究には、これまでにないくらい熱中している」。

アインシュタインは、追いかけていた夢の実現を見ることはなく、一九五五年に亡くなった。アインシュタインはおそらくこれまでのどんな科学者よりも、私たちの自然に対する理解に大きく貢献した。しかし亡くなる前の数十年は、美を通して理論の統一を目指すという現実離れした研究に費やしたのである（一部の人は「無駄に費やした」というかもしれない）。

アインシュタインは失敗する運命にあった。自らが確立の手助けをした分野である量子力学を受け入れ

＊1　アインシュタインは靴下をはこうとしなかったことで有名だ。親指のところにすぐに穴が開くのを嫌がっていた。

ていなかっただけでなく、強い力や弱い力の発見など、原子核物理学や素粒子物理学での急速な進歩を無視していた。そうした分野を抜きにした統一理論には、成功の見込みはなかった。さらにいえば、量子場理論と一般相対性理論の両分野で大きな発見がいくつもあるのは、まだ何年も先のことだった。要するに機が熟していなかったのだ。

二〇年後の一九七〇年代半ばまで時間が進むと、状況は大きく変化する。理論物理学者たちは、電磁気力と弱い力の統一に成功したことで自信を得て（ただし実際に実験で証明されるのはそれから一〇年後だ）、野心的なことを考え始めた。力の統一を目指すプロジェクトで必然的に次にくるステップは、強い力と新たに統一された電弱力を結びつけることで、その理論は「大統一理論」と呼ばれるようになった。一九七四年にシェルドン・グラショーとハワード・ジョージが発見した大統一理論の候補となるモデルは、ＳＵ（５）という対称群に基づくものだった。[*2] 局所的対称性については前に説明したが、ＳＵ（５）もまた別の局所的対称性だ。驚くことにグラショーとジョージは、この比較的シンプルな対称性が電磁気力や弱い力、強い力を生み出すだけでなく、物質粒子（電子、ニュートリノ、アップクォーク、ダウンクォーク）を正しい電荷で生じさせることに気がついた。この理論からは、標準モデルの場とともに、新たな力の場がたくさん出てきたが、問題は関連する粒子の質量がきわめて大きく、10^{16}ＧｅＶと予測されたことだ。これは陽子の質量の一京倍にあたる。この粒子を現在のテクノロジーで生成しようと思ったら、地球からアルファ・ケンタウリまで達するほどの大きさのコライダーが必要になるだろう。

しかし、そうした大統一理論のさまざまなモデルをテストする方法はあった。大統一理論で予言された新しい力の場では、陽子が陽電子とパイ中間子（クォークと反クォークのペアからなる粒子）に崩壊することが可能になる。宇宙にまだ物質があるという事実から考えて、この陽子崩壊のプロセスはかなりゆっくり進むはずで、その半減期は一兆×一兆×一〇〇万年だ。しかし大量の陽子を一カ所にまとめれば、そのうちのいくつかがときたま崩壊するところが見つかるはずだ。さいわい、この陽子崩壊の観測はかなり単純な方法でおこなえる。宇宙線や背景放射線源から離れた地下に巨大な穴を掘って、そこをたくさんの水で満たし、その周りに光検出器を設置して、陽子崩壊で生じた光が暗闇に瞬くのを待つのだ。一九八二年と一九八三年、そうした巨大な水タンク二基がデータ収集を始めた。一基は日本の神岡鉱山の地下（現在ではもっと大型のスーパーカミオカンデ実験がおこなわれている場所だ）、もう一基はアメリカのエリー湖に面した元塩鉱山に設置されたものだ。しかし何年たっても、どちらの実験でも陽子崩壊は一つも見つからなかった。やがて、グラショウとジョージが発見した、最もシンプルな形の大統一理論モデルはほぼ可能性が消えた。

しかし、大統一理論が陽子崩壊実験からのプレッシャーを受けていた頃、理論物理学の世界を突然、興奮が駆け抜けた。一九八四年秋に、マイケル・グリーンとジョン・シュワルツがおこなった計算で、停滞ぎみだった研究が理論物理学の一番のホットトピックになったのだ。大統一理論なんて忘れろ。今や誰もが口にするのは「弦理論」だ。

弦理論の研究は一九七〇年代の初め、クォークを結びつけている強い力を理解する試みとして始まった。その試み自体は結局うまくいかなかったのだが、弦理論は時間とともに、量子重力理論というはるかに野心的なものに少しずつ変化したのである。弦理論の中に、重力子の性質そのものを持つものが含まれてい

＊2　念のためにいうと、標準モデルに含まれる電磁気力、弱い力、強い力が生じるのは、自然法則に存在する局所的対称性のためであり、それぞれの力にはU（1）、SU（2）、SU（3）という局所的対称性が対応しているようだ。

ることは、一九七〇年代のうちに発見されていた。重力子は仮想的な粒子で、重力と重力子の関係は、電磁気力と光子の関係にあたる。しかし弦理論がかつて強い力の説明に失敗していたせいで、大半の理論家はそれを疑ってかかった。その状況が変わったのが一九八四年秋だった。グリーンとシュワルツは、弦理論にはアノマリーと呼ばれる、数学的にやっかいなものがないことをなんとか証明した。[*3] アノマリーのある理論は、喫水線の下にどでかい穴が開いた帆船みたいなもので、最初から成功の見込みがない。そのため、弦理論にアノマリーがないことが示されたことで、それが待望の量子重力理論への答えである可能性が見えてきたのだった。

一九八四年の秋は、理論の世界では「第一次超弦理論革命」といい伝えられるものが幕を開けた時期だった。理論家たちがこの分野にどっと押し寄せ、そこにアインシュタインがかつて夢見たグランドシンセシス、つまり大統一のにおいを嗅ぎとった。弦理論は量子重力理論としてだけでなく、万物の理論、つまり亜原子世界の特徴すべてを説明する単一の枠組みとしてもかなり期待が高かった。さらに、ワインバーグが一九九二年に、それまでの一〇年にわたる弦理論の成功に刺激を受けて書くことになるように、それが唯一無二のある種完全な最終理論であるということも暗示されていた。

弦理論については、私よりもはるかに詳しい人々の手による書籍が数え切れないほどあるので、この頭が溶けそうになるくらい複雑な理論について詳しいことを知りたい人には、そういう本を読むことをお勧めする。[*4] とはいえ、私たちの話を進めるために、要点だけざっと説明しよう。弦理論の中心にあるのは、電子のような粒子を拡大していくと、最終的にはそれが粒子ではなく、振動している小さな弦であることがわかるという、とても魅力的な説だ。この弦が万物の構成単位であり、自然界に存在するさまざまな種類の粒子すべてが、弦のさまざまな振動方法に対応している。そうした粒子は、ギターの弦が奏でる音色だと考えることができる。ある音色は電子に、別の音色はクォークに、さらに別の音色は重力子になる。弦理論は亜原子世界を量子力学の交響曲に変えるのだ。

しかしこの魅力的な考え方は代償をともなう。まず第一に、弦理論が意味をなすのは宇宙に超対称性がある場合だけだ。弦理論が「超弦理論」と呼ばれることが多いのはそのためだ。しかし、ヒッグス場を安定させるために導入された形の超対称性とは異なり、弦理論では超対称性粒子は好きな質量を持つことができ、最大ではプランクエネルギーにまで大きくなるので、LHCで超対称性が見つからないからといって弦理論の可能性が除外されることはない。

弦理論の代償としてもっと深刻なのは、少なくとも九つの空間次元が存在しなければうまくいかないことだ。私たちが明らかに三次元しかない世界に住んでいることを考えれば、これは致命的な欠陥に思えるかもしれないが、この場合も六つの余剰次元をプランク長よりずっと小さな、どんな実験でも届かないサイズに隠してしまえば問題を回避できる。こういった代償がありつつも、一九八〇年代末と一九九〇年代初めの弦理論全盛期には、弦理論からは未来のどこかの時点で、実験の試練によって検証可能な予言が出てくるようになるという期待があった。

しかしそうした期待は、その後の数十年間で徐々に薄れていった。問題は余剰次元にあった。世界についてなにかを予言するような弦理論を見つけるには、まず「コンパクト化」というプロセスによって余剰次元を隠す必要がある。このコンパクト化は、余剰次元を小さくて複雑な形に丸めることにほぼ相当する。

＊3　前の章で議論した、実験面でのアノマリーとは別物なので、間違えないように。
＊4　私のお勧めはブライアン・グリーンの『エレガントな宇宙』（草思社）だ。

一枚の紙をくしゃくしゃに丸めてボールを作るのに似ているが、違うのは、これが二次元ではなくて六次元の紙だということだ。とにかく、余剰次元を丸める方法によって、この理論が説明する宇宙の種類が完全に変わってしまう。余剰次元の形が弦のさまざまな振動方法を決め、その弦で奏でることのできる音色を実質的に変えるからだ。このことが結局、完全に異なる力と異なる粒子を持つ宇宙を生じさせるのだ。

　物理学者たちが期待していたのは、余剰次元をコンパクト化する方法は一とおりしかなく、それがただ一とおりの宇宙理論を生じさせることだった。しかし残念ながら、コンパクトの方法の数は一よりもはるかに大きいことがわかった。それもずっとずっと大きかった。今からいう数はたぶん、無限以外では、あなたが今までで出会った数の中で一番大きいだろう。10^{500}だ。これは一の後にゼロが五〇〇個並ぶ数だ。この数字をここに全桁書いたら編集者に殺されてしまうから、書くつもりはない。とても大きい数なので、もしあなたがそれをタリーマーク〔訳注：「正」のように数を数える記号〕を使って書き表したくても、つまり紙の上に10^{500}本の線を引きたくても、無理な話だ。宇宙にある原子では足りないからだ。それはどうやっても絶対に足りない。

　このことはちょっとした問題になる。あなたが弦理論の研究者で、お気に入りの弦理論モデルが私たちの宇宙にある粒子の存在を予言するかどうか確かめたいとしよう。あなたは余剰次元を好きな方法で丸めて、その結果を計算する。ああ残念、この宇宙にはクォークが六個ではなく、八個もある。でも気にすることはない。まだ他に$10^{500}-1$個の弦理論が選択肢として残っているから。しかし残念ながら、たとえ宇宙にある原子を一つ残らず弦理論研究者に変えても、考えられるさまざまな弦理論モデルすべてをチェックすることはとてもできない。実際のところ、これまでに私たちの宇宙にある粒子の構成を説明できる弦理論モデルは見つかっていない。そのため、弦理論は「万物の理論（セオリー・オブ・エブリシング）」ではなく、「その他すべての理論（セオリー・オブ・エブリシング・エルス）」

だと悪口をいっている人もいる。

ワインバーグが描いた最終理論の夢は、悪夢に変わってしまったようだ。弦理論は、宇宙についての唯一無二の説明にはほど遠く、柔軟性が高いせいで間違いだと証明するのが不可能であるように思えるのだ。一部の人はいまだに、最終的に新たな原理が見つかって、余剰次元を丸める方法は本当に少ししかなく、もしかしたら一つしかないことが証明されるという期待を抱き続けている。しかしそれより多く見られるのは、弦理論をもっと限定的にとらえて弁護するという姿勢だ。

そうした立場の人は、私たちの宇宙で偶然見つかる粒子について弦理論が正確に予言すると期待するのは合理的ではないと主張する。それは、ニュートンの重力法則が太陽系の惑星の数を予言すると期待するのが合理的ではないのと同じだという主張だ。ニュートンは、惑星の公転を見事に説明し、公転軌道の形や惑星の一年の長さをきちんと計算できたが、太陽系の厳密な構造（巨大氷惑星が二個、巨大ガス惑星が二個、岩石惑星が四個ある）[*5]は単なる歴史上の偶然である。天の川銀河には数千億個の星があり、そのほぼすべてに独自の惑星系があって、そのほとんどが私たちの太陽系とは大きく異なることがわかっている。

ニュートンの重力法則でこの手の議論が成り立つのは、私たちは宇宙に非常に多くの星があることを知っているからだ。しかし、弦理論が予測しようとしているのは、宇宙全体の基本的な材料についてだ。この手の議論を続けるためには、私たちの宇宙にほどほどの形成のチャンスを生じさせる複数の、おそらくは10^{500}個ほどの宇宙が存在していることが必要になる。これを認めれば、素粒子が今ある構成になっているのは歴史上の偶然にすぎないということになる。なんらかの未知のメカニズムがビッグバンの瞬間に作

＊5　ここで冥王星についての議論を始めるのはやめておこう。

用して、私たちがいる世界を生じさせる適切な方法で余剰次元をランダムに丸めてしまった。そして他の宇宙のほとんどでは、粒子の構成と自然法則がまったく異なっていることになる。私たちがこの宇宙に生きているのは、その条件が、私たちのような形の生命が進化するのにたまたまぴったりだったからとなる。

そうしたマルチバース理論は免罪符だ。弦理論を私たちが住む宇宙を説明する義務から解放するだけでなく、考えられるあらゆる問題にとって万能の解決方法になるからだ。ヒッグス場が、原子が存在できるような状態に奇跡的に調整されているのはなぜだろうか？　マルチバースのせいだ。ビッグバンのあいだに物質はどうやって反物質に勝ったのだろうか？　マルチバースのせいだ。では私の母が、一九七四年にブリティッシュ・テレコムでの研修期間中に、私の父からスクリュードライバーをおごるといわれて承諾したのはなぜだろうか？　お察しのとおり、マルチバースのせいだ。

マルチバースが論理的に不可能だといっているわけではない。それどころか、科学の歴史はそれが真実である可能性がかなり高いことを示している。かつて地球は宇宙の中心にあると考えられていたが、私たちはちょっとした論争の結果、地球は太陽を回るいくつかの惑星の一つにすぎないことに気づいた。やがて太陽も、銀河系にあるたくさんの星の一つに格下げされたし、最終的に銀河系も数え切れないほどの銀河の一つにすぎないことがわかった。冷静に考えてみれば、私たちの宇宙が唯一の宇宙ではないという考えには筋がとおっている。ただ、そのことを知る手だてがないだけだ。

マルチバースが存在しないことは証明できない。それは神が存在しないことを証明できないのと同じだ。他の宇宙が私たちの宇宙に偶然ぶつかってきたときに、その宇宙の影響が空に現れるかもしれないという なら、確かにそうだ。それはある日、神が空のファスナーを開けて、私たちに向かって、それぞれの宗教的選択に合わせて陽気に手を振るか、または業火を雨のように降らせるか、あるいはその両方をするかもしれないのと同じである（私はイギリス国教会の家に育ったから、神は私には紅茶とカスタードクリームビスケットをくれるだろう）。しかし、そういったことが起こるのを見たことがないからといって、神や多元的宇宙が存在しないことにはならない。そして仮説としての神は、私たちがまさにこの宇宙に住んでいる理由を説明することを、マルチバース理論と同じくらい得意とする。

マルチバース理論は、諦めて、両手を大きく広げて、「あまりにも難しすぎる」というのとなにも変わらない。それは私たちが答えを探すのをやめさせる。そして私にいわせれば、それにはわずかな時間でも考えてみるだけの価値はない。マルチバース理論はつまらない！

こうしたかなり受け入れがたい状況を考えれば、それなら弦理論はなんの役に立つのかということになる。実は、この疑問には多くの答えがある。一つの答えとしては、それが量子重力理論であり、おそらくこれまでに見つかった唯一の量子重力理論だということだろう。ズームアウトして、弦理論を大きな距離スケールで見れば、それはアインシュタインの一般相対性理論に変化するし、ズームインすれば量子力学のように見える。ライバルとなる理論で、こうしたことを達成できているものはまだない。弦理論は、ビッグバンの瞬間を説明するのに必要な量子重力理論であり、素粒子物理学を説明するためには標準モデルが追加される必要があるという可能性は十二分にある。この二つの理論が合わされば、宇宙の歴史全体であなたが思い浮かべられるほぼどんな状況でも説明できる。[*6]

さらにいえば、弦理論はとても内容豊富な数学的構造であり、強力なツールだ。今日、弦理論を研究し

＊6　わかった、物理学の領土拡大主義だと責められないように、厳密にいえば、素粒子か重力が関与するどんなプロセスでも説明できる、といっておこう。生物学や経済学、愛みたいな複雑なものを説明したかったら、物理学はあまり役に立たないだろう。

ている人の大半は、基本的な万物の理論を探しているのではなく、量子重力を研究しているのでもない。純粋数学で発見をしたり、量子場理論への理解を深めたり、さらには固体やクォーク・グルーオンプラズマを研究したりするために弦理論を使っているのだ。弦理論コミュニティーで仕事をする数多くの物理学者と数学者が、この理論に関心を抱いているのは、この豊かさゆえだ。彼らには、健闘を心から祈るといっておこう。実をいえば、量子重力への新たなアプローチの可能性を探っているすべての人にもそういいたい。実験と比べたら、理論家の仕事というのは安いものだ。どこかに座る場所があって、紙とコーヒーがたっぷりもらえれば、あとはゴミ箱さえあればいいのだから。

しかし、宇宙の基本的理論へのアプローチとしての弦理論に対する批判の中で、まったく不当というわけでもないのは、この理論が実験で検証可能な予言をまだしていないことを、支持者の多くはあまり気にしていない、というものだ。公平のためにいうと、これはなにも弦理論だけの問題ではなく、いくつもある量子重力理論すべてにあてはまる問題である。この問題の要点はこうだ。量子重力理論は定義上、量子的効果と重力効果の両方が強い状況での自然を記述する。そしてそうした状況は、いい表せないほど極端なエネルギーと密度、つまりビッグバンの瞬間に存在すると考えられているエネルギーと密度でしか生じないのである。

大型ハドロン衝突型加速器（ＬＨＣ）は一万四〇〇〇ＧｅＶ（一四ＴｅＶ）を達成可能な設計だ。しかし量子重力の影響が見えると予想されるプランクエネルギーに到達するには、ＬＨＣよりも一〇〇〇兆倍高い、10^{19}ＧｅＶに近いエネルギーで粒子を衝突させられる加速器が必要だ。そんな加速器がＬＨＣと似たような仕組みで動くとしたら、どのくらいのサイズになるだろうか？　だいたい天の川銀河くらいだ。最近の研究費助成の状況を考えれば、その建設計画が近いうちに承認されることはないだろう。

未来を予言しようとするのは無駄なことだ。それに加速器技術になにかとんでもないブレイクスルーが起こって、いつかプランクエネルギーの達成が可能になることがないと、誰がいえるだろうか。それでも、私はそうしたブレイクスルーが今世紀中に、あるいは来世紀中でも起こらないことのほうに、迷うことなく賭ける。実際のところ、私はそれは永遠に不可能ではないかと思っている。そうだとしたら、たとえ弦理論がビッグバンの瞬間の物理学を記述していても、私たちがそれを実験室で検証することは永遠にできないだろう。

しかし、すべての可能性が失われたわけではない。究極のコライダーを建設することはできないかもしれないが、宇宙自体が、プランクエネルギーにもう少しのところまで近づくための別の方法を用意してくれる。ほぼこの五〇年間をかけて、私たちがさかのぼることができた時間は、ビッグバンの三八万年後までだった。その頃、原初の火の玉が冷えて透明なガスを形成し、燃え立つような光が放たれた。この光はやがて弱まって、宇宙マイクロ波背景放射になる。つまり宇宙マイクロ波背景放射は火の玉であり、ふつうの望遠鏡ではその向こう側を見ることはできない。しかし二〇一五年九月、私たちは宇宙を見るためのまったく新しい方法を手にした。その方法を使えば、宇宙の始まりの直後までさかのぼって見ることができるかもしれない。

創成の残響

ルイジアナ州南部の森の奥では、暖かくて湿った空気がテーダマツを大きく成長させる。そんな場所で、宇宙についての私たちの理解に革命が起こっている。リビングストンという小さな街のすぐ外にある望遠鏡は、地球上のどんな望遠鏡にも似ていない。長さ四キロメートルのコンクリート管二本が森林を切り開きながら直角に伸び、巨大なL字を作っている。それはまるで巨人の幾何学者の道具のように見える。望遠鏡としては奇妙な外見だが、それはこの観測装置が宇宙を光で見ているわけではないからだ。この望遠鏡が使うのは重力波だ。

ＬＩＧＯ（レーザー干渉計型重力波検出器）にたどり着くには、リビングストンで国道一九〇号線から脇道に入り、保守管理がいまひとつの踏切をガタゴトとわたってから、森のあいだの曲がりくねった道をしばらく進む。道ばたにはときどき一軒家やトレーラーハウスが現れ、壊れた車が前庭で錆びついたままになっていることもあった。カーブを曲がり、観測所のゲートに続く最後の五〇〇メートルの直線道路に入ると、時速一〇マイルで徐行するようにという標識が出て、この先にある観測装置の感度がきわめて高いことをうかがわせた。

ＬＩＧＯは二〇一六年二月、重力波の初の直接観測を発表して一気にニュースになった。重力波は、アルベルト・アインシュタインがちょうど一世紀前に予言していた、時空の織物のさざ波だ。それは一般相対性理論から直接導かれるもので、時空は、惑星や星のような巨大な物体によって曲げたり、伸ばしたり、押しつぶしたりする動的な織物だとされる。伸縮性があるため波を伝えることもでき、そのさざ波が通過するときに、時間と空間を伸ばしたり縮めたりする。

二〇一五年九月一四日、ＬＩＧＯは大規模改修後の最初のデータ収集期間をまさに始めようとしていたところだった。この日の午前五時五一分、ＬＩＧＯリビングストン観測所は、重力波通過のシグナルを初めてとらえた。七ミリ秒後、三〇〇〇キロメートル離れたワシントン州ハンフォードにある双子の検出器が、この同じ時空の織物のさざ波が地球の中を北向きに光速で進んできたところを検出した。この波は、それぞれが太陽質量の三〇倍くらいある二個の巨大なブラックホールの衝突による大変動の残響だった。今から一三億年前にその二個のブラックホールは、はるか遠い銀河の中でらせんを描きながら互いに向かって落下した。合体の直前、時空には非常に激しい乱れが生じて、宇宙の天体すべてが放っている光の五〇倍相当のエネルギーが放出され、太陽三個分の質量が純粋な重力エネルギーに変換された。しかしそのイベントは非常に遠くで起こったため、途方もない爆風が一三億年後に地球に到達したときには、ＬＩＧＯの二本の巨大な腕をほとんど気づかない程度に伸び縮みさせただけだった。その長さの変化は陽子の直径のわずか一〇〇〇分の一だった。

この初のシグナルによって、ＬＩＧＯは宇宙に向かって新たな窓を開けた。隠された世界をのぞき込んで、電磁波も、ニュートリノも、他のどんな亜原子粒子も放出しない天体を調べることが初めて可能になったのだ。ブラックホールや中性子星の衝突や、まったく奇妙で新しい現象などにも手が届くようになった。

セキュリティゲートを通った後、私はＬＩＧＯの中央棟の前でＬＩＧＯリビングストン観測所のトップであるジョセフ・ジァイミと会った。中央棟は金属張りの大型倉庫のような建物で、水平方向に青と白に塗り分けられているので周囲にうまく溶け込んでいる。ジァイミはこれまでずっとＬＩＧＯで仕事をしていて、最初にかかわったのは一九八六年に、マサチューセッツ工科大学（ＭＩＴ）の技師だったときだ。彼の博士課程の指導教官はレイナー・ワイスだった。ワイスは重力波を発見した功績で、二〇一七年にノーベル物理学賞をキップ・ソーンとバリー・バリッシュと共同受賞している。

そういった若手時代、ジァイミは自分が取り組もうとしているプロジェクトがどれほど特別なものかあまりわかっていなかった。プロジェクトには「ＬＩＧＯ」という名称が決まる前の年から参加して、ＭＩ

Tとカリフォルニア工科大学による共同提案書をまとめる仕事にかかわった。この提案書は一九八九年にアメリカ国立科学財団へ提出された。それからわずか六年後、ジァイミたちはすでに研究予算を獲得していて、ルイジアナ州とワシントン州の二カ所で建設工事を始めようとしていた。これは、これほど大規模な科学プロジェクトとしては恐ろしく素早い展開だ。

ジァイミは、形としては天体物理学を専門としているが、三〇年間一度も天体観測をしていない。自分のことを「装置屋」タイプだと考えている。「私はものを作ったり、設計したりする経験をしっかりと積みました」とジァイミはいう。二〇一五年まで、彼の研究人生はすべて、LIGOを最終的に宇宙の研究を始められるところまで持っていくことに捧げられていた。

ジァイミは私を、中央棟から少し歩いたところにある、LIGOの巨大な腕の一つにかかる橋へと案内してくれた。そこからは、ひたすら真っ直ぐな直線が森のあいだを抜けて、四キロメートル先までのびていくのがよく見えた。その地点で、巨大な腕をなしているコンクリート管が、エンドステーションという建物につながっている。左手には、もう一本の腕が中央棟から出ていて、直角方向に森のあいだを突っ切っていた。

LIGOは、重力波が通過して空間を伸ばしたり縮めたりするときに、二本の腕の長さに生じる微小な変化を検出する仕組みになっている。中央棟の内部で、一つのレーザー光を二つのビームに分けて、直角に伸びる二本の腕の方向に照射する。レーザー光はそれぞれの腕のエンドステーションにある鏡で反射して、同じコンクリート管を戻ってきて、中央棟でふたたび一つになる。一般的に、重力波は一方の腕の長さをもう一方より大きく変化させるので、そうなるとレーザーがふたたび一つになったときに、光の波の山と谷の位置がわずかにずれて、干渉パターンと呼ばれるものを生み出すのだ。

少なくとも、計画はそうだ。しかし、通過する重力波の影響はとても小さいので、地上にある種々雑多なものの振動で簡単にかき消されてしまう。LIGOリビングストン観測所の周りにある森林は、国際的な製紙木材企業が所有している。ルイジアナの暑くて湿度の高い気候のおかげで、ここでは木々の生育が異常なほど速いのだ。そして伐採作業が背景ノイズの原因になることがときどきある（イギリス人科学ライターとそのうるさいレンタカーのノイズはいうまでもない）。それでもLIGOは、地元の木材産業とのあいだでジァイミのいう「気まずい調和」なるものを保ちながらやっていくことになんとか成功している。

LIGOが対処しなければならないのは、木々の伐採作業だけではない。検出装置は、腕の長さのあり得ないほど小さな変化に敏感で、10^{-19}メートルまで検出できる。これは陽子の直径の一万分の一で、ジァイミがいうには「クォーク二個がくつろげる私的空間」だ。しかし光学系装置をそれより大きく揺らす可能性のある振動源はたくさんあって、近くの通路を通る足音からメキシコ湾の大陸棚で砕ける波まで、あらゆるものが振動を生じさせる。LIGOはこうした振動すべてを、鏡をできるだけ静止させておくためのいくつもの四重振り子などを用いた、見事な防振システムでうまく処理している。

LIGOは二〇〇五年、近くのニューオリンズや周辺地域がハリケーン・カトリーナによって壊滅的被害をこうむった直後の時期に、初めて設計どおりの感度を達成した。そうした実験開始直後の時期からすでに、LIGOがシグナルを検出するかもしれないという期待はあった。しかし、最初の重力波をとらえられるレベルの検出感度についに到達するまでには、そこから一〇年がかりの大変な改修作業が必要だった。

中央棟に戻ると、ジァイミがコントロールルームを案内してくれた。正面の壁には大きなスクリーンがいくつか設置され、その前に机とコンピューターがずらりと並んでいた。私たちがコントロールルームに入っていったとき、スタッフは混乱していた。自分のデスクから立ち上がって、正面のスクリーンを詳しく確認しに行く人もいた。「ロックが外れたんですね」とジャイミがいった。インドネシアのモルッカ諸島でマグニチュード七・一の地震が発生し、その地震波がちょうどＬＩＧＯを襲ったところだったのだ。一万五〇〇〇キロメートルもの距離があるのに、その地震波は光学系装置を揺らしてその配置を狂わせるほどの強さだった。「あれが徐々におさまっていくあいだ、数時間はなにもできませんよ」とジャイミは私にいった。「あの地震波が地球を何周も回っているあいだはね」。コントロールルームに立っていた私は、こうしたことがそもそもうまく機能することに驚かずにいられなかった。地球の反対側で起こった地震も含めて、あらゆるものからの振動に対応しながら、陽子の一万分の一しかない長さの変化を測定できるというのは、奇跡以外のなにものでもないように思える。

それでもやはり、ＬＩＧＯは実際に機能している。それも見事に。改修後に稼働を再開してから数年しかたっていなかったが、ＬＩＧＯはすでに宇宙についての私たちの理解を変え始めている。たぶんこれまでで最も重要な天体イベントは、最初の重力波をとらえてから二年近くたった、二〇一七年八月一七日に検出されたものだろう。今回、ＬＩＧＯの両観測所が、ヨーロッパで共同観測をおこなうイタリア北部の検出装置Ｖｉｒｇｏとともにとらえたのは、二個の中性子星の衝突からのシグナルだった。中性子星は、激しい超新星爆発の後に抜け殻のように残る、きわめて高密度の天体だ。その重力波が検出されるとすぐ、ＬＩＧＯとＶｉｒｇｏはアラートを発し、世界中の望遠鏡がそれを受けて、重力波と同時に放射される電磁波を見つけるために大慌てで空を詳しく観測し始めた。ブラックホールとは違い、二個の中性子星の衝突では電磁波が突風のように激しく放射されると予想される。この電磁波放射は実際に一一時間後に見つかり、地球から一億四〇〇〇万光年離れた銀河からきたことがわかった。

このイベントは、同じ衝突からの重力波と電磁波のシグナルがそろって検出された初めてのイベントになった。しかしそれだけでなく、天体物理学者が元素の起源についての自説を再検討するきっかけにもなった。すでに見てきたように、長いあいだ、鉄より重い元素は巨大な星が超新星になるときに生成されると考えられていた。しかし、実は中性子星の合体がそうした元素の主な起源ではないかという疑いが高まってきていた。思ったとおり、二〇一七年の中性子星衝突から届いた電磁波の分光分析をしたところ、金や白金（プラチナ）を含む貴金属が生成されている明確な兆候が見つかった。ジュエリーに使われている金属の大部分がまさにそうした衝突を起源としていることが示されたのだ。

　コーヒーを手にジァイミのオフィスに戻ると、私たちは今後数年のＬＩＧＯの計画についてあれこれ話をした。「素晴らしくもあり、恐ろしくもある、スケーリング則があるんです」とジァイミは説明した。測定装置の感度が二倍になるたびに、宇宙で観測可能な距離は二倍に伸びる。しかし調べられる空間の体積は、その測定装置の観測可能な距離の三乗で増えるので、検出できるイベントの数は八倍になるのだ。これを知ると、データを収集する代わりに、ずっと装置の改良だけを続けていたい誘惑にかられるものだという。「誰もがそんなふうに、装置にちょっとした変更を加えたくてたまらない気持ちがあります。とても大きな見返りがあるんだから、基本的には急ぐ必要はないだろうと自分を納得させられますからね」。実際には、ジァイミたちはもっと現実的なやり方として、半分の時間をデータ収集に、もう半分の時間を装置の改良に使うことにしており、二〇二四年にはＬＩＧＯの感度を二倍に向上させることを目指している。この感度向上によって、宇宙の広大な未観測の領域が視界に入ってくる。しかし長期的には、もっと壮大な計画が準備中だ。

　重力波の存在を証明したことにより、ＬＩＧＯは実質的に、まったく新しい種類の天文学を発明したことなった。現在この分野では、宇宙とその歴史についてのわたしたちの理解を本当の意味で根底からくつがえすような、数多くの大規模プロジェクトが計画中だ。ヨーロッパでは現在、アインシュタイン望遠鏡の提案書が作成されている。これは長さ一〇キロメートルの腕が三本ある、三角形をした巨大な地下の重力波検出装置だ。一方アメリカでは、コズミック・エクスプローラーという、長さ四〇キロメートルの腕がある、LIGOを巨大化させた重力波検出装置が検討されている。しかしおそらく最も野心的なのがLISA（レーザー干渉計宇宙アンテナ）で、これは三基の人工衛星が太陽の周りを正三角形のフォーメーションを組んで飛行し、それぞれのあいだでレーザーを発射することで、実質的に長さ二五〇万キロメートルの腕を持つ重力波観測装置を作り出すというものだ。LISAプロジェクトはしばらく足踏み状態だったが、LIGOによる重力波の発見で勢いを盛り返しており、欧州宇宙機関はこれらの人工衛星を二〇三〇年代のどこかの時点で打ち上げることを計画している。

ジァイミによれば、こうした望遠鏡はとても感度が高く、観測可能な宇宙にあるどんなブラックホールでも見ることができて、最初のブラックホールが死にゆく星から形成されたときまでさかのぼれるということだ。とてつもなくわくわくする話としては、そうした望遠鏡で、崩壊する星からではなく、ビッグバンのあいだに形成された原初的なブラックホールが発見されるという、とんでもなく面白い可能性もある。宇宙がきわめて高温で高密度だった最初の一秒間には、量子場の振動が特に密度が高い領域を作り出し、そこが崩壊してブラックホールになったというのはあり得ることだ。そしてそうしたブラックホールは、原理上は現在まで生きのびている可能性がある。アインシュタイン望遠鏡やコズミック・エクスプローラーで、初代星の形成より早い時期のブラックホール合体が観測されれば、そうした原初的なブラックホールの存在を示す決定的な証拠になる。もう一つの可能性は、太陽より質量の小さいブラックホールが見つかることだ。そうしたブラックホールは軽すぎて、崩壊する星から形成されたとは考えられない。原初的なブラックホールが見つかれば、それは大発見だろう。そこからビッグバンの本当に直後の状況がわかるだけでなく、暗黒物質の成分の一部について説明できる可能性もある。

しかし、期待できる成果として最も大きいのはおそらく、ビッグバンの火の玉の中を直接見られることだろう。時間ゼロから三八万年後までのあいだ、宇宙全体が超高温の亜原子粒子のプラズマで満たされていた。この火の玉は光に対して不透明だった。つまり三八万年後より前の宇宙を飛び回っていた光子は、ピンボールのように陽子や電子とたえず衝突していた。そのため、通常の望遠鏡では三八万年後より遠い過去を見ることはできない。一方で、重力波は物質に吸収されないので、宇宙の最初の瞬間からずっと邪魔されることなく宇宙を突き進んでくることができた。

初期宇宙からの重力波が今日でも検出可能であるためには、想像できないくらい激しいプロセスで生成されている必要がある。一つの可能性は、ビッグバンから一兆分の一秒後にヒッグス場の「泡」が膨張して互いに衝突するという、すでに見てきたプロセスだ。これは、物質が反物質に勝ったのは、ヒッグス場が宇宙全体で不均一にオンになり、高温プラズマの泡を形成したからだという説である。その泡は成長するにつれて、ものすごい勢いで互いにぶつかり合い、時空に強力なさざ波を立てるだろう。そのかすかな残響が、次世代の重力波検出装置の一つによってとらえられるかもしれない。未来の天文学者がそうしたシグナルを検出できれば、宇宙の最初の一兆分の一秒に起こっていた物理現象について直接知ることができ、アップルパイに含まれる物質の究極の起源という謎を解き明かすのに役立つ可能性がある。

しかし、もしかしたら、本当にもしかしたらだが、それよりさらに遠い過去まで見ることができる可能性がある。さきほど、量子重力を調べるのに十分な性能を持つコライダーを建設することを想像するのは間でのきわめて急激な膨張が起こっていた。

分の一ほどたった時間のことだと考えられている。このとき宇宙では、インフレーションと呼ばれる短時

として機能していたかもしれない。それは時間ゼロから、一秒の一兆分の一の一兆分の一の、さらに一兆

ほとんど不可能だといった。しかし、十分に時間をさかのぼれば、宇宙全体がかつては究極のコライダー

インフレーションが具体的にどのように起こったのか、あるいはそもそも起こったのかどうかという点はまだはっきりしないが、わずか一秒の一兆の一の一兆分の一の一〇〇億の一あまりというとても短い時間で、宇宙はそれ以前の少なくとも一〇兆×一兆倍に膨らんだと考えられる。その膨張の規模を理解するには、ピリオド記号「.」が同じ倍率で膨らんだら、最終的には銀河系の一〇〇倍の大きさになると考えればわかるだろう。

インフレーション理論は、宇宙が持つ数多くの奇妙な特徴を説明できる。具体的な例として、宇宙のどの方向を見ても非常に均一に見えるのはなぜか、ということがある。これはインフレーションを考えなければ、かなり驚くような話だ。空の中で遠く離れた二つの領域は、温度と密度が等しくなるほど長く互いに接していたことはないはずである。インフレーションを考えれば、観測可能な宇宙を挟んで反対側にある二つの点も、かつては同じ小さな空間の一部だったことになるので、この問題が解決される。そしてもっと驚くことかもしれないが、インフレーション理論では、宇宙の大規模構造（別のいい方をするなら、空間内での銀河の分布）が究極的には、原子よりもはるかに小さな距離で起こった微小の量子ゆらぎに由来し、そのゆらぎがインフレーションによって巨大なスケールまで膨らんだとしている。そうした量子ゆらぎがあると、宇宙の中には他よりわずかに密度が高い領域が生じることになる。そうした高密度領域が最終的に重力によって崩壊して、私たちが夜空を見上げたときに目にするあらゆるものを作り上げる。いい換え

れば、観測可能な宇宙にある無数の銀河は根本的に、宇宙時間の最初の瞬間に存在した、量子レベルの小さなゆらぎが種になっているのだ。

インフレーション理論は一般的に、宇宙論のストーリーの一部として受け入れられている。そしてその予言の多くは確認されているものの、それが実際に起こったという明確な証拠はまだない。ふつうの望遠鏡ではビッグバンから一秒の一兆分の一の一兆分の一のさらに一兆分の一たった頃を直接見ることはできないが、今後、重力波の存在がそれを可能にするかもしれない。インフレーションが実際に起こっていたら、それは時空をかき乱し、実在の織物に荒々しい波を立てるだろう。その波は今でも宇宙の中を伝わっているはずだ。今日、そうした波の波長はとてつもなく長くなっているが、それでも、将来計画されている重力波望遠鏡でそうした宇宙誕生からのささやきをとらえられる可能性はある。

問題は、インフレーション理論が一つきりではないことだ。インフレーションが起こりうるプロセスのモデルは非常にたくさんあって、それぞれ関係している量子場の数やエネルギーレベルが異なっている。そしてインフレーションモデルの中で、直接検出できるほど強力な重力波を生成するものは少ししかない。最もシンプルなインフレーションモデルでは、重力波は弱すぎて巨大な宇宙望遠鏡であるＬＩＳＡでも検出できない。そのような場合にインフレーションの残響を聞くための方法として考えられるのが、宇宙で最も古い光である宇宙マイクロ波背景放射にその残響が与える影響を探すことだ。

理論家による計算から、インフレーションで生成された重力波は、宇宙マイクロ波背景放射に「Ｂモード」と呼ばれるねじれを残したことが示されている。このＢモードのシグナルはきわめて弱いうえに、天の川銀河内のダストなど、ごくありふれた背景ノイズと混同しやすいという二重苦に見舞われていて、検出がとてつもなく難しい。実際に二〇一四年には、南極点に設置されたＢＩＣＥＰ２電波望遠鏡のチームが、インフレーションからの重力波によって生じた宇宙マイクロ波背景放射のねじれの証拠を見つけたと発表し、世界中を騒がせた。そして宇宙についての理解が新時代を迎えたとか、これはすぐにノーベル賞を与えるべきだといった話が息もつかせぬ勢いであふれたが、時間がたつにつれ、ＢＩＣＥＰ２チームはその立場を後退させるという不面目な対応をせまられた。ＢＩＣＥＰ２チームの研究では銀河ダストの影響を適切に考慮していなかったことが次第に明らかになった。結果を再分析してみると、シグナルとされていたものは背景ノイズの中に消えてしまった。

こうした肩透かしがありながらも、宇宙マイクロ波背景放射に残った重力波の痕跡が近いうちに検出されるだろうという、明るい見通しがある。南極点やアタカマ砂漠の高地、そして地球周回軌道上に設置されるさまざまな種類の新しい野心的な望遠鏡は、宇宙マイクロ波背景放射の精巧な地図を作成するだろう。その精度の高さは、原初的な重力波の影響を最終的に見つけだすのに十分なはずだ。もちろん、そうした重力波があればだが。それが実現すれば、宇宙が誕生したまさにその瞬間と、想像しうる最高のエネルギーについての実際のデータを手に入れる最大のチャンスになる。

ジァイミのオフィスを離れる直前、彼は私のために面白いことをしてくれた。「これを聴いてみて」。コンピューターをいじりながら、ジァイミはいった。つかの間の静寂の後、部屋の後ろのほうの見えない位置にあったサブウーファーから、この世のものとは思えない低音がとどろいたので、私はびっくりしてしまった。「これは最初に検出された重力波の音ですよ」。聴いていると、低いごろごろという音の後に突然ゴンという音がした。一三億年前、二個のブラックホールがすごい勢いでぶつかり合った音だ。

現代科学の成果というのはすぐに慣れてしまうものだ。しかし、これまでで最高感度の装置の一つに隣り合ったジァイミのオフィスに腰を下ろして、時間的にも空間的にも遠く離れたところで起こり、なおかつとても規模が大きくて激しいエネルギーを持つために、あらゆる説明や想像を拒んでいる現象の残響を聴いていると、楽観的にならずにはいられなかった。科学は探検だ。その舞台が実験室でも、数学理論の抽象世界でも、あるいは宇宙そのものからのシグナルを調べるという方法をとるにしても。そして私たちは探検の中で、たえず出くわす新しい現象や新しい謎によって、スタート地点から遠く遠くへと導かれていくように思える。この冒険の旅は永遠に続くのだろうか？　それともいつか終わりに到達するのだろうか？　もしかしたらそれが一番大きな疑問かもしれない。

14章

終わり？

西暦八億四三〇〇万年。一〇〇万世紀にわたった建設作業を終えて、銀河素粒子物理学機構（ＧＯＰＰ）は最新かつ最大の科学プロジェクトの開始にあたって記者会見を開いた。天の川銀河の中心部に銀色の小さな輪のように輝きながら、なにもない空間に浮いているのは、観測可能な宇宙の歴史上で最も巨大で、最も強力で、最も高価なマシンである「極端大型ハドロン衝突型加速器（ＩＬＨＣ）」だ。一周が三〇〇〇光年あるＩＬＨＣは、現実世界の基本的性質を発見するために、八〇万種の知的生命体が種の違いを超えて銀河レベルで協力して完成させたものだ。今日のこの日を天の川銀河全体が待ち望んでいた。まばゆく輝く新しいマシンがとうとう、量子重力の影響を探るのに十分なエネルギーで粒子衝突実験をおこなうのである。ついに自然の基本法則を完全に理解するまでもう少しのところまできたのだ。

ここまでは長く険しい道のりだった。助成金や研究費の申請に何世紀もかかったし、大事な電磁石の契約をどの星系が獲得するかで果てしなくもめたりもした。このコライダーが宇宙の終わりを引き起こすのではと恐れて、銀河全体で一〇〇〇件以上の訴訟が起こされたのはいうまでもない。そして今朝も、フランスの代表団が自国の古典語であるフランス語版のプレスリリースを、それよりはるかに広く話されている銀河クレオール語版とともに公開するよう求めてきたせいで、発表が遅れてしまった。

それでも、ついにその瞬間がやってきた。要求エネルギーレベルである10^{19}ＧｅＶまで陽子を加速するのに一〇〇万年強かけてきて、最初の衝突が目前に迫っている。ＧＯＰＰの事務総長が出席者の注目を促そうと、一二本ある紫色の触手の一本を振った。「紳士、淑女、無形エネルギー体、有知覚菌類のみなさん、お待ちかねの瞬間です。お見せしましょう、プランクスケールです！」。たちまち、惑星サイズの検出器の奥深くの一点から放たれた粒子の花火で、大きな会議ホールを取り囲むいくつものスクリーンが光り輝いた。「スプラージ教授、よろしければ結果をいただけますか」。

この世のものとは思えない光輝く球体が演題に近づいてきて、待ちきれない様子の事務総長にデータ分析結果を出力した紙テープを手渡した。「うーん、ええと、これは興味深いですね」。事務総長は不安をなんとか隠そうとしながら、口ごもった。「私たちはブラックホールを作ったようです。でも心配ありません。もっとエネルギーを投入したらいいのでは……スプラージ教授、もっと出力を上げて！」。

ＩＬＨＣは電磁石の働きで陽子を加速して、プランクエネルギーを上回る10^{21}ＧｅＶというとんでもないエネルギーに達した。さらに多くの衝突が、混乱した様子のジャーナリストたちを取り囲むスクリーンできらめいた。「ああ、ええと、わかりました……」。事務総長は言葉を詰まらせた。「紳士淑女、その他もろもろのみなさん、申し訳ないのですが……今日はここまでにしなければなりません。同僚たちと相談する時間が必要なので」。

ＳＦじみたヘンテコな話だが、ここで伝えようとした大切なことが一つある。宇宙がどうやって始まったかは決して解明できない可能性があるということだ。プランク長という小さなスケールで何が起こるかを調べるために究極のコライダーを建設しても、非常に多くのエネルギーをそんな小さな空間に押し込めれば、二個の粒子を衝突させてブラックホールを作るはめになる。ブラックホールの内部は「事象の地平面」と呼ばれる防壁に囲まれていて、そこからは光さえも抜け出せない。その結果、プランク長で何が起こっているかは、事象の地平面の向こうに隠れてしまう。それならばと、粒子衝突のエネルギーをさらに高くすれば、問題はもっとひどくなる。もっと大きなブラックホールができるだけだからだ。

このことを私によりはっきりとした形で示したのは、理論物理学の教授で、ケンブリッジ大学の応用数学・理論物理学科のスター的存在の一人であるデヴィッド・トングだ。私たちはどんよりした空模様の春の午後、トングのオフィスで話をした。彼は量子場理論の分野で世界トップクラスの専門家であるだけでなく、その話しぶりは人の心をつかむもので、どの言葉にも彼の興奮と好奇心かはっきりと見える。そういうところと、彼の若々しい外見と縁の太いメガネがあいまって、デイヴィッド・テナントが演じたドクター・フーを連想させる。

デイヴィッドは一度は弦理論の研究を始めたが、それを検証することがほぼ不可能だという事実に、結局は興味を失ってしまったという。「量子重力の証拠を実験で見つけるには、とんでもなく幸運でなければならない。私の生きているあいだには実現しないでしょう。そう考えるとちょっと興醒めしてしまうんですよ」。

目をいたずらっぽく輝かせながら、トングは先を続けた。「陰謀論が好きなら、量子重力がつまらないなんてことはないでしょうけど。量子重力はそもそも、私たちには探ることができないものであるか、少なくとも自然によってとても上手に隠されています。そのことは、自然、つまり物理学の基本法則にある三つの問題が暗示しています」。

その一つ目は、ケネス・ウィルソンという物理学者の研究によってもたらされている。ケネス・ウィルソンは、二〇世紀の理論物理学者では最も偉大で、かつ最も正しく評価されていない一人だ。素粒子物理学者のあいだではくりこみ群の研究で有名である。くりこみ群というのは、ある系をズームインしたり、ズームアウトしたりしたときにどう見えるかを示す数学的概念だ。ウィルソンが考えたのは、系がより長い距離スケールでどう振る舞うかを知りたい場合に、短い距離で何が起こっているかはある意味では重要ではないということだ。あるいは、トングがいうように、「ニュートンは惑星の動きを解明するために、クォークについて知っている必要はなかった」のだ。

つまり、プランク長のスケールでの宇宙の基本的な材料がなんであるかは重要ではないということだ。

そうした材料が、原子や粒子のような、実験室で実際に測定可能なもっと大きなものに痕跡を残す可能性は非常に低いのである。この本全体のテーマが、どんどんズームインしていってアップルパイを理解しようとすることなので、私はその話を聞いてじっくり考えこんでしまった。

「二つ目は、初期宇宙でインフレーションが起こるとして、それはなにをもたらすでしょうか？ あらゆるものを希釈するんです。ビッグバンでなにが起こったか、その手がかりをすべて宇宙論的な地平線の向こうに押しやり、決して見えないようにしてしまいます」。インフレーションでは重力波が生成されて、その証拠は検出可能だと考えられているものの、そうした重力波では、インフレーションが勢いよく始まった、ビッグバンの10^{-36}秒後までしかさかのぼれない可能性が高い。ビッグバン自体の瞬間、つまり時計がゼロの瞬間は、空間の急激な膨張によって見えないところへ引きずられていき、地平線の向こうに消えていく。インフレーションはビッグバンの「b」を私たちから隠してしまうのだ。

「三つ目は、宇宙検閲の問題です。量子重力のことが一番よくわかりそうなのはどこでしょう？ ブラックホールの中心にある特異点です。でもそういう特異点はつねに事象の地平面の向こう側に隠れているんです！ 重力は変なものです。ふつう、より短い距離のことを詳しく調べたければ、より大きなコライダーを建設しますよね。しかし仮にプランクエネルギーの一〇〇倍、10^{21}GeVの加速器を作ったら、どうなるかはもうわかっています。粒子を衝突させたら、大きなブラックホールができるんです」。

「それで、あなたはアップルパイをゼロから作りたいんですよね？」。トングがいう。「つまり、そのゼロは隠されているんですよ」。

私がまだ博士課程の学生だった、二〇一一年の夏に時間をさかのぼろう。私はウィスコンシン州にある中西部の美しい街マディソンで開かれた、大規模な国際学会に出席する機会があった。私はそういう学会は初めてだった。当時、LHCは第一期運転の一年目であり、ヒッグス粒子の発見はまだ一年先という状況だったので、発表の内容は暫定的な実験結果の報告（「みなさん、超対称性の兆候はまだですが、すぐに見つかるはずです」といった感じ）や、推論に基づいた理論提案がほとんどだった。全体セッションは長くてときどき退屈になったのは認めよう。そんな気分が消えて、衝撃ではっと目が覚めたのは、学会の基調講演者であるニーマ・アルカニ＝ハメドが舞台上に登場したときだった。[*1]

アルカニ＝ハメドの情熱的な話しぶりは、誰もをしゃんと座らせ、注目させる。頭のてっぺんから爪先まで黒で身を包み、ふさふさした黒い長髪を後ろになびかせて、檻から出たくてしかたないライオンみたいにステージの上を行ったり来たりしながら、基礎物理学の将来の見通しを急流みたいにとうとうと語った。ほとんど息つく間もなく話し続け、割り当てられた時間をはるかに超えて、昼食休憩にまで食い込んでいたが、誰も気にしていないようだった。その波に押し流されずにはいられなかった。

プリンストン高等研究所は、アインシュタインが晩年を過ごした場所であり、今日では基礎理論物理学にとってのローマ教皇庁だ。そんなプリンストン高等研究所に所属するアルカニ＝ハメドは、世界で最も影響力の大きい物理学者の一人だ。素粒子物理学への多くの貢献と、科学コミュニケーターとしてのカリスマ性の両方で有名であり、そのためにあちこちからひっぱりだこだ。そんなわけで、プリンストンからニューヨークまで鉄道で移動中のアルカニ＝ハメドにどうにか電話で連絡を取って、アップルパイについて話ができたのは、私にとってはとてもうれしいことだった。彼が最初にいったのは、いかにも彼らしいショッキングな言葉だった。「ちょうど今起こっている、すごくクールなことについていっておきましょう。それは、これから五〇年かそれ以上のこの分野の形を決める、静かな知的革命です。還元主義的パラダイムが間違いであることが明らかになっているんですよ」。

「えっ」私は答えた。

還元主義というのは、世界を説明するためには、それを基本的な材料に分割していけばいいという考え方のことだ。それは素粒子物理学を支える哲学でもある。そしてなにより、私がここまでの一四章で伝えてきた話はすべて、還元主義の話だ。世界を還元主義的に見るアプローチは、五〇〇年近くのあいだ素晴らしく役に立ってきた。だから、それが間違いだとなると、控えめにいってもひどくおおごとだ。

還元主義に対する最初の挑戦は、プランク長のスケールを探るのに十分なエネルギーで二個の粒子を衝突させたら、ブラックホールが形成され、それ以上続けようとすると、さらに大きなブラックホールができるという予想からきている。「これは、量子力学と重力についてわかっていることで、とびぬけて重大な話です」とアルカニ＝ハメドはいう。「つまり事実上、エネルギーを高くするほど、ふたたび距離スケールも大きくなり始めるということで、これは還元主義の観点ではとんでもなく不可解な状況です」。

おそらく、還元主義がプランクスケールで破綻するというのは、それほど心配することでもないだろう。何しろプランクスケールは今のところ、実験ではまったく手の届かないところにあるのだから。しかし、驚きであり、衝撃的でもあるのは、還元主義がもっと手前の段階で役に立たなくなるかもしれないということだ。私たちはまさに今ＬＨＣでそれが崩壊し始めるのを目にしているのかもしれない。

すでに見てきたように、基礎物理学における最大の未解決問題の一つが、ヒッグス場があらゆる場所で二四六ＧｅＶという一定の値になっていることである。これは、粒子に無理のない質量を与え、原子を、

＊1　ヒッグス粒子が見つかるほうに一年分の給料をかけた、あの人物だ。

したがって宇宙を存在できるようにする、小さすぎも大きすぎもしない値だ。検証が不可能なマルチバース理論は別として、この問題の解決法のすべてが、どんどん短距離へとズームインしていって、それによりエネルギーが高くなれば、新しいものが見えるはずだということを暗示している。この新しいものというのは、超対称性粒子や、余剰次元、あるいはヒッグス粒子内部のより小さな構成単位などだ。しかし、少なくとも今のところ、LHCで真空をズームインしてみて見えたのは、ヒッグス粒子だけだ。

前に紹介したベンジャミン・アラナックのたとえを借りるなら、それは部屋に入っていったら、ペンが尖ったほうを下にして真っ直ぐ立っているのを見つけるようなものだ。そんな奇妙な状況に直面した場合、還元主義者なら、目に見えない短い距離スケールに何かがあって、それが鉛筆を立ったままにしていると考える。極細のワイヤが天井から鉛筆を吊しているのかもしれない。あるいは顕微鏡でしか見えないような極小の留め具があるのかもしれない。ヒッグス場を安定させる新しいものが見つからないのは、このアプローチが間違っていることを暗示する。つまり、ズームインし続けても、世界の特徴を説明できないということだ。

「ここでLHCの結果が突きつけている本当の課題は、還元主義的パラダイムに対する挑戦です」とアルカニ＝ハメドはいった。「ただしもっと身近なところ、予想しなかった場所で起こる話です」。

これこそ、現在基礎物理学において問題となっていることだ。つまり、より小さなスケールを見ていけば、世界についての知識を増やし続けられるという考えそのものだ。ヒッグス粒子を理解しようとするときに、還元主義が破綻することになれば、物理学の基礎を大きく揺さぶるだろう。一方でアルカニ＝ハメドにとっては、ヒッグス粒子を「死ぬほど」じっくり調べることが、今後五〇年に素粒子物理学が直面する最も重要な仕事なのだ。

「ヒッグス粒子みたいなものを、これまで私たちは見たことがない。これは大げさではないし、最新の粒子だから大騒ぎしているのでもない。ヒッグス粒子は初めて見つかったスピン0の素粒子であり、最もシンプルな素粒子です。チャージはなにもなく、性質としては質量しかありません。それほどシンプルだという事実が、ヒッグス粒子を理論的にみて本当に悩ましい存在にしているのです」。

二〇一二年の発見以来、ATLASとCMSでの実験によって、ヒッグス粒子についての理解は徐々に深まっている。スピンが本当に0であることの確認や、他の粒子への崩壊プロセスの測定がおこなわれている。二〇二〇年代半ばには、LHCでは衝突頻度を向上させるための大がかりな改修工事が予定されており、これによってヒッグス粒子をさらにズームインして調べられるようになる。しかしLHCが二〇三五年頃に最終的に稼働を終える時点でも、全体像はまだかなりぼんやりとしているだろう。この問題にきっぱりと決着をつけるには、さらに強力な顕微鏡が必要かもしれない。

アルカニ＝ハメドはここ数年、世界中を駆けめぐって、LHCの後継加速器の必要性を訴えることに多くの時間を割いてきた。そうした後継争いをリードしているプロジェクト案は二つあり、一つはCERN、もう一つは北京市郊外で予定されている。これらの計画中のマシンは本当に巨大で、加速器の一周がLHCの三倍以上にあたる約一〇〇キロメートルあり、最終的にはLHCの七倍のエネルギーで粒子を加速できるようになる。CERNのプロジェクトは「未来円形衝突型加速器」(Future Circular Collider)と呼ばれており(おそらく完成後には新しい名前がつけられるだろう)、二段階で進められることになっている。一段階目として、一〇〇キロメートルのトンネルをジュネーブ盆地地域(地質学的にみて可能な最も広い範囲)に掘る。このトンネルはアルプス山脈の麓(ふもと)からレマン湖の下を通り、現在のCERNサイトを通過して、はるばるジュラ山脈まで達するものだ。この巨大なリングには、ヒッグス粒子を大量に生成して、その性質を詳細に調べることを目的とする電子―陽電子コライダーが設置される。その後、二段階目として本物の怪物が登場する。LHCに似た陽子コライダーで、このマシンでは一〇〇TeVの衝突エネルギーを実現できるだろう。

この巨大なマシンはともに、量子世界について新たな発見をする機会を豊富に与えてくれる。少しだけ例をあげれば、陽子コライダーは非常に強力なので、最も人気のある暗黒物質候補[*2]が存在するかどうかをほぼ確実に決定できるし、初期宇宙での物質形成の条件を再現することもできるだろう。しかしアルカニ＝ハメドの考えでは、ヒッグス粒子を調べることがこうしたマシンの目的として断然重要であり、これだけで十分すぎるほど正当な理由になる（少なくとも科学的には）。

もちろん、一周一〇〇キロメートルのコライダーは安くはない。未来円形衝突型加速器のプロジェクト総費用は二六〇億ユーロというべらぼうな金額になる。しかし広い視点で見れば、それは人類を月に送るのにかかった費用（現在の貨幣価値では約一五二〇億ドルまたは一二四〇億ユーロ）[73]に比べればかなり少ないし、その費用自体も、陽子コライダーが使命を終える二二世紀初めまでの約七〇年間にわたって支払われるものだ。そしていうまでもなく、そのようなプロジェクトは、世界中の数十の国々が協力して取り組み、何十年にもわたって各国のリソースを結集させて初めて実現する。このように費用を分散させて考えれば、未来円形衝突型加速器はCERNの既存の年間予算内に収めることは可能だ。そのCERNの年間予算というと、イギリス国民一人あたり年間二・三〇ポンドの負担に相当する。これはだいたいピーナッツ一袋分だと、物理学者のアンドリュー・スティール[74]は指摘している。

それでも、世界がかつてない経済面と健康面の危機に直面している最中に、巨額の金を費やす話をしていることに変わりはない。物理学者の大きなおもちゃと見られそうな代物に何十億ユーロも使うべきだと主張するのは、傲慢だという印象を与えかねない。少なくとも、とんでもなく鈍感だとは思われるだろう。実際、そうした巨大プロジェクトの問題については、歴史の中にたくさんの戒めが見つかる。たとえば、テキサス州フォートワース近くの砂漠の下には、長さが二〇キロメートルを超えるトンネルがうち捨てられている。これは一周九〇キロメートルの超伝導超大型加速器（Superconducting Super Collider）のために掘られたもので、完成すればLHCの三倍のエネルギーを達成しているはずだった。アメリカ連邦議会は、膨らみ続ける予算への懸念を理由の一つとして、一九九三年にこのプロジェクトの中止を決定したが、それまでに二〇億ドル以上の費用がつぎ込まれていた。アメリカの高エネルギー物理学界はこのプロジェクト中止の衝撃から今も立ち直っていない。

私はこれまで、「素粒子物理学はなんの役に立つのか？」といった議論をまったく取り上げてこなかった。それは、私が語ろうとしている物語ではないからだ。しかし、もし新たな世代のコライダーが実現することになったら、物理学者は一般の人々に向けてコライダー建設の正当性を訴えることに十分力を注ぐ必要がある。その際にはこの世界をもっと知ることとの興奮といった話はもちろんのこと、さらに踏み込んでもっと幅広い意義を伝えなければならない。説得力のある主張はできるはずだ。まず、こうした大型のハイテクプロジェクトからは必ず、幅広く応用できるスピンオフ技術が生み出されることだ。その最もよい例がワールド・ワイド・ウェブ（WWW）で、これはCERNでティム・バーナーズ＝リーが物理学者の情報共有手段として開発した後、世界中の人々に無償で提供したものだ。WWWだけで、CERNを設立し

＊2　詳しくいえば、WIMPs（Weakly Interacting Massive Particles、相互作用が弱く質量のある粒子）のことで、ビッグバンの火の玉の中で生成されると考えられている。

た元を何度も取っているといえる。同じように、加速器向けに開発された超伝導磁石は、ＭＲＩという形で病院内で使われるようになっている。別な議論として、ＬＨＣのようなプロジェクトが与えるインスピレーションもある。物理学専攻の学生の圧倒的多数が、この分野に進んだ理由として、素粒子物理学と天文学に強い興味を覚えたことをあげており、そうした学生の多くはやがて、身につけたスキルを経済の中の他方面で活かすことにもなるだろう。そして最後になるが、基礎研究の知識そのものがいつか役に立つ可能性も無視してはいけない。一八九七年にＪ・Ｊ・トムソンが電子を発見したとき、それは単なる物理学者のおもちゃだとされたが、現在ではほぼすべてのテクノロジーが電子に関する深い理解を頼りにしている。そうした応用事例は、基礎的な知識よりもずっと後から登場することが多いし、本質的に予測が不可能だが、実際に応用されたときには世の中を大きく変革することがある。ＡＴＬＡＳチームの物理学者であるジョン・バターワースが考えているように、恒星間ヒッグス粒子エンジン搭載の宇宙船[75]で宇宙を飛び回れるようになる日がこないといい切れるだろうか？

それでも、単純に科学的な視点で見た場合に、二つの巨大なコライダーが二六〇億ユーロの使い道としてよいかどうかというのは、もっともすぎるほどの疑問だ。その金を他のもっと小規模な複数のプロジェクトで使えるのではないか？　おそらくそのとおりだが、そう考えるときには、ある種の前提として、二六〇億ユーロをコライダーに使わなかったら、その分のお金を他の基礎研究分野で使えるようになるはずと考えている。残念ながら、世の中はそれほどうまくいかない。ＣＥＲＮのように、基礎研究にリソースを投入してくれるよう各国政府を説得することに何十年も成功し続けている組織はほかにない。それができるのは、もちろんＣＥＲＮが多くの成功を収めていることがあるが、同時にこの世界をリードする科学機関に参加すれば国際社会での名声を得られるからでもある。ＣＥＲＮが解散したら、その予算は他の研究分野に再配分されるとみるのは、あまりにも認識が甘い。結局のところ、そうしたコライダーで大きな疑問に答えようとすることには、他の潜在的なメリットを検討してみたうえで、やはりその費用を払うだけの価値があると考えるのかどうか、という話に行き着く。

こうしたマシンに対する科学的な見地からの反対論は、そうしたマシンで新しい粒子が見つかると期待する根拠はないというものだ。LHCの人たちは、超対称性粒子や暗黒物質が発見されることを約束していたが、少なくとも今のところ、彼らは約束を果たしていない。反対論としてはそういうことになる。私がこのことをアルカニ＝ハメドにいうと、彼がかっとなったのが感じられた。私には、ニューヨーク行きの列車の車内で彼がますます熱を帯びていくときの、他の乗客の反応が目に浮かんでしかたなかった。

「それは思うに、とりわけ愚かな主張ですよ。そういうことをいう人たちは、グラフに新しいこぶをつけて、ストックホルムかどこかに行きたいという理由で素粒子物理学をやっているんだ。彼らは、素粒子物理学で重要なのはそういうことだと思っている。そして、見ろ、それ（素粒子）というのは分野名にも入っているじゃないかと、こういうんですから。これは本当ですよ。私にとっては、それはこの分野の魅力ではまったくない、い、い、い。そのせいで、この分野は化学みたいな感じになっている。私は化学が本当に嫌いなんです。それにいいですか、そういう粒子、その妙ちきりんな名前、どれも私にとっては乗り越えなければならない壁です。でももちろん、私がこの分野に夢中になったのは、自然法則の奥深い仕組みという、何よりも面白いものを見られるからです。それこそ、素粒子物理学で本当に大切なことですよ！」。

「ここには認知的不協和があるのです」とアルカニ＝ハメドは続けた。「私のような人たちが、今は物理学にとって、一〇〇年間で最も素晴らしい時期だといって回るとします。すると他の人たちは、『なんてことだ、ひどくがっかりだ、私たちはヒッグス粒子を見つけただけで、他にはなにも見ていない』というわけです。こうした異なる二つの話を聞くと、混乱するかもしれない。クスリをやってるのは私か、それとも彼らか、という感じで。今は素晴らしい時期で、この分野が進むコースが直角に曲がろうとしているというのが私の立場です。それは、この一〇〇年間で最も意味深い場所へ曲がることだと私は考えます。他の人々は、それが暗闇と死へと曲がることだと考えるかもしれませんね。そういうふうに考える人たちは、人生で何か別のことをするべきです」。

今から数十年後、未来のコライダーが超対称性粒子を発見したり、あるいはヒッグス粒子はもっと小さな構成単位からできていることを明らかにすることがあれば、還元主義が長く続けてきた行進はさらに続くだろう。前と同じように、私たちは世界をより深く見ることで、もっとよく理解したといえる。しかし、奇妙に思えるかもしれないが、一番わくわくする結果は、そうした巨大なコライダーがまったくなにも発見しない場合だろう。超対称性粒子も余剰次元も見つからず、ただありきたりの昔からある基本的なヒッグス粒子だけ。そして還元主義は破綻して、私たちの住む世界を理解するためのアプローチ全体が根本的な再考を迫られるだろう。あなたは不思議に思うかもしれない。理論家に頼んで、私たちが新しいものをなにも見つけないことを前提としたうえで、その状況に対処する方法を考えてもらえばいいのではないかと。問題は、古い体制をひっくり返す必要があることをしっかりわかっていなければ、革命は始められないことだ。あるいは、アルカニ＝ハメドがニューヨークのペンシルベニア駅でタクシーに飛び乗りながらいったように、「このいまいましい世界を上下逆さまにするような実験が必要」なのである。

二〇一九年の夏から秋へと変わる頃のことだ。季節外れの暑さになった晴れた週末、ＣＥＲＮは一般公開をおこなった。ＬＨＣの巨大な実験装置を見るために、わずか二日間で七万五〇〇〇人の人々が押し寄せた。地下へ降りる順番を待つ列が炎天下に伸び、ときには数時間待ちになることもあった。私は明るい青色の反射材つきジャケットと蛍光オレンジのTシャツを着て、着用義務のあるヘルメットをかぶっていたので、かなり人目を引いたと思うが、そんな姿で、見学者グループを一〇〇メートルのエレベーターに次から次へと乗せて、そびえ立つLHCb検出器の足元に案内した。色とりどりの金属部品がごちゃごちゃと集まったところをのぞき込んでいる見学者にはわからなかっただろうが、LHCb検出器の大部分はその場にはなかった。

LHCが二〇一八年の終わりに二度目の長期閉鎖期間のために運転を停止すると、LHCbチームは装置をほぼ完全に交換する二年間のプロジェクトに取りかかった。LHCが運転を再開したときには（二〇二二年の再開が期待されている）、改良を終えたLHCbは以前の四〇倍のペースでデータを記録できるようになり、今まで以上にまれな反応を追い求めることが可能になる。ビューティー（ボトム）クォークの崩壊過程に生じるアノマリーは、この数年間かなりの興奮を引き起こしてきたが、私がこの文章を書いている時点でも相変わらず存在している。二〇二〇年初めに一部のチームメンバーは、そのアノマリーが強まっていることを示すと思われる結果を発表した。この先、状況がどの方向に進むのか、あるいは標準モデルを超えた新たな量子場の決定的な証拠が早々に見つかるかどうかをいうにはまだ早すぎる。しかし、LHCbの改良は私たちが必要とする重要なデータをもたらしてくれるだろう。近いうちに物質の理解が大きく前進する可能性は、確実ではないがあるといえる。

私たちは、物理学と宇宙論の黄金時代に生きている。今は、数十年前にはほとんど想像もできなかったような実験装置や観測施設が、私たちの住む宇宙について次々と多くのことを教えてくれているのだから。これを書いている現在、グラン・サッソ山塊のボレキシーノのチームが大きな困難を乗り越えて、締めくくりとなる素晴らしい成果をあげたと発表したばかりだ。CNOサイクルで生成されたニュートリノを検出したのである。CNOサイクルは、太陽の中心で陽子をヘリウムに変える反応であり、この成果によって、物質の起源をめぐる物語にまた新たな内容が書き加えられたことになる。

未来は明るい。これからの数十年で、新しい重力波観測装置や、地上や宇宙の望遠鏡、地中深くに設置された暗黒物質検出器、高精度の室内実験装置、巨大なニュートリノ観測装置が稼働し始める予定だ。なにが見つかるかはわからない。なんといっても、実験物理学は探検なのだから。しかしそこに驚きがあることは間違いない。私自身の研究分野についていえば、LHCはまだ一五年は稼働し続けることになっていて、私たちを現実の次の階層に導く手がかりが見つかると期待して、数多くの物理学者が数えられないほど多くの衝突実験データの中を熱心に探し回るだろう。

子どもだった一九九〇年代に、ポピュラーサイエンスの本を読んだり、テレビドキュメンタリーを見たりしていた私は、物理学は劇的なクライマックスに向かって突き進んでいるという気になっていた。革命的な発見が続き、理論の統一がかつてなく進んだ一世紀の後で、物理学者たちは宇宙の究極理論を今にも見つけようとしていると思っていた。それ以来、大きな進歩があるにはあったが、アインシュタインの夢はむしろ手の届かないところに遠ざかっていってしまっている。

それはおごりだったかもしれない。一九七〇年代と一九八〇年代は奇跡の時代だった。いくつもの力が統一され、数々の予言が見事に証明され、美しい新たな数学構造が明らかになった。たぶんそうした成功のせいで、私たちは標準モデルから万物の理論まで一気にジャンプする準備ができたと思ったのだろう。ともかく、実際にはそうはならなかった。今日、私たちは実験室内で約一万GeVというものすごいエネルギーで物理現象を探索できるが、プランクエネルギーはそれよりも一〇〇〇兆倍も高い。実験的証拠というしっかりした土台から、エネルギーの大きさが一五けたも異なる未探査の量子重力世界へとひと跳びに進めると考えるのは、控えめにいっても時期尚早だったようだ。

アップルパイをゼロから作る方法がそもそもわかるのだろうか？　量子力学と重力は、宇宙が始まった瞬間、つまり重力と空間、時間、そして自然の量子場がすべて一つだった瞬間を知ることは本質的に不可能だといっているように思える。しかしそれは気落ちする理由にはならない。むしろその反対だ。物質の基本的な材料やその宇宙での起源についての私たちの理解は、かなり大きく進歩してきたのだから。とはいえ、プランクスケールに到達するまでにはまだ長い道のりを進まなければならない。最終理論にたどり着くという夢を脇におけば、解明すべき大きな謎がもっと身近なところにたくさん残っている。暗黒物質とはそもそもなんなのか？　物質はビッグバン中の対消滅をどうやって生きのびたのか？　ヒッグス場の奇妙な性質を説明できるのか？　科学はそうした謎を糧に成長する。そしてこれらは、近いうちに答えを出せる可能性のある疑問ばかりだ。

アルカニ゠ハメドは電話で、次世代コライダー建設を妨げる最大のボトルネックは、費用でもなければ、政治家や一般大衆を説得することでも、手に負えない工学上の問題でもないといっていた。ヒッグス粒子を理解することに人生を捧げてもいいと考える若い世代がいるかどうか、それが最大のボトルネックだという。あの週末に、私や同僚たちがＬＨＣｂを案内したたくさんの熱心な見学者グループの中には、何十人ものティーンエイジャーたちがいた。彼らは週末の自由時間を割いてまで、ヘルメット姿のまぬけな人と一緒にエレベーターに詰め込まれたり、口をぽかんと開けて科学装置の一部を一時間かそれ以上見つめたりしていた。私はその週末が終わったとき、未来について楽観的な気分になっていた。もしかしたら今から何年かたって、未来円形衝突型加速器で最初の衝突実験の準備が整った日には、あの若者たちの中の一人が早朝ランミーティングの席に緊張して座っているかもしれない。

もしそうなったら、彼らは何世紀も前から続いてきた物語、つまり私たちが物質の構成単位とその起源をどのようにして徐々に理解してきたか、という物語の一部になる。その物語に、好奇心旺盛なティーンエイジャーの私は恋に落ち、以来ずっと心を動かされ続けている。もちろん、私たちが星の内部やビッグバンの高温の中で作り出された物質からできているという話に魅了されない人がいるとは思えないが、そうした信じられないような発見にもまさる事実がある。それはあらゆる時代と文化に、異なる分野で研究し、それぞれに夢や強み、弱み、自負を持った人々がたくさん存在していて、世界に対するより深い共通理解をもたらした先人たちの業績を足がかりにして前進してきたということだ。彼らのほとんどは互いの存在を決して知らなかったし、謎の解決に向けて自分の小さな役割を果たすのに必死だったが、それでもなんとか一つのタペストリー、一つの物語を織り上げてきた。少なくとも私にとっては、それはかつて語られた中で最も素晴らしい物語だ。

アップルパイのような日常的なものでも、こうした宇宙のドラマに深く根ざしており、それを本当に理解することは、宇宙と、私たちがそこで果たしている小さな役割を理解することだといえる。宇宙の究極の起源は決して発見できないという考えには十分な理由があるかもしれないが、その一方で、自然が私たちを驚かせる力は計り知れない。私たちが探検を続け、宇宙をさらに遠くまで見つめ、物質の最小の要素の中まで深く探っていくときに、どんな新たな驚きが見つかるのかは誰にもわからない。私たちは長い道を進んできたが、この物語はまだ終わっていない。それはまだ書かれている最中だ。私たちが探検を続ければ、もしかしたらいつの日か、宇宙のレシピがついに見つかるかもしれない。

アップルパイをゼロから作る方法

八人分。調理時間：一三八億年

材料

時空　少量
クォーク場　六個
レプトン場　六個
U（1）×SU（2）×SU（3）局所的対称性
ヒッグス場　一個
超対称性　または　余剰空間次元　（好みに合わせて）
暗黒物質（店頭では入手不可能）
もしかしたら他にもなにか

手順

まず、宇宙を発明します。

用意した少量の時空を約10^{-32}秒間だけインフレーションさせ、宇宙が最初のサイズの約一〇兆×一兆倍になったらやめます。インフレーションを長く続けすぎないように注意しましょう。長すぎると荒涼とした虚空になってしまい、失敗してしまいます。

インフレーションの後には、宇宙の温度が劇的に上昇し、大量の粒子と反粒子ができているはずです。一方で、用意してあったＵ（１）、ＳＵ（２）、ＳＵ（３）という局所的対称性は、電弱場と強い力の場を自動的に生成しています。さらに一兆分の一秒間、宇宙を引き続き膨張させて、ゆっくりと冷やします。

このタイミングで、ヒッグス場のスイッチをオンにし、値を約二四六ＧｅＶに合わせます。ヒッグス場がしっかりと安定するように、超対称性か余剰次元を使うことをお勧めします。使わないと、後になって原子を作るのがほとんど不可能になります。ただし、ここまでの手順をだいたい一兆×一兆×一〇〇万回繰り返して、その値がランダムに出るまで待つほうがよければ、その方法でもかまいません。

物質を作るためには、ヒッグス場が不均一にオンになるようにしましょう。そうすると混ぜ合わせた材料の中で泡ができ、それが膨らんで、反クォークよりもクォークを優先的に吸収するようになります。同時に、スファレロンを使って、泡の外にある反クォークをクォークに変換します。ヒッグス場がちょうどよいなめらかさになったときには、反クォークよりもクォークの数が多くなっており、さらに電弱力は電磁力と弱い力に分離しているはずです。

できあがったクォークとグルーオンの熱いスープを、さらに一〇〇万分の一秒膨張させて、温度を下げます。そうすると、スープが固まって、陽子と中性子ができ始めます。反物質と物質を対消滅させて、物質を元の量の一〇〇億分の一だけ残すようにしましょう。心配しなくても大丈夫。この量でアップルパイには十分すぎるはずです。

さらに二分たつと、温度が一〇億度以下になっているはずなので、水素よりも大きい最初の元素を作り始められます。混ぜ合わせた材料は、この時点で、陽子七個に対して中性子がだいたい一個の割合になっています。その他に、とんでもなくたくさんの光子があります。

徐々に温度を下げながら、一〇分間ことことと煮ます。すると核融合が起こって、軽い元素の混合物ができます。これは、ヘリウムと水素の割合が一対三になっており、さらにリチウムが少しだけ混ざっているものです。

この水素とヘリウムが混ざったものを、さらに三八万年間冷やし続けます。すると、すべてがうまくいけばですが、混合物が透明になっているのがわかるでしょう。これは、電子が水素やヘリウムの原子核と結合して、最初の中性原子を形成したためです。できあがった高温のガスをさらに一億年から二億五〇〇〇万年間冷やします。ここまできたらつきっきりで見ていなくてよいので、美味しい紅茶で休憩しましょう。

待ち時間が終わったら、水素とヘリウムの大きなガス雲を崩壊させることで、初代星を作れるようになります。そうした星の中心部では、まずは水素がヘリウムに変換され、次にヘリウムがトリプルアルファ反応を経由して炭素になるという変化が起こります。こうした初代星はとても大きいので、核融合を鉄まで続けられることがわかるでしょう。そこでできた鉄は、超新星によって、混合物全体に広がっていくことがあります。

さらに九〇億年ほどのあいだ、第二世代以降の星の内部や、超新星、中性子星の衝突で、重い元素がより大量に作られ続けます。最終的に、水素からウランまでのさまざまな元素の混合物ができます。この混合物から、直径約一万三〇〇〇キロメートルの岩石の球体が形成され、ある黄色矮星のハビタブルゾーンを公転するようになります。できあがった惑星には、十分な量の水素と酸素（できれば水の形で）と、炭素、窒素が存在しているのを確認しましょう。

ここで少し生物学がでてきます。実は、私はこの次の部分についてまったく自信がありません。ただ、少しの運があれば、四五億年ほどで、リンゴや木々、牛、小麦、さらに他にいくつかの器用な生命体ができあがっているはずです。うまくいけば、このときまでにスーパーマーケットも自発的に進化しているので、出かけていって、次の材料を買いそろえましょう。

ショートクラストペイストリーの材料〔訳注：イギリス風のパイ生地〕

中力粉　四〇〇グラム　（他に打ち粉用に必要量）
砂糖　大さじ二
塩　ひとつまみ
レモンの皮のすりおろし　一個分
バター　二五〇グラム（サイコロ状に切り、冷蔵庫で冷やしておく）

放し飼いのニワトリの卵　一個（大さじ二の冷水を加えて溶いておく）

フィリング（詰め物）の材料

料理用リンゴ　六〇〇グラム
レモン汁　一個分
三温糖　五〇グラム
シナモン（粉）　小さじ一
コーンスターチ　大さじ二

仕上げ用

放し飼いのニワトリの卵　一個（つや出し用、溶いておく）
デメララシュガーまたは三温糖　大さじ一または二

さあ、アップルパイを作りましょう

生地作りから始めます。小麦粉、砂糖、塩、レモンの皮をボウルに入れます。そこにバターを加えて、手のひらでこすり合わせるように混ぜ、パン粉のようにします。溶いた卵と水を加えて、ナイフなどで混ぜて、まとまった生地にします。または、粉類をフードプロセッサーに入れて、手早く混ぜ合わせてから、溶いた卵と水を加えて、まとまるまでもう一度混ぜる方法でもかまいません。

生地をラップに包んで、冷蔵庫で三〇分冷やします。

生地を冷蔵庫から取り出し、三分の一をパイのふた用に取り分けて、冷蔵庫に戻します。軽く打ち粉をした台の上で、残りの生地をめん棒で厚さ三ミリまでのばします。全体の大きさは、パイ皿よりも五センチから七センチ大きくします。打ち粉をしためん棒に生地をのせて、パイ皿の中にやさしく敷きます。

生地をパイ皿の底や側面にしっかりと押しつけ、縁からはみ出させます。気泡が残らないように気をつけます。これを冷蔵庫で一〇分冷やします。

この後、予熱時間を考えて、ちょうどよいときにオーブンの中に天板を入れて、二〇〇度で予熱しておきます。

フィリングを作りましょう。リンゴの皮をむき、芯を取り、スライスします。ボウルにレモン汁を加えた冷水を入れて、そこにスライスしたリンゴを浸します。水を捨て、キッチンペーパーなどでおさえて水気を切ります。

大きめのボウルで三温糖、シナモン、コーンスターチを混ぜ、そこにスライスしたリンゴを加えて混ぜます。このリンゴのフィリングを、生地を敷いたパイ皿に入れます。リンゴは平らに並べますが、パイ皿の縁より上まで出ているようにしましょう。パイ生地の縁に仕上げ用の溶き卵をブラシで塗ります。

残りのパイ生地をめん棒でのばします。この生地をパイ皿にかぶせて、縁をしっかりとつまんでとじます。よく切れるナイフを使って、余った生地を切り落としてから、縁全体にひだ模様をやさしくつけます。ナイフの先を使って、パイの中央部分に小さな穴をいくつか開けます。パイ全体に溶き卵を塗り、つやを出します。

飾りつけをします。切り落とした余り生地を軽くこねてから、めん棒でのばします。その生地をなにかかわいらしい形（葉の形が伝統的ですが、原子や星の形も許容範囲でしょう）にカットして、パイの上にのせ、溶き卵を塗ります。冷蔵庫で三〇分冷やします。

冷蔵庫から取り出して、仕上げ用の砂糖をふりかけてから、オーブンの真ん中において、四五〜五五分焼きます。パイがきつね色になり、リンゴがやわらかくなったら焼き上がりです。

生クリームかバニラアイスクリームを添えていただきましょう。フィリングが熱いので気をつけて。

謝辞

二〇二〇年九月を迎えた今、私はこの本が、あるいは少なくとも最終的に本になる言葉が、とうとう書き終えられたことがまるで信じられない。私がここまでたどりついたのは、数多くの人々の寛大な心や励ましの言葉、忍耐心、専門知識、洞察、助言、そしてときたまの辛辣なひと言のおかげだ。

時間を惜しむことなく、私と話をしたり、素晴らしい職場を案内したり、仲間の研究者を紹介したり、原稿の一部を確認したりしてくれた、多くの科学者のみなさんに心から感謝したい。特に名前をあげたいのは次のみなさんだ。ジャンパオロ・ベッリーニ、アルド・イアンニ、マティアス・ユンカー、ジェニファー・ジョンソン、マット・ケンジー、サラ・ウィリアムズ、ジェフェリー・ハングスト、ニック・マントン、ジョー・ジァイミ、カレン・キネムチ、ヘレン・ケインズ、シュウ・ジャンブー、ルアン・リージュエン、フアン・マルダセナ、ニーマ・アルカニ＝ハメド、ジョゼフ・コンロン、ザビーネ・ホッセンフェルダー、イザベル・ラベイ、シドニー・ライト、パノス・チャリトス、ジョン・エリス、シーン・キャロル、ギュンター・ディッセルトリ、マイケル・ベネディクト。またデヴィッド・トングとベン・アラナックには、終わりの数章分の原稿を読んで、とりわけ難しい理論の部分について優しく訂正してくれたことに特に感謝する。彼らのおかげで、この本の誤りはずっと少なくなったが、もちろんそれでも誤りがあれば著者の責任である。また、ここでは具体的な名前は少ししかあげられなかったが、ＬＨＣｂ実験の一四〇〇人の同僚や、世界中の科学コミュニティの数万人の人々、そして好奇心を動機とする基礎研究に資金を提供してくれている世界中の何十億人もの納税者のみなさんにも、数量化できないくらいの恩を感じている。彼らがいなかったら、そもそもこの本に書くべき話がなかっただろう。

グラハム・ファルメロには、本を書くというプロセスについての経験に基づいた助言や、聖なる高尚な理論の殿堂に立ち入る機会、そして温かな励ましの言葉をくれたことに心から感謝する。ニール・トッドには、マンチェスター大学にあるラザフォードの古い実験室を案内してくれた、あの素晴らしい日のことを感謝したい。

キャヴェンディッシュ研究所のレイリー図書館と、科学博物館のダナ研究センター・図書館の素晴らしいスタッフのみなさん、なかでもいつも親切で、助けになってくれたプラバ・シャーに感謝する。また高校の物理教師だったジョン・ワードには、ティーンエイジャーだった私にやる気を与え、受け入れてくれたこと、顕微鏡を借りられるよう手配してくれたことの両方に感謝したい。顕微鏡のほうは、キャロライン・マーウッドの親切な承認と手助けもあった。

私の上司である、ヴァル・ギブソンの支援と寛容さがなければ、この本は実現しなかっただろう。ギブソンは、私の物理学でのキャリアを常に変わらず応援してくれていて、彼女には大きな恩がある。ヴァル、ありがとう。科学博物館の同僚たちにも感謝している。なかでもアリ・ボイルは、科学とその歴史を伝える方法についてたくさんのことを教えてくれ、また伝え方を上達させるための多くの素晴らしい機会をくれた。

私の素晴らしい代理人、サイモン・トレウィンには、長年温めていたアイデアを書くに値するものに変える手助けをしてくれ、そもそもすべてが実現するようにしてくれたことを感謝する。ニューヨークのWMEのドリアン・カーチマーには、イギリス人を相手にアップルパイの話をするようにアメリカの出版社を説得するという素晴らしい仕事をしてくれたことに感謝する。WMEロンドンオフィスのジェームズ・

ムンロ、フローレンス・ドッド、アン・ディクソンにも感謝したい。

担当編集者である、ピカドールのラヴィ・ミルチャンダニと、ダブルデーのヤニヴ・ソハに感謝する。具体的には、ラヴィは間違いなく相当にばかげたアイデアを最初の段階から熱心に後押ししてくれた。またヤニヴは思慮深く洞察に富んだフィードバックをくれ、そのおかげではるかによい本になったのは間違いない。私が描いたへんてこな図をはるかに魅力的な図にしてくれたメル・ノースオーバー、そして科学捜査並みの原稿整理をしたり、私のばかな間違いを山ほど見つけたりしてくれたエミー・ライアンにも感謝する。

最後に友人と家族には、彼らの愛と、この一八カ月の支援に感謝したい。スージーには、お互いの執筆について相談し合う機会を持てたことを感謝する。おかげで執筆作業をあまり孤独に思わずにすんだ。私の姉妹のアレクサンドラには心から感謝している。アレクサンドラは一〇年近く前に、本を書くことを考えてみるべきだと初めて助言してくれた。その助言が最終的にここまで導いてくれた。そして最後になったが、絶対になによりも大事なこととして、両親であるヴィッキーとロバートに感謝したい。二人は原稿に書かれている言葉を一つ残らず読んで、コメントをくれた。それだけでなく、私があれこれアイデアを出したり、愚痴をこぼしたり、あるいはただ紅茶を飲みながらおしゃべりをしたりする必要があるときには、必ず相手をしてくれた。好奇心を持つようにいつも励ましてくれてありがとう。全てあなたたちのせいですよ。

訳者あとがき

「アップルパイをゼロから作るにはどうすればよいか」

本書はこんなシンプルな疑問から始まる。市販の冷凍パイシートを使ったりしないで、小麦粉とバターから生地を手作りするというのではない。小麦粉やバター、中のリンゴなどを作っている材料を探し、さらにその材料を作っている材料を探していくという話だ。身近なアップルパイをスタートに、物質を作っている基本材料を追い求める旅に読者を連れ出してくれるのが、本書『物質は何からできているのか―アップルパイのレシピから素粒子を考えてみた』（原題How to make an apple pie from scratch）である。著者ハリー・クリフはイギリスのケンブリッジ大学の素粒子物理学者で、本書が初めての著書になる。

著者が案内する物質の基本材料探しの旅はまず、同じように自然界の基本材料を見つけようとしてきた、過去数世紀の科学者たちの物語とともに進む。化学や物理の教科書でおなじみの科学者たちも多く登場するが、彼らが発見した「基本材料」は、時がたつとともにもっと小さな基本材料に取って代わられていった。やがて私たちは、物質を作る最小単位とされる「素粒子」の世界へと向かう。

現代の素粒子物理学研究で重要な役割を果たしている実験装置が、スイスのジュネーブ郊外にあるＣＥＲＮ（欧州原子核研究機構）のＬＨＣ（大型ハドロン衝突型加速器）だ。一周二七キロメートルの地下トンネル内に設置された巨大な円形加速器で、高エネルギーの陽子同士を衝突させることで、新しい粒子や未知の現象を発見しようとしている。このＬＨＣはアップルパイと並ぶ本書の主役だ。著者は、ＬＨＣの稼働開始（二〇〇八年）とほぼ同時期に素粒子物理学の世界に足を踏み入れ、ＬＨＣに四台ある粒子検出器の一つ、ＬＨＣｂでの研究にたずさわってきた。計画立案から運転開始まで三〇年もの歳月を費やした「史上最大の科学装置」ＬＨＣの現場で、著者を含めた科学者チームが緊張や喜びを分かち合いながら奮闘する様子が、本書ではいきいきと描かれている。

さらに著者は、世界各地の素粒子実験施設や観測施設を訪ね、最前線で研究をおこなう科学者たちと直接会って、彼らが解決を目指している謎や、直面している問題について話を聞いている。アメリカ・ルイジアナ州にあるＬＩＧＯ（レーザー干渉計型重力波検出器）もそうした施設の一つだ。ＬＩＧＯは二〇一五年、重力波を初めて直接検出したことで大きな注目を集めた。実はこの重力波や、二〇一二年にＬＨＣで発見されてやはり大ニュースになったヒッグス粒子は、物質の究極の材料探しにも深いかかわりがある。

やがて著者の旅は、「踏みならされた道の外」に出て「建設中の科学」の世界が舞台になる。何がわからないかもわからない、「未知の未知」が待ち受けるオフロードを、著者はときに大胆に突き進んでいく。その先にはどんな世界が広がっているのか。アップルパイの究極のレシピは最終的に見つかるのか。そのあたりはぜひ読んで確かめてみてほしい。

本書を読み終えたとき、アップルパイをゼロから作るという、子どものような素朴なアイデアから始まった物語が、時間的にも空間的にも想像もできないくらい壮大なスケールへと展開していったことに驚かされた。それでも途中で迷子にならなかったのは、著者が素粒子物理学者であるというだけでなく、物理学の普及にも熱心であることも大きいだろう。ロンドンのサイエンス・ミュージアムのキュレーターをつとめていたことがあり、最近では素粒子物理学についての一般向けの記事執筆や講演もおこなっている。本書では、目で見ることのできない素粒子の世界を親しみやすい日常の言葉で伝えており、専門用語は本当に必要なものしか使っていない。数式にいたっては、全編を通して一つだけだ。これまでの研究成果はもちろん、いまも議論が続く理論や、混沌とした最新の研究状況についても、巧みな比喩をまじえたわかりやすい説明があり、ポイントを抑えながら全体像が把握できるようになっている。

本書をいっそう親しみやすくしているのが、あちこちで顔を覗かせるユーモアだ。著者のユーモアのセンスをうかがい知ることのできる、一本の動画がある。二〇一二年にアップロードされたその動画で、著者はなんとスタンダップコメディーを演じている。まずは自己紹介でいきなり「私の専門はボトムです」とくる。これはクォークの一種であるボトムクォーク（Bottom quark）のことだが、bottomには「お尻」の意味もある。そんな調子で、およそ笑いと結びつきそうにない素粒子物理学ネタを早口でまくしたてて、観客を大いに沸かせている。この動画（"Harry Cliff - Highly Energetic Physicist"）は、著者のウェブサイト（https://www.harrycliff.co.uk/）でも見ることができる。他にＴＥＤトークの動画などもあるので、ぜひあわせてご覧いただきたい。

これはアップルパイをゼロから作る話ではあるが、見方を変えれば、私たち人間をゼロから作る話だとも言える。人間やアップルパイ、そしてこの宇宙に存在するあらゆるものが何からできているのかという問いは、人間のルーツについて新たなアプローチで考えることにつながると思う。そんな新鮮な視点を与えてくれた本書に出会えたことを大変うれしく思っている。最後になるが、本書を訳す機会をくださった柏書房の二宮恵一氏に、この場を借りて深くお礼申し上げたい。また訳者からの質問にすばやく丁寧に答えてくださった著者のハリー・クリフ氏にも感謝する。

二〇二二年十二月

熊谷玲美

Physics G 35, no. 11 (2008): 115004.
66 Pallab Ghosh, "Popular physics theory running out of hiding places," BBC News website, November 12, 2012, www.bbc.co.uk.
67 Pallab Ghosh, "Popular physics theory running out of hiding places," BBC News website, November 12, 2012, www.bbc.co.uk.
68 Pallab Ghosh, "Popular physics theory running out of hiding places," BBC News website, November 12, 2012, www.bbc.co.uk.
69 Alok Jha, "One year on from the Higgs boson find, has physics hit the buffers?," *The Guardian*, August 6, 2013, www.theguardian.com.

13章

70 Weinberg, page ix.
71 アルバート・アインシュタインからハインリヒ・ツァンガー宛ての手紙。November 26, 1915. Bertram Schwarzschild による翻訳と注釈。
72 Paul Halpern, *Einstein's Dice and Schrodinger's Cat* (Basic Books, 2015), page 167.

14章

73 Alex Knapp, "Apollo 11's 50th Anniversary: The Facts and Figures Behind the $152 Billion Moon Landing," *Forbes*, July 20, 2019, www.forbes.com.
74 Andrew Steele, "Blue Skies Research," *Scienceogram UK*, scienceogram.org.
75 Jon Butterworth, "Impact? I want an interstellar Higgs drive please," *The Guardian*, July 16, 2012, www.theguardian.com.

47 Kragh, page 55.
48 Gamow's favorite Washington restaurant, Little Vienna: Alpher, AIP interview, session 1.
49 Chown, page 10.
50 Kragh, page 183.
51 コンピュータープログラム「Fortune」の「今日の引用（quote of the day）」のソースコード（June 1987）が元になっていると考えられる。

8章

52 C. T. R. Wilson—Biographical. NobelPrize.org. 原典は *Nobel Lectures, Physics 1922-1941* (Elsevier Publishing Company, 1965).
53 Martin Bartusiak, "Who Ordered the Muon?," *New York Times*, September 27, 1987.
54 Willis Lamb, Nobel lecture, December 12, 1955. www.nobelprize.org.
55 Robert L. Weber, *More Random Walks in Science* (Taylor & Francis, 1982), page 80.
56 Gell-Mann, page 12.
57 Riordan, e-book location 2528.
58 Riordan, e-book location 2765.

9章

59 Farmelo, page 164.

11章

60 Ralph P. Hudson, "Reversal of the Parity Conservation Law in Nuclear Physics," in *A Century of Excellence in Measurements, Standards, and Technology*. NIST Special Publication 958 (National Institute of Standards and Technology, 2001).
61 Richard Feynman, "The Character of Physical Law," lecture 7, "Seeking New Laws," Messenger Lectures at Cornell, 1964.

12章

62 CERN Press Release, "LHC research program gets underway," March 30, 2010.
63 Michael Hanlon, "Are we all going to die next Wednesday?," *Daily Mail*, September 4, 2008, www.dailymail.co.uk.
64 Eben Harrell, "Collider Triggers End-of-World Fears," *Time*, September 4, 2008, www.time.com.
65 John R. Ellis et al., "Review of the Safety of LHC Collisions," *Journal of*

20 Fernandez, page 65.
21 Fernandez, page 73.

4章

22 Wilson, page 405.
23 Wilson, page 394.
24 Chadwick, AIP interview, session 3.
25 Chadwick, AIP interview, session 3.
26 Hendry, page 45.

5章

27 Sun Fact Sheet, NASA, http://nssdc.gsfc.nasa.gov/planetary/factsheet/sunfact.html.
28 Kragh, page 84.
29 Gamow, page 15.
30 Gamow, page 58.
31 Gamow, page 70.
32 Iosif B. Khriplovich, "The Eventful Life of Fritz Houtermans," *Physics Today* 45, no. 7 (1992): 29.
33 Cathcart, page 218.
34 Gamow, page 136.
35 Tassoul, page 137.
36 Casse, page 82.

6章

37 Mitton,Paul Davies による序文 , page x.
38 Mitton, page 207.
39 Hoyle, page 265.
40 Hoyle, page 265.
41 Hoyle, page 266.
42 Jennifer Johnson, "Populating the periodic table: Nucleosynthesis of the elements," *Science* 363, no. 6426 (February 1, 2019): 474-78.
43 Chown, page 56.
44 Frebel, page 88.
45 Calculated from "a mean density of about one billion kg/m3" in Frebel, page 92.

7章

46 Kragh, 46.

注

プロローグ

1 CERN, "Cryogenics: Low temperatures, high performance," home.cern.
2 Jon Austin, "What is CERN doing? Bizarre clouds over Large Hadron Collider prove portals are opening," *Daily Express*, June 29, 2016, www.express.co.uk.
3 Sean Martin, "Large Hadron Collider could accidentally SUMMON GOD, warn conspiracy theorists," *Daily Express*, October 5, 2018, www.express.co.uk.
4 Alex Knapp, "How much does it cost to find a Higgs boson?," *Forbes*, July 5, 2012, www.forbes.com.
5 Lucio Rossi, "Superconductivity: Its role, its success and its setbacks in the Large Hadron Collider of CERN," *Superconductor Science and Technology* 23 (2010): 034001 (17 pages).
6 Stephen Hawking, *A Brief History of Time* (Bantam Books, 1988), page 175.

1章

7 Holmes, page 257.
8 Brock, page 104.
9 Joseph Priestley, *Experiments and Observations on Different Kinds of Air*, vol. 2 (London, 1775).
10 Brock, page 108.

2章

11 Thackray, page 85.
12 Gribbin, page 7.
13 Albert Einstein, *Investigations on the theory of the Brownian movement*, (Dover Publications, 1956), page 18.（1905年の原論文のA. D. Cowperによる翻訳）

3章

14 Isobel Falconer, "Theory and Experiment in J. J. Thomson's Work on Gaseous Discharge" (PhD dissertation, University of Bristol, 1985), page 103.
15 Wilson, page 83.
16 Thomson, page 341.
17 Eve, page 34.
18 Wilson, page 228.
19 Chadwick, AIP interview, session 4.

Kragh, Helge. *Cosmology and Controversy*. Princeton University Press, 1996.
Mitton, Simon. *Fred Hoyle: A Life in Science*. Aurum Press, 2005.
Pais, Abraham. *Inward Bound: Of Matter and Forces in the Physical World*. Oxford University Press, 1986.
Rickles, Dean. *A Brief History of String Theory*. Springer, 2014.
Riordan, Michael. *The Hunting of the Quark*. Simon and Schuster, 1987.『クォーク狩り：自然界の新階層を追って』（青木薫訳、吉岡書店）
Segrè, Gino. *Ordinary Geniuses: Max Delbrück, George Gamow, and the Origins of Genomics and Big Bang Cosmology*. Viking, 2011.
Tassoul, Jean-Louis, and Monique Tassoul. *A Concise History of Solar and Stellar Physics*. Princeton University Press, 2004.
Thackray, Arnold. *John Dalton: Critical Assessments of His Life and Science. Harvard Monographs in the History of Science*. Harvard University Press, 1972.
Thomson, J. J. *Recollections and Reflections*. G. Bell and Sons, Ltd., 1936.
Vibert, Douglas A. *The Life of Arthur Stanley Eddington*. Thomas Nelson and Sons Ltd., 1956.
Weinberg, Steven. *Dreams of a Final Theory*. Vintage, 1993.『究極理論への夢：自然界の最終法則を求めて』（小尾信彌・加藤正昭訳、ダイヤモンド社）
Wilson, David. *Rutherford, Simple Genius*. Hodder and Stoughton, 1983.

その他

BBC Radio 4, *In Our Time: John Dalton*, October 26, 2016.
ジェームズ・チャドウィックへのインタビュー（チャールズ・ウィーナーによる。1969年4月20日）、Niels Bohr Library & Archives, American Institute of Physics. www .aip.org.
ラルフ・アルファーへのインタビュー（マーティン・ハーウィットによる。1983年8月11日）、Niels Bohr Library & Archives, American Institute of Physics. www .aip.org.
カール・アンダーソンへのインタビュー（チャールズ・ウィーナーによる。1966年6月30日）、Niels Bohr Library & Archives, American Institute of Physics. www .aip.org.

参考文献

書籍

Ball, Philip. Beyond Weird. Vintage, 2018.

Brock, William H. *The Fontana History of Chemistry*. Fontana Press, 1992.『化学の歴史』（大野誠・梅田淳・菊池好行訳、朝倉書店）

Brown, Gerald, and Chang-Hwan Lee. *Hans Bethe and His Physics*. World Scientific, 2006.

Cassé, Michael. Stellar Alchemy: *The Celestial Origin of Atoms*. Cambridge University Press, 2003.

Cathcart, Brian. *The Fly in the Cathedral*. Viking, 2004.

Chandrasekhar, S. Eddington: *The Most Distinguished Astrophysicist of His Time*. Cambridge University Press, 1983.

Chown, Marcus. *The Magic Furnace*. Jonathan Cape, 1999.『僕らは星のかけら 原子をつくった魔法の炉を探して』（糸川洋訳、ソフトバンク文庫）

Close, Frank. *Antimatter*. Oxford University Press, 2009.

———. *The Infinity Puzzle*. Oxford University Press, 2011.

Conlon, Joseph. *Why String Theory?* CRC Press, 2016.

Crowther, J. G. *The Cavendish Laboratory 1874–1974*. Science History Publications, 1974.

Davis, E. A., and I. J. Falconer. *J. J. Thomson and the Discovery of the Electron*. Taylor & Francis, 1997.

Eve, A. S. *Rutherford: Being the Life and Letters of the Rt. Hon. Lord Rutherford, O.M.* Cambridge University Press, 1939.

Farmelo, Graham. *The Strangest* Man. Faber and Faber, 2009.『量子の海、ディラックの深淵――天才物理学者の華々しき業績と寡黙なる生涯』（吉田三知世訳、早川書房）

Fernandez, Bernard. *Unraveling the Mystery of the Atomic Nucleus: A Sixty Year Journey 1896–1956*. Springer, 2013.

Frebel, Anna. *Searching for the Oldest Stars*. Princeton University Press, 2015.

Gamow, George. *My World Line, An Informal Autobiography*. The Viking Press, 1970.『わが世界線＝ガモフ自伝』（鎮目恭夫訳、白揚社）

Gell-Mann, Murray. *The Quark and the Jaguar*. Little, Brown and Company, 1994.

Green, Lucie. *15 Million Degrees: A Journey to the Center of the Sun*. Viking, 2016.

Gribbin, John. *Einstein's Masterwork*. Icon Books, 2015.

Hendry, John. *Cambridge Physics in the Thirties*. Adam Hilger, 1984.

Holmes, Richard. *The Age of Wonder*. Harper Press, 2008.

Hoyle, Fred. *Home Is Where the Wind Blows*. University Science Books, 1994.

Huang, Kerson. *Fundamental Forces of Nature: The Story of Gauge Fields*. World Scientific, 2007.

る

れ

ろ

わ

へ

ほ

ひ

ふ

た

ち

つ

て

す

せ

そ

い

う

え

お

索 引

英数

あ

著者
ハリー・クリフ（Harry Cliff）
ケンブリッジ大学を中心に活動する素粒子物理学者。ロンドンのサイエンス・ミュージアムで7年間にわたってキュレーターを務めた。定期的に市民向け講演を行い、テレビやラジオにも出演している。2015年に行われたTEDトーク「Have We Reached the End of Physics?（私たちは物理学の終焉を迎えたのか）」は250万回以上視聴されている。ロンドン在住。

訳者
熊谷玲美（くまがい・れみ）
翻訳家。東京大学大学院理学系研究科地球惑星科学専攻修士課程修了。訳書にエリック・アスフォーグ『地球に月が2つあったころ』（柏書房）、エマ・チャップマン『ファーストスター』（河出書房新社）、デイビッド・バリー『動物たちのナビゲーションの謎を解く』（インターシフト）、アリ・S・カーン他『疾病捜査官』（みすず書房）、サラ・パーカック『宇宙考古学の冒険』（光文社）など多数。

物質（ぶっしつ）は何（なに）からできているのか
――アップルパイのレシピから素粒子（そりゅうし）を考えてみた

2023年2月10日　第1刷発行

著　者　ハリー・クリフ
翻　訳　熊谷玲美

発行者　富澤凡子
発行所　柏書房株式会社
東京都文京区本郷2-15-13（〒113-0033）
電話（03）3830-1891［営業］
（03）3830-1894［編集］
装　丁　加藤愛子（オフィスキントン）
ＤＴＰ　有限会社一企画
印　刷　壮光舎印刷株式会社
製　本　株式会社ブックアート

ISBN978-4-7601-5497-5　C0040